新塑性加工技術シリーズ　15

圧　　　　　延

――ロールによる板・棒線・管・形材の製造――

日本塑性加工学会 編

コロナ社

刊行のことば

ものづくりの重要な基盤である塑性加工技術は，わが国ではいまや成熟し，新たな展開への時代を迎えている．

当学会編の「塑性加工技術シリーズ」全19巻は1990年に刊行され，わが国で初めて塑性加工の全分野を網羅し体系立てられたシリーズの専門書として，好評を博してきた．しかし，塑性加工の基礎は変わらないまでも，この四半世紀の間，周辺技術の発展に伴い塑性加工技術も進歩を遂げ，内容の見直しが必要となってきた．そこで，当学会では2014年より新塑性加工技術シリーズ出版部会を立ち上げ，本学会の会員を中心とした各分野の専門家からなる専門出版部会で本シリーズの改編に取り組むことになった．改編にあたって，各巻とも基本的には旧シリーズの特長を引き継ぎ，その後の発展と最新データを盛り込む方針としている．

新シリーズが，塑性加工とその関連分野に携わる技術者・研究者に，旧シリーズにも増して有益な技術書として活用されることを念じている．

2016年4月

日本塑性加工学会　第51期会長　真　鍋　健　一

（首都大学東京教授　工博）

■「圧延」 専門部会

部 会 長　　宇都宮　　　裕（大阪大学）

副部会長　　兼　子　　　毅（海上保安大学校）

■ **執筆者**

阿 髙 松 男（東京電機大学名誉教授） 1章

宇都宮　　裕（大阪大学） 2章

藤 田 文 夫（東北大学名誉教授） 3章，3.1～3.5節

山 田 健 二（日本製鉄株式会社） 3.6節

古 元 秀 昭（元広島国際学院大学） 4章，4.1～4.2節

下 田 直 樹（株式会社 TMEIC） 4.3節

小豆島　　明（横浜国立大学名誉教授） 5章

服 部 敏 幸（株式会社プロテリアル若松） 6.1.1項，6.2.1～6.2.2項

瀬 羅 知 暁（日本製鉄株式会社） 6.1.2項，6.2.3項，6.3節

井 上 忠 信（物質・材料研究機構） 7章

中 村 洋 二（日本製鉄株式会社） 8章

石 井　　篤（日本製鉄株式会社） 8.1節

高 町 恭 行（金属系材料研究開発センター） 8.2節

浜 田 龍 次（日本製鉄株式会社） 8.3節

浅 川 基 男（早稲田大学名誉教授） 9章

高 嶋 由紀雄（JFE スチール株式会社） 10章，10.1～10.3節，10.5節

平 位 幸 治（スチールプランテック株式会社） 10.4節

三 原　　豊（香川大学名誉教授） 11章，11.1節

吉 村 英 徳（香川大学） 11.1節

下 田 一 宗（日本製鉄株式会社） 11.2節

勝 村 龍 郎（JFE スチール株式会社） 11.3節

山 口 晴 生（日本製鉄株式会社） 11.4節

前　田　恭　志（株式会社神戸製鋼所）　12 章，14.1 節

高　柳　仁　史（株式会社 UACJ）　12.1 節

北　里　敬　輔（古河電気工業株式会社）　12.2 節

兼　子　　　毅（海上保安大学校）　12.3 節

左　海　哲　夫（元大阪大学）　12.4 節

瀬　川　明　夫（金沢工業大学）　13 章

柳　本　　　潤（東京大学）　14 章，14.3 節

小　原　一　浩（株式会社 TMEIC）　14.2 節

（2024 年 8 月現在，執筆順）

（板圧延）	（棒線・形・管圧延）
石　川　孝　司	浅　利　宏　温
大　森　舜　二	石　井　英　成
加　藤　和　典	小　椋　徹　也
鎌　田　正　誠	西　郷　　　毅
木　原　諄　二	斎　藤　好　弘
木　村　智　明	佐　野　義　一
河　野　輝　雄	高　橋　洋　一
佐々木　　　保	西　野　胤　治
塩　崎　宏　行	福　岡　新五郎
芝　原　　　隆	藤　沢　　　裕
進　藤　明　夫	増　田　一　郎
関　　　　　剛	三　原　　　豊
戸　澤　康　壽	山　田　建　夫
中　村　雅　勇	
八　田　夏　夫	
服　部　重　夫	
水　野　高　爾	
宮　澤　賢　二	
村　上　史　敏	
矢　田　　　浩	
鐵　田　征　雄	（五十音順）

ま え が き

1990年代に日本塑性加工学会編により，塑性加工の全分野を網羅する専門書体系として「塑性加工技術シリーズ」全19巻がコロナ社から発行された．そのシリーズでは，主として加工法ごとに専門書が刊行されたが，圧延に関係する書籍としては，1991年8月に『棒線・形・管圧延』が，1993年2月に『板圧延』が刊行された．両書には「世界をリードする圧延技術」という副題がともに冠されたことからもわかるように，高度経済成長時代を経て，当時世界最高水準となった技術が余すことなく説明されている．

遡れば圧延の歴史は古く，産業革命以降に限定しても鉄鋼を中心として多くの技術者・研究者が新技術の開発や操業改善に携わってしのぎを削り，膨大な数の優れた論文，解説などが相次いで発表されてきた．したがって，圧延の技術者・研究者は，その中から関係する文献を（ドイツ語やロシア語を含めて）探しあてて取り寄せ，それらを読破し理解した後に，自らの課題に取り組む必要があった．しかし，「塑性加工技術シリーズ」によってそれまでの知見が論理的に整理されたので，以後両書は圧延に携わる技術者や研究者必携の書となり，30年間にわたってわが国における圧延技術の発展を支えることとなった．

しかし，過去30年間において計算機や自動制御技術の進歩はめざましく，多くの工場で自動操業が実現し，寸法や形状，あるいは表面性状の高精度な制御も可能となった．さらには操業ビッグデータを収集して，データ科学を活用して解析し，変形抵抗や摩擦係数の推定なども行われるようになっている．また，30年間には有限要素法などの商用コードも著しく普及し，サイバー空間で圧延現象の再現が可能となり，それを利用した最適化が試みられるようになっている．もちろん，圧延機や潤滑技術も着実に進歩してきた．海外に目を転じてみれば，中国の台頭は急激で，生産量では他国を圧倒するようになり，わが国では，大量生産よりも高付加価値材の多品種の小ロット生産，あるいはオンデマンド生産にシフトしつつあるようにも思われる．

最近では，地球温暖化が世界レベルでの関心事となり，CO_2 排出量削減のための軽量化を目的に被圧延材の高強度化と薄ゲージ化が進み，圧延荷重とパス回数がともに増加する傾向にある．被加工材としては，軽量材料であるアルミニウムやチタン，マグネシウムなどの合金，耐熱材料であるタングステンやモリブデンの合金，導電材料である銅合金などの重要性は相対的に増している．また，異種材料を組み合わせたクラッド材料も圧延によって多く製造されるようになり，圧延の重要性は今後も不変と考えられる．ロールバイト内には未知の現象が依然として多く存在し，今後の研究課題にも事欠くことはなさそうである．本書も今後 30 年間にわたって有効にご活用いただくことを願いたい．

今回の「新塑性加工技術シリーズ」の編集に当たっては，まずコンパクト化を試みることとした．すなわち，先の塑性加工技術シリーズで 2 分冊の『板圧延』と『棒線・形・管圧延』をまとめて，1 冊の『圧延』とした．これは，条鋼圧延においてもコンピューターシミュレーションが可能となったこと，世の中のペーパーレス化が進行し，必要な文献が示されていれば，論文アーカイブにいつどこからでもアクセス可能となったことなどの理由による．そして，第一線で活躍する技術者・研究者に執筆をお願いした．

圧延を専門に研究し，教授する大学研究室は減少傾向にあり，それに伴って入社後や社内異動によって初めて担当することになった技術者や，大学などにおいて周辺分野から参入する研究者が増える傾向にある．それらの若い技術者・研究者に適切な教材を提供することも本書は意図している．日本塑性加工学会では，塑性加工基礎講座として圧延に関する入門講座を少なくとも隔年で開催しているので，独学が難しい場合には本書と併せて受講されることを勧める次第である．

最後に，当初の予定より発行が遅れた点をお詫びしたい．分担著者の皆様，日本塑性加工学会新塑性加工技術シリーズ出版部会委員，出版元であるコロナ社の皆様，および編集作業を手伝っていただいた海上保安大学校の兼子毅先生のご協力が大であることをここに付記し，深甚なる謝意を表します．

2024 年 10 月

「圧延」専門部会長　　宇都宮　裕

目　　次

1. 圧延の概要

2. 圧延の基本的現象

3. 理　論　解　析

4. 圧 延 機

5. 圧　延　潤　滑

6. ロ　ー　ル

7. 材 質 制 御

8. 板 圧 延

9. 棒　線　圧　延

10. 形　圧　延

11. 管　圧　延

12.　非鉄金属の圧延

13. 特 殊 圧 延

14. 今後の圧延技術

1 圧延の概要

金属材料は，圧延工程を経て素材に加工されることが多い．したがって，金属材料の代表的な鉄鋼材料について，素材までに加工される工程を概観してみよう．鉄鋼材料の製造工程を**図 1.1** に示す．まず，海外から輸入した鉄鉱石を溶鉱炉でコークスを用いて還元処理して銑鉄（せんてつ）を造り，つぎに製鋼工程で銑鉄中の不純物を除去すると同時に，新たな添加元素を加えて目標とする鉄鋼材料を造る．この段階では鉄鋼材料は高温下で溶融しているので，その後連続鋳造工程または造

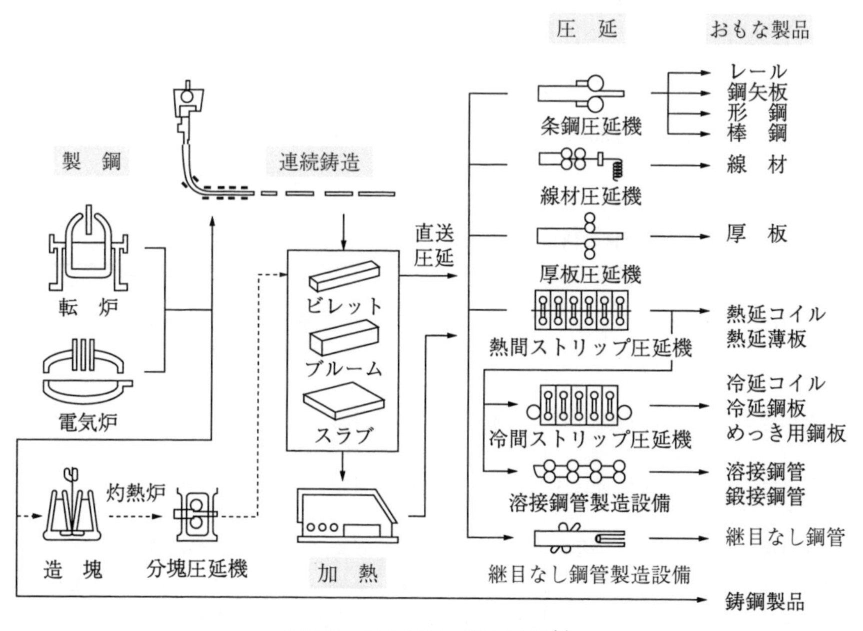

図 1.1　鉄鋼材料の製造工程[1)†]

† 肩付き数字は，章末の引用・参考文献番号を表す．

塊工程で凝固させ，圧延工程に送る鋳片を造る．その鋳片は加工される製品によって名称が異なり，鋳片の名称として板材はスラブ，棒・線材はビレット，管材・形材はブルームである．なお，非鉄金属の場合も鉄鋼材料と同じように，電気炉で原料を溶融して成分調整をして造塊工程で鋳片にする．

本章では，板材の圧延法の概要，棒・線・形材の圧延法の概要，管材の圧延法の概要について説明する．ただし，説明は鉄鋼材料の圧延法を中心に述べ，非鉄金属材料については，鉄鋼材料の圧延法と異なるプロセスを紹介するにとどめる．

1.1　板圧延の概要

1.1.1　鋼板圧延の概要

〔1〕 鋼板の種類と用途

生産される鋼材の約50％程度が板形状で，その種類は厚板（板厚6.0 mm以上を厚板，3.0～6.0 mmを中板と呼ぶ），熱間圧延薄板（コイル状のものをJISでは鋼帯と呼ぶ），冷間圧延薄板，めっき鋼板，ぶりきに大別される．JISによる鋼板材の種類と記号およびおもな用途を**表1.1**に示す．用途は建築，橋梁（きょうりょう），船舶，車両，家電品など多岐にわたり，古くから金属材料の主流となっている．

表1.1　鋼板材の種類と記号およびおもな用途（JISより）（つづく）

種　　類	JIS規格記号	おもな用途
一般構造用圧延鋼材	SS	建築，橋，船舶，車両，その他の構造物（熱間圧延鋼材）
溶接構造用圧延鋼材	SM	同上
自動車構造用熱間圧延鋼材および鋼帯	SAPH	自動車用フレーム，車輪（熱間圧延鋼板）
自動車用加工性冷間圧延高張力鋼板および鋼帯	SPFH，SPFHY	自動車外板，その他加工材
溶接構造用耐候性熱間圧延鋼材	SMA	建築，橋，その他の構造物
高耐候性圧延鋼板	SPA–H，SPA–C	車両，建築，鉄塔，その他の構造物
溶接構造用高降伏点鋼板	SHY，SHY–N，SHY–NS	圧力容器，高圧設備（熱間圧延鋼板）

表1.1（つづき）

種　　類	JIS 規格記号	お も な 用 途
熱間圧延軟鋼板および鋼帯	SPHC, SPHD, SPHE	車両，建築，その他の構造物
冷間圧延鋼板および鋼帯	SPCC, SPCD, SPCE	車両，家具，電気製品
溶融亜鉛めっき鋼板および鋼帯	SGC, SGH	車両，家具，建築
ぶりきおよびぶりき原板	SPB, SPTE, SPTH	缶
電気亜鉛めっき鋼板および鋼帯	SEHC, SECC, SEHD, SECD, SEHE, SECE	車両，家具，建築
ボイラーおよび圧力容器用炭素鋼およびモリブデン鋼板	SB, SB–M	ボイラー，圧力容器
圧力容器鋼板	SPV	圧力容器

〔2〕 鋼板の製造工程

（a） 厚　　板　製造工程を**図1.2**に示す．すでに図1.1で説明したように，素材は製鋼工程→連続鋳造，または製鋼工程→造塊→分塊圧延を経て加熱炉に挿入される．1 250～1 450 ℃に加熱後に，素材表面のスケール（酸化膜）を除去して圧延機に送られる．

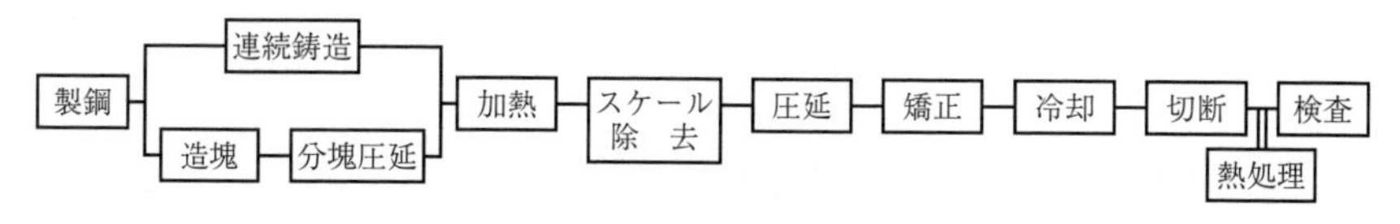

図1.2　厚板の製造工程

厚板の板幅は1.5～5.5 m と板幅の広いものが多い．しかし，スラブの板幅は約1 m 程度しかないので，所定の製品幅を得るために圧延方向を90°回転して幅出し圧延をする必要がある．所定の板幅が得られたら，再び圧延方向を90°回転して所定の製品板厚まで圧延する仕上げ圧延がある．この操作を1スタンドまたは2スタンドの4段可逆式圧延機で圧延し，その後鋼材は熱間レベラーで平坦（へいたん）に矯正された後，冷却される．

（b） 熱間圧延薄板　連続鋳造または分塊圧延機により製造された素材を

加熱炉で加熱するか，熱片のまま受け取り，粗圧延機および仕上げ圧延機により，板厚1.0〜25.4 mmに熱間圧延して冷却後にコイルに巻き取る．製造工程を**図1.3**に示す．

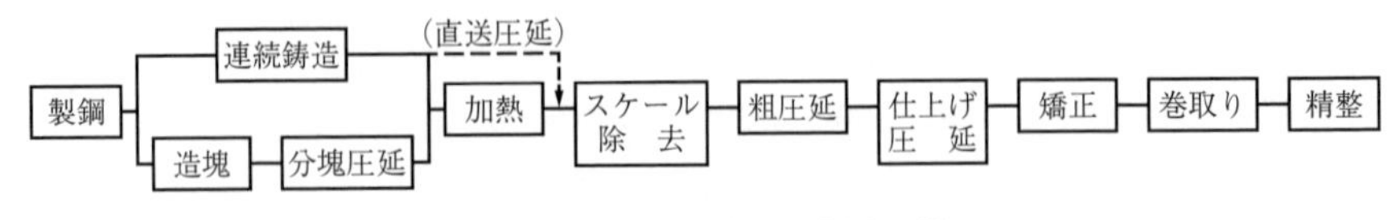

図1.3　熱間圧延薄板の製造工程

粗圧延機の配列には，**図1.4**に示す半連続式から全連続式，さらにスリークォーター式，あるいはクロースカップル式へと推移してきた．図(a)は半連続式で，2段圧延機スケールブレーカー（RSB）と4段可逆圧延機 R_1 で構成される．図(b)は全連続式の例で，2段圧延機 R_1〜R_3 と4段圧延機 R_4〜R_6 で構成される．図(c)はスリークォーター式の例で，2段圧延機 R_1 と4段圧延機 R_2〜R_4 からなり，そのうちの可逆式の R_2 で3〜5パスのリバース圧延を行うものである．図(d)のクロースカップル式は後段スタンドを近接して配置し，粗圧延の所要時間の短縮とテーブル長さの短縮を狙ったものである．

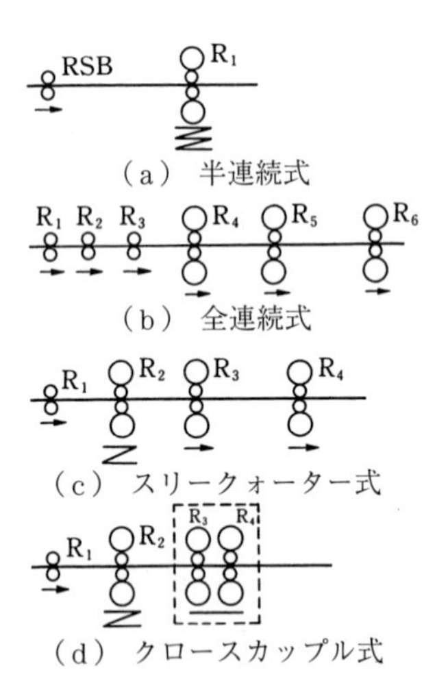

図1.4　粗圧延機の配列[2)]

なお，これらの前段には縦型のスケールブレーカー（VSB）を設置し，スケール除去とともに幅圧下を行うのが一般的である．さらに，連鋳材の増加とともに幅調整が重要となり，VSBの強力化やプレスによる幅圧下も行われている．

仕上げ圧延機は通常4段あるいは6段圧延機の5～8スタンドで構成されている．スタンド数の増加は，圧延可能板厚をより薄くするとともに，圧延速度を上げて生産能力を増加するためである．仕上げ圧延は，板厚分布や形状，表面性状が重視され，本書の後半で述べるような高機能圧延機や制御システムの開発が行われた．また，製品材質にも強い影響を及ぼすため，温度条件や冷却条件が厳しく管理されている．

（c） 冷間圧延薄板　**図1.5**に製造工程を示す．熱間圧延で得られたコイルは，酸洗いによる表面スケール除去やサイドトリミングが行われた後，冷間圧延機により所定の板厚まで圧延される．圧延機は4～7スタンドのタンデム圧延機，もしくはシングルスタンドの可逆圧延機で構成されるのが一般的である．圧延速度は年々高速化し，2 700 m/minに達するものも見られる．その後，必要に応じて洗浄，焼なまし，矯正，調質圧延，精整などの工程を経て冷間圧延薄板製品となる．なお，洗浄，焼なまし，矯正，調質圧延，精整の工程を連続化した連続焼なましラインは，1972年に世界に先駆けてわが国で初めて稼働し，それ以降世界で数多くのラインが稼働している．

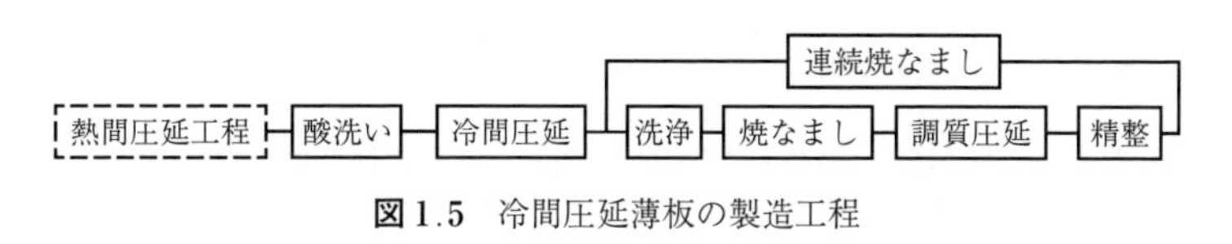

図1.5　冷間圧延薄板の製造工程

1.1.2 非鉄金属薄板圧延の概要

〔1〕 非鉄金属薄板の種類と用途

（a） アルミニウムとアルミニウム合金　アルミニウムの板材はJISでAxxxxPと表すよう定められている．xxxxは合金の種類で，1000番台から8000番台までの種類がある．また，調質条件は上記の記号の後にO，H12などの記号で表す．**表1.2**に，JISによるアルミニウム板材の記号と種類および

表 1.2　アルミニウム板材の記号と種類およびその特性とおもな用途（JIS より）

記　号	種　　類	特　　性	おもな用途
A10xxP	純アルミニウム	強度は低いが，加工性，溶接性，電気伝導性，熱伝導性は良い	アルミニウム箔，伝導材，化学工業タンク
A1100		強度は低いが，耐食性が良い	航空機のジュラルミンの被覆材
A2xxxP	Al–Cu 系合金，ジュラルミン	高強度だが，耐食性は低い	航空機
A3xxxP	Al–Mn 系合金	加工性，耐食性，強度が良い	航空機，炭酸飲料缶の胴部
A4xxxP	Al–Si 系合金	耐摩耗性が良好	鋳造ピストン，建築用パネル
A5xxxP	Al–Mg 系合金	加工性，耐食性，溶接性，強度のバランスが良い	車両，船舶，航空機，圧力容器，炭酸飲料缶の蓋
A6xxxP	Al–Mg–Si 系合金	強度，耐食性が良好	建築用サッシ
A7xxxP	Al–Zn–Mg 系合金 Al–Zn–Mg–Cu 系合金	高強度 超超ジュラルミン	航空機，鉄道車両

その特性とおもな用途を示す．

（**b**）　**銅と銅合金**　　銅の板材は CxxxxP，条は P の代わりに R で表す．xxxx はアルミニウムと同様に合金の種類を表し，調質条件も上述と同じ表示である．**表 1.3** に JIS による銅板材の記号と種類およびその特性とおもな用途

表 1.3　銅板材の記号と種類およびその特性とおもな用途（JIS より）（つづく）

記　号	種　　類	特　　性	おもな用途
C1020P, R	無酸素銅	電気・熱の伝導性，展延性・絞り加工性，溶接性・耐食性が良い，加熱後も水素脆化しない	電気用，化学工業用
C1100P, R	タフピッチ銅	電気・熱の伝導性，展延性・絞り加工性，溶接性・耐食性が良い	電気用，蒸留釜，建築用，化学工業用など
C12xxP, R	リン脱酸銅	熱の伝導性，展延性・絞り加工性，溶接性・耐食性が良い	風呂釜，湯沸器，建築用，ガスケットなど
C21xx～C24xxP, R	丹銅	色沢が良い，展延性・絞り加工性，耐食性が良い	建築用，装身具，化粧ケースなど

表1.3 (つづき)

記　号	種　　類	特　　性	おもな用途
C26xx～P, R	黄銅	展延性・絞り加工性，めっき性が良い，C2801は高強度	自動車用ラジエーター，薬きょう，配線器具
C35xx～C37xxP, R	快削黄銅	切削性，打抜き性が良い	時計部品，歯車，製紙用スクリーンなど
C42xxP, R	スズ入り黄銅	耐応力腐食割れ性，耐摩耗性，ばね性が良い	スイッチ，リレー，コネクター，ばね部品
C44xxP, R	アドミラルティ黄銅	耐食性，特に耐海水性が良い	厚物は熱交換器用管板，薄物は熱交換器，ガス管
C46xxP, R	ネーバル黄銅	耐食性，特に耐海水性が良い	厚物は熱交換器用管板，薄物は船舶海水取口用
C6xxxP, R	アルミニウム青銅	高強度，耐摩耗性が良い，耐食性，特に耐海水性が良い	機械部品，化学工業用，船舶用
C7xxxP, R	白銅	耐食性，特に耐海水性が良い	熱交換器用管板，溶接管

を示す.

〔2〕 **非鉄金属薄板の製造工程**

（a） **アルミニウムとアルミニウム合金**　　アルミニウム板材の製造工程を

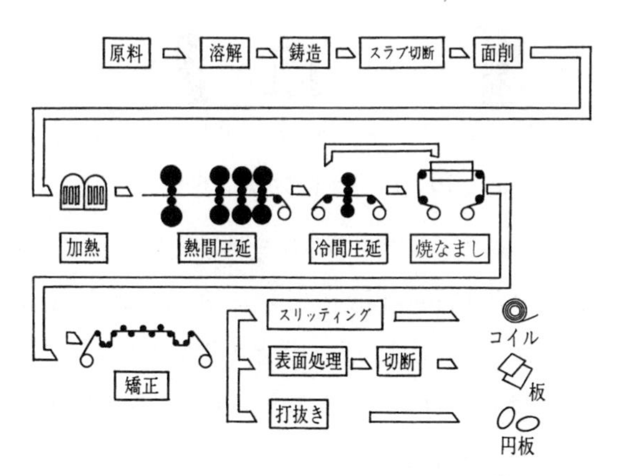

図1.6　アルミニウム板材の製造工程[3)]

図 1.6 に示す．鋼板圧延と比較して特徴的な点は，まず鋳塊の表面を圧延前に面削する点にある．これは，鋳塊表面の逆偏析層や酸化物層などを除去するためのもので，この面削が不十分だと圧延後，特に陽極酸化処理を行った後，表面に模様が残り商品価値を下げる原因となる．

熱間圧延機は，シングルスタンドの粗圧延機と，シングルスタンドあるいは3～4スタンドの仕上げ圧延機で構成されている．冷間圧延機は，シングルスタンドあるいは2スタンドの連続圧延機で構成され，4段または6段の圧延機が使用されている．

（b） 銅と銅合金　銅板材の製造工程を**図 1.7** に示す．アルミニウムと異なる点は面削を熱間圧延後に行うことである．銅合金では熱間圧延中にも板表面に緻密な酸化スケールや表面欠陥が生ずるため，熱間圧延後に面削して除去する必要がある．

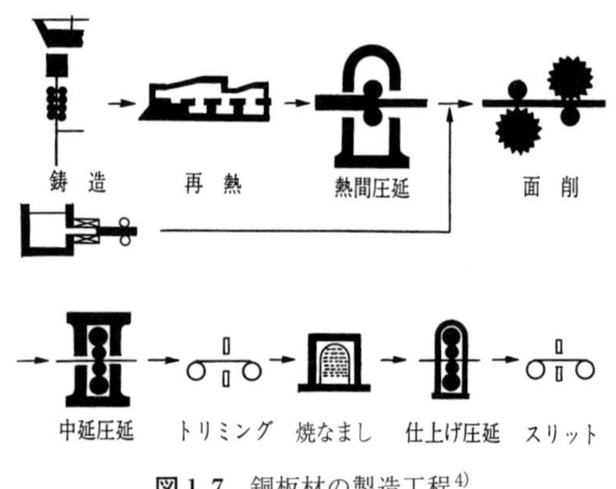

図 1.7　銅板材の製造工程[4)]

熱間圧延機はシングルスタンドの2段圧延機が使用されている．冷間圧延機は面削工程を終えた厚さ 10 mm 程度の板を 1～3 mm まで圧延する粗圧延機と中延圧延，さらにそれ以降の仕上げ圧延機とで構成されている．粗圧延機と中延圧延機は4段または6段のシングルスタンドで，仕上げ圧延機は4段から20段までの多段圧延機が使用されている．

1.2　棒・線，形圧延の概要

1.2.1　棒鋼・鋼線材圧延の概要

〔1〕　棒鋼・鋼線材の種類と用途

製品形状が棒状のものを棒鋼，コイル状のものを鋼線材と呼び，基本的には丸断面である．鉄筋棒鋼でコンクリートの付着性やねじ性能を付与した異形断面のものもある．製品直径は棒鋼で 9～300 mm，鋼線材で 5～60 mm のものが製造されている．**表 1.4** に JIS による棒鋼・鋼線材の種類と記号およびおもな用途を示す．表に示すように，棒鋼・鋼線材は種々の用途に使用されるが，鉄筋を除き二次，三次加工を経て製品になることが多い．おもな加工としては，熱間・温間・冷間での鍛造，引抜き，転造，切削などの成形加工，成形加工をしやすくするための焼ならし，焼なまし，パテンティングなどの熱処理，成形後の機械的性質の確保のための焼入れ・焼戻し，浸炭などの熱処理，その他，

表 1.4　棒鋼・鋼線材の種類と記号およびおもな用途

鋼　　種	JIS 規格記号	おもな用途
一般構造用圧延鋼材	SS	一般機械部品，ボルト
鉄筋コンクリート棒鋼	SR，SD	鉄筋，一般建設加工品用
磨き棒鋼用鋼	SGD	切削部品，シャフト
機械構造用炭素鋼	SC	自動車部品，機械部品，ボルト
機械構造用合金鋼	SCR，SCM	自動車，船舶，建設機械用部品
ばね鋼	SUP	自動車，車両，機械用ばね
快削鋼	SUM	切削部品，スチールウール
工具鋼	SK	作業工具，切削工具，金型
軸受鋼	SUJ	軸受
ステンレス鋼	SUS	ボルト，ナット，シャフト
冷間圧延用炭素鋼線材	SWCH	冷圧部品
軟鋼線材	SWRM	なまし鉄線，くぎ，金網
硬鋼線材	SWRH	ワイヤロープ，タイヤコード
ピアノ線材	SWRS	PC 硬線，ミシン針
被覆アーク溶接棒用線材	SWRY	被覆アーク溶接棒

めっき，塗装などの表面処理などである．

〔2〕 **棒鋼・鋼線材の製造工程**

（**a**） **素材（ビレット）の製造工程**　素材の製造工程を**図1.8**に示す．その特徴は二次精錬の適用による製品品質の向上と連続鋳造の適用拡大によるコストダウン，品質向上・安定化である．さらに，一般材は目視検査，スカーフィング手入れも行うが，品質厳格材は**図1.9**のような精整工程を経る．基本的にはこのビレット精整で全長保証を行う．また，この検査は冷間で行うため，加熱炉への熱片挿入圧延（HCR）や加熱炉を経ない直接圧延（HDR）の適用が難しい．

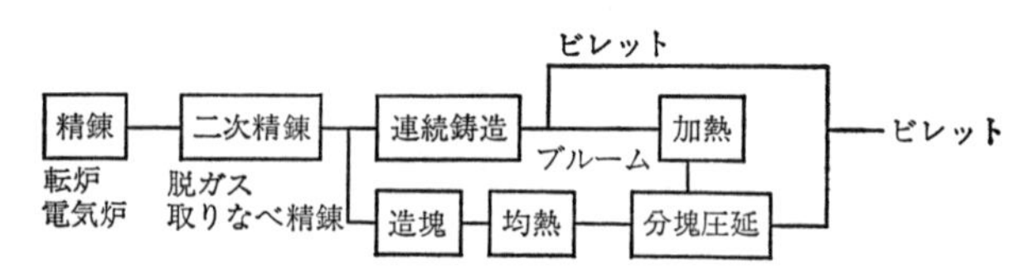

図1.8　棒鋼・鋼線材の素材の製造工程[5)]

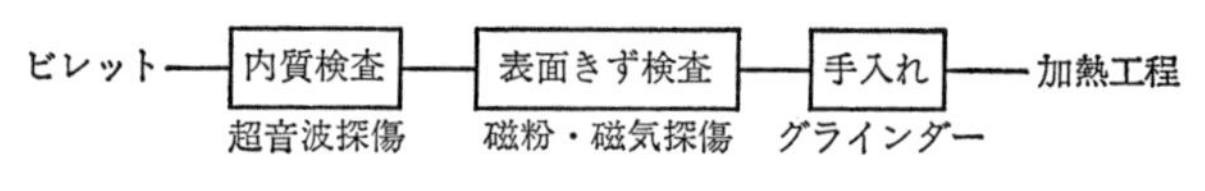

図1.9　棒鋼・鋼線材の精整工程[5)]

（**b**） **圧 延 工 程**　圧延工程を**図1.10**に示す．線材は生産性向上のため多数本同時の多ストランド圧延，棒鋼は1本通しのシングルストランド圧延が一般的である．多ストランドでは水平ロールが連続するため捻転が必要となるが，シングルストランドでは水平と竪ロールを交互に設置（VH配置）可能なため，捻転が不要である．なお，鋼線材の仕上げ圧延はVH配置のブロックミルが一般的であり，粗・中間圧延は多数本に応じた圧延機を配置している．

圧延工程の特徴は，コイル単重の増大・線材の大径化，線材圧延の高速化

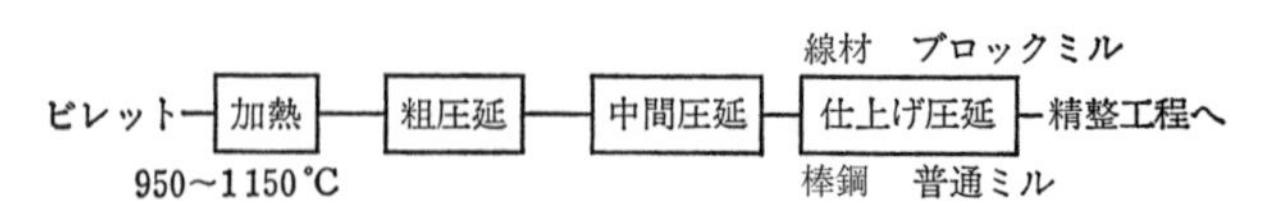

図1.10　棒鋼・鋼線材の圧延工程[5)]

(現在 100 m/s)，精密圧延技術の進展，制御圧延の拡大などである．

1.2.2　形鋼圧延の概要

〔1〕　形鋼の種類と用途

形鋼の種類と断面形状および寸法範囲とおもな用途を**表 1.5** に示す．表に示すように種々の断面形状の形鋼が製造されていることがわかり，また用途も土木・建築・鉄道など多岐にわたっていることがわかる．

表 1.5　形鋼の種類と断面形状および寸法範囲とおもな用途[5]（つづく）

種　類	断面形状	寸法範囲〔mm〕	おもな用途
H 形鋼		高さ×幅（最大） 広幅 H 形鋼　500×500 中幅 H 形鋼　900×300 細幅 H 形鋼　600×200	 土木，建築柱，支保工 建築，土木，橋梁 建築はり
鋼矢板		有効幅（最大） U 形鋼矢板　500 Z 形鋼矢板　400 直線形鋼矢板　500	 港湾，護岸，土留，建築 港湾，護岸 港湾，護岸
軌　条		単位重量 重軌条　220 N/m 超 軽軌条　60～220 N/m	 鉄道，クレーンレール エレベーターガイド
I 形鋼		高さ×幅 100×75～600×190	 建築，橋梁，機械， 車両，土木
溝形鋼		高さ×幅 75×40～380×100	 建築，構造物，造船， 車両，機械
山形鋼		高さ×幅 等辺山形鋼　20×20～250×250 不等辺山形鋼　90×75～150×100 不等辺不等厚山形鋼 200×90～600×150	 鉄塔，建築，造船 建築，構造物，造船 造船，建築，機械
坑枠鋼		最大サイズ 可縮坑枠鋼　290 N/m 鉱山用 I 形鋼　幅　125	 支保工 支保工
T 形鋼		幅×厚さ 150×9～300×32	 建築，橋梁，機械

表 1.5　（つづき）

種　類	断面形状	寸 法 範 囲〔mm〕	おもな用途
平形鋼		幅×厚さ 25×4.5～150×9	建築，橋梁，機械
球　平 形　鋼		幅×厚さ 180×9.5～250×12	造船，橋梁
レール 付属品		単位重量 370～500 N/m 60～600 N/m	タイプレート 継目板
圧延異 形形鋼		名　称 フェンスポスト サッシバー シュー	防護柵，外囲柵 窓枠 建設機械

〔2〕 形鋼の製造工程

（a） 素材の製造工程　　形鋼の素材の製造工程を**図 1.11** に示す．形鋼では，品質要求が高級棒・線材ほど厳しくないこともあり，CC 化は 100% 達成されている．CC 断面としてはビームブランク，スラブ，ブルームが使用されている．鋼片精整では目視検査＋スカーフィング作業が一般的に行われるが，CC 化により表面きずが激減した．したがって，HCR がやりやすく，80% 以上適用の工場もある．

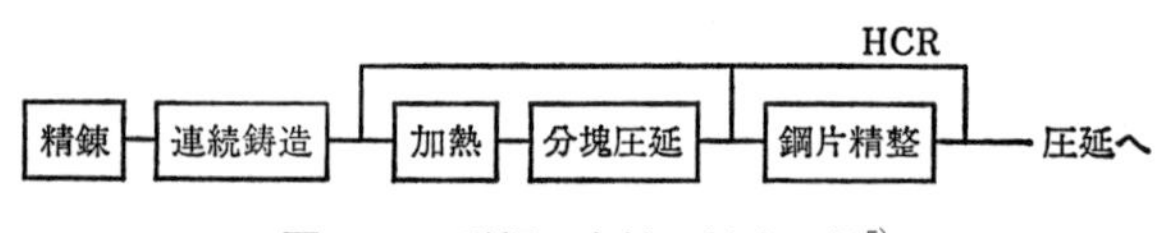

図 1.11　形鋼の素材の製造工程[5)]

（b） 圧 延 工 程　　圧延工程を**図 1.12** に示す．その特徴は，① 同一 CC 断面からの粗圧延での多サイズ造り分け，② 中間・仕上げ圧延でのユニバーサル圧延の適用拡大，③ 中間・仕上げ圧延の連続圧延，④ H 形鋼圧延の計算機制御，⑤ 形鋼の制御圧延・制御冷却などである．

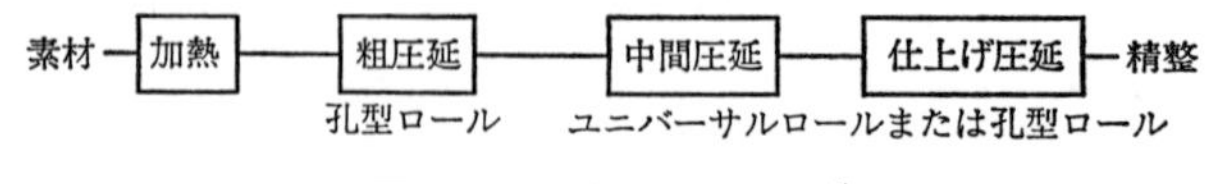

図 1.12　形鋼の圧延工程[5)]

1.2.3 非鉄金属棒・線材圧延

銅・アルミニウム系では，線材用としては連続鋳造に直結して線材圧延加工を行っている熱間プロセスがある．形鋼としては，特にアルミニウムに多様な製品があるが，大部分は押出しによって加工されており，圧延が用いられているのは平角線・テーターバー（整流子片）などの比較的単純な断面形状の製品に限られている．

〔1〕 連続鋳造圧延

非鉄金属の連続鋳造の特徴は，鋳造輪・ベルトによる連続鋳造と熱間圧延を直結したところにあり，鋳造の方式または連続鋳造設備の開発メーカーによって圧延方式は規定されており，圧延プロセスとして独立した特徴を持つものではない．現在実用化されている主要な連続鋳造圧延方式の比較を**表 1.6** に示す．そのうちの特徴的なものを紹介する．

表 1.6 主要な連続鋳造圧延方式の比較[5)]

方　　式	材　　質	インゴット断面積〔mm²〕	製品径〔mm〕	圧延方式	スタンド数	生産量〔t/h〕
展　　延	銅	—	6〜23	展　延	—	4〜12
プロペルチ	アルミニウム	〜350	7〜9.5	三　方	13〜17	〃
スパイデム	〃	〜400	9.5	二　方	10〜12	4〜9
SCR	銅	〜700	8〜23	モルガン	10〜14	6〜50
コンチロッド	〃	〜900	〃	クルップ	10〜13	10〜55
ディップ	無酸素銅	〜300	〃	二　方	6〜8	3〜11
引上げ	〃	〜300	〃	二　方	—	〜2

アルミニウムで主流となっているプロペルチ方式を**図 1.13** に示す．この方式は圧延に特徴があり，3 ロールによって 3 方向から圧下する．この方式の圧延機の写真を**図 1.14** に示したが，構造的に剛性が低いので銅には適用されなかった．この問題を解決した SCR 方式を**図 1.15** に示す．この方式は溶解炉と鋳造機に特徴があり，5 ホイールの鋳造機で鋳造される断面形状は幅広台形である．また，圧延機はモルガン製のノーツイスト VH コンパクトミルで，2

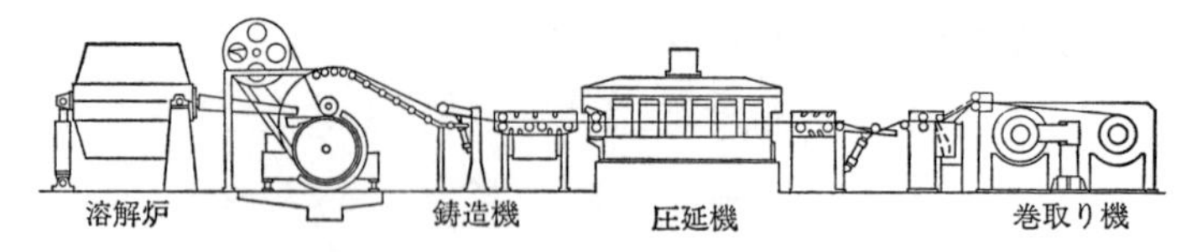

図 1.13　プロペルチ方式連続鋳造圧延ライン[6)]

図 1.14　プロペルチ方式圧延スタンド鋳造[6)]

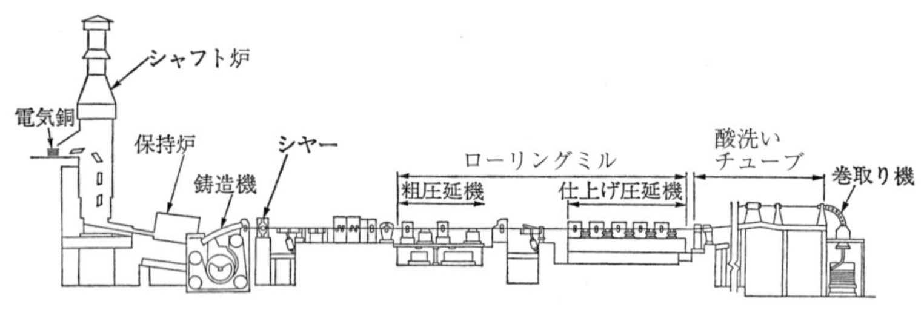

図 1.15　SCR 方式連続鋳造圧延ライン[7)]

ロールにより上下左右から交互に圧延する．この圧延機は，鉄鋼線材用に開発された高性能・高剛性の圧延機である．つぎにコンチロッド方式を**図 1.16** に示す．この方式の特徴は鋳造輪がないベルトのみによるツインベルト鋳造機

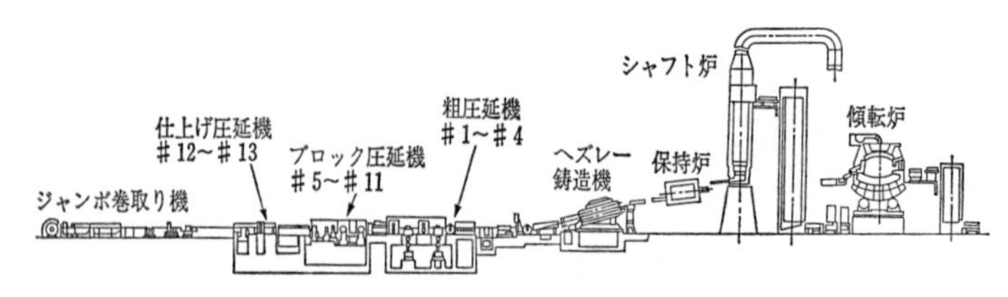

図 1.16　コンチロッド方式連続鋳造圧延ライン[8)]

と，クルップ製の HV 圧延機（ブロックミル）とで構成されている．

〔2〕 冷間圧延

非鉄材料で冷間圧延されるものは多くないが，その中で比較的多いのは平角線とテーターバーである．

平角線は大型のトランスやモーターのコイルとして巻かれる巻線の一種であり，最小約 1 mm×2 mm から 8 mm×17 mm，最大幅 2 mm×26 mm まで種々の断面サイズがある．圧延としては水平・垂直圧延を交互に行う HV 圧延タイプであり，4 スタンド程度で仕上げるようになっている．

テーターバーは電気機器の整流子に用いる材料で，**図 1.17** のような形状，寸法の断面を持つバー材である．製造方法は基本的には押出し，引抜きによるが，一部圧延が併用されている．上述の平角線と同様，水平・垂直圧延であるが，傾斜圧延においてロール出口で材料が湾曲する傾向があるので，出側で矯正するなどしてこれを防いでいるのが特徴である．

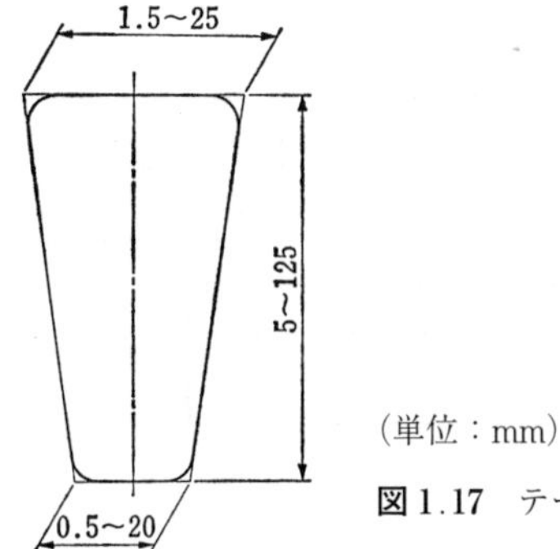

（単位：mm）

図 1.17　テーターバー断面形状[9)]

その他の棒・線材は，大部分が押出しと引抜きによって製造されているが，特にリン青銅や黄銅などの非鉄としては，難加工性の材料の引抜きは圧延に比べて多くの人手を要するので，特殊な圧延方式の適用が試みられている．

1.3　管材圧延の概要

1.3.1　鋼管圧延の概要

〔1〕 鋼管の種類と用途

鋼管は鋼板または帯鋼を管状に成形して，その継目を溶接して製造される溶接鋼管と，丸または角断面の鋼片や鋼塊を用いて継目なく製造される継目なし鋼管とに大別される．**図 1.18** に鋼管の製造方法による分類を示すが，生産量は溶接管の方が圧倒的に多い．また，圧延で製造されるのは継目なし鋼管のみである．

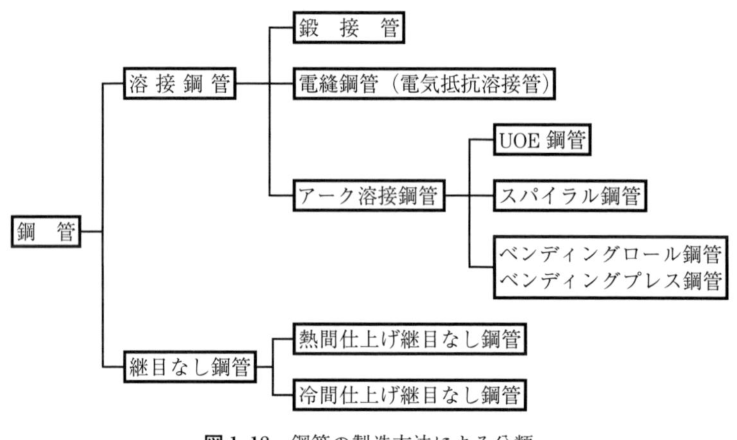

図 1.18　鋼管の製造方法による分類

表 1.7 に鋼管の分類と製造方法およびおもな用途を示した．配管用鋼管は都市ガスや上水の供給に使用され，構造用鋼管は土木・建築に使用される．機械構造用鋼管は自動車や機械部品に使用され，油井管・ラインパイプは石油・天然ガスの生産や輸送に使用されるなど，そのサイズと要求特性が大幅に異なる．

表1.7 鋼管の分類と製造方法およびおもな用途

用途による分類	製造方法	おもな用途
配管用鋼管	継目なし鋼管，鍛接管，電縫鋼管，UOE 鋼管	黒ガス管，白ガス管，水道管
建築構造用鋼管	UOE 鋼管，電縫鋼管，スパイラル鋼管	海洋構造物，鋼管杭，建築柱，鉄塔用鋼管
機械構造用鋼管	継目なし鋼管，電縫鋼管	自動車部品用鋼管，機械部品
油井管	継目なし鋼管，電縫鋼管	石油掘削用ドリル鋼管，石油ガス生産用鋼管・ケーシング
ラインパイプ	継目なし鋼管，電縫鋼管，UOE 鋼管	石油・天然ガス・水などの輸送
熱伝達用鋼管	継目なし鋼管，電縫鋼管	火力発電用ボイラー

〔2〕 鋼管の製造工程

(a) 素材の製造工程　継目なし鋼管の素材としては，鋼塊，連続鋳造片（丸・角），分塊圧延鋼片（丸・角）が用いられる．これらの素材は，せん孔機の種類と性能や素材の種類により使い分けられている．一般に，せん孔工程は苛酷な加工であるため，素材に内外面の良好な性状が要求され，従来は内面品質の優れた圧延鋼片が素材とされていた．しかし，近年の連続鋳造技術の進歩とせん孔技術の進歩とともに，低コストの連続鋳造片の使用が大勢を占めてきた．

(b) 鋼管の製造工程　継目なし鋼管の製造法の分類を**図1.19**に示す．製造工程は，大別して鋼片に穴をあけるせん孔圧延，せん孔された管を延伸する延伸圧延，延伸された管の外径・肉厚を整える定形圧延に分類される．

せん孔圧延法としては，主として傾斜ロールを用いた傾斜ロールせん孔法と，ロールに円弧状の形を持たせた孔型（あながた）せん孔プレスによりせん孔するプレスせん孔法に大別できる．また，延伸圧延法としては傾斜圧延法，孔型圧延法，プレス延伸法に大別される．さらに，定形圧延法としてはサイザー，ストレッチレデューサー，ロータリーサイザーがある．

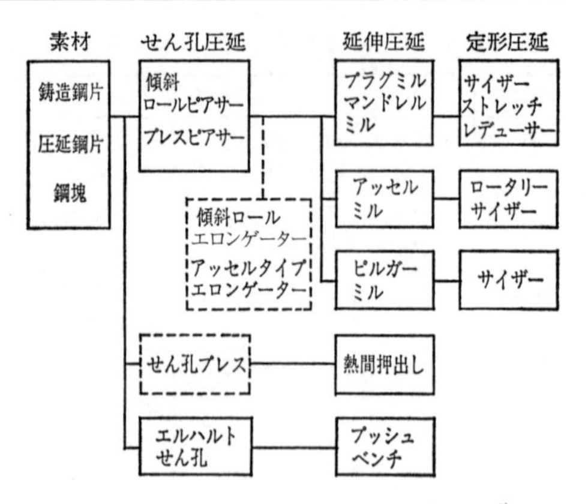

図1.19　継目なし鋼管の製造法の分類[5)]

1.3.2 銅 管 圧 延

銅管は伝熱管として使用される場合が大部分で，つぎに多いのが冷温水・ガス・油圧・空気圧などの配管用である．その他電気部品，機械部品の素材としても使用されている．継目なし管の製造方法としては押出し圧延法が大勢を占めており，日本や欧州のメーカーで数多く採用されている．中空ビレットからプラネタリーミルで圧延する方法が実用化されている．

銅管の圧延にはコールドピルガーミルが使用される．この圧延機はマンネスマン方式とブローノックス方式とがあるが，前者は往復工程とも圧延されるのに対し，後者は片道のみ圧延されること以外，基本的な大差はない．**図1.20**に両方式の概念図を示す．圧延スケジュールに応じた溝（グルーブ）を設けた半円，またはリング状ロールが，素管内に挿入されたテーパーマンドレル上を回転往復することにより，素管外径と肉厚を大幅に減少させるものである．コールドピルガーミルの特徴として，素管の偏肉が改善されることと，生産性にもよるが外径・肉厚とも比較的精度の高い管が得られ，次工程のブルブロック抽伸での第1パスも最大に負荷することができることである．

品質管理の要点としては，寸法的にはさほど管理を要しないが，圧延することにより発生する内外面のきずをいかに管理するかが重要である．特に，高圧

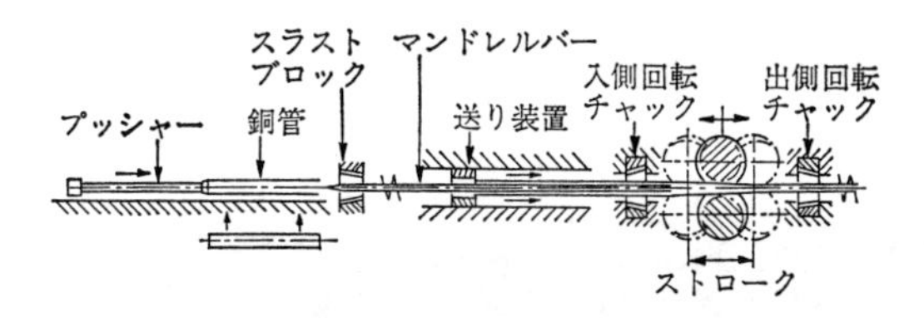

（a） マンネスマン方式

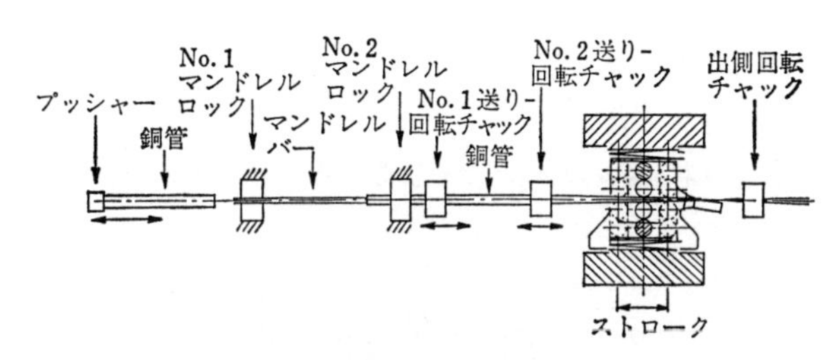

（b） ブローノックス方式

図 1.20　コールドピルガーミルの概念図[5)]

下率になるほどワークロールやマンドレルの損傷も激しくなることから，圧延管に対する厳しい品質管理が要求される．

引用・参考文献

1) 日本塑性加工学会編：塑性加工入門，(2007)，20，コロナ社．
2) 日本鉄鋼協会編：第 3 版 鉄鋼便覧Ⅲ (1)，圧延基礎・鋼板，(1980)，372，丸善．
3) 日本塑性加工学会編：板圧延，塑性加工技術シリーズ 7，(1993)，2，コロナ社．
4) 日本塑性加工学会編：第 121 回塑性加工シンポジウム，(1989)，37．
5) 日本塑性加工学会編：棒線・形・管圧延，塑性加工技術シリーズ 8，(1991)，コロナ社．
6) プロペルチ社：カタログ (1988)．
7) 小沼稔・冨樫潤・西山隆昭・武田憲司・中野耕作：古河電工時報，**66** (1979)，1．
8) 村田謙二・白石肇・大田原勇三：塑性と加工，**24**-273 (1983)，1033．
9) JIS C 2801，(1976)，726．

2 圧延の基本的現象

本章では，後続の章を読み進めるために必要な板圧延における板とロールの変形と負荷，そして条鋼の圧延方式を概説する。

2.1 圧延による板の変形

2.1.1 圧延による板の巨視的変形

圧延において，板は駆動され回転する一対の円柱状工具，すなわちロールにより連続的な板厚方向の圧縮変形を受ける．**図 2.1** に示すように，板は両ロールから受ける摩擦力の作用によって二つのロール間の隙間（ロールバイト）に引き込まれ，投影接触弧長 l_d を通過することで板厚が減少させられ，上下ロールの最小ロールギャップを経て排出される．このとき，加工度は圧延前後の板厚 h_0，h_1 から式（2.1）で算出される圧下率 r を用いて表される．すなわち

$$r=\frac{h_0-h_1}{h_0} \tag{2.1}$$

板は厚さ方向の圧縮に応じて圧延方向に延伸するが，圧延後の長さは，圧延前の長さのほぼ h_0/h_1 倍となる．これは，厚さ方向の圧縮によって生じる伸びが圧延方向だけに起こる，すなわち幅広がりがほとんどなく，平面ひずみ変形と仮定することができることを意味している．

このような板厚の減少に伴う長さの増加は，圧延方向の速度の増加となるため，圧延前後の板の速度関係は $V_0<V_1$ である．板は摩擦力で引き込まれるため，入口速度 V_0 はロール速度（ロール周速）V_R より遅い（$V_0<V_R$）．そして，

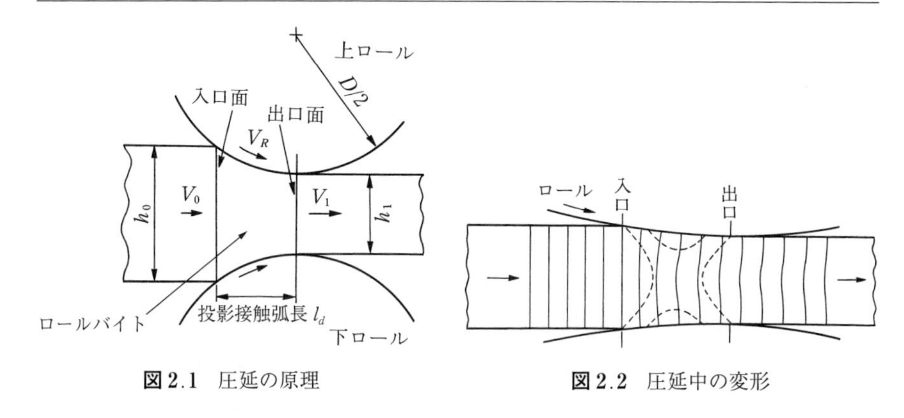

図 2.1　圧延の原理

図 2.2　圧延中の変形

入口から出口に至るロールとの接触弧長内のある点で，ロール速度 V_Rと等しくなる．この点は中立点，あるいは無すべり点などと呼ばれる．中立点より入口側では板はロールより遅く，出口側では速く移動する．そして，板表面とロールの接触界面に作用する摩擦力の向きは，中立点で反転する．

圧延後の板の速度がロール速度に対して先進する割合，すなわち$(V_1 - V_R)/V_R$ を先進率と呼ぶ．一般に，先進率はロールと板との間の摩擦抵抗が増加するとともに増加するので，先進率をロール-板間の摩擦係数を見積もるために利用することがある．先進率は，実験的にはロール表面のきずの圧延板上の転写間隔と，ロールの周長から求めることができる（ロールマーク法）．

2.1.2　板の縦断面内での変形

板はロールバイト内（図 2.1 参照）で厚さ方向に圧縮されるが，このときの変形は厚さ方向に一様ではない．**図 2.2** は，あらかじめ板厚方向に平行にけがいておいた直線の，圧延による変化の様子を示したものである．ロールバイトの入口面を通過した直後の領域では，けがき線は C 字形に湾曲し，板厚中心部より表面の方が先に進んでいる．これは前述のとおり，この領域での板の速度はロール速度より遅く，摩擦力の作用方向が出口側を向かっているからである．中立点を経て出口面に近付くと板はロールより先進し，摩擦力が入口側を向くため，板厚中心部に対して表面の方が遅れ始め，その結果，けがき線は図のような弓形となる.

けがき線の変化を注意深く観察すると，ロールバイト中で変形が集中して起こっている領域は，図中に点線で示されたX字形の部分であることがわかる．変形の集中の程度によって，この領域の大きさや形は変化するが，板厚，ロール径，圧下率のほか，ロール-板間の摩擦係数，板の機械的性質などの影響も受ける.

以上のように，板は板厚中心面以外では平面ひずみ圧縮に加えて付加的なせん断変形を受けており，したがって板は，板厚変化のみで加工度を表した圧下率から導かれるひずみよりも，実際には大きなひずみを受ける.

2.1.3 板幅方向の変形

圧延後の板の長さを見積もるには，ロールによって厚さ方向に圧縮された板がすべて長さ方向に伸びると近似しても差し支えないことを2.1.1項で述べたが，実際には幅方向にも広がる．圧延による板幅の増加，すなわち幅広がりは，ロール径，圧下率，板厚，および板幅のほかロールと板との間の摩擦係数によっても変化する．しかし，広幅の薄板圧延の場合には，圧延方向の長さの増加に比べて板幅の増加はきわめてわずかな量である．しかし，幅方向のひずみは，局所的には，特に板縁近傍では無視できるような大きさではない.

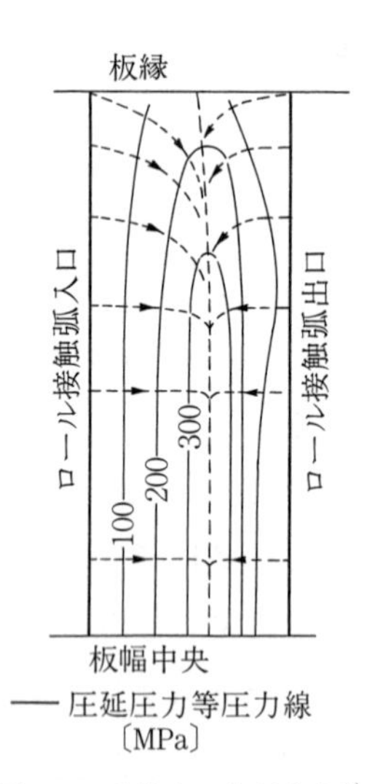

図2.3 摩擦力の作用方向[1)]

図2.3[1)]の破線は，ロールとの接触面に作用する摩擦力の作用方向を示したもので，板はこの向きと反対向きにロールに対して相対的に移動する．入口側と出口側とで摩擦力の向きが反対であるのは，前述の中立点の存在を示すものであり，板幅中央に近い領域での摩擦力の方向は，圧延方向にほぼ平行であることは幅方向のひずみが生じていないことを示している．しかし，板縁近傍の領域に限定すれば，摩擦力の板幅方向成分がかなり大きく，局所的には

幅広がりが無視できないことを示している.

板幅方向にも材料が流動すれば，板表面にはその流れを阻害するような摩擦力がロールから作用し，その影響が小さい板厚中心部より幅方向への変形が遅れる．その結果，板の側面形状は板厚中心部が膨らんだたる形となる．板厚が投影接触弧長に対して大きい場合には，変形は表面下に集中するため，側面は二重たる形の形状となる.

2.2 ロールの変形

2.2.1 ロールの弾性変形

最も一般的な4段圧延機のロール配列は**図2.4**のようであり，板からワークロールに反力として作用する圧延荷重は，最終的にはバックアップロール両端の軸受部でハウジングによって支えられる．この圧延荷重によりロールは図のように弾性的に変形するが，この弾性変形はつぎの4成分に分けることができる（**図2.5**[2] 参照).

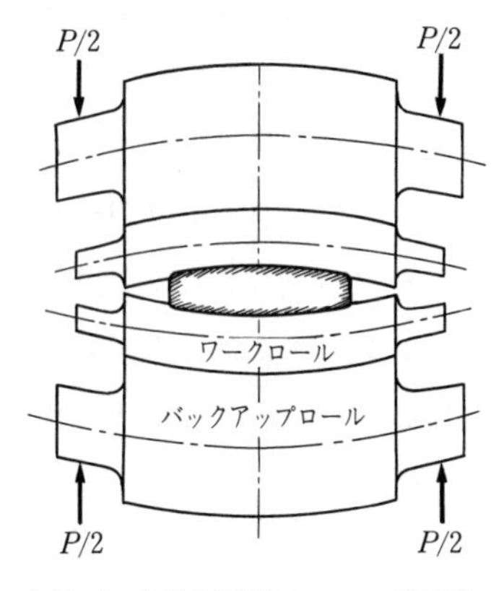

図2.4　4段圧延機のロール配列とロール変形

〔1〕 ワークロール表面のへん平変形

板に圧延変形を与えるとき，板からの反力としてロールに作用する接触圧力，すなわち圧延圧力によってロール表面に圧縮変形が生じ，そのためロールの横断面形状はへん平化し，またロール軸線方向のプロフィルも変化する.

〔2〕 ワークロールのたわみ変形

ワークロールは板からは圧延圧力を受け，反対側の表面ではバックアップロールから反力としての接触圧力を受ける．それぞれの全荷重は釣り合っているが，分布状態が異なるために曲げモーメントとせん断力を生じて，ロール軸線にはたわみが発生する.

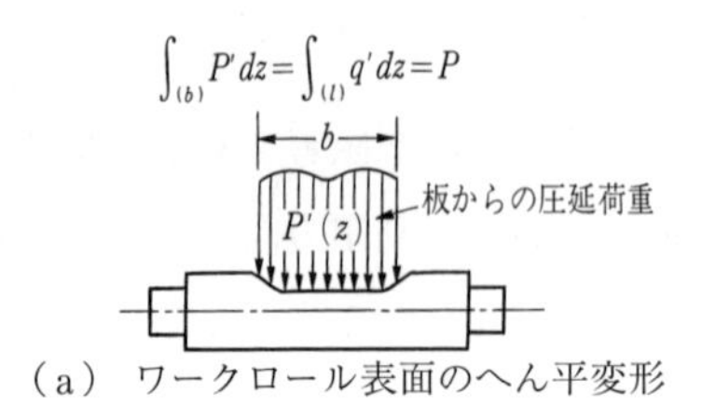

（a） ワークロール表面のへん平変形

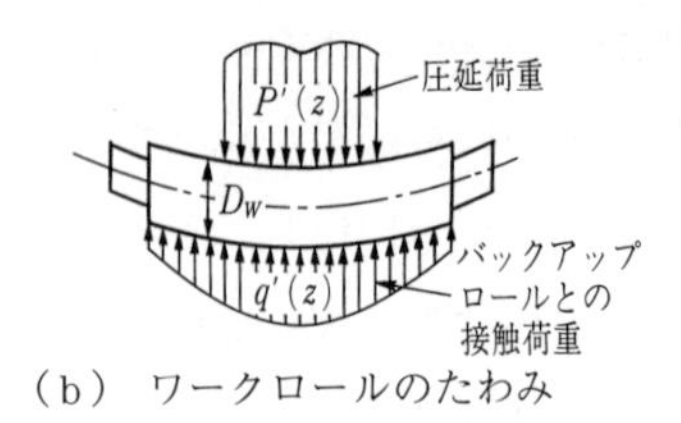

（b） ワークロールのたわみ

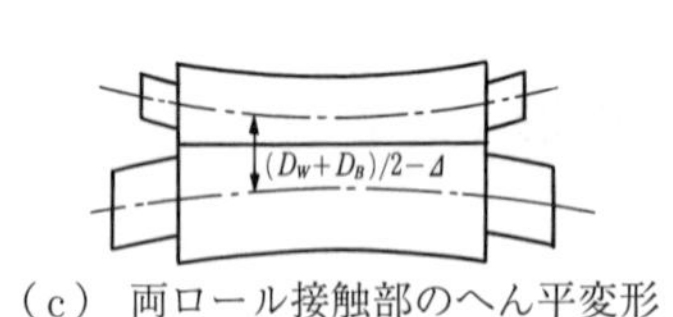

（c） 両ロール接触部のへん平変形

（d） バックアップロールのたわみ

図 2.5 ロールの変形成分[2)]

〔3〕 両ロール接触部のへん平変形

ワークロールとバックアップロールとの接触部における接触圧力により表面は圧縮変形を受け，両ロールの軸芯間の距離が接近する．

〔4〕 バックアップロールのたわみ変形

ワークロールからの接触圧力と軸受部での支持力とによって発生する曲げモーメントおよびせん断力によりロール軸線のたわみを生じる．

圧延された板の横断面形状は，**図 2.6** に模式的に示すように板厚が幅方向で一様でない．この形状は，ロールの出口面におけるロールプロフィルが転写されたと考えることができる．したがって，板縁近傍以外の部分で板厚が不均一であること，すなわち板クラウンは，主としてワークロール軸線がたわんでいることによって生じる．一方，板縁近くで板厚が急に薄くなるエッジドロップは，板との接触圧力に起因して生じるワークロール表面の弾性変形の端末効果による．

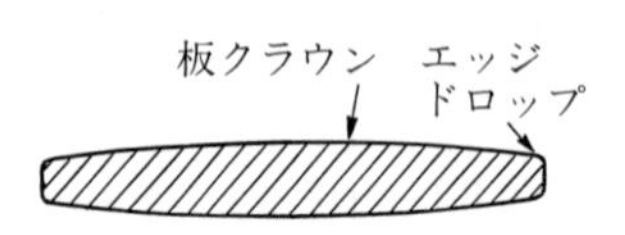

図 2.6 圧延板の横断面形状

図 2.7[3)] は圧延板の幅方向板厚分布を示してある．この例は 4 段圧延機と，そのワークロールを使用せず，バックアップロールのみを用いた 2 段圧延機で

それぞれ圧延した板のプロフィルを示している．後者の方が，圧延荷重が大きいためエッジドロップも大きいが，「板クラウン」（図2.6参照）は逆に小さい．これは，図2.5（b），（c）に相当する変形が無視できるためと解釈される．

図2.5に示したようなロールの弾性変形量は，ワークロールに作用する圧延圧力の分布が与えられれば，一義的に決定される．一方，圧延圧力は，板に与える変形，すなわちロール形状によって変化する．したがって，圧延後の板の横断面形状は，板の塑性変形とロールの弾性変形とが圧延圧力において釣り合った状態として決定することができる．

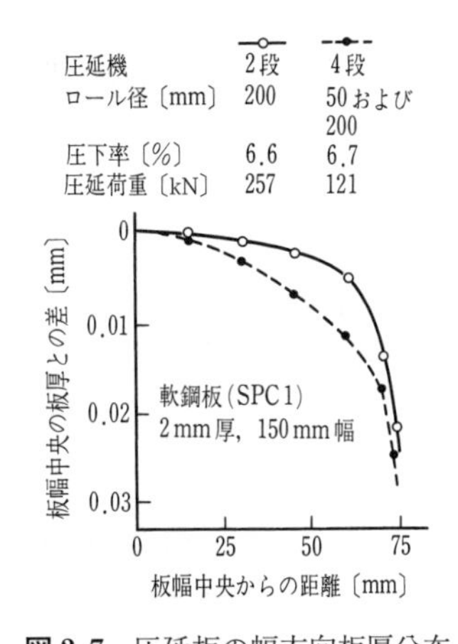

図2.7 圧延板の幅方向板厚分布

2.2.2 ロールの熱膨張

圧延によって発生した熱はロールにも伝えられ，ロールの温度は上昇する．一般に圧延中のロールの温度は，ロール胴長中央部が最も高く，両端に向かって低い分布となる．そのため熱膨張量の差を生じ，ロール径は軸方向に分布を持ち，100 μm 程度のサーマルクラウンが生じる．なお，変形ではないものの，ロールの形状は摩耗によっても変化する．摩耗量は，板と接触する部分のうち板縁より少し内側の所で最大となるが，その位置は後述する圧延圧力が最大となる位置と一致している．

2.3 圧延圧力の分布

2.3.1 ロール面圧の分布

圧力測定用のピンをロールに埋め込んで，圧延中の圧延圧力や表面の摩擦せん断力が連続的に測定されている．**図2.8**[4]において圧延圧力は，圧延方向についていえば，入口と出口の中央からやや出口寄りの所で最大値を示してい

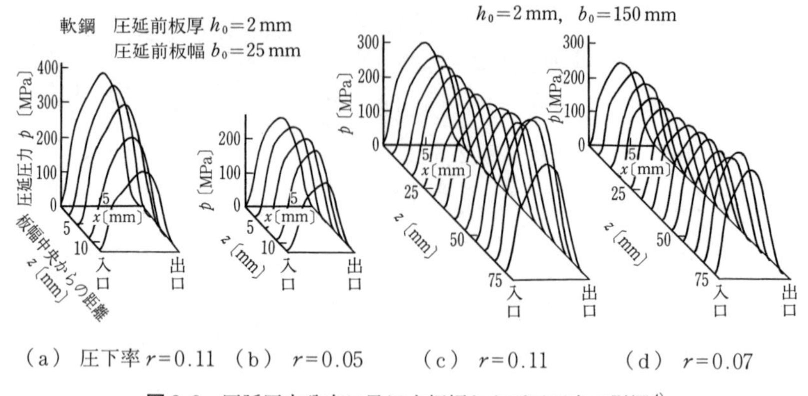

図 2.8　圧延圧力分布に及ぼす板幅および圧下率の影響[4)]

る．板幅方向では，板幅の狭い場合は幅中央で最大値となり，板縁に向かって単調に低下している．しかし板幅の広い場合には，圧力は幅中央からかなり離れた所，むしろ板縁近くに最大値が現れている．

図 2.9[4)] は張力の影響を示したもので，圧延圧力は，無張力に比べ，前方張力により出口側が，後方張力により入口側が低下しており，その影響は後方張力の方が大きい．前・後方同時に付加の場合は，いずれかを付加した場合よりも圧力は低い．また，圧延圧力の最大になる位置は無張力の場合に比べ，前方張力により入口側へ，後方張力により出口側へ移動する（張力を荷重で表現する場合と応力で表現する場合があるが，両者を区別する必要があるときには以後，前者を「張力」，後者を「張力応力」と呼ぶ）．

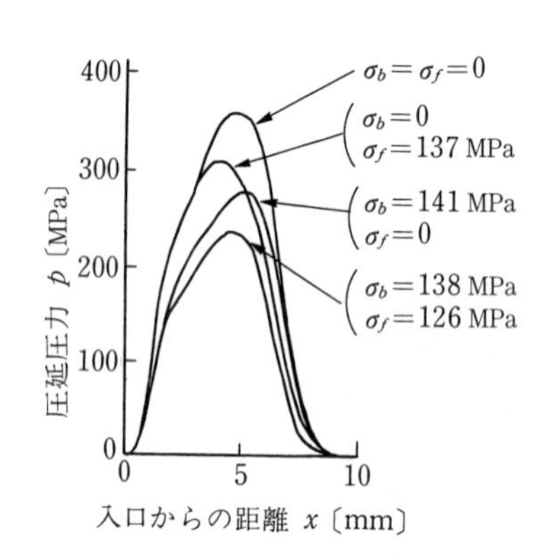

図 2.9　板幅中央の圧力分布[4)]（σ_b：後方張力応力，σ_f：前方張力応力）

図 2.10[5)] は，アルミニウムの厚板を圧延したときの圧力分布の測定例で，図（a）は圧下率が小さく $l_d/h_m<1$ となる場合で，入口側に圧力の最大値が現れている．ここで，ロールバイト中の平均板厚 h_m は $h_m=(h_0+2h_1)/3$ で求め

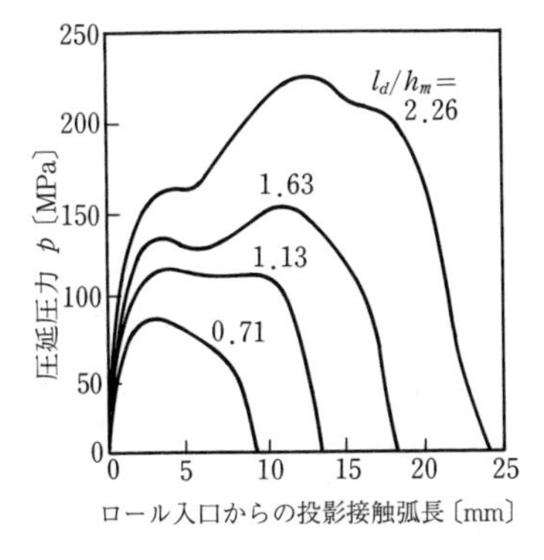

（a） 冷間圧延，板厚 11 mm，板幅 33 mm

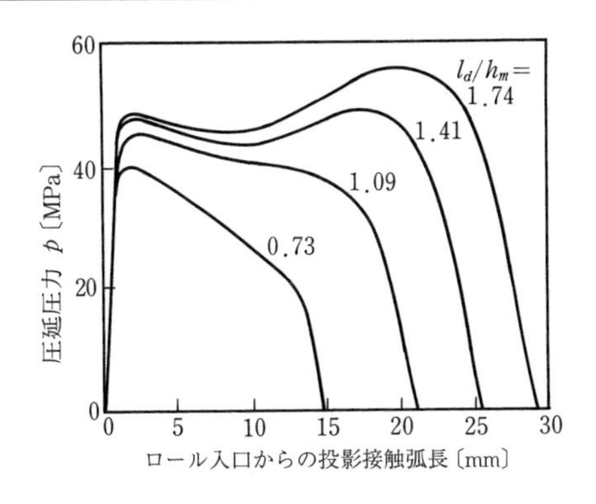

（b） 熱間圧延，板厚 20 mm，板幅 40 mm

図 2.10 アルミニウム厚板圧延の板幅中央における圧延圧力分布[5)]
（投影接触弧長 l_d と平均板厚 h_m の比の影響，ロール径 200 mm）

られる．また，l_d/h_m はロールバイトの縦横比を意味する圧延形状比と呼ばれる幾何学的パラメーターである．入口付近の圧力のピークは，弾性域による拘束によるもので「ピーニングピーク」と呼ばれている．形状比 l_d/h_m が大きくなると出口付近の圧力も上昇し，最大圧力は出口側に移るが，入口側にも依然として圧力のピークが存在する．同図（b）は熱間の場合であるが，定性的には同図（a）の冷間の場合と同様であり，入口側の圧力ピークの圧下率の増加（l_d/h_m の増加）に伴う上昇の程度は小さい．また，ピークの現れる位置は入口に近く，出口側に生じるピークも出口に寄っている．

2.3.2 単位幅圧延荷重の分布

図 2.8 に示したような圧延圧力の分布を各板幅位置ごとに入口から出口まで積分して単位幅当りの圧延荷重を求め，その板幅方向分布を示したのが**図 2.11**[3)] である．この単位幅当り荷重の最大値の現れる位置は，板幅の狭い場合でも圧下率が小さいと板幅中央から離れて板縁に近付き，この傾向は板幅の広いときにも見られる．**図 2.12**[4)] は張力の影響を示したもので，無張力の場合と比較し，前方張力を付加した場合には板幅中央部の荷重の低下が大きいため相対的に荷重ピークが鋭くなる．一方，後方張力を付加した場合では，板縁近

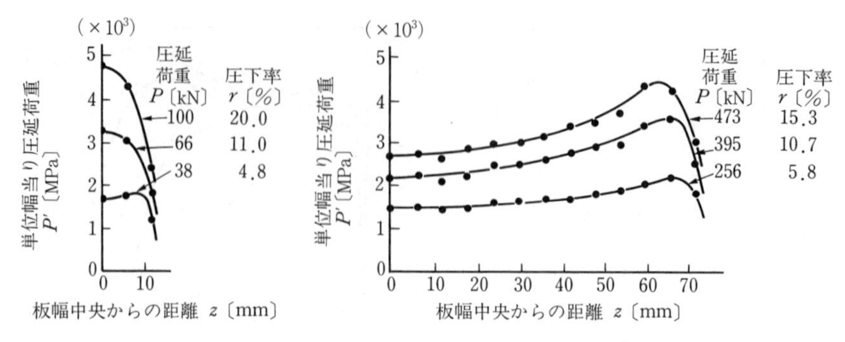

板厚 2 mm の軟鋼板の無潤滑冷間圧延，ロール径 210 mm[3)]

（a） 板幅 $b=25$ mm　　　　（b） 板幅 $b=150$ mm

図 2.11　圧力下の板幅方向分布

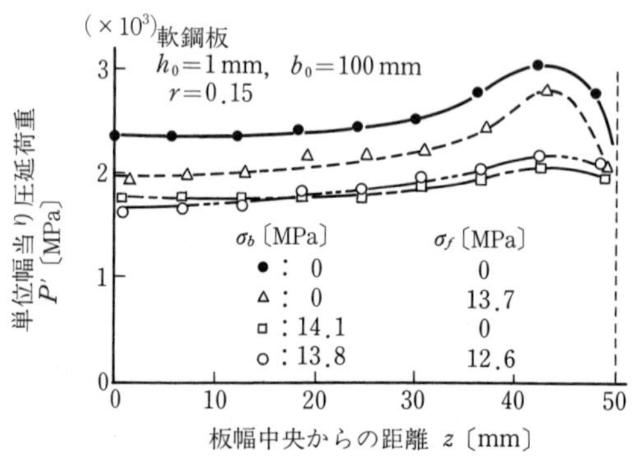

σ_b：後方張力応力，σ_f：前方張力応力

図 2.12　圧下力分布に及ぼす張力の影響[4)]

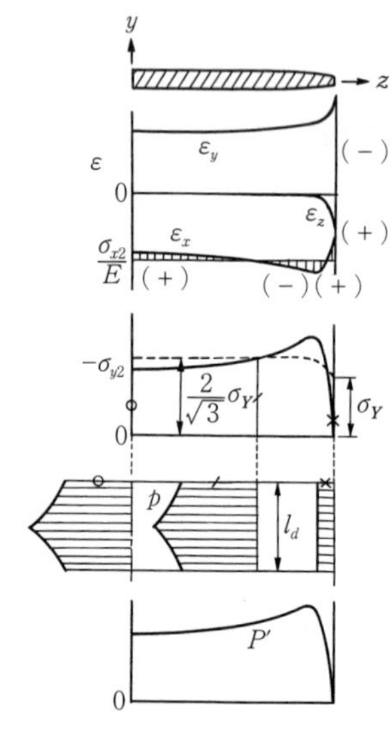

図 2.13　圧下力分布生成の説明図

傍のピークの低下が著しく，荷重分布は一様に近付く．このように，張力は圧延方向のみならず幅方向の圧力分布形状にも大きく影響を与える．

単位幅当りの荷重分布曲線が，板幅の狭い場合を除いて板縁近傍に最大値を持つ理由について考えてみよう．長方形断面の板が**図 2.13** 最上部に示すような断面形状に圧延された場合は，板縁近傍での幅方向ひずみ ε_z を考慮に入れると，圧延方向ひずみ ε_x は板縁に近い位置で最大値をとることになる．この ε_x の幅方向での不同が弾性変形で吸収されていれば，出口面における圧延方

向応力 σ_{x2} の分布は，張力 0 の条件から板縁から正負正の分布となるであろう．板の降伏応力の σ_Y に対し，板厚方向の圧縮に必要な応力 σ_{y2} は，板縁から離れた部分での平面ひずみ状態と σ_{x2} の分布とから，板縁に近い所にピークを持つような分布となる．さらに，ロールとの接触領域における圧延圧力 p の分布を，ロールに対する板の各位置の流れ方向と摩擦抵抗とを考慮して求めた上で，各幅方向位置ごとに積分して単位幅圧延荷重 P' の分布を求めると，その分布曲線は図 2.11 に示したのと類似したものとなる．

2.4 圧延板の平坦度

圧延された板がロールからの拘束を開放された状態において，板に残存している圧延方向の応力，すなわち残留応力のうち負の応力の大きさと分布状態によって平坦度不良が発生するかどうかが決定される．平坦度不良は，一種の座屈現象であるから，板厚が厚い場合には発生しにくい．

張力付加圧延の場合も，ロール接触弧の出口下流においては弾性範囲内での負荷であるから，張力除去後に平坦度不良が発生するかどうかは，張力付加状態における応力分布から推定することができる．残留応力の存在する板を圧延した場合も，その応力はほとんど考慮する必要がない．それは応力値にかなり差があっても，弾性状態のためひずみの差は小さく，ロール接触弧内で大きな塑性変形を与えられると，そのようなひずみの差に基づく応力の差はきわめ

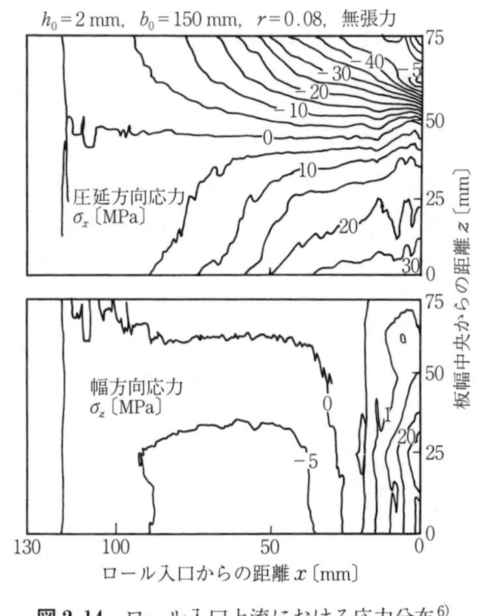

図 2.14 ロール入口上流における応力分布[6)]

て小さくなるためと理解される.

ロール接触弧の入口上流の領域にも，変形領域内での変形の影響を受け，**図 2.14**[6] に示したように応力が発生している．この応力の発生し始める位置は，板幅，圧下率いずれも大きいほど上流遠方となるが，大略板幅程度までと考えておいてよい．この領域においても下流領域と同様に，平坦度不良の発生することがある.

2.5 棒線，形材の圧延方法と特徴

棒・線圧延では，2本の孔型ロールによって材料を上下方向から圧下する孔型圧延法（カリバー圧延法）が一般に用いられているが，3本の円盤状ロールによって3方向から圧下する3方ロール圧延法も補助的に用いられる．形圧延でも孔型圧延法が広く用いられているが，H形鋼など背の高いフランジやリブを有する形材の場合には，仕上げ圧延の段階で4本（または3本）のロールによって上下左右から圧下するユニバーサル圧延法が一般に用いられる.

いずれも，ビレット，ブルーム，ビームブランクなどの素材から製品に至るまでに，数パスから二十数パスの圧延を繰り返して，断面積を徐々に減少させつつ所望の断面形状と寸法に仕上げられる．**図 2.15** は棒・線圧延，**図 2.16** は形圧延によく用いられる代表的な孔型圧延方式である.

棒・線圧延では，断面形状を正方形や円形に近い形に維持しつつ，断面積を減少するのに好都合ないくつかのパターン化された孔型系列が用いられる．これらは

(1) 1パス当りの断面減少率，すなわち延伸を大きくとれる.

(2) 延伸にとって無駄な幅広がり変形が少ない.

(3) 表面きずを発生しにくく，既存のきずを消滅しやすい.

(4) かみ込み性が良い.

(5) ガイド性が良く，ロールバイト内で材料が倒れにくい.

(6) ロールの局部摩耗を生じにくい.

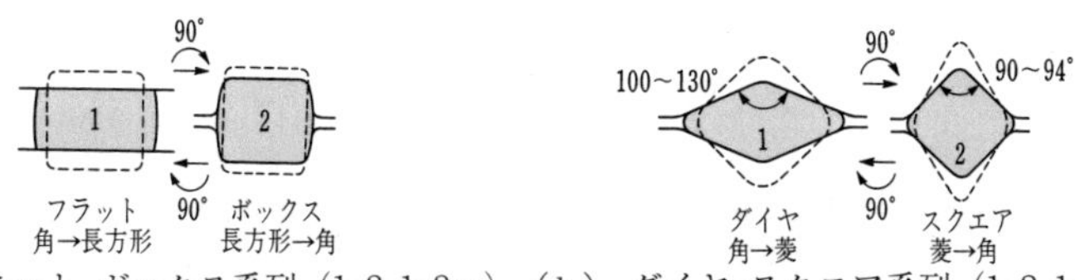

（a）フラット-ボックス系列（1-2-1-2…）（b）ダイヤ-スクエア系列（1-2-1-2…）

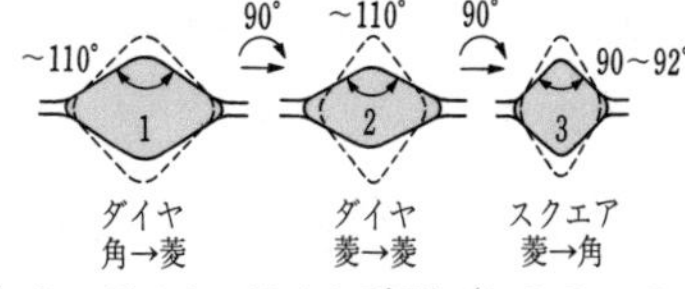

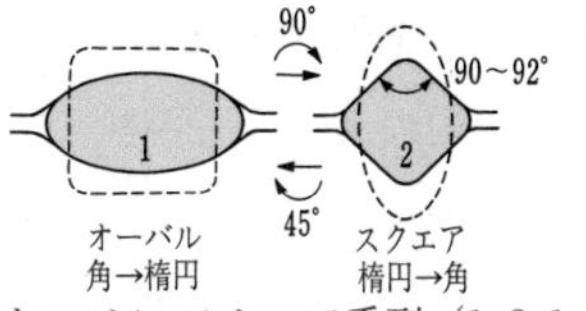

（c）ダイヤ-ダイヤ系列（1-2-2…-2-3）（d）オーバル-スクエア系列（1-2-1-2…）

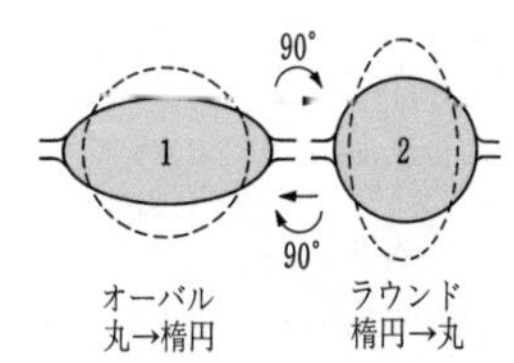

（e）オーバル-ラウンド系列（1-2-1-2…）

図 2.15　棒・線圧延に用いられる代表的な孔型圧延方式

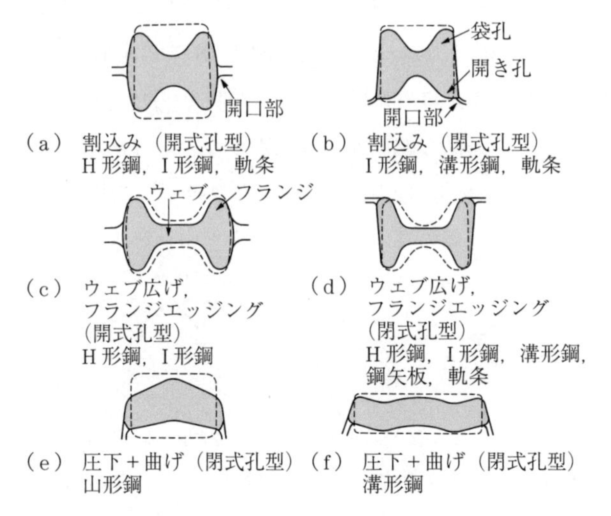

（a）割込み（開式孔型）
H 形鋼，I 形鋼，軌条

（b）割込み（閉式孔型）
I 形鋼，溝形鋼，軌条

（c）ウェブ広げ，
フランジエッジング
（開式孔型）
H 形鋼，I 形鋼

（d）ウェブ広げ，
フランジエッジング
（閉式孔型）
H 形鋼，I 形鋼，溝形鋼，
鋼矢板，軌条

（e）圧下＋曲げ（閉式孔型）
山形鋼

（f）圧下＋曲げ（閉式孔型）
溝形鋼

図 2.16　形圧延に用いられる代表的な孔型圧延方式

などの要求を満たすもので，経験によってあみ出されてきたものである．

形圧延では，製品の断面形状が素材のそれとは著しく異なるので，断面の成形が主目的となって，延伸は元来素材の鍛錬のために必要な最低限でよい．しかし，圧延による成形には必ず延伸を伴うので，実際にはそれよりはるかに大きな延伸を要する場合が多い．粗圧延では孔型内に突起のあるロールによって素材に割込みを入れ，続いてより幅の広い突起で圧下して溝の幅を広げることにより断面内の大まかな材料（肉）の振分けを行うことができる．

中間圧延ではウェブとフランジの厚さの減少（減肉）および幅の調整が行われ，仕上げ圧延では小さな調整圧下により最終的な成形が行われる．形圧延では，しばしば孔型内での曲げ成形も利用される．

これらの孔型圧延は板材の平圧延にはない，つぎのような特徴を持っている．

(1)　圧下率が幅方向で一様でない．

(2)　ロールの直径と周速が幅方向で一様でない．

(3)　投影接触弧長が幅方向で一様でない．

このため，ロールバイト内で材料は複雑な三次元変形を強いられ，板材の平圧延にはない特異な材料変形やロール材料間の相互作用が生じる．

図 2.17 に棒・線材の 3 方ロール圧延，**図 2.18** に H 形鋼のユニバーサル圧延の圧延方式を示す．3 方ロール圧延では 3 方向から均等に圧下されるので 2 本の孔型圧延に比べて無駄な幅広がり変形が少なく，寸法精度が高い利点がある[7),8)]．ユニバーサル圧延は孔型圧延で垂直なフランジの肉厚の圧下ができ，また孔型圧延に比べて成形の自由度が格段に大きいという利点がある[9)]．

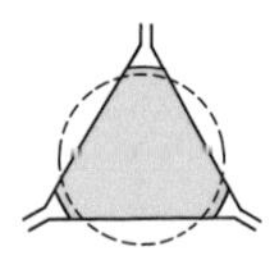
（a）丸→六角

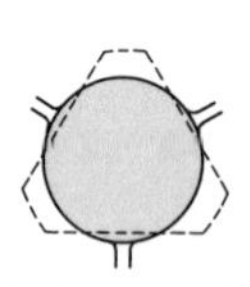
（b）六角→丸

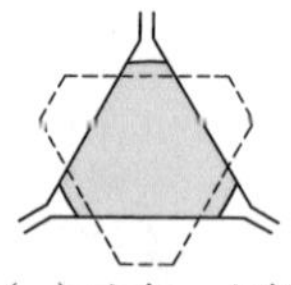
（c）六角→六角

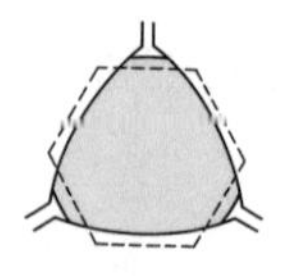
（d）六角→オーバル

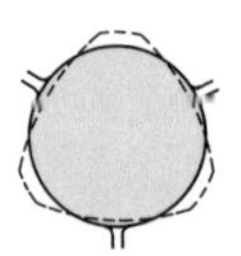
（e）オーバル→丸

図 2.17　棒・線材の 3 方ロール圧延に用いられる代表的圧延方式

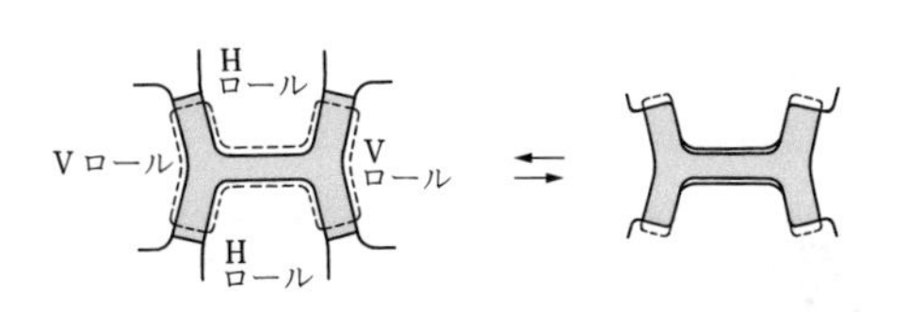

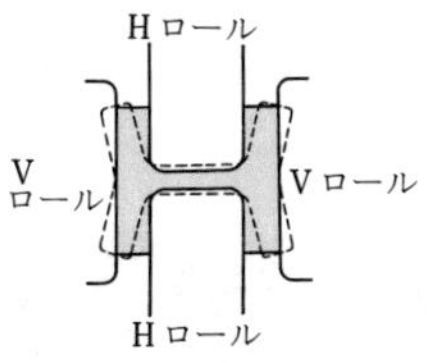

（a） ユニバーサル圧延　（b） エッジング圧延　（c） 仕上げユニバーサル圧延

図 2.18　H 形鋼のユニバーサル圧延方式

引用・参考文献

1) Capus, J. M., et al.：J. Inst. Metals, **90** (1961-62), 289.
2) 戸澤康壽：塑性と加工, **27**-300 (1986), 81.
3) 鈴木弘編：塑性加工, (1980), 134, 裳華房.
4) 石川孝司ほか：塑性と加工, **22**-247 (1981), 816.
5) 本村貢ほか：塑性と加工, **16**-168 (1975), 70.
6) 戸澤康壽ほか：塑性と加工, **22**-249 (1981), 1030.
7) 藤田米章ほか：第 33 回塑性加工連合講演会講演論文集, (1982), 151.
8) 堀端真彦ほか：塑性と加工, **29**-325(1988), 145.
9) 京井勲ほか：昭和 53 年度塑性加工春季講演会講演論文集, (1978), 85.

3 理論解析

圧延の実操業には，圧延荷重やトルク，先進率などの予測が不可欠であり，古くから理論展開が試みられてきた．特に，薄板の圧延には板厚精度が求められるため，精度の高い予測が必要とされる．薄板圧延の場合，二次元変形の仮定が妥当とされ，通常圧延では上下対称として，板厚方向の変形も均一と仮定されてスラブ法が適用されるが，上下非対称な変形を取り扱う場合には，すべり線場理論やエネルギー法が適用された．また，近年では板厚の幅方向分布である板断面プロフィルに対する要求が高まり，三次元的な変形理論も展開されてきた．一方，コンピューターの飛躍的な能力向上によって，有限要素法による解析が頻繁に行われるようになり，三次元変形解析や上下非対称な反り現象，調質圧延における不均一変形などのさまざまな現象に応用されてきている．しかしながら，圧延のメカニズムを理解するには従来の理論解析も不可欠であり，理論の理解伝承も重要である．本章では，薄板圧延を中心に理論解析の実態を紹介し，実際の適用例について解説する．

3.1 二次元圧延理論[1)]

板圧延においては特に板厚精度が重要な制御項目であり，弾性体である圧延機の変形による板厚変化を予測する必要がある．特に薄板圧延においては，板厚精度は 1/1 000 mm 単位の精度が要求されている．実操業の圧延機の剛性は約 5 000 kN/mm であり，この板厚精度を確保するためには，10 kN 単位精度の圧延荷重の予測が必要とされる．この目的で展開されたのが二次元圧延理論である．

3.1.1 スラブ法（均一変形理論）による二次元圧延理論

薄板圧延での変形域は板幅に対して短い長さの領域であるため，その変形はほぼ平面ひずみ状態であると考えられる．また，通常の薄板圧延のように変形域の長さが板厚に対して長いとき，板厚方向にはほぼ均一な変形と考えられる．このような仮定による変形解析をスラブ法（均一変形理論）と呼ぶ．

ロールと材料間には相対すべりが生じているから，ロールと材料表面間の摩擦力はロールギャップ内で中立点に向かって作用する．この様子を**図 3.1** に示す．図 3.1（b）は中立点から出口側の要素における力の関係を示す．このように，摩擦力が中立点に向かって圧延方向の圧縮力 q を生じさせ，静水圧成分を増加させる．平面ひずみ変形抵抗を k として平均面圧は Q_pk で表すとする．Q_p は圧延荷重関数と呼ばれ，静水圧成分による面圧の増加を表す．これから，圧延荷重は

$$P = wkl_dQ_p$$

で表される．ここに，l_d は投影接触弧長（図 3.1 参照），w は材料幅である．この Q_p を求めることが圧延荷重を計算する目的になる．

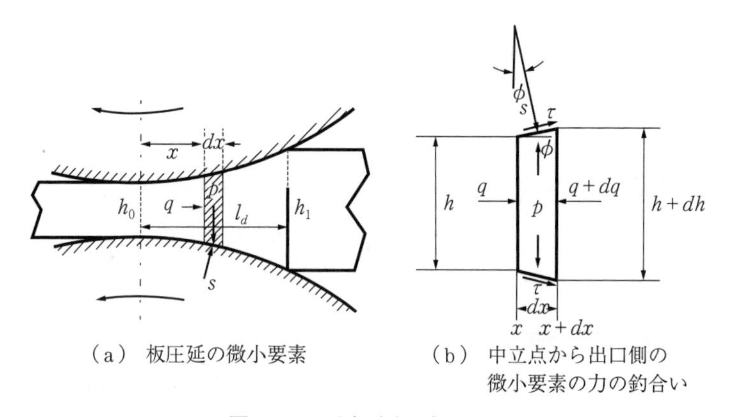

（a） 板圧延の微小要素　（b） 中立点から出口側の微小要素の力の釣合い

図 3.1 圧延変形時の力の関係

〔1〕 釣合い方程式

圧延中の応力状態を解析するために，釣合い式を定式する．図 3.1（b）により，圧延方向の力の釣合いは

$$2(s\tan\phi+\tau)dx=qdh+hdq \tag{3.1}$$

となる．ここに，q は圧延方向の圧縮応力，p は板厚方向の圧縮応力，s はロール表面の垂直面圧，τ はロール表面の摩擦応力である．これを整理すると

$$hdq+qdh=2(s\tan\phi+\tau)dx \tag{3.2}$$

となって，微分形式に直すと

$$\frac{d}{dx}(hq)=2(s\tan\phi+\tau) \tag{3.3}$$

が得られる．

一方，ロールからの板厚方向の力と内部圧縮力との釣合いは

$$(s\cos\phi-\tau\sin\phi)\frac{dx}{\cos\phi}=pdx \tag{3.4}$$

で表される．これを整理すると

$$p=s-\tau\tan\phi \tag{3.5}$$

となって

$$s=p+\tau\tan\phi \tag{3.6}$$

が得られる．これを式(3.3) に代入すると

$$\frac{d}{dx}(hq)=2\{p\tan\phi+\tau(1+\tan^2\phi)\}$$

となって，整理して

$$\frac{d}{dx}(hq)=2\left(p\tan\phi+\frac{\tau}{\cos^2\phi}\right) \tag{3.7}$$

が得られる．この式(3.3) または式(3.7) が均一変形理論の釣合い式の一般形である．

〔2〕 摩擦応力の取扱い

摩擦応力 τ はアモントン・クーロンの式によるものとする．摩擦応力は中立点を境に方向を逆転するから，次式で表す．

$$\tau=\pm\mu s \tag{3.8}$$

正は中立点から出口側，負は入口側に適用する．また，摩擦応力はせん断降伏応力以上にはならないから，式(3.9) の条件が成り立つ．

$$|\tau| \leqq \frac{k}{2} \tag{3.9}$$

式(3.8)を垂直方向の釣合い式(3.5)に入れると

$$p = \pm\frac{\tau}{\mu} - \tau\tan\phi$$

となり

$$\pm\mu p = \tau(1 \mp \mu\tan\phi)$$

から

$$\tau = \frac{\pm\mu p}{1 \mp \mu\tan\phi} \tag{3.10}$$

が得られる．これを式(3.7)の圧延方向の釣合い式に入れると

$$\frac{d}{dx}(hq) = 2\left(p\tan\phi + \frac{\pm\mu p}{1+\mu\tan\phi}\frac{1}{\cos^2\phi}\right) = 2p\,\frac{\tan\phi \mp \mu\tan^2\phi \pm \mu/\cos^2\phi}{1 \mp \mu\tan\phi}$$

となって

$$\frac{d}{dx}(hq) = 2p\,\frac{\tan\phi \pm \mu}{1 \mp \mu\tan\phi} \tag{3.11}$$

が得られる．摩擦角度βを

$$\beta = \tan^{-1}\mu$$

で定義すると

$$\frac{d}{dx}(hq) = 2p\,\frac{\tan\phi \pm \tan\beta}{1 \mp \tan\phi\tan\beta}$$

から，三角関数の加法定理を適用して

$$\frac{d}{dx}(hq) = 2p\tan(\phi \pm \beta) \tag{3.12}$$

が得られる．ロール半径をR'とすると，$dx = R'd\phi\cos\phi$であるから

$$\frac{d}{d\phi}(hq) = 2R'p\cos\phi\tan(\phi \pm \beta) \tag{3.13}$$

とOrowanの均一変形理論による微分方程式が得られる．

〔3〕 降伏条件式の導入

材料変形の構成式として降伏条件式を導入する．冷間圧延の場合，摩擦係数

は0.1以下であることが普通であり，摩擦応力の降伏条件への影響は小さいと考えられる．このことから，降伏条件は垂直応力のみで考えればよく，平面ひずみ条件における降伏条件式より

$$p-q=k \tag{3.14}$$ †

となる．これを式(3.12)に入れると

$$\frac{d}{dx}(hq)=2(q+k)\tan(\phi\pm\beta) \tag{3.15}$$

となる．h_{out}を圧延後の板厚とすると，$h=h_{out}+2R'(1-\cos\phi)$，また，$\phi$が小さいとき$\sin\phi\approx\tan\phi$，$\dfrac{dx}{d\phi}=R'$であり

$$\frac{dh}{dx}=\frac{dh}{d\phi}\frac{d\phi}{dx}=2R'\sin\phi\frac{d\phi}{dx}\approx 2\tan\phi$$

となるから

$$h\frac{dq}{dh}=2(q+k)\tan(\phi\pm\beta)-2q\tan\phi$$
$$=2q\{\tan(\phi\pm\beta)-\tan\phi\}+2k\tan(\phi\pm\beta) \tag{3.16}$$

が得られる．

〔4〕 **Von Karmanの式**

Karmanは$p\approx s$と仮定し，式(3.3)を展開して

$$\frac{d}{dx}(hq)=2p(\tan\phi\pm\mu)=2p(\tan\phi\pm\tan\beta) \tag{3.17}$$

と，式(3.12)と同様の式を得ている．また，式(3.16)は摩擦係数を用いて

$$h\frac{dq}{dx}=2(k+q)(\tan\phi\pm\mu)-2q\tan\phi=2k(\tan\phi\pm\mu)+2\mu q \tag{3.18}$$

と書き換えられる．Bland & Fordは，この式を変形抵抗が一定値として解析的に解いている．結果については3.1.3項で記述する．

冷間圧延においては，変形抵抗kは加工硬化によってロールギャップの中で

† ここでは，圧延方向の出側から入側に向かう圧延方向の応力を圧縮力としている．5章の式(5.8)では向きを反対にとっているので，$\sigma_x=-q$となる．また，ここではkは平面ひずみ変形抵抗を表しているが，式(5.8)のkはせん断変形抵抗である．

変化するから，式(3.17)を差分形式の数値積分で解くことが望ましい．

3.1.2 摩擦応力を降伏条件に取り入れた理論

熱間圧延などでは，ロールと材料の間の摩擦条件は固着に近い条件となり，摩擦係数は0.1以上になる．この場合は，摩擦応力の降伏条件への影響を無視することができなくなる．Orowanは，摩擦応力によるせん断応力の板厚方向への分布を仮定した圧延理論式を展開した．

図3.2においてABの直線と弧Cの領域を考えると，この領域で水平力Qは釣り合っているから，直線ABのみでなく弧Cの上でも水平力は釣り合うと考えてよい．式(3.3)を$Q=qh$を用いて書き換えると

$$\frac{dQ}{dx}=2s\tan\phi+2\tau \tag{3.19}$$

が得られる．

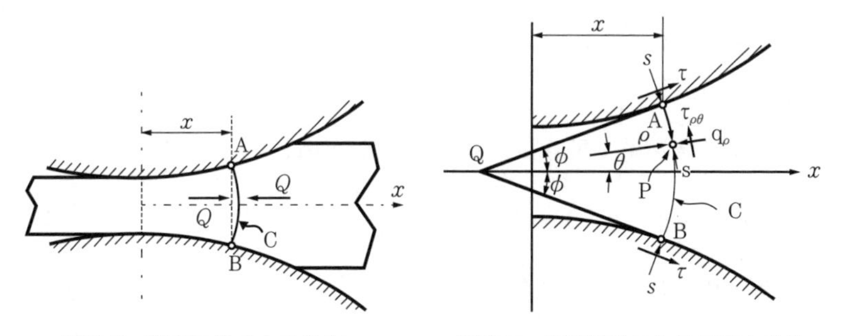

図3.2 断面に働く力の釣合い

図3.3 極座標系における応力成分

図3.3でロールバイト出口からxの位置A，Bでロール表面と垂直に交わる円弧Cを考え，円弧上の点Pを円弧の中心QからPを結ぶ半径ρとx軸とのなす角度θで位置付ける．点Pの応力は円弧Cに垂直な応力q_ρ，Cに沿った圧縮応力s，Cに沿ったせん断応力$\tau_{\rho\theta}$である．これらの応力に対して以下の三つの仮定を立てる．

（1） sは弧C上で一定でロール表面での法線応力に等しい(xのみの関数)．

（2） $\tau_{\rho\theta}$は角度θに比例して，ロール表面で摩擦力τに等しい．

$$\tau_{\rho\theta} = \frac{\theta}{\phi}\tau \tag{3.20}$$

（3） 材料の降伏応力は弧 C 上で一定である．

さて，von Mises の降伏条件式は

$$\frac{1}{\sqrt{2}}\sqrt{(\sigma_x-\sigma_y)^2+(\sigma_y-\sigma_z)^2+(\sigma_z-\sigma_x)^2+6(\tau_{xy}^2+\tau_{yz}^2+\tau_{zx}^2)} = Y \tag{3.21}$$

であるが，上の条件に従って，$\sigma_x=-s$，$\sigma_y=-q_\rho$，$\tau_{xy}=\tau_{\rho\theta}$，$\sigma_z=-(s+q_\rho)/2$，$\tau_{yz}=\tau_{zx}$とすると

$$(s-q_\rho)^2+\left(q_\rho-\frac{s+q_\rho}{2}\right)^2+\left(\frac{s+q_\rho}{2}-s\right)^2+6\tau_{\rho\theta}^2=2Y^2$$

$$\frac{3}{2}(s-q_\rho)^2+6\tau_{\rho\theta}^2=2Y^2$$

となるから，平面ひずみでの一般の降伏条件は

$$(s-q_\rho)^2+4\tau_{\rho\theta}^2=\frac{4}{3}Y^2=k^2 \tag{3.22}$$

となる．よってこれを q_ρ について解くと

$$q_\rho=s-\sqrt{k^2-4\tau_{\rho\theta}^2}$$

となる．変数を関数系で書き換えると，降伏条件式は下式となる．

$$q_\rho(x,\theta)=s(x)-\sqrt{k^2(x)-4\left(\frac{\theta}{\phi}\tau(x)\right)^2} \tag{3.23}$$

これらの仮定の下に，水平力 Q を求める．

$$Q=2\int_0^\phi (q_\rho\cos\theta+\tau_{\rho\theta}\sin\theta)\rho d\theta \tag{3.24}$$

$h=2\rho\sin\phi$ であるから

$$q=\frac{Q}{h}=\frac{1}{\sin\phi}\int_0^\phi (q_\rho\cos\theta+\tau_{\rho\theta}\sin\theta)d\theta \tag{3.25}$$

式(3.20)，(3.23)を代入して

$$q=\frac{1}{\sin\phi}\int_0^\phi\left[\left\{s-\sqrt{k^2-4\left(\frac{\theta}{\phi}\tau\right)^2}\right\}\cos\theta+\frac{\theta}{\phi}\tau\sin\theta\right]d\theta$$

となって，式内を分解し，可能な部分に積分を施すと

$$
\begin{aligned}
q &= \frac{1}{\sin\phi}\left\{ s\int_0^{\phi}\cos\theta\,d\theta - \int_0^{\phi}\sqrt{k^2-4\left(\frac{\theta}{\phi}\tau\right)^2}\cos\theta\,d\theta \right\} \\
&\quad + \frac{1}{\sin\phi}\int_0^{\phi}\frac{\theta}{\phi}\tau\sin\theta\,d\theta \\
&= \frac{1}{\sin\phi}\left\{ s\sin\phi - \int_0^{\phi}\sqrt{k^2-4\left(\frac{\theta}{\phi}\tau\right)^2}\cos\theta\,d\theta \right\} \\
&\quad + \frac{1}{\sin\phi}\left(\left[-\frac{\theta}{\phi}\tau\cos\theta \right]_0^{\phi} + \left[\frac{1}{\phi}\tau\sin\theta \right]_0^{\phi} \right)
\end{aligned}
$$

$$
\begin{aligned}
q &= \left\{ s - \frac{k}{\sin\phi}\int_0^{\phi}\sqrt{1-4\left(\frac{\theta}{\phi}\frac{\tau}{k}\right)^2}\cos\theta\,d\theta \right\} \\
&\quad + \frac{1}{\sin\phi}\left(\left[-\frac{\theta}{\phi}\tau\cos\theta \right]_0^{\phi} + \left[\frac{1}{\phi}\tau\sin\theta \right]_0^{\phi} \right) \\
&= s - \frac{k}{\sin\phi}\int_0^{\phi}\sqrt{1-4\left(\frac{\theta}{\phi}\frac{\tau}{k}\right)^2}\cos\theta\,d\theta + \frac{1}{\sin\phi}\left(-\tau\cos\phi + \frac{1}{\phi}\tau\sin\phi \right) \\
&= s - \frac{k}{\sin\phi}\int_0^{\phi}\sqrt{1-4\left(\frac{\theta}{\phi}\frac{\tau}{k}\right)^2}\cos\theta\,d\theta + \tau\left(\frac{1}{\phi} - \frac{1}{\tan\phi} \right)
\end{aligned}
$$

となって

$$
q = s - k\left\{ \frac{1}{\sin\phi}\int_0^{\phi}\sqrt{1-\left(\frac{\theta}{\phi}\frac{2\tau}{k}\right)^2}\cos\theta\,d\theta - \frac{\tau}{k}\left(\frac{1}{\phi} - \frac{1}{\tan\phi} \right) \right\} \tag{3.26}
$$

が得られる．ここで

$$
w(\lambda,\phi) \equiv \frac{1}{\sin\phi}\int_0^{\phi}\sqrt{1-\lambda^2\left(\frac{\theta}{\phi}\right)^2}\cos\theta\,d\theta \tag{3.27}
$$

$$
\lambda \equiv \frac{2\tau}{k} \tag{3.28}
$$

と置くと

$$
q = s - k\left\{ w(\lambda,\phi) - \frac{\lambda}{2}\left(\frac{1}{\phi} - \frac{1}{\tan\phi} \right) \right\} \tag{3.29}
$$

となる．ϕ，θ が小さいとして，$\sin\phi \approx \phi$，$\cos\theta \approx 1$ とすると

$$
w(\lambda,\phi) \approx \frac{1}{\phi}\int_0^{\phi}\sqrt{1-\lambda^2\left(\frac{\theta}{\phi}\right)^2}\,d\theta = \frac{1}{2}\left(\frac{\sin^{-1}\lambda}{\lambda} + \sqrt{1-\lambda^2} \right) \tag{3.30}
$$

となる．

圧延方向平均圧縮応力 q とロール表面の法線応力 s との関係は，式(3.29)より

$$s=q+k\left\{w(\lambda,\phi)-\frac{\lambda}{2}\left(\frac{1}{\phi}-\frac{1}{\tan\phi}\right)\right\} \tag{3.31}$$

ロール表面での摩擦力 τ は式(3.8)，(3.9)より

$$\tau=\pm\mu s \quad（正：出口側，負：入口側） \tag{3.32}$$

$$|\tau|\leqq\frac{k}{2} \tag{3.33}$$

である．これをまとめて

$$\tau=\min\left\{\mu s,\frac{k}{2}\right\} \tag{3.34}$$

または

$$\lambda=\min\left\{2\mu\frac{s}{k},1\right\} \tag{3.35}$$

となる．式(3.32)，(3.33)があるため，一般的には微分方程式(3.19)を解析的に解くことはできない．近年ではコンピューターの能力が飛躍的に発達したため，数値的に解析することが容易になっている．

数値解析で解くには，式(3.19)，(3.31)と式(3.34)あるいは式(3.35)を連立させて解く必要があるが，実際の解析では繰返し収束解析が必要である．

① 式(3.19)による隣のメッシュの計算または境界条件として q を得る．

② s の値を仮定する（1回目）または更新する（2回目以降）．

③ 式(3.35)で λ を計算する．

④ これらを用いて式(3.30)，(3.31)から s を計算する．

⑤ ②，③，④を s が収束するまで繰り返す．

⑥ 収束したら①へ行き，つぎのメッシュの計算を行う．

以上の計算をロールギャップ入口，および出口からそれぞれ行い，s の分布を求め，同じ位置の小さい方の値を圧延圧力分布とする．

せん断応力を考慮しない理論による数値解析では，④，⑤の収束計算は必要

としないため，非常に高速に解析が終了できる．

Sims は，式(3.31)を全面固着条件$\tau=k/2$一定値として解析的に解いている．結果については次項で記述する．

3.1.3　二次元圧延理論式の解析解

上記の微分方程式は一般的には解析解が得られないが，いくつかの近似を適用することによって解析解が得られている．ここでは，結果の式のみを紹介する．

〔1〕 Bland & Ford の近似式

Bland & Ford は変形抵抗kを一定とし，微小項を省略するなどして式(3.18)を解析的に解いている．

$$p=\begin{cases} p^{+}=\dfrac{kh}{h_{out}}\left(1-\dfrac{\sigma_{out}}{k_{out}}\right)\exp(\mu h) & \text{(先進域)} \\ p^{-}=\dfrac{kh}{h_{in}}\left(1-\dfrac{\sigma_{in}}{k_{in}}\right)\exp\{\mu(H_1-H)\} & \text{(後進域)} \end{cases} \tag{3.36}$$

ここで

$$H=\frac{2}{\sqrt{h_{out}/R'}}\tan^{-1}\frac{\phi}{\sqrt{h_{out}/R'}} \tag{3.37}$$

$$H=\frac{2}{\sqrt{h_{out}/R'}}\tan^{-1}\frac{\alpha}{\sqrt{h_{out}/R'}} \tag{3.38}$$

で，αはかみ込み角度である．また，σ_{in}，σ_{out}はそれぞれ入口，出口での張力，k_{in}，k_{out}はそれぞれ入口，出口での変形抵抗である．

$$\alpha=\cos^{-1}\left(1-\frac{h_{in}-h_{out}}{2R'}\right) \tag{3.39}$$

式(3.36)の二つの式が等しいとして，中立点の位置が求められる．中立点でのHをH_nとすると

$$H_n=\frac{H_1}{2}+\frac{1}{2\mu}\ln\frac{h_{out}}{h_{in}}\frac{1-\sigma_{in}/k_{in}}{1-\sigma_{out}/k_{out}} \tag{3.40}$$

となって，中立点の位置が

$$\phi_n=\sqrt{\frac{h_{out}}{R'}}\tan\frac{\sqrt{h_{out}/R'}}{2}H_n \tag{3.41}$$

で求めることができる．

〔2〕 **Hillの近似式**

Hillは，さらにこの結果をテイラー展開して簡易式を導出している．

$$Q_p=1.08+1.79r\frac{\mu}{\alpha}\sqrt{r}-1.02r \tag{3.42}$$

ここで，$r=(h_{in}-h_{out})/h_{in}$ である．張力の圧延荷重への影響は単位幅当り

$$\Delta P=-R'\{\phi_n\sigma_{out}+(\alpha-\phi_n)\sigma_{in}\} \tag{3.43}$$

で表される．

〔3〕 **Simsの式**

SimsはOrowanの微分方程式および降伏条件式を平均変形抵抗一定の下，投影接触弧長全面固着条件で解析的に解いている．このとき式(3.35)は $\lambda=1$ となって，降伏条件式は非常に単純になり，解析的に解くことができる．この結果，中立点から出口側，入口側の圧延圧力分布は

$$\left.\begin{aligned} p^+&=k\left\{\frac{\pi}{4}+\frac{\pi}{4}\ln\frac{h}{h_{out}}+\frac{H}{2}-\frac{\sigma_{out}}{k}\right\}\\ p^-&=k\left\{\frac{\pi}{4}-\frac{\pi}{4}\ln\frac{h_{in}}{h}+\frac{H_1-H}{2}-\frac{\sigma_{in}}{k}\right\}\end{aligned}\right\} \tag{3.44}$$

で表される．さらに，張力のない条件でこれを積分して，荷重関数で

$$Q_p=\frac{\pi}{2}\sqrt{\frac{1-r}{r}}\tan^{-1}\sqrt{\frac{r}{1-r}}-\frac{\pi}{4}-\sqrt{\frac{1-r}{r}}\sqrt{\frac{R'}{h_{out}}}\ln\frac{h_n\sqrt{1-r}}{h_{out}} \tag{3.45}$$

$$\phi_n=\sqrt{\frac{h_{out}}{R'}}\tan\left(\frac{1}{2}\tan^{-1}\sqrt{\frac{r}{1-r}}-\frac{\pi}{8}\sqrt{\frac{h_{out}}{R'}}\ln\frac{1}{1-r}\right) \tag{3.46}$$

を得ている．

〔4〕 **志田の近似式**

志田は，Simsの結果をテイラー展開して一次の項のみで簡易式を導出している．

$$Q_p=0.8+(0.45r+0.04)\left(\sqrt{\frac{R'}{h_{in}}}-0.5\right) \tag{3.47}$$

3.1.4 圧延トルクの式

圧延負荷としては圧延荷重とともに圧延トルクも重要な量である．無理な圧延を行うと圧延荷重も大きくなるが圧延トルクも大きくなり，駆動スピンドルの破損や，駆動モーターのトリップ事故などが生じるおそれがある．事前にトルクの値が推定できれば，これらの事故を防止することができる．

圧延理論による圧延圧力分布 p が求められれば，ロールと材料間の摩擦応力 τ が計算できて，ロール 1 本当りの単位幅圧延トルクは

$$G \equiv R\int \frac{-\tau}{\cos\phi}dx$$

で計算できる．摩擦応力 τ は中立点を境に符号が変わるため，中立点の位置が誤差を持つとトルクの誤差は 2 倍の影響で誤差を持つ．このため，中立点位置の情報を用いない式が望ましい．釣合いの一般式 (3.7)

$$\frac{d}{dx}(hq) = 2\left(p\tan\phi + \frac{\tau}{\cos^2\phi}\right)$$

から

$$R\int \frac{-\tau}{\cos\phi}dx = R\int p\tan\phi\cos\phi\, dx - \frac{1}{2}R\int \cos\phi\, d(hq)$$

となる．かみこみ角度が小さいと仮定すると $\cos\phi \approx 1$ と置いてよく，$\sin\phi = x/R'$ であるから

$$G = R\int p\frac{x}{R'}dx - \frac{1}{2}R(h_{out}q_{out} - h_{in}q_{in})$$

が得られる．トルクに対する平均荷重値を

$$p_m^G = \frac{\int_0^{l_d} pxdx}{\int_0^{l_d} xdx}$$

で定義し，前後方張力を $S_{out} = h_{out}q_{out}$，$S_{in} = h_{in}q_{in}$ とすると，圧延トルクは

$$G \approx \frac{Rl_d^2}{2R'}p_m^G + \frac{R}{2}(S_{in} - S_{out})$$

となる．荷重の平均値

$$p_m = \frac{\int_0^{l_d} p dx}{l_d}$$

を用いて

$$p_m^G \equiv 2\lambda_G p_m$$

で近似すると，ロール1本当りの単位幅圧延トルクは

$$G \approx \lambda_G \frac{Rl_d^2}{R'} p_m + \frac{R}{2}(S_{in} - S_{out}) = \lambda_G l_d \frac{R}{R'} P + \frac{R}{2}(S_{in} - S_{out}) \tag{3.48}$$

として得られる．ここに P は単位幅圧延荷重である．λ_G はトルクアーム係数と呼ばれ，厳密には実験や精度の良い計算などによって求めるべきであるが，ほぼ1/2の値となる．

3.1.5　各式の比較

3.1.3項で記述した各式は，比較的簡単であり，オンライン制御にも用いられる式であるが，数値積分などの厳密解と比較してその精度を確認する必要がある．

図3.4に降伏条件でのせん断応力の考慮の有無による圧延圧力分布の数値解析例を示す．摩擦係数が0.1のときは両者にほとんど差がない．実際の圧延において冷間圧延の場合，摩擦係数は0.1以下である場合が多く，冷間圧延での解析にはせん断応力の影響を考慮する必要はないと考えられる．摩擦係数が0.2になると両者の差は徐々に大きくなり，0.3になると無視できない差が生じる．また，摩擦係数が0.3の

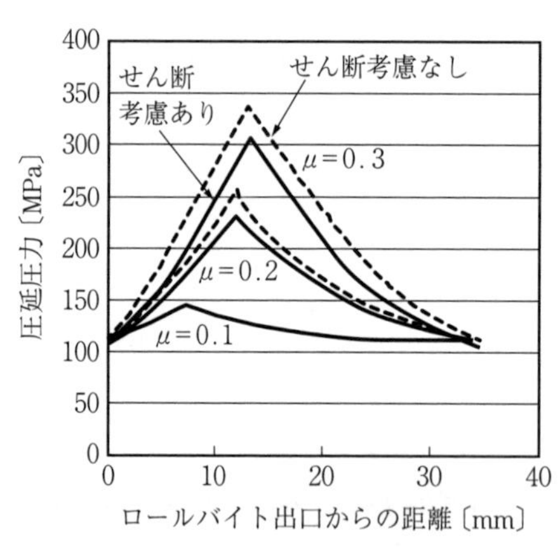

圧延前板厚＝10 mm，圧延後板厚＝6 mm，ロール半径＝300 mm，比較のため投影接触弧長を同一にしてある

図3.4　せん断応力の降伏条件への考慮の有無の違い

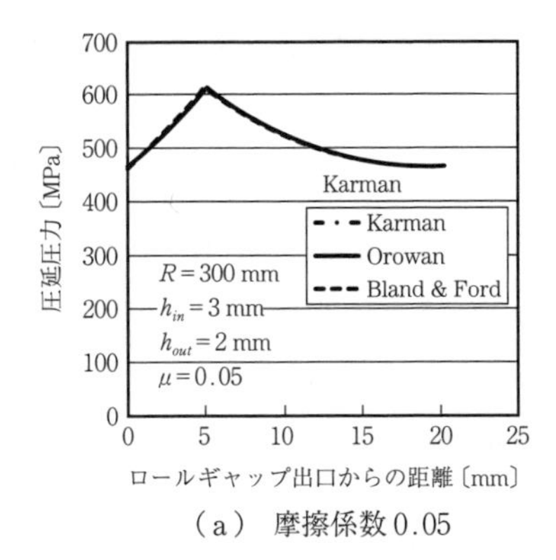

（a） 摩擦係数0.05

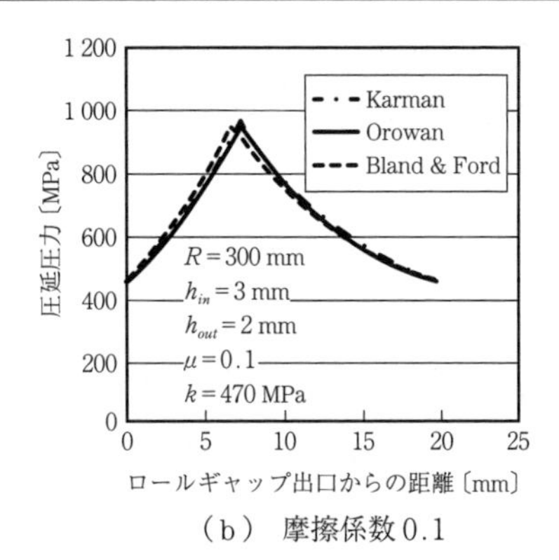

（b） 摩擦係数0.1

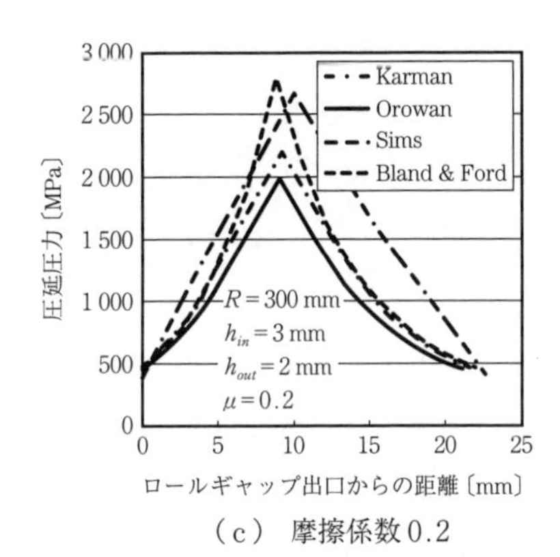

（c） 摩擦係数0.2

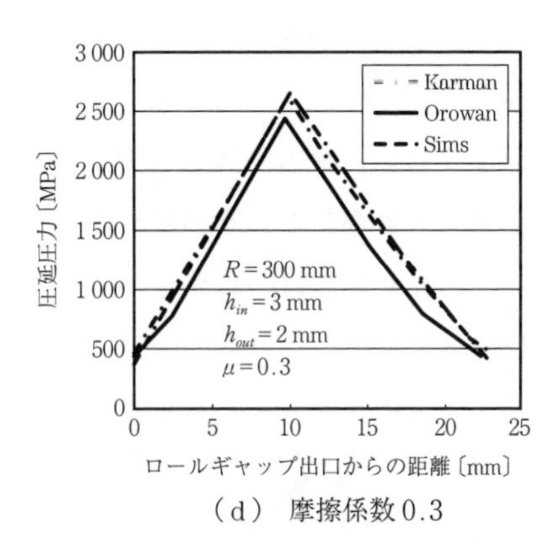

（d） 摩擦係数0.3

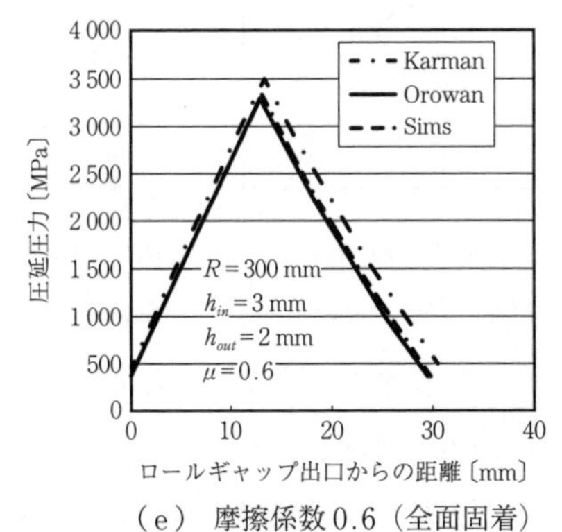

（e） 摩擦係数0.6（全面固着）

図3.5 摩擦係数の違いによる各理論式の比較

場合，フリクションヒルの真ん中半分あたりはほぼ直線状の分布であり，固着摩擦条件であることが推定される．熱間圧延では摩擦係数が 0.3 以上になる場合もあり，せん断応力の影響を考慮する必要があると考えられる．

図 3.5 に摩擦係数を変化させた場合の各理論式，近似式によるフリクションヒルの比較を示す．変形抵抗はロールバイト中で一定と仮定している．摩擦係数が 0.1 以下の場合には，Orowan，Karman，Bland & Ford の式は大きな差は生じないが，摩擦係数が 0.2 以上になると固着摩擦への変化を考慮していない Bland & Ford の式は，他の式に比べて圧力が大きくなりすぎる．この条件の摩擦係数 0.3 以上では，Bland & Ford の式はロールへん平計算で収束が得られない．また，摩擦係数 0.3 までは投影接触弧長全面を固着摩擦と仮定した Sims の式は適用できない．0.3 のときは，Orowan の式と比較したとき図 3.4 に示すように，すべり摩擦領域の有無の差があり，Sims の式による方が圧延荷重は大きくなるが，摩擦係数が 0.5 以上ではロールバイト全面が固着摩擦状態となるため両者は一致する．

図 3.6 において，材料の変形抵抗がロールバイト中で加工硬化する場合の数値解析（Orowan，Karman）と，変形抵抗を平均値で一定とした場合（Bland & Ford）を比較している．

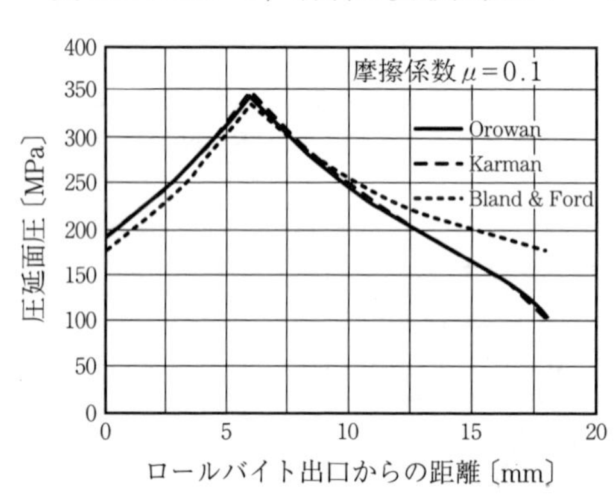

図 3.6　加工硬化の考慮の有無の違い

特に，冷間圧延の第一パスにおいては材料の加工硬化の変化が大きく，フリクションヒル形状への影響が大きい．圧延現象を詳細に分析する場合などには，加工硬化を考慮できる数値解析が必要になると考えられる．

以上のように，各式は適用の目的によって使い分ける必要があり，必要とあれば目的に合った修正などを加える必要がある．このためにも，圧延理論の成り立ちを理解しておくことが肝要である．またこの理解は，後述の有限要素法による解析結果の理解を深めるためにも重要である.

3.1.6 ロールの弾性へん平変形

圧延を含む材料の塑性変形時の面圧は材料の変形抵抗の何倍かになる場合もあり，加工工具であるロールや金型の弾性変形が無視できない量になる．特に金属を冷間で加工する冷間圧延では，ロールの見掛けの半径が圧延荷重に影響するため，弾性変形量を推定する必要がある．圧延の場合，例えば，図3.6のようにロール接触弧に沿って面圧は中央が大きな分布になり，弾性変形も中央部が大きくなると予想される．弾性変形理論によると通常の圧延条件の場合，この変形量は0.1 mm程度であり，投影接触弧長が数mmである．このことから，通常の圧延条件では細かなロール表面変形量分布は無視でき，変形後形状を円弧（半径 R'）であると仮定できる．このため，接触部の弾性変形後のロール表面形状は，**図3.7**のように変形する前の半径 R に比べて大きくなると推定される．ちなみに，2円柱の接触弾性変形に関してはHertzの弾性解があるが，このときの接触面圧分布は楕円状の分布となる．

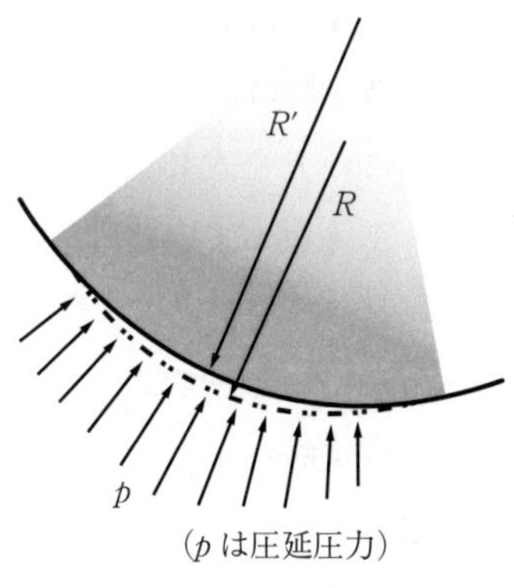

図3.7 ロールへん平変形

Hitchcockは，この変形量を圧延圧力分布を楕円分布と仮定して弾性理論によって解いた．この結果による最大変形量からFordは，へん平変形後のロール形状の曲率半径を式(3.49)のように表した．

$$R'=R\left\{1+\frac{c_0}{w(h_{in}-h_{out})}P\right\} \qquad \left(c_0=\frac{16(1-\nu^2)}{\pi E}\right) \tag{3.49}$$

ここに，P（$=\sum p$）は圧延荷重，w は圧延材板幅，E はロール材質の縦弾性係数，ν はロール材質のポアソン比，h_{in} は圧延前板厚，h_{out} は圧延後板厚である．

また，投影接触弧長 l_d は

$$l_d=R'\sin\alpha$$

である．圧下量を表すと

$$(h_{in}-h_{out})=2R'(1-\cos\alpha)$$

であるが，かみこみ角度αが小さいときは

$$\cos\alpha=\sqrt{1-\sin^2\alpha}\approx 1-\frac{1}{2}\alpha^2$$

であるから

$$(h_{in}-h_{out})=2R'\frac{1}{2}\alpha^2 \qquad \left(\alpha=\sqrt{\frac{h_{in}-h_{out}}{R'}}\right)$$

となって

$$l_d=\sqrt{R'(h_{in}-h_{out})} \tag{3.50}$$

で表される．

式(3.49)のPは3.1.1〜3.1.3項の各式で計算されるが，これらの式にはロール半径R'が含まれている．このため，圧延荷重を計算するためには収束計算が必要である．

① 変形前のロール半径Rを使って圧延荷重Pを計算する．

② このPを式(3.49)に入れてロールへん平曲率半径R'を計算する

③ R'を使って圧延荷重P'を計算する

④ $P'\fallingdotseq P$か判定し，そうであれば⑥へ，そうでなければ⑤へ行く

⑤ $P=P'$として②へ行く

⑥ 収束終わり

圧延条件によっては，上記の収束が達成できないときがあるため，②〜⑤の繰返し回数に制限を設ける必要がある．収束できないときは圧延できない条件であると判断する．ここでの計算には材料の弾性変形を無視しているが，実際には弾性変形が存在し，その量が圧延による板厚変化の量に比べて無視できない量である場合には，この量を考慮する必要がある．

3.2 疑似三次元圧延理論[1),2)]

現在では三次元の有限要素法の解析が比較的容易に汎用プログラムによって可能になっているが，薄板圧延のスラブ法が適用できる条件では，直接解析法によって三次元的な解析が行われた．薄板圧延の断面プロフィルの解析などは，幅方向のひずみ分布の解析が重要であるが，このような場合には二次元圧延理論と同様に板厚方向の変形を一様と仮定し，剛塑性変形の構成式を適用することによって解析が可能となる．しかしながら，各釣合い式，降伏条件式，構成式を用いても板厚方向以外のすべての自由度を緩和することはできず，一般的には圧延方向のひずみを幅方向に一様と仮定することによって自由度を減少させている．

■ 基　礎　式

戸澤らは**図 3.8** のようなモデルを考え，以下の過程を設けて基礎式を展開した．

① 投影接触弧長内では剛塑性変形，それ以外は弾性変形とする

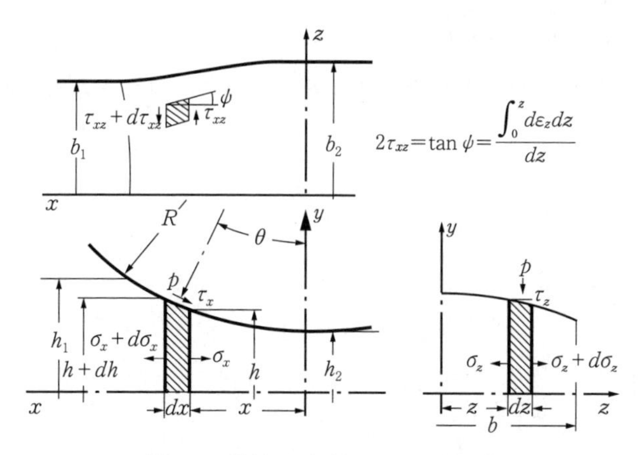

図 3.8 疑似 3D 解析モデルの座標系

② 応力・ひずみは板厚方向に均一とする

③ 圧延方向では幅方向ひずみ（増分）と長手方向ひずみ（増分）の比は一定とする

④ 中立点の接触域入口と出口の相対位置は幅方向で一定とする

モデルとして，圧延長手方向に m 個，幅方向に n 個の要素に分割して考える．

ここで，x，y，z はそれぞれ圧延方向，板厚方向，幅方向の座標，θはロール軸芯直下からの x 方向の位置の角度，ψ は幅広がり率に相当する角度，R はワークロール半径，b_1 は圧延前，b_2 は圧延前後の板幅，b は任意の位置の板幅，h_1，h_2 は圧延前後の板厚，h は任意の位置の板厚，p は任意の位置の圧延面圧，τ_x はロール材料間の摩擦応力の x 方向成分，τ_z は同 y 方向成分，σ_x，σ_y，σ_z はそれぞれ x，y，z 方向の垂直応力，τ_{xz} は x 面に働く z 方向のせん断応力，ε_z は z 方向ひずみ，d はそれぞれの微小増分を表す．

〔1〕 **釣 合 い 式**

長手方向

$$\frac{\partial(h\sigma_x)}{\partial x}+2(p\tan\theta-\tau_x)=0 \tag{3.51}$$

幅方向

$$\left(h_2+\frac{x^2}{R}\right)\left(\frac{\partial\sigma_z}{\partial z}-\frac{\partial\tau_{xz}}{\partial x}\right)-2\tau_z=0 \tag{3.52}$$

各要素の長手方向速度 v と幅方向速度 u とすると，ロールと材料間の摩擦応力 τ_f を用いて

$$\tau_x=\frac{\tau_f v}{\sqrt{v^2+u^2}} \tag{3.53}$$

$$\tau_z=\frac{\tau_f u}{\sqrt{v^2+u^2}} \tag{3.54}$$

$$\tau_f=\begin{cases}\mu p & (\mu p<k)\\ k & (\mu p\geqq k)\end{cases} \tag{3.55}$$

$$v=\int_{x_n}^{x}d\varepsilon_x dx \tag{3.56}$$

$$u=\int_0^z d\varepsilon_z dz \tag{3.57}$$

〔2〕構　成　式

降伏条件式は Mises の式を用いる．

$$(\sigma_x-\sigma_y)^2+(\sigma_y-\sigma_z)^2+(\sigma_z-\sigma_x)^2+6\tau_{xz}^2=6k^2 \tag{3.58}$$

応力とひずみ増分の関係式として Levy-Mises の関係式を用いる．

$$\frac{d\varepsilon_x}{2\sigma_x-\sigma_y-\sigma_z}=\frac{1}{3}\lambda \tag{3.59}$$

$$\frac{d\varepsilon_y}{2\sigma_y-\sigma_z-\sigma_x}=\frac{1}{3}\lambda \tag{3.60}$$

$$\frac{d\varepsilon_z}{2\sigma_z-\sigma_x-\sigma_y}=\frac{1}{3}\lambda \tag{3.61}$$

$$\frac{1}{3}\frac{d\gamma_{xz}}{2\tau_{xz}}=\frac{1}{3}\lambda \tag{3.62}$$

〔3〕適 合 条 件 式

境界条件として，圧延部入口・出口で

$$2\int_0^{b/2} h_1\sigma_{x1}dz=T_{in} \tag{3.63}$$

$$2\int_0^{b/2} h_2\sigma_{x2}dz=T_{out} \tag{3.64}$$

ここに b は板幅である．また，幅端部で

$$\sigma_{z1}=0 \tag{3.65}$$

が成り立つとする．各変数の下付き文字の 1 は圧延部入口での値を，2 は出口での値を示す．

また，圧延部前後の板は平坦であると仮定すると，弾性ひずみを含めた長手ひずみは圧延部入口出口で，幅方向のどの位置でも一定であると仮定できる．

$$\int_{x_n}^{x_1} d\varepsilon_x+\varepsilon_{xe1}=a_1 \tag{3.66}$$

$$\int_{x_2}^{x_n} d\varepsilon_x+\varepsilon_{xe2}=a_2 \tag{3.67}$$

ここで，a_1，a_2 は定数である．また，せん断ひずみと変位の関係から

$$\gamma_{xz} = \frac{d\int_0^z \varepsilon_z dz}{dx} \tag{3.68}$$

となる.

これらの基礎式はいくつかの非線形な式が含まれているため，これを解くには収束解析が必要である．例えば仮の板厚ひずみを与えて置き，σ_x，σ_y を仮定して他の値を計算し，他の値を用いて σ_y を計算して仮定した値と一致するまで繰り返す解析などである．収束が終わったところで圧延荷重分布 σ_y を用いてロール弾性変形の解析を行い，板厚ひずみを求めて仮の値を修正し，同様の収束計算を行う．両方の収束が終わった時点で全体の解析を終了する．なお，ロール弾性変形解析は3.4節を参照されたい.

図3.9に解析結果の一例を示す．三次元的な圧延荷重分布が求められ，板断面プロフィル形成のさまざまな特性が解析できることがわかる.

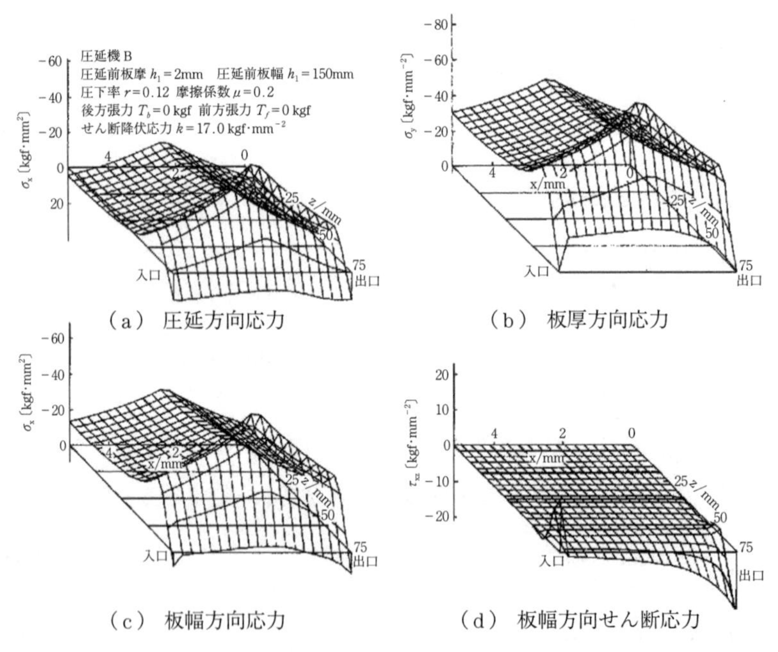

(a) 圧延方向応力　(b) 板厚方向応力

(c) 板幅方向応力　(d) 板幅方向せん断応力

図3.9　疑似3D解析の解析結果の一例

この解析は，幅方向，長手方向の要素であるため要素数が多くなり，収束解析に時間を要すると考えられる．圧延のひずみは大きくても1以下であり，圧延方向の要素を一つでモデル化した解析もある．

3.3 他の解析方法

現在では，有限要素法が塑性加工の分野に容易に適用できるため，ほとんど考慮されないが，エネルギー法やすべり線場解などが圧延にも適用されてきた．二次元圧延理論では，板厚方向に応力・ひずみの分布を均一と仮定した解析や，簡単な分布を仮定して解析が行われるため，板厚方向のひずみの分布が問題となる反りの問題などにおいては適用できない．このため，板厚方向のひずみの分布が求められるような解析方法が必要とされた．

3.3.1 エネルギー法

塑性加工において工具が行う仕事エネルギーと材料が変形することによるエネルギーの総和は，最小値に停留するというエネルギー停留原理を用いて変形と負荷を求める方法である．例えば**図3.10**の平面ひずみ据込みの場合，変形は既知で材料の速度も推定できる．

この場合には，材料の塑性変形仕事と工具との間の摩擦仕事の和が工具の行う仕事に等しくなるという条件で荷重が求められる．

Δh の圧下が加えられたときの x 位置の材料の移動量は，体積一定の条件より

$$u=\frac{\Delta h}{h}x$$

であり，ひずみは$\varepsilon \approx \Delta h/h$，変形抵抗を k とすると

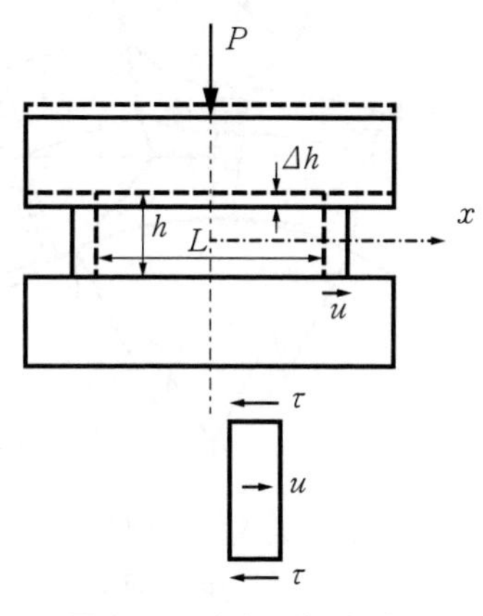

図3.10 平面ひずみ据込み

$$W_p = V\varepsilon k = hwL\frac{\Delta h}{h}k$$

$$W_f = 4w\int_0^{L/2} u\tau_f dx = 4wt_f\frac{\Delta h}{h}\frac{L^2}{8}$$

$$= \frac{1}{2}w\tau_f\frac{\Delta h}{h}L^2$$

工具がなす仕事は $P\Delta h$ であり，工具と材料の間の摩擦が固着摩擦状態とすると，$t=k/2$ であるから

$$P\Delta h = W_p + W_f = wL\Delta hk + \frac{1}{2}w\frac{k}{2}\frac{\Delta h}{h}L^2 \tag{3.69}$$

となって

$$P = wLk + \frac{1}{4}\frac{wL^2}{h}k \tag{3.70}$$

が得られる．この場合，摩擦仕事に相当する荷重がフリクションヒルによる荷重増分に相当する．この例の場合は変形が単純で容易に速度場を推定できるが，一般的な問題では経験による知見を必要とする．**図 3.11** に 2 枚板圧延の場合の例を示す．

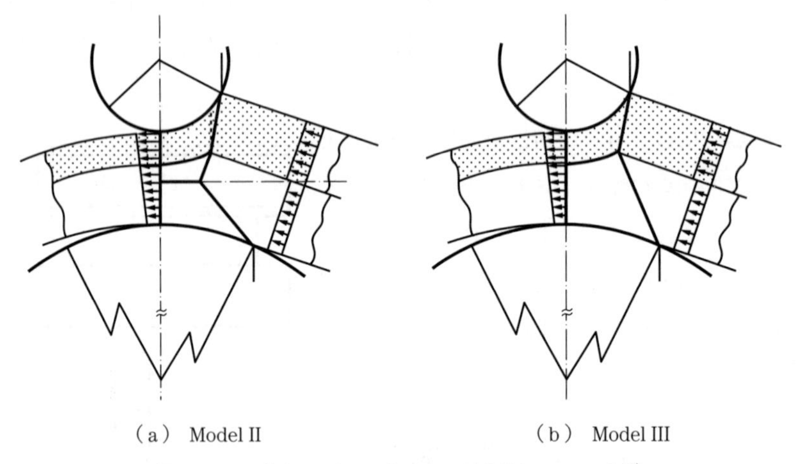

（a） Model II　　　（b） Model III

図 3.11　2 枚板圧延のエネルギー法解析モデルの例[3)]

3.3.2 すべり線場理論

塑性変形が最大せん断応力に沿って発生する事実から，最大せん断応力場を推定するために発達した理論である．平面ひずみを対象とした変形に適用できる．

塑性変形している領域内においては，力の釣合い式は

$$\frac{\partial \sigma_x}{\partial x}+\frac{\partial \tau_{yx}}{\partial y}=0 \tag{3.71}$$

$$\frac{\partial \sigma_y}{\partial y}+\frac{\partial \tau_{xy}}{\partial x}=0 \tag{3.72}$$

降伏条件は，平面ひずみにおける Mises の式を用いて

$$(\sigma_x-\sigma_y)^2+4\tau_{xy}^2=4k^2 \tag{3.73}$$

で表される．ここに k はせん断変形抵抗である．この 3 式を用いれば，境界条件を与えて三つの応力が変形（ひずみ）を考慮せずに解けることになる．

ひずみ増分と応力の関係式は Levy & Mises の関係から

$$\frac{\dot{\varepsilon}_x}{\sigma_x-\sigma_y}=\frac{\dot{\varepsilon}_y}{\sigma_y-\sigma_x}=\frac{\dot{\gamma}_{xy}}{2\tau_{xy}}, \qquad \frac{\sigma_x-\sigma_y}{2\tau_{xy}}=\frac{\dot{\varepsilon}_x}{\dot{\gamma}_{xy}}, \qquad -\frac{\sigma_x-\sigma_y}{2\tau_{xy}}=\frac{\dot{\varepsilon}_y}{\dot{\gamma}_{xy}}$$

となって

$$\frac{\sigma_x-\sigma_y}{\tau_{xy}}=\frac{\dot{\varepsilon}_x-\dot{\varepsilon}_y}{\dot{\gamma}_{xy}}$$

が得られる．ひずみの定義から xy 方向の速度でひずみ速度を表すと

$$\dot{\varepsilon}_x=\frac{dv_x}{dx}, \qquad \dot{\varepsilon}_y=\frac{dv_y}{dy}, \qquad \dot{\gamma}_{xy}=\frac{1}{2}\left(\frac{dv_x}{dy}+\frac{dv_y}{dx}\right)$$

であるから

$$\frac{\sigma_x-\sigma_y}{2\tau_{xy}}=\frac{\dfrac{\partial v_x}{\partial x}-\dfrac{\partial v_y}{\partial y}}{\dfrac{\partial v_x}{\partial y}+\dfrac{\partial v_y}{\partial x}} \tag{3.74}$$

が得られる．これは，最大せん断応力の方向と最大せん断ひずみ速度を受ける面の方向が同じであることを示している．また，体積一定の条件から

$$\frac{\partial v_x}{\partial x}+\frac{\partial v_y}{\partial y}=0 \tag{3.75}$$

が得られる．

式(3.71)～(3.75)の合計5式を，境界条件を満足するように解いて，σ_x，σ_y，γ_{xy}，v_x，v_y の5個の変数を求めることができる．

図3.12に示すように，x 方向に対して最大せん断応力の方向が ϕ の角度を持っているとき，つぎの関係が成り立つ．

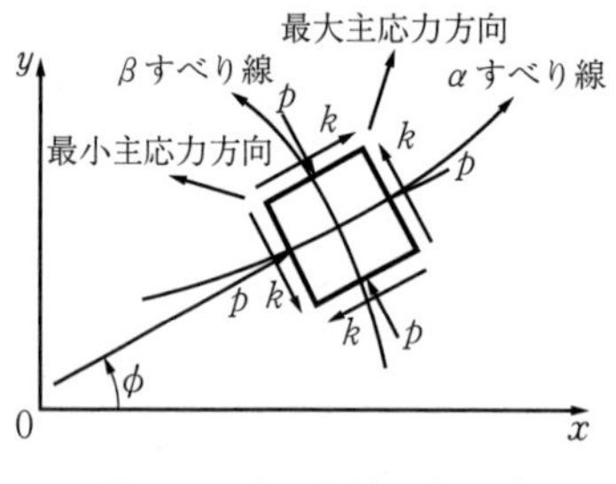

図3.12　すべり線の座標系

$$\sigma_x=-p+k\sin 2\phi \tag{3.76}$$

$$\sigma_y=-p-k\sin 2\phi \tag{3.77}$$

ここに，p は静水圧成分 $p=-(\sigma_x+\sigma_y+\sigma_z)/3=-(\sigma_x+\sigma_y)/2=-\sigma_z$，$k$ はせん断変形抵抗（フローストレス）である．

これらの関係から，すべり線の特徴が求められる．

① ヘンキーの第一定理（**図3.13**(a)参照）　一つの族のすべり線に，他の族のすべり線との交点において引いた接線はつねに一定のきょう角を持つ．

② ヘンキーの第二定理（図3.13(b)参照）　一つの族のすべり線に沿って移動するとき，このすべり線と交わる他のすべてのすべり線の曲率半径の変化は，移動距離の長さに等しい．

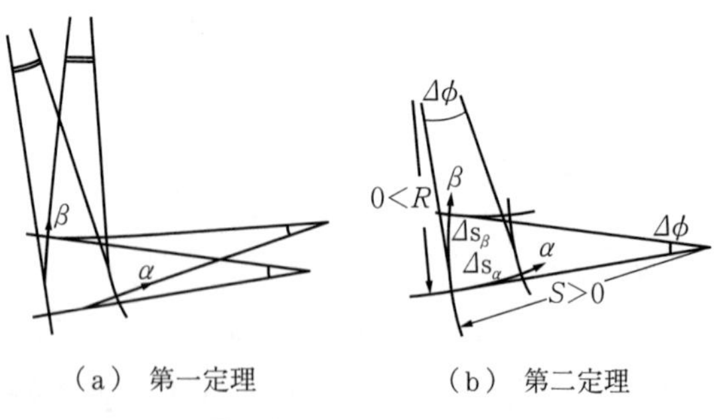

図3.13　ヘンキーの定理

③ すべり線に沿って，圧力はx軸とすべり線のなす角度に比例して変化する．

④ 与えられたすべり線網目のいずれかの点で応力が既知であれば，その網目の至るところで応力を計算できる．

⑤ すべり線のある一部が直線であれば，それに沿って応力成分は一定である．

⑥ ある族のすべり線の一部分が直線であれば，この属の線と交わる他の族のすべてに対応する部分は直線である．

⑦ 他の族のすべり線と交わる直線部分は同一の長さを持つ．

以上の理論を平底の剛体スタンプの押込みの問題に適用したPrandtlの解を紹介する．スタンプの下の圧力分布は一様と仮定する．このとき，すべり線場を**図3.14**のように構成した．すなわち，スタンプの下とその両側に一様応力状態の三角領域があり，特に△BDE，△AFGは水平方向の単純圧縮を受ける．△ABCでは応力pは未知数で

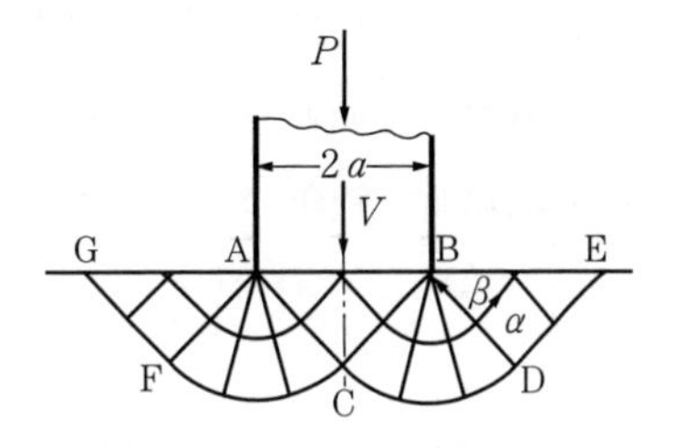

図3.14 剛体スタンプの押込みのPrandtl解

$$\phi=-\frac{\pi}{4},\qquad \xi_1=\frac{p}{2k}+\frac{p}{4}$$

△BDEでは

$$p=k,\qquad \phi=\frac{\pi}{4},\qquad \xi_2=-\frac{1}{2}-\frac{\pi}{4}$$

となる．α線に沿っては定数ξ_1とξ_2は等しいから

$$\frac{p}{2k}+\frac{\pi}{4}=-\frac{1}{2}-\frac{\pi}{4}$$

が成り立ち，$p=-k(1+\pi)$が得られる．式(3.76)，(3.77)を用いて

$$\sigma_x=k\pi,\qquad \sigma_y=-k(2+\pi)$$

となる．これから，塑性変形を開始する荷重は

$$P^*=2ak(2+\pi)$$

と得られる．詳細については引用・参考文献5）を参照されたい．

圧延変形にすべり線場理論を適用する試みが行われている．これらはほとんどがロールと材料の接触境界条件として固着条件を仮定して，固着部分では材料はロールと一緒に移動し，固着領域と変形領域の境界でせん断変形抵抗応力によるすべりが生じているとしている．

図3.15，**図3.16**にすべり線場の解の例を示す．図3.15は通常の熱間圧延の場合のすべり線場とホドグラフ，図3.16は，熱間圧延における上下ロール径を変えてロール速度を異ならせた非対称圧延の例であり，図(a)は各すべり線場を，図(b)はロール径比に対する圧延板の反りの曲率変化の解析例である．有限要素法による二次元，三次元の変形の解析が行われるようになる前には，この解析は唯一の板厚方向の応力の分布を解析する方法であったが，有限要素法が可能となった現在では，その有用性は薄れているといってよい．すべり線場解と近年の有限要素法による解との比較によって，解析の仮定などの

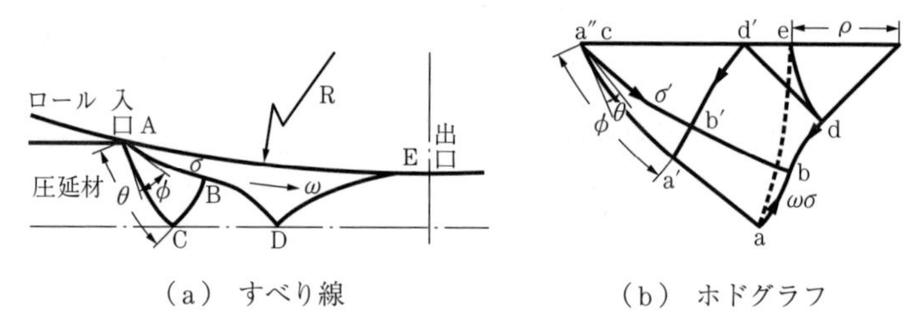

（a） すべり線　　（b） ホドグラフ

図3.15　熱間圧延のすべり線場の解の例

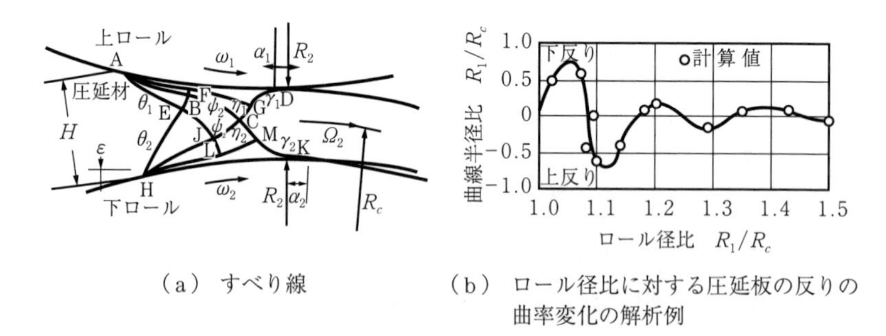

（a） すべり線　　（b） ロール径比に対する圧延板の反りの曲率変化の解析例

図3.16　非対称圧延のすべり線場の解の例

妥当性が検討されることが望ましい．

3.4　4段圧延機ロール弾性系の変形解析

特に，板圧延の場合には幅方向の板厚の精度が必要であり，ロールの弾性変形の量がその精度に影響する．また，幅方向に圧延伸びひずみが分布すると，製品に若干の長さの幅方向分布が生じ，製品に残留ひずみや座屈による平坦度不良が生じる．この製品不良は，ユーザーにおける二次加工の効率の低下や加工精度の低下を招くため，品質管理項目の一つとなっている．圧延技術としては，これらの現象を事前に予測して，適切な制御によって改善することが重要である．この目的で圧延機のロール弾性系の変形解析が行われる．弾性変形であるため，有限要素法などが有用であると考えられるが，圧延管理としての板厚精度は 1/100 mm 以下の精度であり，ロールの寸法の数百 mm といった大きさとのアンマッチによってモデル化は難しいといってよい．また，一般的な4段圧延機のワークロールとバックアップロールとの接触，ワークロールと材料との接触における接触弾性変形の部分が重要な要因となり，接触非接触判定や，変形の非線形性の問題もあって，直接的に有限要素法で解くには適さない問題の一つである．ここでは，有限要素法解析が一般化する前から行われていた弾性理論によるロール弾性系の変形解析を紹介する．

3.4.1　4段圧延機ロール弾性系変形解析モデルの概要[7)]

4段圧延機ロールの弾性系の変形は，特に接触変形の問題があり，非線形性を考慮する必要がある．このため，モデルは連続系ではなく，離散系のモデルとして扱う必要がある．**図 3.17** に離散化したモデルを示す．この解析の目的は，板

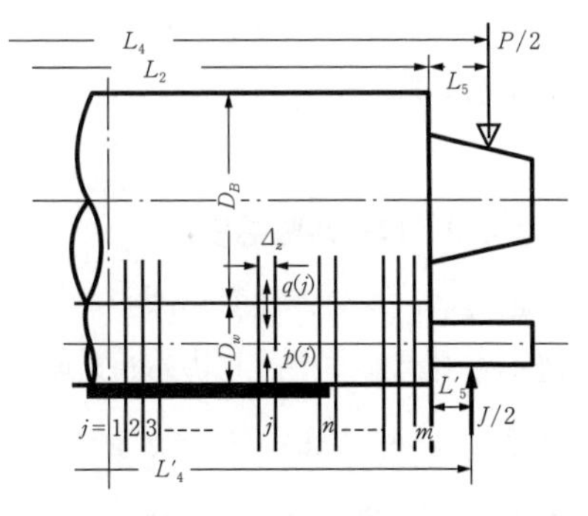

図 3.17　ロール弾性変形離散化モデル[6)]

幅方向の板厚，圧延荷重分布を解析することであるから，離散化は幅方向に行う．

ロールの弾性変形は，**図 3.18** に示すように，表面へん平変形（図（a），（b）参照），軸変形（図（c），（d）参照）に分けて考えられる．

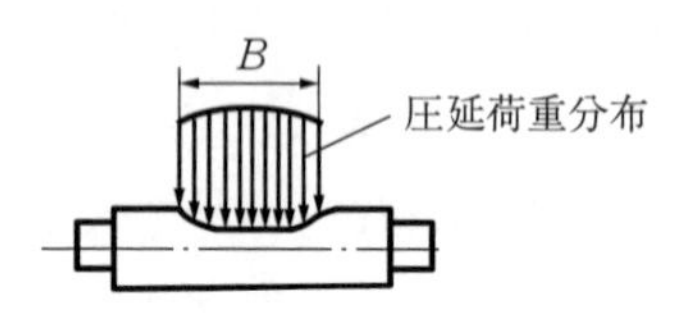

（a） 圧延材との接触によるワークロールのへん平変形

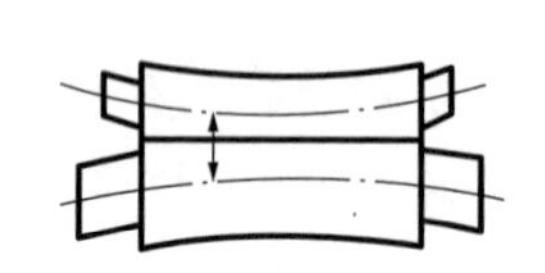

（b） ワークロールとバックアップロールの接触部のへん平変形

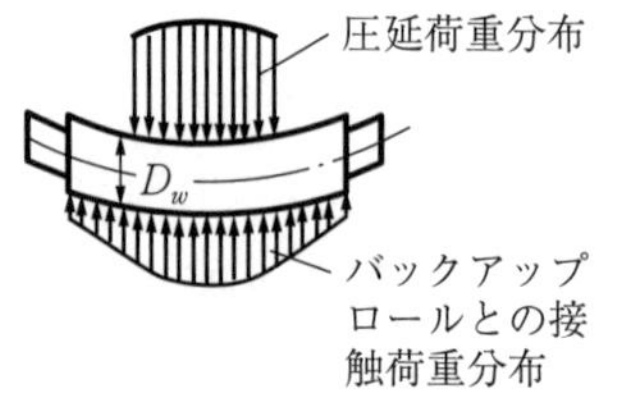

（c） ワークロール軸芯のたわみ

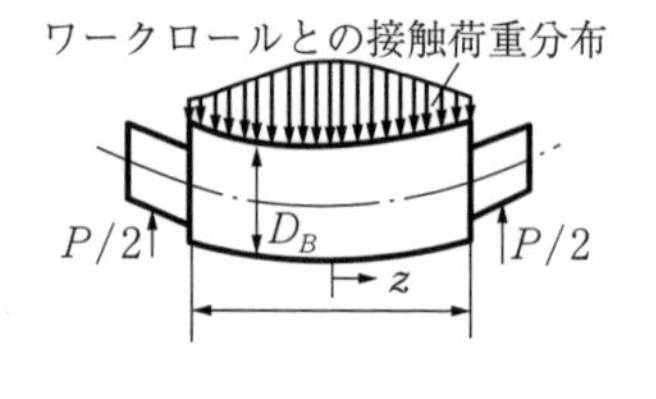

（d） バックアップロール軸芯のたわみ

図 3.18　4 段圧延機ロール弾性変形要素[6)]

ワークロールとバックアップロールの接触による表面へん平変形は，板無限平板上の弾性はりの変形問題として扱う場合と，弾性論の解を用いた分布荷重による変形として扱う場合があるが，ワークロールと材料との接触による変形は後者の取扱いであり，ロール間の接触についても本節では後者の場合について説明する．

3.4.2　ロール軸芯変形

圧延ロールの弾性変形は，ロールの大きさに比べて十分小さいと考えられ，微小変形の範囲で取り扱われる弾性はりの問題として取り扱うことができる．弾性はり理論では，モーメント M が与えられたとき，軸方向を x，変形量を u_y としたとき

$$\frac{d^2u_y}{dx^2}=\frac{M}{EI} \tag{3.78}$$

の関係が成り立つ．ここに，E ははりの縦弾性係数，I ははりの断面二次係数である．ロールのような円筒の場合には，直径を D として

$$I=\frac{\pi}{64}D^4 \tag{3.79}$$

で表される．

図3.19 の座標系において，位置 z に単位荷重が負荷されている場合の x の位置のモーメントは

$$M=\begin{cases}\dfrac{L-z}{L}x & (x\leqq z)\\[2mm] \dfrac{z}{L}(L-x) & (x\geqq z)\end{cases} \tag{3.80}$$

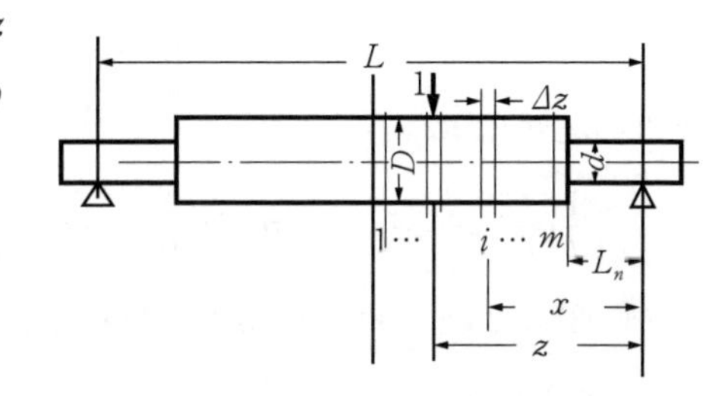

図3.19　ロール軸芯変形の座標系[6)]

で表される．式(3.28)に適用して

$$u_{y1}=\frac{1}{EI}\frac{L-z}{L}\left(\frac{1}{6}x^3+c_1x+c_2\right)\qquad (x\leqq z) \tag{3.81}$$

$$u_{y2}=\frac{1}{EI}\frac{z}{L}\left(\frac{1}{2}Lx^2-\frac{1}{6}x^3+c_3x+c_4\right)\qquad (x\geqq z) \tag{3.82}$$

さて，ここでロールネック部分の変形も考えると

$$u_{y3}=\frac{1}{EI_n}\frac{L-z}{L}\left(\frac{1}{6}x^3+c_5x+c_6\right)\qquad (x\leqq L_n) \tag{3.83}$$

$$u_{y4}=\frac{1}{EI_n}\frac{z}{L}\left(\frac{1}{2}Lx^2-\frac{1}{6}x^3+c_7x+c_8\right)\qquad (L-L_n\leqq x\leqq L) \tag{3.84}$$

これらの式の定数をつぎの境界条件，連続の条件で求める．

$$u_{y3}=0\qquad (x=0) \tag{3.85}$$

$$u_{y4}=0\qquad (x=L) \tag{3.86}$$

$$u_{y1}=u_{y3} \tag{3.87}$$

$$\frac{du_{y1}}{dx}=\frac{du_{y3}}{dx}\qquad (x=L_n) \tag{3.88}$$

$$u_{y1}=u_{y2} \tag{3.89}$$

$$\frac{du_{y1}}{dx}=\frac{du_{y2}}{dx} \qquad (x=z) \tag{3.90}$$

$$u_{y2}=u_{y4} \tag{3.91}$$

$$\frac{du_{y2}}{dx}=\frac{du_{y4}}{dx} \qquad (x=L-L_n) \tag{3.92}$$

第1の条件(3.85)から，$c_6=0$，第4の条件(3.88)から

$$\frac{1}{I}\left(\frac{1}{2}L_n^2+c_1\right)=\frac{1}{I_n}\left(\frac{1}{2}L_n^2+c_5\right) \tag{3.93}$$

第3の条件(3.87)から

$$\frac{1}{I}\left(\frac{1}{6}L_n^3+c_1L_n+c_2\right)=\frac{1}{I_n}\left(\frac{1}{6}L_n^3+c_5L_n\right) \tag{3.94}$$

式(3.93)にL_nを掛けて式(3.94)から引くと

$$c_2=\frac{1}{3}\left(1-\frac{I}{I_n}\right)L_n^3$$

が得られる．第5の条件式(3.89)から

$$\frac{1}{EI}\frac{L-z}{L}\left(\frac{1}{6}z^3+c_1z+c_2\right)=\frac{1}{EI}\frac{z}{L}\left(\frac{1}{2}Lz^2-\frac{1}{6}z^3+c_3z+c_4\right) \tag{3.95}$$

第6の条件式(3.90)から

$$\frac{1}{EI}\frac{L-z}{L}\left(\frac{1}{2}z^2+c_1\right)=\frac{1}{EI}\frac{z}{L}\left(Lz-\frac{1}{2}z^2+c_3\right) \tag{3.96}$$

式(3.96)にzを掛けて式(3.95)から引くと

$$c_4=\frac{L-z}{z}\left(c_2-\frac{1}{3}z^3\right)-\frac{1}{3}z^3+\frac{1}{2}Lz^2$$

が得られる．第7の条件式(3.91)から

$$\begin{aligned}&\frac{1}{EI}\frac{z}{L}\left\{\frac{1}{2}L(L-L_n)^2-\frac{1}{6}(L-L_n)^3+c_3(L-L_n)+c_4\right\}\\&=\frac{1}{EI_n}\frac{z}{L}\left\{\frac{1}{2}L(L-L_n)^2-\frac{1}{6}(L-L_n)^3+c_7(L-L_n)+c_8\right\}\end{aligned} \tag{3.97}$$

第8の条件式(3.92)から

$$\frac{1}{EI}\frac{z}{L}\left\{L(L-L_n)-\frac{1}{2}(L-L_n)^2+c_3\right\}$$

$$=\frac{1}{EI_n}\frac{z}{L}\left\{L(L-L_n)-\frac{1}{2}(L-L_n)^2+c_7\right\} \tag{3.98}$$

式 (3.98) に $(L-L_n)$ を掛けて式 (3.97) から引くと

$$c_8=\left(1-\frac{I_n}{I}\right)\left\{\frac{1}{2}(L-L_n)^2-\frac{1}{3}(L-L_n)^3\right\}+\frac{I_n}{I}c_4$$

が得られる．第2の条件式 (3.86) から

$$\frac{1}{EI_n}\frac{z}{L}\left(\frac{1}{2}L^3-\frac{1}{6}L^3+c_7L+c_8\right)=0$$

となって

$$c_7=-\frac{1}{3}L^3-\frac{c_8}{L}$$

式 (3.98) から

$$c_3=\left(\frac{I}{I_n}-1\right)\left\{L(L-L_n)-\frac{1}{2}(L-L_n)^2\right\}+\frac{I}{I_n}c_7$$

式 (3.96) から

$$c_1=\frac{z}{L-z}\left(Lz-\frac{1}{2}z^2+c_3\right)-\frac{1}{2}z^2$$

式 (3.93) から

$$c_5=\frac{I_n}{I}\left(\frac{1}{2}L_n^2+c_1\right)-\frac{1}{2}L_n^2$$

とすべての係数が求まる．以上から軸芯変形の式 (3.81)～(3.84) が求まり，座標 z_j の位置の要素に負荷された荷重 p_j による座標 x_i の位置の変形量 u_{yij} は

$$u_{yij}=p_j\,u_y(x_i,\ z_j)$$

で計算できる．x_i, z_j もそれぞれの要素の位置に対応するから，あらかじめ対応させて計算しておくことで係数化できて

$$u_{yi}=c_{aij}p_j$$

と表すことができる．各要素に負荷された荷重 p_1~p_j~p_n による i 要素の変形量は

$$u_{yi}=\sum_{j=1}^{n} c_{aij}p_j \tag{3.99}$$

で計算できることになる．より厳密な解析を行う場合，曲げによるロール上面下面の引張圧縮応力のポアソン比分の変形や，せん断応力によるせん断変形を加えることがあるが，一般的な圧延条件においては板断面プロフィルに影響する量は小さい．

3.4.3　ロール表面へん平変形

一点集中荷重 P による半無限体の弾性変形解は Boussinesq[3] によって与えられている．

$$u=\frac{P}{2\pi E}\{(1+v)y^2(r^2+y^2)^{-3/2}+2(1-v^2)(r^2+y^2)^{-1/2}\} \tag{3.100}$$

ここに，r は表面上の荷重点からの距離，y は表面からの深さである．この式によれば，有限大きさの荷重が一点に集中的に負荷されているため，$r=0$ である負荷点の変位は無限大になる．

ロールの表面へん平の式として，$z=0$ でこれを修正して次式の形で用いられている．

$$u=\begin{cases}\dfrac{(1-v^2)P}{\pi Er} & (r\neq 0)\\ -u_0 & (r=0)\end{cases} \tag{3.101}$$

へん平変形の値は $r=0$ での値が最も影響するため，この値をどのように与えるかがへん平変形を左右する．戸澤ら[4] は，実現象では負荷荷重は分布して負荷されていることを反映させて

$$u=-\int_{z=-dz/2}^{dz/2}\int_{x=0}^{l_d}\frac{(1-v^2)s}{\pi E\sqrt{x^2+z^2}}dxdz \tag{3.102}$$

として定積分で解いている．ここに，x はロール周接線方向，z はロール胴長方向，y はロール半径方向，dz は胴長方向各要素の幅，l_d は投影接触弧長，s は分布面圧である．各要素内の接触領域での荷重分布は均一と仮定すると

$$u=-s\frac{1-v^2}{\pi E}\int_{z=-dz/2}^{dz/2}\int_{x=0}^{l_d}\frac{1}{\sqrt{x^2+z^2}}dxdz$$

となる．任意の z 方向位置 z_j の要素に一様荷重分布 s が負荷されたときの z_i の変位に直すと

$$u=-s\frac{1-v^2}{\pi E}\int_{z=z_j-dz/2}^{z_j+dz/2}\int_{x=0}^{l_d}\frac{1}{\sqrt{x^2+(z_i-z)^2}}dxdz$$

で表される．この解は下記のようになる．

$$u=-s\frac{1-v^2}{\pi E}\left\{l_d\ln\frac{\sqrt{l_d^2+(z_i-z_j+dz/2)^2}+|z_i-z_j+dz/2|}{\sqrt{l_d^2+(z_i-z_j-dz/2)^2}+|z_i-z_j-dz/2|}\right.$$
$$+|z_i-z_j+dz/2|\ln\frac{\sqrt{l_d^2+(z_i-z_j+dz/2)^2}+|z_i-z_j+dz/2|}{|z_i-z_j+dz/2|}$$
$$\left.-|z_i-z_j-dz/2|\ln\frac{\sqrt{l_d^2+(z_i-z_j-dz/2)^2}+l_d}{|z_i-z_j-dz/2|}\right\} \tag{3.103}$$

軸変形と同様に，単位面圧による変形量から，変形係数を求めておくことによって，ロール軸方向の分布線圧 p_j による表面へん平変位は

$$u_{si}=\sum_{j=1}^{n}\frac{C_{sij}p_j}{l_d} \tag{3.104}$$

で計算できる．

バックアップロールとワークロールの間にも同様な計算が可能である．この場合には，投影接触弧長は，Hertz の 2 円筒の接触の解から求まる投影接触弧長を用いることが望ましい．

$$b=1.52\sqrt{\frac{pR_BR_W}{E(R_B+R_W)}} \tag{3.105}$$

ここに，b は接触半長さ，p は線荷重，R_B，R_W はそれぞれバックアップロール，ワークロールの半径である．

3.4.4　ワークロールとバックアップロールの弾性変形，接触条件と解法

以上の変形係数を用いると，ロールの変形は線形式で表すことができる．

① バックアップロールのワークロール側表面変位

$$u_{Bi}=\sum_{j=1}^{n}\left(C_{Baij}dz+\frac{C_{Bsij}}{b}\right)p_{rj}$$

ここに，p_{rj} はバックアップロール，ワークロール接触線圧分布である．

② ワークロールのバックアップロール側表面変位

$$u_{Wi}=\sum_{j=1}^{m}C_{Waij}p_{sj}dz-\sum_{j=1}^{n}\left(C_{Waij}dz+\frac{C_{Wsij}}{b}\right)p_{rj}+u_{Wg}$$

ここに，u_{Wg} はワークロールの剛体変位，p_{sj} は圧延線荷重分布である．

③ ワークロールの材料側表面変位

$$u_{Wsi}=\sum_{j=1}^{m}\left(C_{Waij}dz+\frac{C_{Wsij}}{l_d}\right)p_{sj}-\sum_{j=1}^{n}C_{Waij}p_{rj}dz+u_{Wg}$$

バックアップロールとワークロールの接触条件は，$u_{Bsi}=u_{Wi}$ であるから

$$\sum_{j=1}^{n}\left(C_{Baij}dz+\frac{C_{Bsij}}{b}+C_{Waij}dz+\frac{C_{Wsij}}{b}\right)p_{rj}=\sum_{j=1}^{m}C_{Waij}p_{sj}dz+u_{Wg} \tag{3.106}$$

の n 個の式が得られる．また，力の釣合い式は

$$\sum_{j=1}^{n}p_{rj}dz=\sum_{j=1}^{m}p_{sj}dz+2J_W \tag{3.107}$$

となる．ここに，J_W はワークロールベンダーである．以上から $n+1$ 個の連立一次方程式が得られ，p_{rj} の n 個，u_{Wg} の1個の $n+1$ 個の未知変数を得ることができる．なお，圧延線荷重分布は圧延理論などで与えることができる．ロール間の非接触が生じる場合には，その部分に対応する式と未知変数を連立方程式から取り除くことによって解を得ることができる．ロールにクラウンを導入するには，それぞれのロール表面変位式に定数として付け加えることが必要である．

また，板厚分布は

$$h_i=gap+2u_{Wg}+2\sum_{j=1}^{m}\left(C_{Waij}dz+\frac{C_{Wsij}}{l_d}\right)p_{sj}dz-\sum_{j=1}^{n}C_{Waij}p_{rj}dz \tag{3.108}$$

で計算される．この場合もロールクラウンを付け加える必要がある．

このロール弾性変形解析は，前述の疑似三次元圧延解析や，三次元有限要素法による圧延解析と連成させることによって，板断面プロフィル解析が行われ

る．

それぞれの変形要素は，4段圧延機のみでなく，6段圧延機や，多段のクラスタータイプの圧延機の弾性変形にも適用される．

3.5　張力分布のフィードバック効果モデルによる形状・プロフィル解析[8)]

板圧延における幅方向の板厚分布や，圧延長手方向の圧延ひずみの幅方向分布である形状などの実際の圧延変形は，三次元塑性変形によって影響されるため，三次元的な変形解析が必要である．しかしながら，薄板冷間圧延などにおいては，三次元的な変形は板幅端部付近に限定される．この現象を用いて，幅方向の板厚分布の平均板厚との比率が圧延前後で異なる場合，幅方向の圧下ひずみ分布が生じる．このひずみ分布のある割合が長手方向のひずみになると仮定する．

$$\Delta\varepsilon_l=\varsigma\Delta\varepsilon_h=\varsigma\left(\frac{H-h}{H}-\frac{H_m-h_m}{H_m}\right) \tag{3.109}$$

ここに，ς を形状変化係数と称する．

このひずみ分布が圧延張力の分布になるとする．この張力分布は圧延荷重の幅方向分布に影響し，前記のロールの弾性変形に影響する．幅方向の圧下ひずみの分布はロールの弾性変形に左右されるから，以上の関係はひずみ分布を小さくするように作用し，張力分布のフィードバック効果と称される（**図3.20**参照）．

この効果をロール変形の解析に組み込んで，冷間薄板圧延の形状解析に用いることが可能である．まず，均一な圧延荷重分布でロール変形を解析し，得られた板厚分布によって板厚ひずみを求め，式(3.108)を用いて圧延伸びひずみ分布を計算する．このひずみ分布に材料の縦弾

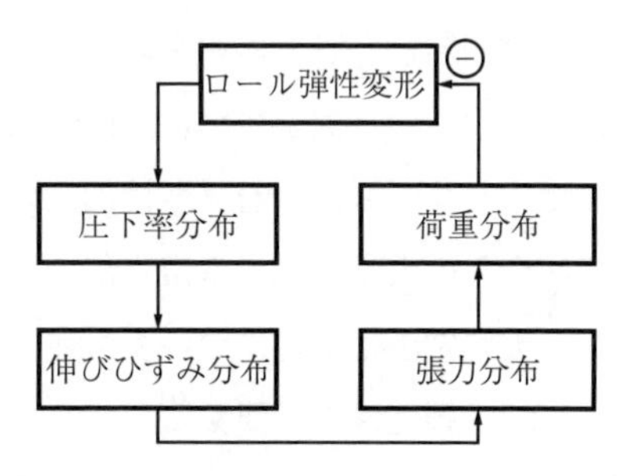

図3.20　張力分布のフィードバック効果

性係数を掛けて張力分布とし，張力による圧延荷重分布の影響を計算する．この計算を収束するまで繰り返す方法がある．

一方，圧延ひずみ分布の計算と，この計算による荷重分布の計算をロール変形解析に同時に組み込んで計算する方法もある．冷間圧延のエッジドロップ部分の形状，プロフィル変化を除いた全体的な形状変化については，これらの解析でもほぼ評価することができる．

3.6　有限要素法による板圧延解析

圧延中の板材の反り変形や破断などの操業安定性に関わる現象や，圧延後の板の表面きずや内部欠陥（介在物，ポロシティなど），機械特性などの製品品質と操業条件の関係など，圧延中のロールバイト内の変形状態と現象や特性の形成機構の関係が明確でない課題は多い．この場合，妥当なロールバイト内変形の単純化／簡易化が難しく，前節までの古典的手法の実用的応用には限界がある．本節では，特段の現象の単純化を必要とせず，かつ近年の計算機の性能向上によって実用的応用が可能となりつつある有限要素法による板圧延解析について，実際の鋼板圧延プロセスへの実用的応用を念頭に，解析手法の特徴，解析事例，および解析に際しての留意点について概説する．

3.6.1　被圧延材の変形解析手法の分類と特徴

本項では，塑性変形を取り扱う有限要素法の代表例として弾塑性有限要素法および剛塑性有限要素法を取り上げ，おもに板圧延解析への実用的応用の観点から各手法の特徴を述べる．両有限要素法の基礎理論，定式および解法については本シリーズ第1巻『塑性加工の計算力学』を参照されたい．また，板圧延で板全長の大半を占める定常部の変形解を効率的に求める観点から定常圧延解析と非定常圧延解析についても述べる．

〔1〕　弾塑性有限要素法

板圧延中の被圧延材の変形は，圧延ロールとの接触界面下およびその近傍の領域，すなわちロールバイトの内部で生じる塑性変形（いわゆる非(塑性)変形域，剛体域を含め，応力値に比例するわずかな弾性変形を含む）と，当該領域の圧延方向上流側および下流側の板内部で，ロールバイト（≒塑性変形域）との境界面上に分布する応力（垂直応力とせん断応力）の解放過程で生じる弾性変形（熱間鋼のクリープ変形などによるわずかな塑性変形を含む）で構成される．弾塑性有限要素法はこれらの変形を統一して取り扱える，論理的には最も厳密な変形解析手法である．

有限要素法による板圧延解析の先駆的な研究は，この弾塑性有限要素法による[9)]．**図 3.21** はスキンパス圧延中の板幅中央の L 断面（板幅方向に直交する面）内での変形状態を二次元平面ひずみ変形の定常解として得た結果の一例である．ロールバイト内の非（塑性）変形域や入口境界直前の予変形や出口境界直後の弾性復元が再現され，また，両境界での応力の解放過程での応力変化（残留応力を含む）も捉えられている．研究者の自製コード（プログラム）による板圧延の解析的研究は少ないが[例えば 10)]，近年，商用の弾塑性有限要素コードによる板圧延の数値解を扱った研究が多くなされるようになった．

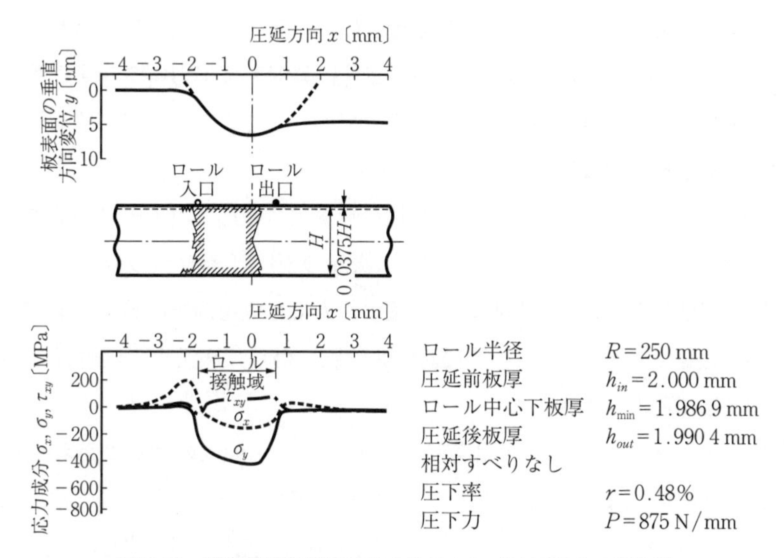

図 3.21　弾塑性有限要素法によるスキンパス圧延中の定常解（二次元平面ひずみ変形）[9)]

後述の剛塑性有限要素法に比べて計算負荷が高いことが短所とされていたが，近年の計算機の能力向上，特に CPU（中央演算処理装置）のマルチコア化およびキャッシュメモリ増による並列計算能力の飛躍的な向上によって実用上の障害ではなくなった．客観性は欠くが，本項の執筆時点でも 8 コアの CPU を内蔵した市販のパーソナルコンピューターにより，商用の弾塑性有限要素法コードを用いて数万要素の板圧延解析を 1 日程度で計算することができる．

板圧延解析に弾塑性有限要素法を適用する際の最大の課題は，現実の圧延工程で生じる非常に大きな塑性変形／ひずみ量への対応と考えられる．図 3.21 のスキンパス圧延の圧下率は 0.48％であり，微小変形理論による取扱いでも実用的に問題ないが，鉄鋼の板圧延工程では，1 パス当りの圧下率が 50％（延伸比 2．対数ひずみ 0.7 に相当）を超えることも多く，また，熱間圧延工程の総延伸比が 100（対数ひずみ 4.6 に相当），冷間圧延工程の総延伸比が 10（対数ひずみ 2.3 に相当）を超えることもまれではない．弾塑性有限要素法において現在時刻の力の釣合いを厳密に保証するためには，変形前の基準状態からの全変形量／ひずみ量を合理的かつ高精度に表現できる定式が要求され，いわゆる大変形／有限ひずみ理論として研究されている[例えば 11), 12)]．これまでのところ，対数ひずみが 1 を超えるような有限ひずみに対して応力解やひずみ解への数値的影響は十分には明らかではないようであり，さらなる進展が望まれる．

〔2〕 剛塑性有限要素法

剛塑性有限要素法は，鍛造などの塑性変形が主体の加工現象の効率的解析が可能な解析手法として提案された[13)]．二次元の板圧延解析への適用[14)]は弾塑性有限要素法に遅れたが，当時の計算機の能力でも実用的な計算が可能であったため，近似三次元圧延解析[15)]（**図 3.22** 参照）から三次元板圧延解析[16)]へと継続的に適用範囲が拡大した．

弾塑性有限要素法と比べて計算負荷が低いことが最大の利点とされていたが，計算機の劇的な能力向上によって優位性は実用上なくなりつつある．剛塑性有限要素法の最大の利点は，その基礎式が応力と塑性ひずみ増分（速度）の関係式であり，板圧延工程で生じる非常に大きな塑性変形／ひずみ量に対して

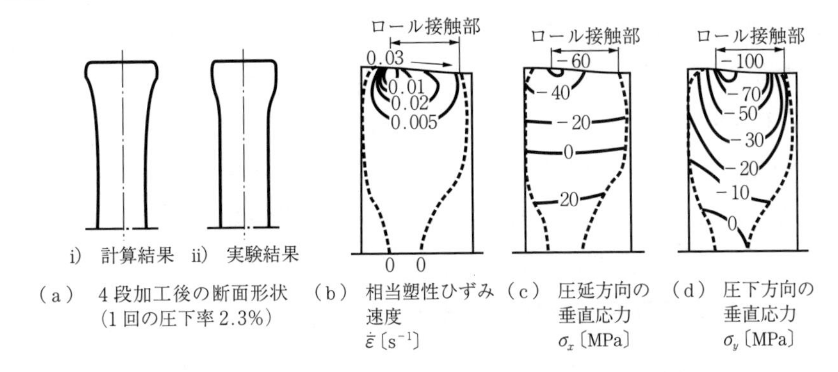

（a）　4段加工後の断面形状（1回の圧下率2.3%）　（b）　相当塑性ひずみ速度 $\dot{\varepsilon}$〔s^{-1}〕　（c）　圧延方向の垂直応力 σ_x〔MPa〕　（d）　圧下方向の垂直応力 σ_y〔MPa〕

図 3.22　剛塑性有限要素法によるエッジング圧延の定常解（板厚方向1要素の近似三次元圧延解析）[15]

も理論的な問題を生じない点と考えられる．

剛塑性有限要素法は古典的手法の一つであるエネルギー法と同様に応力解の精度に疑問が持たれていたが，非圧縮性を満たすための数値パラメーター（ペナルティ係数や未定乗数など）物理的解釈がなされ[17]解消された．上述の二次元の板圧延解析[14]や近似三次元解析[15]は圧縮性材料特性法[18]によるもので，式(3.110)に示すわずかな圧縮性を許容する応力-ひずみ速度の関係が用いられる．g が圧縮性を表すパラメーターであり，g 値が小さいほど非圧縮性が増し，通常，10^{-2} 程度の値が用いられる．郭らの研究[19]から，体積弾性係数 K $(K=E/\{3(1-2\nu)\})$ と g 値が式(3.111)の関係にあることがわかり，弾性復元を除き，g 値の調整によってロールバイト内の体積弾性ひずみの影響が近似的に表現される．

$$\sigma_{ij}=\frac{\bar{\sigma}}{\dot{\bar{\varepsilon}}}\left\{\frac{2}{3}\dot{\varepsilon}_{ij}+\delta_{ij}\left(\frac{1}{g}-\frac{2}{9}\right)\dot{\varepsilon}_v\right\} \tag{3.110}$$

$$K\bar{\varepsilon}=\frac{\bar{\sigma}}{g} \tag{3.111}$$

剛塑性有限要素法は解析領域全域での塑性変形を前提とするため，最大の問題は，いわゆる非変形域の処理[17]の影響を含め，ロールバイト近傍のどの範囲まで解析領域とすればよいかを合理的に決めることができない点にある．本来なら塑性変形域（例えば図3.21のハッチング領域）のみを解析領域とすべきであるが，計算前には知る由もなく，通常はロールバイトの前後に経験的に定めた範囲を解析領域とするしかない．弾塑性有限要素法の場合には十分に広い解析領域をとれば，塑性変形解は収斂（しゅうれん）するが，剛塑性有限要素法では原理的に収斂しない．したがって，板圧延解析で求めたい物理量と解析領域の範囲の関係についての経験則を積み重ねる必要がある．

〔3〕 定常圧延解析と非定常圧延解析

圧延される板材にとってみれば自身の変形は非定常的であり，通常，その有限要素法解析も非定常変形解析として行われる．一方，実際の圧延工程での板材は長く（例えば，板厚3 mm，板幅1 mの20トンコイルの全長は約1 km），解析の目的がいわゆる定常部の評価であることも多い．この目的で考えられたのが定常圧延解析であり，圧延変形を圧延ロールに挟まれた定常流れ場の問題として取り扱う．詳細は省略するが，**図3.23**に示すように解析領域をロールバイトの近傍に限定し，仮定した流線形状と圧延ロールとの接触形状（投影接触弧長など）に基づいて有限要素法解析を行い，得られた変位場／変位速度場から流線形状を求め，この流線形状と圧延ロール表面形状が所望の精度で適合するまで収束計算される．解析領域の最上流および最下流のC断面（板長さ方向に直交する面）上では剛体運動のみを許容する変位／速度境界条件，いわゆる剛体接続境界条件が課される．

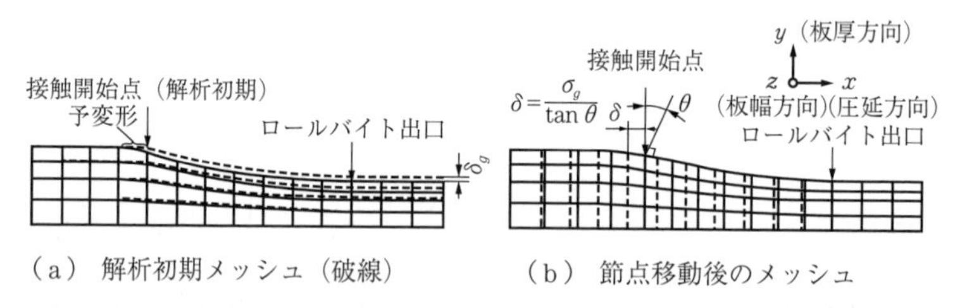

図3.23　定常圧延解析における接触開始点および解析メッシュの修正方法[20)]

商用を含め弾塑性有限要素法コードでこの定常圧延解析が行えるものは少なく，非定常圧延解析によって定常部の変形解を効率的に求めるためには，板材の先後端面の境界条件を考慮して板の全長を決め，長さ中央近傍の必要最小限の圧延距離（例えば投影接触弧長の10倍程度など）を圧延解析するなどの工夫や経験が必要である．

3.6.2 他の物理現象との連成解析

板圧延機内の被圧延材の弾塑性変形には，**図3.24**に示すように，強く連関する種々の物理現象があり，諸問題を取り扱うためには連成解析が必要となる．本項では，圧延機／ロール変形現象および熱伝導現象との連成解析の方法について概説する．圧延機／ロール変形の解析手法については3.4節を，圧延中の熱伝導（温度）解析手法については関連文献21）を，金属組織変化については本シリーズ『金属材料』を参照されたい．

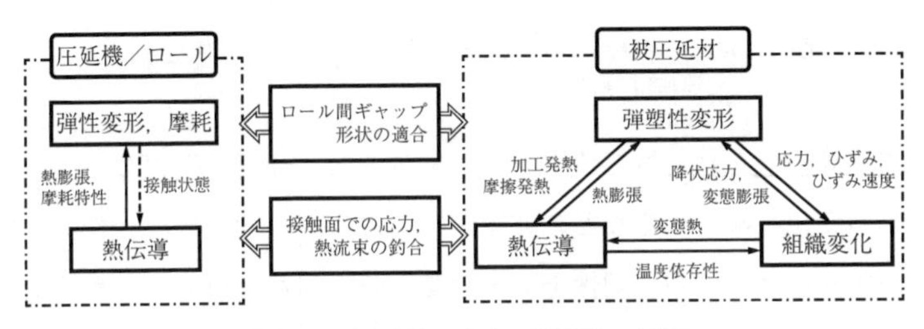

図3.24 板圧延における諸現象の連関

〔1〕 圧延機／ロール変形との連成方法

被圧延材変形と圧延機／ロール変形の連成解析は，**図3.25**に例示した解析フロー[20]のように，ロール表面形状（ロールギャップ分布など）と接触界面の応力分布（垂直圧力およびせん断応力）を相互に受け渡しながら被圧延材変形解析と圧延機／ロール変形解析を交互に繰り返し，収束させる逐次計算法で行われる．このような単純な繰返し計算では収束の不安定化を生じやすく，特に板厚が薄く，ロールに比べて硬い材料の場合や定常圧延解析との組合せにおいて顕在化する．

収束を安定化させるには，適切な初期条件（例えば，初期のロールギャップ分布として二次元スラブ法拡張モデル（一般化二次元圧延理論とも称する）[8]

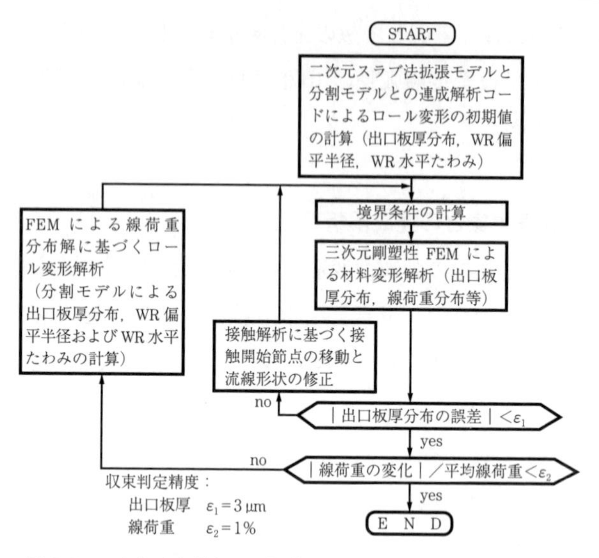

図 3.25 三次元定常板圧延解析におけるロール変形解析との連成計算のフロー[20)]

との連成計算で得られた解を使用する）を設定し，繰返し過程で相互に受け渡す分布解の変化を減速するなどの方策が考え得るが，効果は限られる．被圧延材および圧延機／ロールの剛性を表す影響係数行列が近似的にでも算出できれば，下記の式(3.112)によって次回の被圧延材変形解析でロールギャップ分布条件を決め，収束性を向上させ得る．

$$\boldsymbol{g}^{next}=(\boldsymbol{M}^{-1}+\boldsymbol{C})^{-1}(\boldsymbol{C}\boldsymbol{g}^{prev}+\boldsymbol{M}^{-1}\boldsymbol{g}^{FEM}) \tag{3.112}$$

ここで，$\boldsymbol{g}$ は板幅内のロールギャップ分布を表す列ベクトルであり，$\boldsymbol{g}^{prev}$ は今回の被圧延材変形解析で用いた分布，$\boldsymbol{g}^{FEM}$ は被圧延材変形解析の圧延荷重分布解 $\boldsymbol{p}^{FEM}$ から圧延機／ロール変形解析で得られた分布，$\boldsymbol{g}^{next}$ は次回の被圧延材変形解析で用いる分布である．また，$\boldsymbol{M}$ は被圧延材変形解析から算出する圧延荷重分布に対するロールギャップ分布の影響係数行列（$\partial\boldsymbol{p}/\partial\boldsymbol{g}$，$\boldsymbol{p}^{FEM}$ を基準），$\boldsymbol{C}$ は圧延機／ロール変形解析で算出するロールギャップ分布に対する圧延荷重分布の影響係数行列（$\partial\boldsymbol{g}/\partial\boldsymbol{p}$，$\boldsymbol{g}^{FEM}$ を基準）である．なお，圧延後の板の平坦度（波形状）を評価する場合には，10^{-4} オーダーの被圧延材の伸びひずみの幅方向偏差を評価する必要があり，圧延前の板厚が1 mmの場合には0.1 μmオーダーのロールギャップ分布の収束誤差にとどめる必要がある．

〔2〕 熱伝導現象との連成方法

熱伝導現象との連成については，被圧延材変形解析で得られる加工発熱量や摩擦発熱量と，熱伝導解析で得られる被圧延材内部の温度分布から換算した体積膨張ひずみや降伏応力特性を相互に受け渡す，単純な繰返し計算方法でも，通常，安定的に収束解が得られる．

実際の鋼板の熱間圧延工程を対象とする場合，1 000 ℃程度の温度差の被圧延材と圧延ロールが，降伏応力以上の接触圧力で，接触域を通過するごく短い時間（10^{-3}〜10^{-2} s）だけ接触する際の熱移動現象を再現することが重要である．ロールバイト内の板表面のように高圧かつ塑性変形中の接触界面は金属接触状態と考えられ，接触界面は熱伝導境界面とすべきであるが，これを熱伝達境界で近似することも多い．**図3.26**は薄鋼板の熱間粗圧延パスを対象に圧延ロールとの熱的境界条件による温度分布解の相違を求めた連成解析結果[22]であるが，高い熱伝達係数値（30 000 W/m^2K）を用いても，ロールバイト内の急峻な温度変化はもとより，当該圧延パスでの板表面近傍からの全抜熱量についても無視できない差異を生じる．

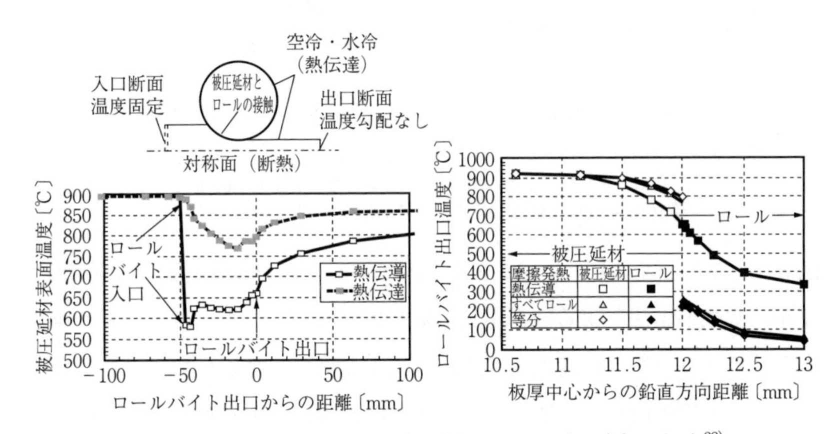

図3.26 圧延ロールとの熱的境界条件による温度分布解の相違[22]

3.6.3　解析事例に見る板圧延現象

本項では板圧延中の不均一な変形現象を，二次元圧延解析（L 断面内の不均一さ），三次元圧延解析（板幅方向の不均一さ）の解析事例として紹介する．

〔1〕 L 断面内での変形現象：二次元（平面ひずみ）圧延解析

板の幅方向端面から板厚の数倍程度の範囲を除けば幅方向ひずみの影響は限定的であり，変形状態を L 断面内での平面ひずみ変形として近似的に取り扱える．**図 3.27** は，剛塑性有限要素法の定常圧延解析による面圧分布解と相当応力分布解を Orowan のスラブ法モデル解と比較したものである．接触面圧は Orowan 解に比べて数％高く，かつ中立点近傍がなだらかになっている．これは，ロールバイト内の不均一な付加的せん断変形による相当応力の増大と，図は省略するが，有限要素法で用いられる相対すべり速度依存型の摩擦則（Orowan 解は非依存の摩擦則による）による中立点近傍の摩擦せん断応力変化の緩和による．

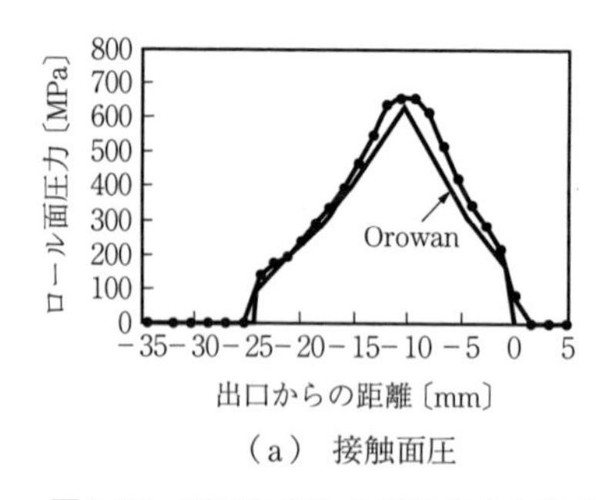

（a） 接触面圧

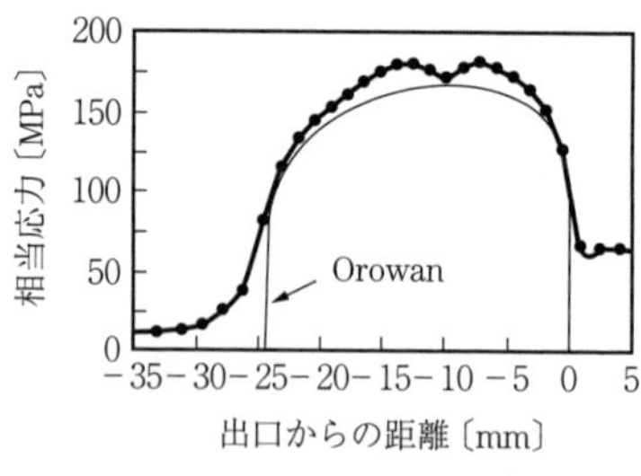

（b） 相当応力（FEM 解は板厚方向平均値）

図 3.27　面圧分布および相当応力分布の Orowan 解との比較（入側板厚：5 mm，圧下率：30％，ロール直径：ϕ800 mm，ロール速度：500 m/min，$\mu=0.3$，入・出側無張力，降伏応力式：$\bar{\sigma}=113\,\bar{\varepsilon}^{0.21}\dot{\bar{\varepsilon}}^{0.13}$ MPa）

図 3.28 は，上側の圧延ロールを非駆動とする上下非対称圧延（片駆動圧延）の剛塑性有限要素法による定常圧延解析結果である[23]．相当塑性ひずみ速度分布から，上下ロールとの接触開始点から始まる集中した変形帯，いわゆるせん断帯が圧延方向板内部に伝播（でんぱ）し，ロールとの接触面で折り返しながらロールバイト出口に向かうことがわかる．このせん断帯の形態はすべり線場法の解と酷

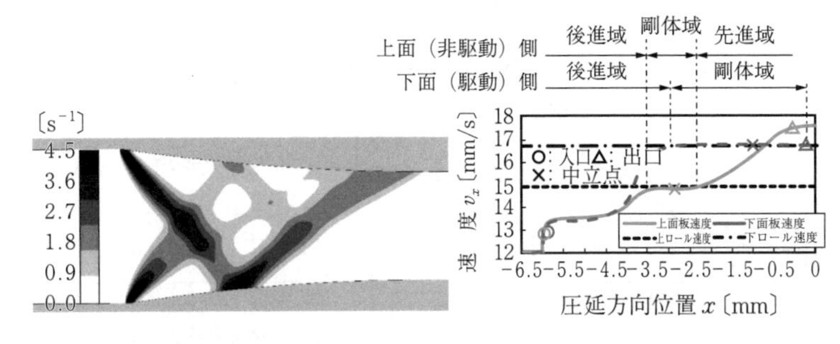

（a）　相当塑性ひずみ速度分布　　（b）　板上下面での圧延方向速度分布

図 3.28　片駆動圧延の定常圧延解析結果（圧延形状比＝2.5）[23)]

似している．同図（b）に示す板上下面の圧延方向速度分布との対比から明らかなように，このせん断帯で生じる変形の主体は圧延方向の延伸であり，局所的かつ不均一なせん断帯内部での変形が圧延による板の伸び変形の本質である．

図 3.29 は，調質圧延におけるジャンピング現象（ヒステリシス特性）の商用の弾塑性有限要素法コードによる非定常圧延解析結果の一例である[24)]．圧延ロールの弾性変形も有限要素法で同時に解かれている．ロールギャップの締込み（圧延荷重増加）から開放（圧延荷重減少）までの非定常圧延解析を行うことで，調質圧延に特有のジャンピング現象（圧延荷重変化に伴う板伸び率の不連続な変化）と，締込み過程と開放過程でのヒステリシスな特性が再現されている．ロールバイト中央の高い静水圧応力下の弾性圧縮領域の存在と，これを挟む入・出口近傍の二つの塑性変形領域の生成／消滅挙動の不連続性，非可逆性からその機構が説明されている．

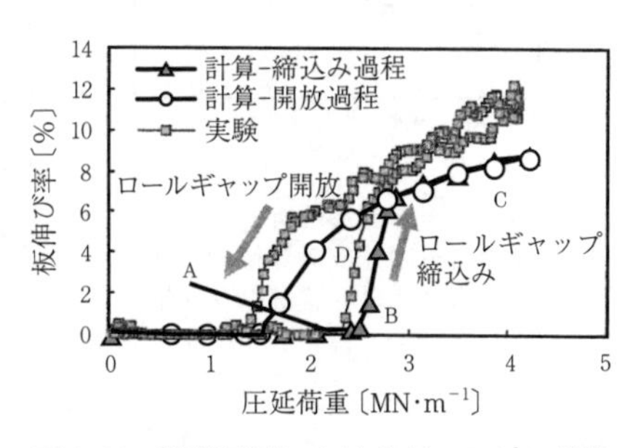

図 3.29　調質圧延におけるジャンピング現象（ヒステリシス特性）[24)]

〔2〕　**変形解の板幅方向分布：三次元板圧延解析**

図 3.30 および **図 3.31** は，分割モデルによる圧延機／ロール変形解析と剛塑性有限要素法による三次元定常圧延解析を連成計算した結果[20),25)]である．図

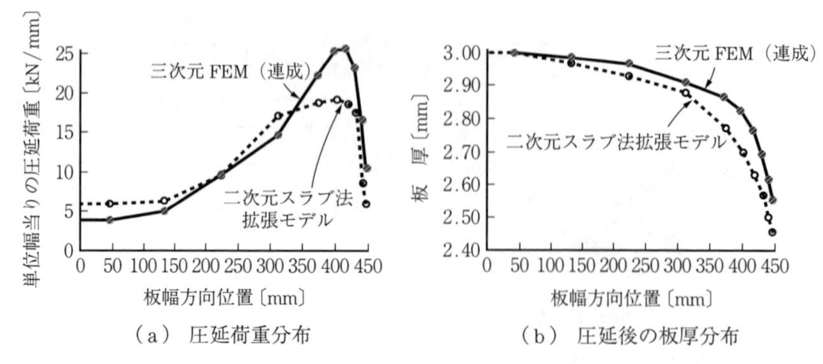

図 3.30　ロール変形解析と三次元定常圧延解析の連成計算結果（二次元スラブ法拡張モデル解との比較）[20]

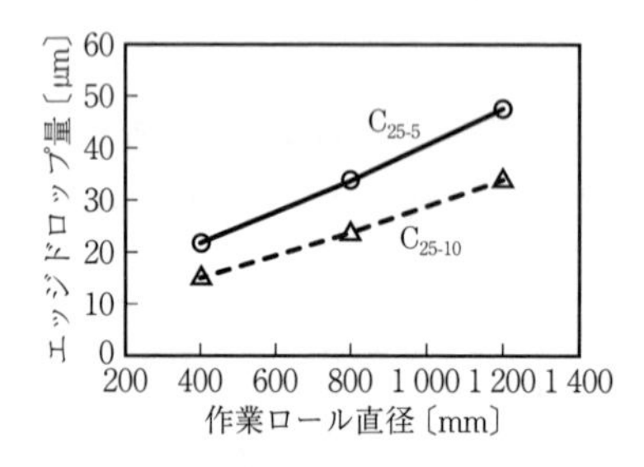

図 3.31　ロール変形解析と三次元定常圧延解析の達成計算結果（作業ロール直径とエッジドロップ量の関係）[25]

3.30 に示す圧延荷重分布（単位幅当りの圧延荷重の板幅方向分布）および板厚分布の有限要素法解は，二次元スラブ法拡張モデルによる解と比較して滑らかな分布となっており，板幅中央と幅端部間の 0.1 を超える伸びひずみの偏差が，予変形域を含めたロールバイト内での幅方向メタルフローによって破綻なく幅方向に分散されたことを意味している．図 3.31 は 4 段圧延機について，作業ロール直径とエッジドロップ量（幅端部近傍の 2 点間の板厚差）の関係を評価した結果である．

圧延荷重分布の解析精度は圧延機／ロール変形量を決めるために重要である．スラブ法の拡張に関する松本らの研究[26]によれば，幅方向ひずみおよび降伏応力が幅方向に一定の場合，幅中央から幅端面に向かって放物線状に低下する圧延荷重分布となる．**図 3.32** は幅中央での値で正規化した圧延荷重分布と入側板厚の関係であり，幅方向に入側板厚および降伏応力が一定の剛完全塑性体の板材をロールギャップ一定の剛体ロールで圧延する条件で，剛塑性有限要素法（圧縮性材料特性法）による三次元定常圧延解析を行った結果である．

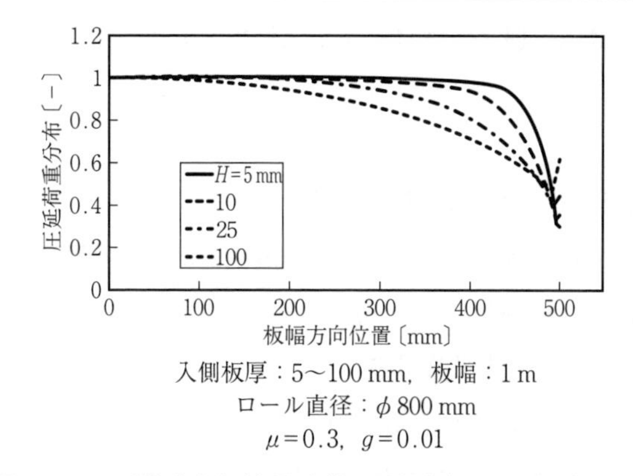

入側板厚：5～100 mm，板幅：1 m
ロール直径：φ800 mm
$\mu=0.3$，$g=0.01$

図 3.32　圧延荷重分布（幅中央値で正規化）と入側板厚の関係（圧縮性材料特性法による三次元定常圧延解析）

板厚が厚い場合には放物線状であるが，薄くなると幅端部近傍のみで低下する急峻な圧延荷重分布となる．図は省略するが，g 値を小さくして非圧縮性を増すと緩やかになる．**図 3.33** は，幅中央での値で正規化した圧延荷重分布と被圧延材の弾性限界ひずみ値 E_{el}（降伏応力／ヤング率）の関係であり，商用の弾塑性有限要素法コードによる定常部解で，入側板厚 5 mm の条件について被圧延材（弾完全塑性体）のヤング率を変えて弾性体積圧縮ひずみの影響を求めている（作業ロールは剛体）．10^{-3} 程度の弾性（限界）ひずみでは剛塑性有限要素法と同様に急峻な分布だが，10^{-4} 程度にまで下げる（非圧縮性を増す）とほぼ放物線状となる．正解を求めるには降伏応力の数倍に及び得る高い静水圧応力下での弾性特性値の同定が不可欠であろう．

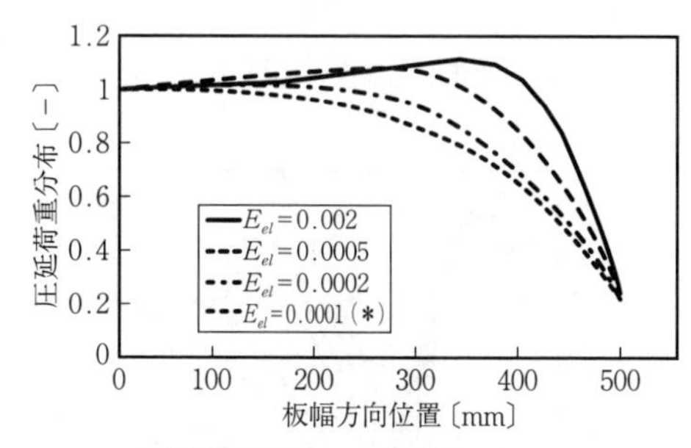

入側板厚：5 mm，板幅 1 m
降伏応力：113 MPa
ヤング率：56.5～1 130 GPa
ロール直径：φ800 mm
$\mu=0.3$
注：（＊）の条件は，他の条件とは別の商用コードによる

図 3.33　圧延荷重分布（幅中央値で正規化）と弾性限界ひずみ値 E_{el} の関係

なお，実現象では圧延機／圧延ロールが入側板厚分布に倣うように変形するため，上述した材料変形特性の影響は軽減する．

3.6.4　板圧延解析における留意事項

本項では，実プロセスの現象解明や課題解決を目的に有限要素法による板圧延解析を行う際の留意事項について述べる．

〔1〕　解析領域の設定と要素分割

弾塑性有限要素法による非定常圧延解析を行う場合には，解析対象の実寸法と扱う変形の対称性を考えて解析領域を設定すればよい．定常部解を得たい場合や定常圧延解析を行う場合には，解析領域の先後端面での境界条件（非定常圧延解析では通常自由表面，定常圧延解析では剛体接続境界）の影響が被圧延材の塑性変形に直接及ばないように，弾性変形による応力分散を考慮して，ロールバイトの上流／下流側にそれぞれ板幅の数倍（通常 2〜3 倍）程度の解析領域を付設するとよい．

剛塑性有限要素法の場合には合理的な解析領域の決定根拠はなく，解析の目的に応じて解析領域を経験的に設定する．**図 3.34** は，ペナルティ法による三次元定常圧延解析で求めたロールバイト上流側の予変形域の長さと板幅変化（の 1/2）の関係[27]であるが，この例では予変形域の長さが投影接触弧長（約 20 mm）の3 倍程度の長さで設定することが好ましい．いわゆる非変形域の処理方法[17]にもよるが，筆者の経験では投影接触弧長もしくは入側板厚のいずれか大きい方の 2 倍以上の予変形域長さとする必要がある．ロールバイト下流の後変形域の長さは，通常，投影接触弧長と同等で十分である．

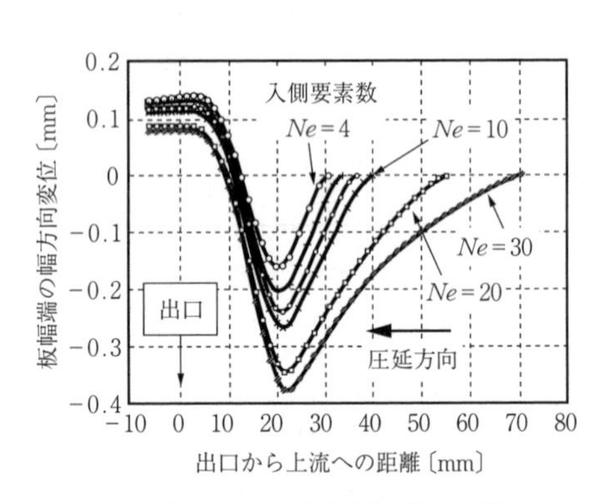

図 3.34　予変形域長さと板幅変化の関係（ペナルティ法による三次元定常圧延解析）[27]

要素分割数については，例えば，1990 年代に日本鉄鋼協会（理論解析技術検討会）で行われた技術検討結果[27]によれば，投影接触弧長を 14 分割以上，板厚を 8 分割以上とすれば圧延荷重，トルク，圧延後の板厚分布への影響はあまりないと結論されている．また，圧延ロールのへん平変形と連成して投影接触弧長や先進率解を得るには，投影接触弧長内の圧延ロールを周方向に 400 分割以上とする必要があり，かつ 15 分割程度では Hitchcock によるへん平式に劣るとされており，有限要素法を用いて圧延ロールの接触へん平解析を行うことは実用的でない．一方，ロールバイト入口直近の変形状態，例えば応力分布を詳細に解析するためには，**図 3.35** に示すように，少なくとも投影接触弧長を 400 分割以上としなければ，板表層要素の応力解の振動が抑制できないことがわかる．

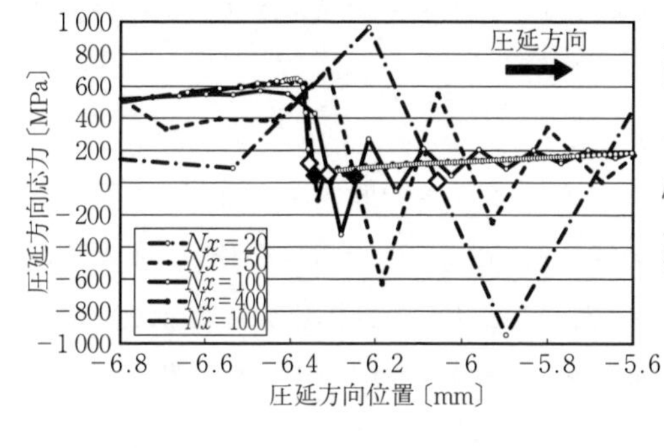

入側板厚：2 mm，圧下率：30%
降伏応力式：
$\bar{\sigma}=820\ (\bar{\varepsilon}+0.05)^{0.23}$ MPa
ロール直径：ϕ 136 mm（剛体）
$\mu=0.10$
入・出側張力：200 MPa
要素分割条件：
板厚方向：80 分割／板厚
圧延方向：
ロールバイト入側：16 分割
ロールバイト内：10〜400 分割
内，ロールバイト入口近傍は，10〜1 000 分割（Nx）
ロールバイト出側：8 分割
注）図中の◇◆はロールバイト入口点位置

図 3.35　ロールバイト入口点近傍における板表層要素の圧延方向応力解の変化と圧延方向要素分割数（Nx）の関係（剛塑性有限要素法による二次元定常圧延解析）

上記の検討は剛塑性有限要素法によるが，弾塑性有限要素法においても同様であろう．物理的根拠には乏しいが，使用する要素は 4 節点四辺形（二次元平面ひずみ）か 8 節点六面体の一次要素が大きい圧下率（10% 以上）の板圧延解析に適しているようである．非定常圧延解析の場合には，メッシュ変形の極端ないびつさを解消するためにリメッシングが施されるが，上記要素による自動リメッシング技術には発展の余地が残る．

〔2〕 定常圧延解析のための変位／速度場の境界条件

定常圧延解析における解析領域の入・出口断面には剛体接続条件が課され，両断面上では剛体運動のみが許される．板厚方向および板幅方向の双方に変形の対称性が仮定できる場合（対称圧延）には，許される剛体運動は圧延方向の並進運動のみであり，各断面での自由度数は1となる．板圧延での反り現象や蛇行・キャンバー現象，狭幅材料のねじれ現象など，非対称な変形状態を再現するにはロールバイトへの外モーメントの作用を解消することが重要で，剛体回転運動の自由度を加える（断面に作用する外モーメントを解放）だけでは不十分であり，断面に平行かつ一様な変位／速度成分を自由度に加え，断面に作用するせん断力を解放する必要がある，すべての非対称変形を扱うには自由度数6の境界条件を設定する．

〔3〕 接触界面での摩擦応力

接触界面に作用する垂直応力 p とせん断応力 τ_f の関係は，通常，アモントン・クーロン摩擦則（$\tau_f=\mu p$ あるいは $\tau_f=\min\{\mu p, k\}$，μ は摩擦係数，k はせん断降伏応力）やせん断摩擦則（$\tau_f=mk$，m はせん断摩擦係数）などで表現され，必要に応じて相対（すべり）速度依存性などが加えられて定式化される．

図3.28中の剛体域（rigid zone）のように相対速度差が小さい接触領域には，相対（すべり）速度が厳密に0で，かつ摩擦せん断応力が不均一分布する，いわゆる固着域が有意に生じると考えられる．この固着域を厳密に取り扱う方法（stick-slip モデル）もあるが収束性の問題がある．実用的には摩擦せん断応力の相対速度依存性で近似することも多いが，剛体域の広さを考えるとその影響は無視し得ず，用いる定数の妥当性検証が肝要である．

〔4〕 要求される収束精度

摩擦せん断応力の正負を決める中立点位置は圧延方向の力の釣合いで決まる．中立点位置の誤差を 10^{-2} 程度に抑えるには力の釣合い誤差を圧延荷重の 10^{-3} 程度に抑える必要がある（$\mu=0.1$ と仮定）．不釣合い力の指標にもよるが，10^{-4} 程度の誤差率に収めることが望ましい．また，三次元板圧延解析で圧延後の平坦度を評価する場合には，いわゆる接触解析誤差や圧延機／ロール変形との連成におけるギャップ不適合量誤差などは，前述したように，入側板厚の 10^{-4} 程度の収束誤差に収める必要がある．

〔5〕 被圧延材料の塑性変形特性

被圧延材料の塑性変形特性（材料の塑性変形構成式），すなわち降伏応力（降伏曲面）と塑性ひずみの関係式はすでに多く提案されており，対象とする被圧延材に応じて選定すればよい．関係式中の定数値は，通常，標準的な引張試験もしくは圧縮試験で測定された力-変位データから変形の均一性を前提に同定される．問題は，試験中にくびれやバルジングなどの不均一変形が生じたり，破断，座屈するなど，実際の板圧延工程で加わる大きなひずみ量（3.6.1項参照）までの変形特性を事実上測定できない点にある．これは，自由表面が狭く，高い静水圧応力下での被圧延材の変形と，自由表面が広く，場合によっては引張応力が作用する引張りもしくは圧縮試験材の変形の本質的な相違に起因する．大きいひずみ領域での降伏応力特性を限られたひずみ範囲で測定された特性から外挿することは，解析目的によっては危険である．例えば，転位の増殖モデルなど，降伏応力に直接関与する金属学的モデルによる検討が必要となるであろう．

〔6〕 解析結果の数値的検証，物理的妥当性の確認

解析結果を実用に供する場合，解析者は解析結果に対して「確信」を持ち，結果の利用者に対して「保証」する．そのために，解析手法の定式や算法，解析の際の入力値が正しく計算されているかを確認するための数値的検証（verification）と，得られた結果の物理的／力学的妥当性の確認（validation）が不可欠とされる．前者については，解析のソースプログラムが参照可能な場合には容易であり，商用の解析コードのように参照できない場合でも，理論解説書の熟読，正解が把握できる問題の解析などを怠らなければ検証可能である．後者については，通常，実現象の測定結果との比較から確認されるが，現実の鋼板圧延工程ではひずみの測定ですら事実上不可能であり，寸法諸元や速度条件が有意に異なるラボ実験結果との比較では不十分である．対象とする圧延変形現象の機構を仮説し，仮説を再現可能な定式，算法を構築し，解析結果やラボ実験結果の考察を重ね，仮説と定式，算法の物理的／力学的妥当性を確認することが肝要である．**図 3.36** は，付加的せん断変形を生じないと考えられる板厚中央の相当塑性ひずみについて，板厚ひずみ ε_h から換算される相当塑性ひずみ値（$2\varepsilon_h/\sqrt{3}$，図中の一点鎖線）との一致を確認したものである．

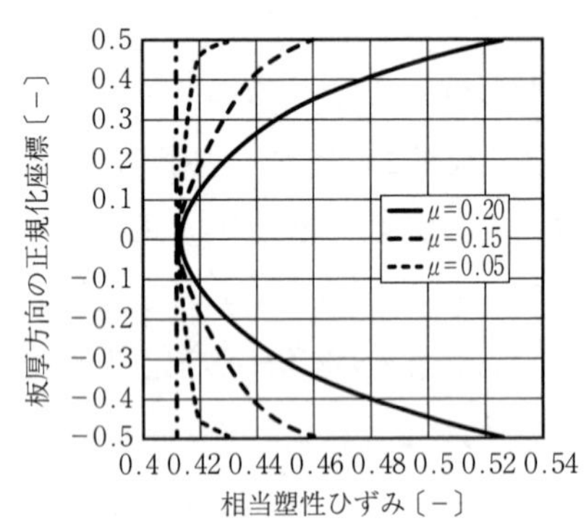

入側板厚：2 mm，圧下率：30%
降伏応力式：
$\bar{\sigma}=883\ (\bar{\varepsilon}+0.05)^{0.23}$ MPa
ロール直径：ϕ 310 mm（剛体）
$\mu=0.05\sim0.20$

図 3.36　圧延後の相当塑性ひずみの板厚方向分布と摩擦係数の関係（剛塑性有限要素法による二次元定常圧延解析．上下対称条件）

上下対称条件下でこれと異なる解が得られた場合には，その機構を仮説して検証することが肝要である．剛塑性有限要素法の場合の体積圧縮ひずみの大きさ（非圧縮性からのずれの大きさ）を検証することも一つの方法である．対象の現象が，このずれの大きさを容認できるものかどうかで判断する必要があるが，やはり実現象の深い理解が必要とされる．実現象と解析結果の詳細な観察，考察を経て仮説した機構の妥当性が確認されれば，結果に対する「確信」を得るにとどまらず，革新的かつ抜本的な技術への展開も十分に期待できる．

引用・参考文献

1）戸澤康壽・中村雅勇・石川孝司：三次元解析の方法と計算例―薄板圧延の三次元変形に関する解析的研究 I ―，塑性と加工，**17**-180（1976），37-44.

2）石川孝司・中村雅勇・戸澤康壽：ロールの変形を考慮した薄板圧延の 3 次元解析―薄板圧延の三次元変形に関する解析的研究 III ―，塑性と加工，**21**-237（1980），902-908.

3）木内学・黄永茂・新谷賢：非対称複合圧延の解析と実験―非対称複合圧延に関

する研究Ⅱ—，塑性と加工，**30**-344（1989），1316-1323.

4) カチャノフ，Л.M.（大橋義夫訳）：塑性理論の基礎，（1980），養賢堂.

5) Timoshenko, S. & Goodier, N.：Theory of Elasticity，2nd Ed.，International Student Edition，（1951），362-366，McGraw Hill, Kogakusha.

6) 戸澤康寿・上田雅信：ロールの変形形状から圧力分布を求める解析，塑性と加工，**11**-108（1970），29-37.

7) 日本鉄鋼協会編：板圧延の理論と実際（改訂版），日本鉄鋼協会特別報告書 No.36，（2010）.

8) 松本紘美・中島浩衛・菊間敏夫・上堀雄司：幅方向の変形を考慮した板形状・クラウンの計算方法，塑性と加工，**23**-263（1982），1201-1208.

9) 玉野敏隆：塑性と加工，**14**-153（1973），766-769.

10) Yarita, I.：Adv. Tech. of Plast.，**II**（1984），1126-1131.

11) 後藤学：塑性と加工，**27**-300（1986），25-33.

12) Ogawa, S., et al.：Mat. Sci. Res. Int.，**6**-2（2000），80-87.

13) Lee, C.H. & Kobayashi, S.：J. of Eng. for Ind.，**95**-3（1973），865-873.

14) 森謙一郎ほか：昭和54年度塑性加工春季講演会予稿集，（1979），25-28.

15) 森謙一郎・小坂田宏造：塑性と加工，**23**-260（1982），897-902.

16) 柳本潤ほか：塑性と加工，**32**-367（1991），1000-1006.

17) 小坂田宏造：機械の研究，**35**-11（1983），97-101.

18) 森謙一郎ほか：日本機械学会論文集，**45**-396（1979），965-974.

19) 郭永明ほか：塑性と加工，**35**-403（1994），965-970.

20) 山田健二ほか：第41回塑性加工連合講演会予稿集，（1990），63-66.

21) Yamada, K., et al.：ISIJ Int.，**31**-6（1991），566-570.

22) 関和典ほか：平成10年度塑性加工春季講演会予稿集，（1998），11-12.

23) 河西大輔ほか：鉄と鋼，**101**-6（2015），319-323.

24) 明石透ほか：塑性と加工，**54**-630（2013），606-611.

25) 山田健二ほか：第42回塑性加工連合講演会予稿集，（1991），323-326.

26) 松本紘美・濱渦修一：塑性と加工，**37**-430（1996），1162-1167.

27) 木内学ほか：日本鉄鋼協会圧延理論部会理論解析技術検討会最終報告書，“圧延の有限要素法による理論解析の実際”，（1998）.

4 圧　延　機

本章では，圧延機の種類，圧延機の剛性，計測器について板圧延を中心に述べる．棒線・形・管圧延の圧延機については，紙面の都合上割愛するが，圧延機の剛性の考え方などはすべての圧延機に共通するものである．

4.1 圧延機の種類

4.1.1 圧延機の分類の仕方

圧延製品の種類は多く，かつこれらが多数の工程を経て製造されることから，圧延機の種類も多種多様なものになっている．これらの圧延機は構造あるいは適用法の相違などにより，以下に示す項目に従って分類することができる．

(1) 圧延機を構成するロールの段数

(2) 板形状制御機構

(3) 圧延ロールの駆動法

(4) 圧延機の配列と適用例

ここでは初めに，圧延機を構造・機構などの相違により分類して圧延機の種類を明らかにし，つぎにこれらがどのように圧延製品の製造に適用されているかについて述べる．

4.1.2 圧延機を構成するロールの段数

圧延機の構造面からの最も基本的な分類は，通常これに使用されるロール段数により行われる．ロール段数は**表 4.1** に示すように，最も単純な 2 段

表 4.1 各種圧延方式のロール段数による分類

	ロール段数記号	圧延ロール配置	特徴および用途
単純ロール積重ね方式	2H		・最も単純な構造．分塊など粗圧延に適用．
	3H	逆 正	・正・逆パスで圧延材の通過位置が異なる使用例が厚板圧延にある．
	4H		・圧延機の基本となる形式で冷・熱間圧延に多く適用．
	5H		・一方の WR を小径にして圧延負荷を軽減することが可能． ・硬質薄物材圧延向き．
	6H	IMR	・4H ミルの機能に IMR による機能が追加され，多彩な圧延特性を持ち，冷・熱間圧延に多く適用．
クラスター方式	8H	非対称	・対称式よりも WR の小径化効果が劣る．
	12H		・小径 WR により硬質材を薄く圧延することが可能． ・ステンレス鋼，ケイ素鋼，非鉄などの圧延に適用．
	20H		同上
プラネタリー方式	―		・多数の遊星 WR で多数回の圧延を行うので大圧下が可能． ・熱間スラブから一挙に熱間圧延薄板の製造が可能．おもにステンレス鋼材の圧延に適用．

〔注〕 記号 WR：作業ロール，IMR：中間ロール

(2high，略号 2H）から，20 本のロールで構成される 20 段圧延機までのものがある．

なお，表 4.1 の圧延機において，一般にロール段数が増加するに従いワークロール（WR）は小径化され，硬質薄物材の圧延に適用される．また，特殊な圧延ロールの配置の例では，大径のバックアップロール（BUR）の外周に多数のワークロールを設けたプラネタリー方式がある．この圧延機は熱間スラブか

ら一挙に薄板製品を製造することを可能にしている.

4.1.3 板形状制御機構

圧延ロールをベンディングする手法は形状制御機構の基本であるが，板材の平坦度，板クラウンあるいはエッジドロップなどの形状制御能力増強の要求により，各種の形状制御機構が開発され，実用に供されてきた．各種形状制御圧延機の制御機構名称およびロール配置による分類を**表 4.2** に示す[1]．熱間圧延分野では作業ロールと補強ロールをペアで交差させるロールクロスミル（以下，このように圧延機をミルと表記する場合がある）[2]，作業ロールにＳ字形

表 4.2 各種形状制御圧延機の制御機構名称およびロール配置による分類

	制御機構名称	ロール配置	特　徴
ロールベンディングミル	WR ベンディング (WRB)		・厚板ミルでは BUR ベンディングの例がある． ・6H ミルでは WRB と IMRB を組み合わせ，複合形状修正も可能.
	IMR ベンディング (MRB)		
ロールシフトミル	WR シフト		・WR あるいは WR/IMR に S 字形状ロール採用，シフトにより形状制御が可能. ・WR のサイクリックシフトによるロール摩耗分散可能. ・胴端テーパー部で板幅端圧延によりエッジドロップ減少. ・6H では上記 WR シフトも併用可能.
	IMR シフト		
ロールクラウン変更ミル	ゾーンクラント	ノズル	・ゾーンヒーティング方式もある.
	BUR スリーブ膨縮	胴中央油圧式膨縮 BUR スリーブ	・胴端くさび膨縮もある.
多分割 BUR ミル	分割 BUR 調整		・8H，20H の多分割分割ロールも同様制御可能.
ロールクロスミル	WR・BUR 同時クロス		・板クラウン制御範囲が大きい. ・WR あるいは BUR のみクロスするものはロール間スラスト大.

状ロールを用いるロールシフトミル[3]，冷間圧延分野では 6H ミル[4] が代表例である．最近では操業性を改善したセンジマーミル[5]，そして作業ロール径をさらに小さくした 6H ミル[6] も開発されている．これら形状制御機構の詳細については，8 章にて述べる．

4.1.4 圧延ロールの駆動

圧延ロールの駆動は，1 対のワークロールを駆動する方式が最も基本的な形式である．しかし，冷間圧延分野では，自動車・電子産業などの圧延製品利用分野における技術進展および軽量化の趨勢（すうせい）に伴い，硬質薄物材に対する需要が増加し，圧延機のワークロールはますます小径化されるに至った．圧延動力をワークロールの軸端を介して伝達することができなくなるものもあり，ワークロールを支持するロールを駆動する方式がとられることもある．**表 4.3** には，このような間接駆動およびその他の特殊な方式も含めた各種圧延ロールの駆動方式および駆動ロールによる分類を示す．

ワークロールをほかのロールを介して間接駆動する際には，駆動接線力により小径ワークロールが水平方向にたわむことを防止する機構を設ける必要がある．このたわみは，従来圧延ロールをクラスター方式に配置することにより防止されていた．6H ミルのワークロールを小径化して，このワークロールを直接水平面内で支持する方式の圧延機も実用化された[1]．

異周速圧延も圧延ロールの特殊駆動法の例に分類される．異周速圧延には圧延材をロールに巻き付けるか，あるいは真直に通板しながら行う 2 種類の圧延法がある．いずれの場合にも異周速により，ロールバイト間の上下ロールにおける中立角 ϕ_1 と ϕ_2 にずれが生じる．この中立角がずれている区間において，圧延材に作用する上下摩擦力の方向が逆になるので，この部分にはせん断力も作用する圧延が行われる．また，等速圧延法に比較して圧延荷重が減少する特徴を有する．しかし，異周速効果を発揮させるため，中立角を大きくずらすとロール 1 本当りの負荷トルクおよび水平力が大きくなることに注意を要する．

表 4.3　各種圧延ロールの駆動方式および駆動ロールによる分類

駆動方式	駆動ロール		ロール配置	特記事項
対称駆動	上下 WR			・最も基本的なロール駆動方式.
	上下 IMR	6H		・硬質薄物材圧延のため小径 WR 採用. WR 剛性不足により IMR が駆動されるため，WR には駆動接線力の支持機構の設置が必要.
		クラスター		
	上下 BUR			・上記と同様,WR には水平力支持機構の設置が必要.
非対称駆動	1 本 WR			・非駆動 WR に水平力が作用するので，この WR を小径化する際には，水平支持機構の設置が必要．駆動 WR にも水平力が作用する.
	1 本の WR と反対側の 1 本の IMR		FH　小径 WR	・IMR の駆動トルクを制御して，駆動接線力 FH を調整．これにより小径 WR のたわみを変更して板の形状を制御することが可能.
異周速駆動	上下 WR 異周速		V_1　V_2	・上下 WR の周速差により，中立角 ϕ_1，ϕ_2 も相違．ϕ_1～ϕ_2 間にせん断力を作用させ，圧延荷重の低減を可能にする. ϕ_1　ϕ_2　$v_1/v_2<1$
			V_1　V_2	

〔注〕 記号　◎：駆動ロール

4.1.5　圧延機の配列と適用例

圧延機の配列は 1 台のみ，あるいは複数台の圧延機がタンデム状に配置される．1 台の圧延機の配置例では，通常正逆圧延により多数パスの圧延が行われる．一方，タンデムミルは大量生産に適しており，冷間および熱間薄板圧延に広く適用されている．配置されるスタンド数は冷間用では 2～6 台，熱間用では 6～7 台の例が多い．

以上に述べた各種圧延機が，実際の圧延工程にどのように適用されているかを**表 4.4** に基づいて説明する．

表 4.4　各種圧延工程での圧延機適用例

		配　置	主適用圧延機	主被圧延材料	備　考
厚　板		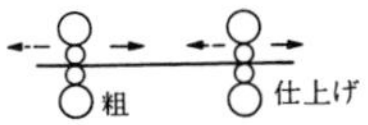 粗　仕上げ	粗：2H，4H 仕上げ：4H	・普通鋼 ・特殊鋼	・粗と仕上げを1台で行う場合も多い．
熱間帯板	可逆式	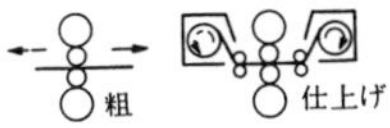 粗　仕上げ	粗：4H 仕上げ：4H，6H	・特殊鋼 ・普通鋼	・普通鋼はディスケーリングによる圧延材温度低下の問題がある．
	タンデム方式	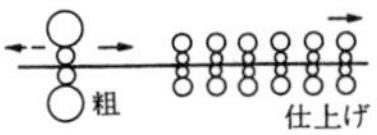 粗　仕上げ	粗：2H，4H 仕上げ：4H，5H，6H	・普通鋼 ・特殊鋼 ・非　鉄	・粗圧延はタンデムあるいは1可逆＋2タンデムなど各種配置の例がある．
	プラネタリー方式	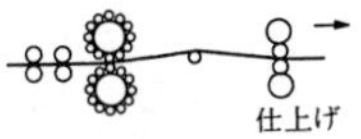 仕上げ	粗：プラネタリー 仕上げ：2H，4H，6H	・特殊鋼	
冷間帯板	可逆式	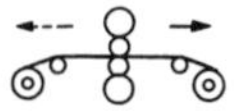	4H，6H	・普通鋼 ・非　鉄	・冷間圧延として最も多く使用されている．
		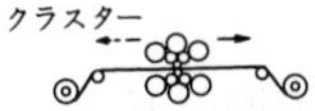 クラスター	12H，20H	・特殊鋼 ・非　鉄	・極薄材圧延にも適用される．
	タンデム方式	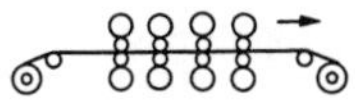	4H，6H	・普通鋼 ・非　鉄	・酸洗いと直結して使用される例が多い．
調　質		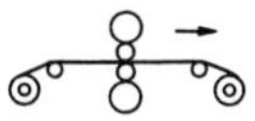	2H，4H，6H	・普通鋼 ・特殊鋼 ・非　鉄	・テンパー圧延の場合は2タンデムの例が多い． ・焼なまし，めっきラインに組み込まれる例が多い．

〔1〕 厚 板 圧 延

スラブからの圧延は粗と仕上げ用の2台の可逆圧延機により行われる例が多いが，生産量が少ない場合には1台の圧延機で，粗と仕上げの圧延が行われる．

適用される圧延機の形式は，粗ミルに2Hミルが用いられる例もあるが，通常は粗および仕上げミルともに4Hミルが使用されている．仕上げミルには形状精度向上のため，およびロール摩耗を分散してスケジュールフリー圧延を可能とするため，ワークロールシフトミルが適用された例がある[7]．また，形状精度向上のためにペアクロスミルが適用された例もある[8]．

〔2〕 **熱間薄板圧延**

熱間薄板圧延は，可逆，タンデムおよびプラネタリーミルの3方式により行われるが，粗圧延には可逆式，仕上げ圧延にはタンデムミル方式が最も一般的に採用されている．

タンデム式仕上げ圧延機は，高速で一気に仕上げ圧延を行うので圧延材の温度低下も少なく，鋼種あるいは非鉄などの材質に対する制限がなく，各種圧延材の圧延に適用されている．

一方，特殊な例として可逆式圧延機を仕上げ圧延に用いる場合には，圧延機の前後に巻戻し兼用の巻取り機が設けられ，巻取りおよび巻戻し作業を繰り返す圧延が行われる．そして，巻取り機のコイルは加熱炉内に収納され，温度低下の防止が図られている（ステッケルミル）．しかし，圧延時のデスケーリングを行うと圧延温度が著しく低下するので，本方式はおもにスケールの発生の少ない特殊鋼材の圧延に使用されている．

これらの熱間薄板圧延に適用される圧延機の形式は，粗圧延には4Hミルが，仕上げ圧延には4Hあるいは6Hミルが使用される．また，仕上げミルへの形状制御機構の適用には，ロールベンディング，ロールシフト，バックアップロールスリーブ膨縮あるいはロールクロスなど，各種の機構が実用されている[2)~4),9)]．

熱間薄板圧延の特殊な例として，プラネタリーミルによりスラブから一挙に薄板製品に圧延を行う方式がある．ただし，この圧延は低速度で行われるので生産量が少なく，またスケールの発生しにくい特殊材の圧延に適用されている．

〔3〕 **冷間薄板圧延**

冷間薄板圧延はシングルスタンド方式あるいはタンデム方式により行われる．シングルスタンド方式で圧延する場合には，圧延機の前後に巻戻しも兼ねる巻取り機が設けられ，可逆的に多数パスの圧延が行われる．

しかし，アルミニウム，銅などの非鉄材の圧延ではコイル先後端部での歩留り向上，あるいは加工熱による圧延材の温度上昇分の冷却などのため1方向のみへの圧延を行い，コイルを再び巻戻し機に戻して圧延を繰り返す方法がとられる場合が多い．

これらの冷間圧延に使用される圧延機の形式は，通常材の場合は4H，6Hミルがおもに適用される．形状制御機構としては，ロールベンディング，ロールシフトあるいはバックアップロールスリーブ膨縮機構などが適用されている．また，これらの形状制御機構とともに使用されるゾーンクーラント制御は，アルミニウムの圧延などでは欠くべからざる平坦度制御手段となっている．

一方，特殊鋼あるいは硬質非鉄材の圧延には小径ワークロールを有する圧延機が使用される．これらの圧延には，多分割バックアップロールを備えた20Hクラスターミル，圧延機の構造をより単純化した8H，12Hクラスターミル，および水平支持される小径ワークロールを組み込む4H～6Hミルが実用化されている．

〔4〕 調質圧延

調質圧延は表面の仕上げ，平坦度改善，ストレッチャーストレイン防止あるいは材料の硬さ調整の目的で，圧延材を最終製品に仕上げるために行われる．そのうち軽圧下圧延を行うスキンパス圧延では，通常1スタンド1パスの圧延作業で製品に仕上げられる．一方，ぶりきなどのより硬質材の製品を得るためのテンパー圧延では，2スタンドタンデムミルで圧延される場合が多い．なお，調質圧延機は調質専用として使用される場合と，調質および可逆冷間圧延兼用圧延機として使用される場合がある．

適用される圧延機の形式は2H，4H，6Hミルで，形状制御機構としてはロールベンディング，ロールシフトあるいはバックアップロールスリーブ膨縮機構などが利用される．

4.2 圧延機の剛性

4.2.1 剛性の定義と意義

一般の機械と同じように，圧延機の剛性もつぎのように定義される．

$$圧延機の剛性 = \frac{圧延機にかかる力}{圧延機の変形量}$$

圧延機で剛性が特に重要視されるのは，圧延荷重が巨大であり，したがって剛性の大小により圧延機の変形が大幅に変化し，それが圧延製品の精度に重大な影響を及ぼすためである．

圧延荷重に関しては，さらにロールの胴長方向の変形に対する剛性と，圧延機中心に対して左右アンバランスに作用した場合の剛性が考えられ，以下に示す4通りの剛性が定義されている．

〔1〕 縦　剛　性

縦剛性はミル定数とも呼ばれ，圧延機の剛性を示す代表的な数値である．縦剛性係数（ミル定数）として下記のように定義される．

$$縦剛性係数 = \frac{圧下力の変化量}{ロール間隙調整量}$$

圧延機のロール間隙を調整する装置は，電動機でスクリューを回す方式と油圧でシリンダーピストンを駆動する方式とがあるが，いずれもロール間隙と1対1に対応するセンサーと表示器とが付いている．これらのロール間隙調整装置を使ってロール間隙を閉じていくと，ついにはロールはたがいに接触状態（キスロール）になる．さらにロール間隙を閉じていくと圧延機に力が作用する．この状態は圧延をしているわけではないので，この力を圧延荷重と区別して圧下力と呼ぶ．

このようにして求めたロール間隙調整量〔mm〕と圧下力〔MN〕との関係の一例を**図4.1**に示す[10)]．圧下力が小さいときは曲線的変化を示すが，通常の圧延荷重の使用範囲に相当する部分ではほぼ直線とみなせる．この直線の勾配を縦剛性係数〔MN/mm〕とする.

この試験を行うときは，圧延機の保護のためロールを回転しつつ行うのが望ましい．また，ロールの回数速度により縦剛性係数は変化するので，回転数をパラメーターにして求めておく必要もある．このように，キスロール状態で求められた縦剛性係数を実際に使用するときは，圧延する板の板幅により補正が必要である．板幅が小さくなると圧延荷重は集中傾向となり，ワークロールの曲がり変形量は増加し，縦剛性係数は減少する．その測定方法は，理論的計算によるか，あるいは実験的に測定する場合は，圧下力をかけても変形しない硬さの高い板をロール間隙に挟み，縦剛性係数を測定すればよい[11].

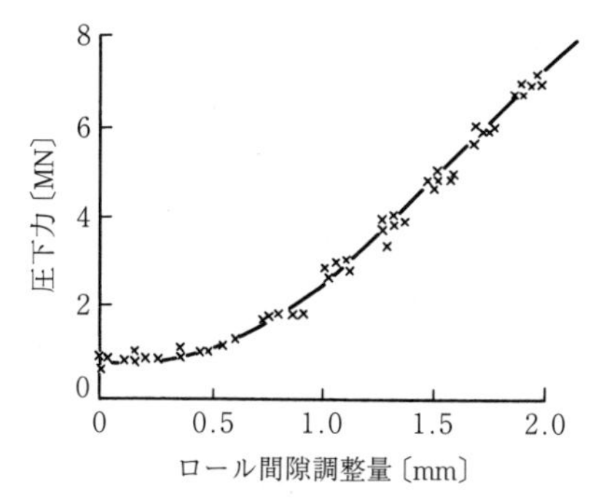

図 4.1　圧延機の弾性特性（圧延機サイズ ϕ 520/ϕ 1 350×1 420）[10]

〔2〕 **横　剛　性**

横剛性の概念は，板のクラウンおよび形状が重要視され始め，それに適した形式圧延機の発達に伴い考え出された概念である.

横剛性係数はつぎのように定義される.

$$横剛性係数 = \frac{圧延荷重}{板クラウン}$$

実験的に横剛性係数を求めるには，アルミニウム板をロール間隙に挟み，圧痕（あっこん）を付け，その厚さ分布から板クラウンを求める方法と，理論計算で板クラウンを算出する方法がある.

図 4.2 に示すように，ワークロールに等分布の圧延荷重がかかったときに生じるロールの曲がりとロール表面のへこみ変形とに起因する板クラウンを計算し，横剛性係数を求める．具体的な計算方法は 3 章を参照されたい.

〔3〕 **左 右 剛 性**

圧延板が圧延機の中心からずれた状態（オフセンター）や圧延板が幅方向にテーパー状（ウェッジ）になっている場合，あるいはロール間瞭が左右で等し

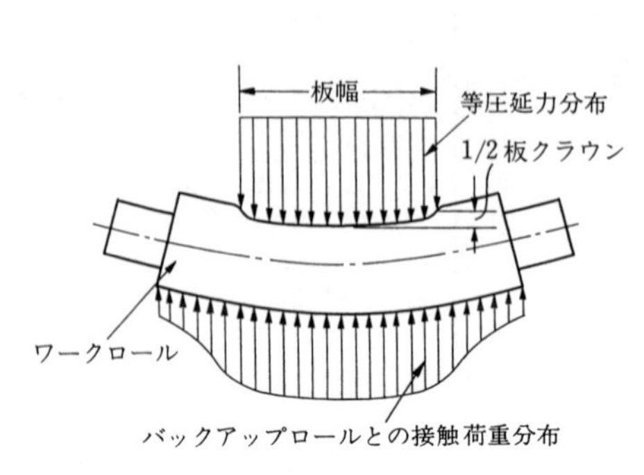

図 4.2　作業ロールの変形と板クラウン

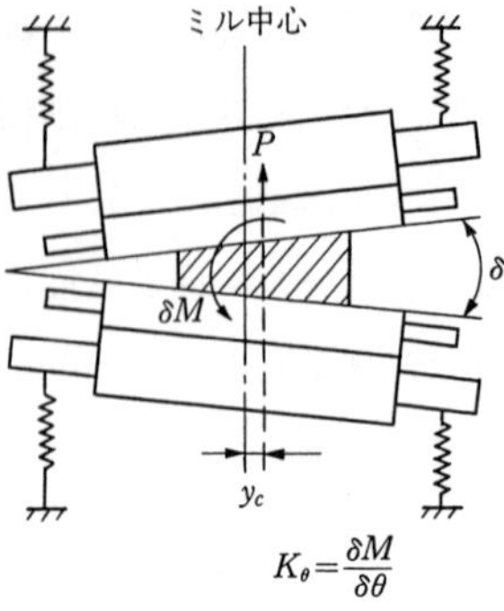

ミル中心
P
$\delta\theta$
δM
y_c
$K_\theta=\dfrac{\delta M}{\delta\theta}$

図 4.3　左右剛性の定義[11)]

く設定されていなかった場合など，ワークロールはロール中心に対して左右アンバランスの力を受ける．このようなアンバランス力に対してロール間隙がいくら傾くかを表すのが左右剛性で，下記のように定義される．

$$左右剛性係数 = \frac{ミル中心回りのモーメント}{傾き角度}$$

例えば**図 4.3** に示すように，ミル中心より y_c だけ離れた点に P なる力を作用した場合は，モーメント $\delta M = Py_c$ であり，ロール間隙の傾き角度を $\delta\theta$ とすると左右剛性係数 K_θ は，$K_\theta = \delta M/\delta\theta$ となる[12)].

左右剛性は平行剛性とも呼ばれ，圧延板の蛇行特性と大きく関係する．例えば，オフセンターの場合は左右剛性係数の大きい方が板の蛇行に有利に働くが，ウェッジの場合は逆に左右剛性係数は小さい方が有利となる．

〔4〕 ねじり剛性

圧延機の駆動系は電動機，減速機，スピンドル，ロールから構成されている．これらの力学系は基本的にはマス-ばね系である．電動機からロールまでのねじれ角を材料力学的手法で求めれば，ねじり剛性はばね定数として求まる．

圧延機におけるねじり剛性の意義は，圧延機の速度制御が板厚制御および張力制御の面からより高応答性を求められるようになり，それにねじり剛性が大きく関与しているところにある．

圧延機の速度制御は電動機の回転速度制御によっているが，ゲインを上げて応答速度が駆動系の固有角振動数 ω_n に近付くとハンチングを起こすので，実際はその数分の1までしか応答は上げられない．したがって，速度制御の応答を上げるには ω_n を大きくした方が有利であるといえる．

説明を簡単にするため，圧延機の駆動系を**図 4.4** のように[13]，2マス1ばねの系と考える．この場合の ω_n は次式となる．

$$\omega_n=\sqrt{\frac{k_t}{I_R}\left(1+\frac{I_R}{I_M}\right)} \tag{4.1}$$

ここで，k_t：ねじり剛性係数，I_R，I_M：おのおのロールと電動機の慣性モーメントである．

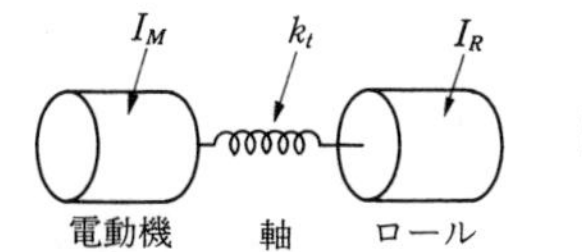

図 4.4 駆動系の単純化モデル[13]

式(4.1)で ω_n を大きくするには，I_R は小さい方がよいが，I_R はロールの直径と長さが決まれば決まるので変えられない．また，I_M も小さい方が有利となるので，電動機の回転子の直径をより小径にする努力がなされている．ねじり剛性 k_t は大きい方が有利である．ねじり剛性を大きくするには，スピンドルの直径を大きく，長さを短くするのが有効であるが，直径はロール径が決まればそれに制約されて大きくできない．したがって，スピンドルの両端に取り付けられている回転自在継手の傾き角を大きくとれるものを採用するなどして，長さを短くする方策がとられている．

その他，熱間圧延分野では，圧延機の振動と関連して水平方向動剛性の重要性が最近報告されている[14]．

4.2.2 圧延機に作用する荷重

圧延機にかかる力は圧延機を理解する上で基本となるものである．**図 4.5** に4段圧延機（4Hミル）に作用する荷重を示す．基本的には圧延荷重と圧延トルクであり，詳細は3章を参照されたい．その他に水平力とロール軸方向のス

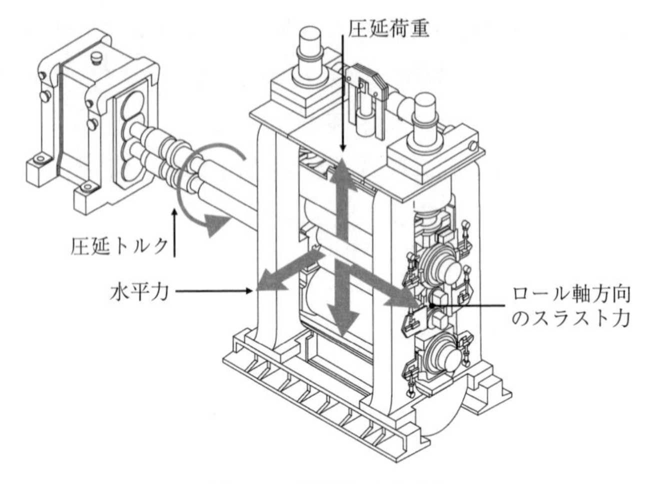

図 4.5　圧延機にかかる力

ラスト力がある．作業ロールに作用する水平力には，圧延機前後の張力差，作業ロールと補強ロール間の板進行方向の分力，そして熱間圧延の場合には板が圧延機にかみ込む際の衝撃力[14] などがある．熱間圧延分野で多く用いられているロールクロスミルでは，板クラウンと形状制御のために積極的に板と作業ロールを交差させるので，ロール軸方向にスラスト力が発生する[2]．これらの荷重を考慮して圧延機は設計される．

4.2.3　剛性の算出法

各剛性の詳細な算出方法について，縦剛性は 4 章を，横剛性は 3 章を，また左右剛性，ねじり剛性（駆動系の動特性）については文献 15) を参照されたい．ここでは縦剛性について概要を説明する[18]．

キスロール状態の縦剛性係数は，圧下力を受ける圧延機各構成部品の弾性変形量を，材料力学的手法により計算して求めることができる．**図 4.6** に示す 4 段圧延機（4H ミル）の場合，キスロールにより上下ワークロール間に発生した圧下力はバックアップロール，バックアップロール軸受および軸受箱，ロッカープレート，ベアリングプレート，圧下装置（圧下スクリュー，圧下シリン

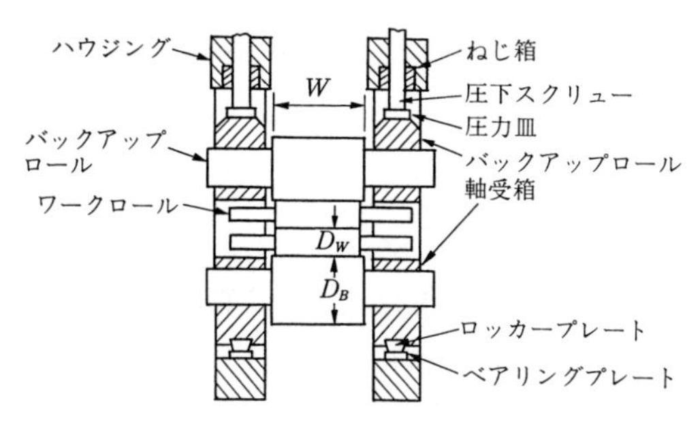

図 4.6　4 段圧延機（4H ミル）

ダー）を経て最終的にハウジングで支持される．

ロッカープレートとベアリングプレートなどの接触変形は[17]，円柱と平面との接触や半無限体表面の分布荷重による変形などに関する弾性解析結果を用いて，接触変形量を評価する．実際の有限体を半無限体に近似するときは，変形を過大評価するので注意を要する．バックアップロール軸受には油膜軸受また

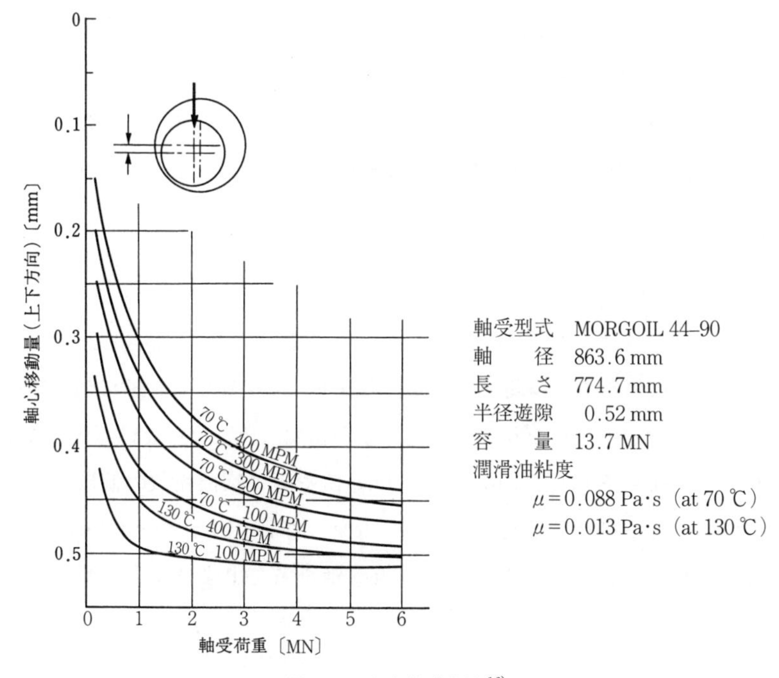

図 4.7　油膜軸受特性[16]

はローラーベアリングが用いられる．油膜軸受の油膜厚（図では，上下方向の軸芯移動量）は，圧下力，および温度，ロール回転数により**図 4.7** のように変化する．ロール回転数を増すと油膜厚も増し，剛性は低下する．油膜厚は油膜軸受の理論[16]で荷重条件を与えて求める．

なお，圧延機各構成部品の変形や応力分布を精度良く詳細に求める必要がある場合には，有限要素法を用いて解析する．

4.2.4　圧延作業と圧延機の剛性

圧延作業で重要なことは

(1)　所期の板厚寸法を出す（板厚絶対値）

(2)　板厚のばらつきを少なくする（板厚精度）

(3)　板の形状を良くし，所定の板クラウンを出す

(4)　絞り込みや板切れおよび振動など圧延トラブルを起こさない

などである．これらと圧延機の剛性との関係について以下に述べる．

〔1〕　板厚絶対値と縦剛性係数

図 4.8 を参照して，圧延される板の板厚 h〔mm〕は，無負荷時のロール間隙開度 S_0〔mm〕，圧延荷量 P〔MN〕，縦剛性係数 K〔MN/mm〕を使って下記のように表される．

$$h = S_0 + \frac{P}{K} \tag{4.2}$$

実際の圧延作業は，圧延荷重をあらかじめ正確に予測し，式 (4.2) を使って S_0 を求め，その値をロール間隙の開度にセットして圧延する．K の値に誤差があると，S_0 の設定誤差となり，板厚絶対値が初期の値とならない原因となる．

また，圧延荷重 P は圧延材の変形抵抗の値や圧延摩擦係数の値により変化するので，その予測精度は必ずしも高くない．予測がずれたとき K の値が大きい方が h のずれは小さくなるので，板厚絶対値を出すには縦剛性係数は大きい方がよい．

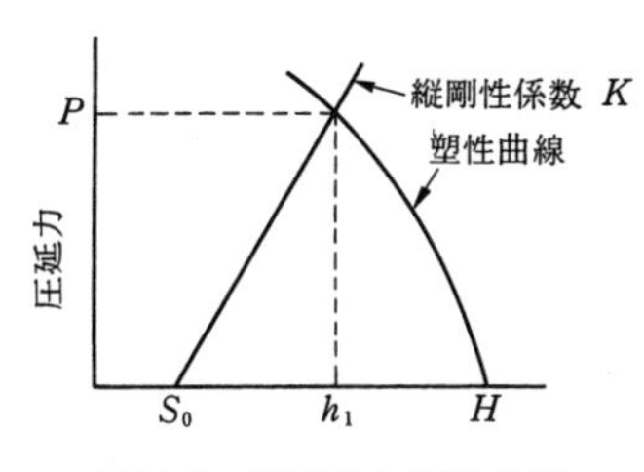

図 4.8 縦剛性と塑性曲線

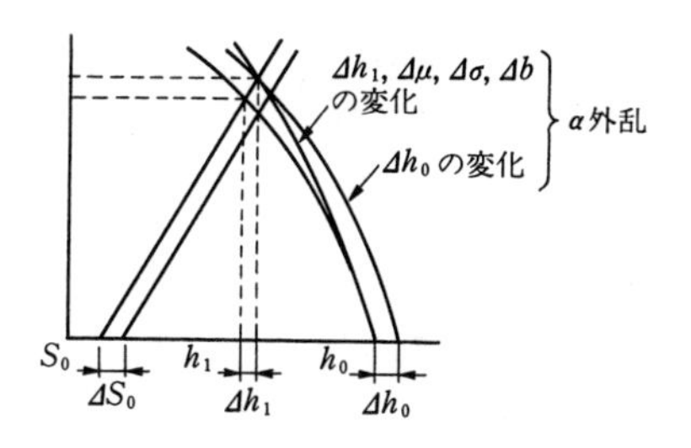

図 4.9 外乱と板厚の関係

〔2〕 板厚精度と縦剛性係数

板厚が目標値からずれたときは，その偏差を測り，ロール間隙を調整する板厚制御が行われる．それについては8章に述べられているので，ここでは板厚変動と縦剛性係数との関係について述べる．

圧延中に圧延荷重 P を変動させる要因としては，入口板厚 h_0，出口板厚 h_1，圧延材の変形抵抗 k_f，圧延摩擦係数 μ，張力 σ，板幅 b である．すなわち

$$P=P(h_0, h_1, k_f, \mu, \sigma, b) \tag{4.3}$$

となる．この式と式(4.2)とから出口板厚 h_1 の微小変化を求めると

$$\Delta h_1=\frac{K\Delta S_0+\alpha}{K-(\partial P/\partial h_1)} \tag{4.4}$$

ここで

$$\alpha=\frac{\partial P}{\partial h_0}\Delta h_0+\frac{\partial P}{\partial k_f}\Delta k_f+\frac{\partial P}{\partial \mu}\Delta\mu+\frac{\partial P}{\partial \sigma}\Delta\sigma+\frac{\partial P}{\partial b}\Delta b$$

となる．α は圧延荷重の変化を伴う外乱を示し α 外乱と呼ぶ．この式の意味するところを図4.8と同じ形式で描くと**図 4.9** となる．ここで，ロール間隙の変化 ΔS_0 の要因としては，バックアップロールの偏心や軸受のスピードによる油膜厚変動などが考えられる．

式(4.4)から，ΔS_0 の変動に対しては，K が小さい方が Δh_1 も小さくなり有利となる．一方，α 外乱に対しては K が大きい方が有利となる．このことをさらに定量的に求めるため，式(4.4)で，$M=-\partial P/\partial h_1$（塑性定数）と置き代えて微分すると

$$\frac{\partial(\Delta h_1)}{\partial K}=\frac{M\Delta S_0-\alpha}{(K+M)^2} \tag{4.5}$$

となる．すなわち，$M\Delta S_0>\alpha$ の場合は K が小さい方が有利であり，逆に $\alpha>M\Delta S_0$ の場合は K が大きい方が有利となる．

〔3〕 形状と横剛性

板の形状を良好に保つには，板のクラウンとロールのクラウンとを一致させることである．その制御の方法は8章で述べられるので，ここでは形状と横剛性の関係について述べる．

1本のコイルを圧延する場合，通板時および加減速時は定常時に比べて圧延荷重が高くなる．入側の板の板クラウンが一定ならば，上昇した圧延荷重を横剛性で除しただけ板のクラウンは大きくなるので，形状が乱れる原因となる．したがって，このような場合横剛性は高い方が有利となる．

一般に，長い胴長の圧延機で狭幅の板を圧延すると，横剛性が低くなる．これを避ける意味から，ワークロールとバックアップロールとの間に中間ロールを設け，それをシフトすることで横剛性を高くする圧延機[4]が実用化されている．

〔4〕 圧延操業性と水平方向動剛性

熱間圧延分野では，高張力鋼鈑など硬質薄物材を圧延する際に絞り込みなどの通板不良，あるいは圧延機の振動などが発生し，圧延操業が阻害されることがある．圧延時の振動には水平方向動剛性が影響していることがわかってきている．ハウジングとロール軸受箱との間には，ロール組替えのために隙間が設けられている．隙間が大きくなると水平方向動剛性が低下し，またロール群が安定しないので，圧延機の振動あるいは絞り込みを誘発することがある．隙間をなくすことで水平静剛性を高めると同時に，油圧系ダンピング機能の付与により水平方向動剛性を向上させて振動を抑制する装置（ミルスタビライザー，**図4.10**参照）が，最近開発されている[14),19)]．

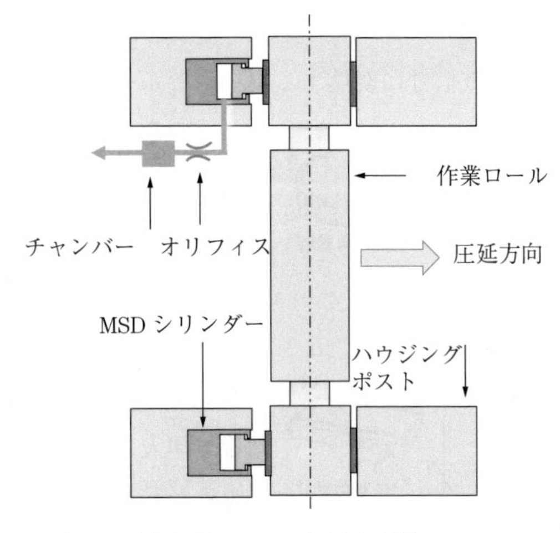

図 4.10 ミルスタビライザー

4.2.5 制御による外乱の補償

縦剛性係数がミル定数と呼ばれるように，剛性は機械固有の定数である．板厚精度を過度に悪化させる外乱が入ると，圧延機単独では対応できないこともある．しかし，高応答が可能な油圧圧下装置で常時圧延荷重に比例してロール間隙を変化させれば，外乱を補償して板厚精度を向上できる．このように，圧延機と制御を組み合わせることで，高精度に板厚を造り込むことができる．その他，板クラウンでは，圧延荷重に比例してロールベンディング力を制御することで，板クラウンの高精度な造り込みを制御することができ，また左右の圧延荷重の差分あるいはオフセンターに比例して左右のロール間隙差を制御することで，板の蛇行を抑制することができる．

4.3 計 測 器

最近の大形圧延設備の自動化，システム化には目覚ましいものがあるが，それを支えているのが，計測技術の発展である．本節では，圧延設備に用いられる計測・制御用のオンライン計測器の代表的なものについて紹介する．

4.3.1 圧延荷重計

圧延荷重は，力を電気信号に変換するロードセルを荷重支持経路に挿入して計測する．挿入位置は，圧延荷重の発生点であるワークロールに近い場所が精度上好ましいが，具体的には**図4.11**の位置などが選ばれる．ロードセル形状は図中に示すように各種あって，挿入位置に合わせて選択する．挿入スペースの制約から薄形が要求される．ロードセルには，力の検出原理の違いにより静電容量式[20]，ひずみゲージ式，磁わい式（磁気ひずみ式）などの種類があるが，後者の二つが多く用いられる．ひずみゲージ式では，特殊鋼材でできた起わい体にひずみゲージが接着されている．偏荷重対策として，起わい体を中空にするなどして，多数枚のひずみゲージが貼られている．

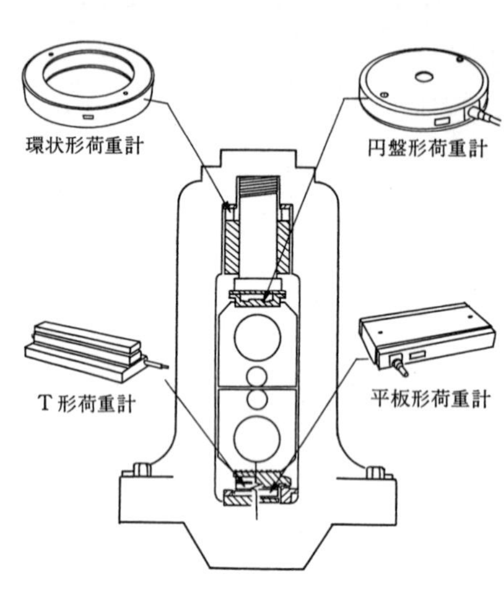

図4.11　圧延荷重計挿入位置

磁わい式は**図4.12**のように磁性体に力が加わると，磁気特性が変化し，二次コイルに電圧変化が発生する現象を利用したものである．検出素子は約20

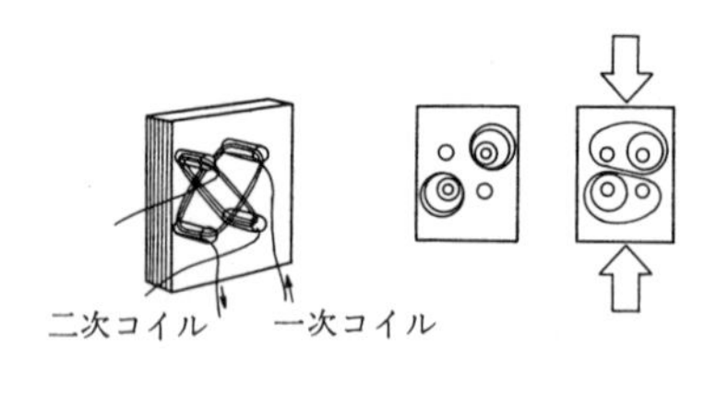

（a）素子に荷重が加わると一次コイルによる磁束分布がひずみ二次コイルと鎖交して二次コイルに電圧を発生

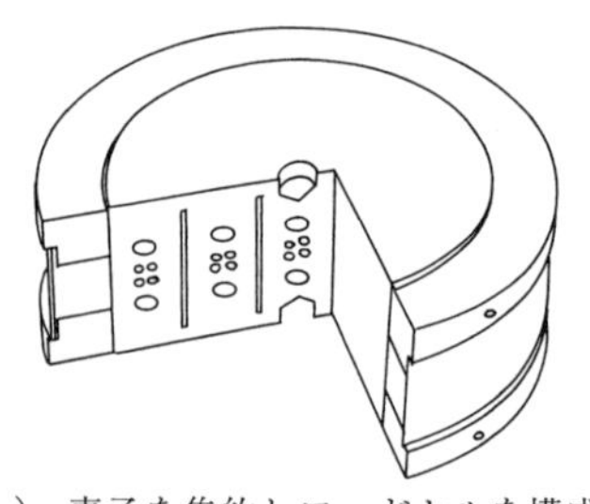

（b）素子を集約しロードセルを構成

図4.12　磁わい式ロードセルの原理と構造

×30 mm 程度の薄板を積層したもので，これを図(b)のように集めてロードセルを構成する．

4.3.2 圧延トルク計

工業的には，電動機のトルクをモーターの電流，電圧から算出し，これにモーターの損失および加減速トルクを補正して圧延トルクとする．高精度を必要とする場合，圧延ロールの駆動スピンドルのせん断応力をひずみゲージで計測したり，ねじれ量を計測したりすることにより伝達トルクを算出する[20)~22)]．

4.3.3 張　力　計

図 4.13 は，冷延における最も一般的な張力の測定法で，鋼板を非駆動の張力検出ロールに沿わせ，検出ロールに加わる垂直分力を測定する．垂直分力測定用ロードセルは，圧延荷重計と同様である．

熱間圧延では，圧延トルクと圧延荷重とから張力を逆算する方法や，圧延機関に設けられたルーパーに荷重計と加速度計を取り付けて張力を測定する方法などが採用されている．

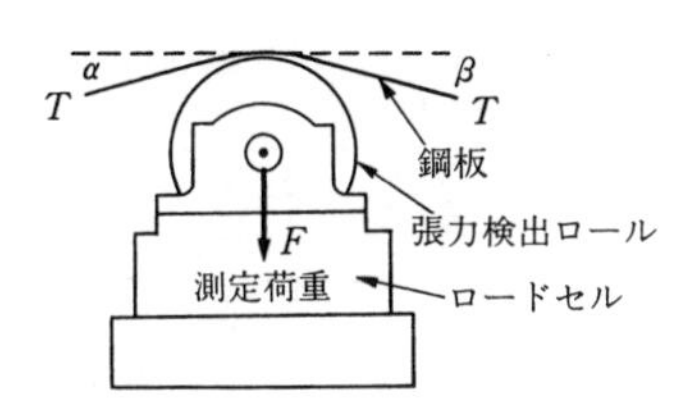

図 4.13　張力の測定法（$\alpha+\beta$＝ラップアングル，T＝テンション，$F=T(\sin\alpha+\sin\beta)$）

4.3.4 板厚計およびプロフィル計

走行中の鋼板厚さの測定法には，接触式と非接触式とがある．接触式の代表的なものはフライングマイクロメーターであり，非接触式の代表は放射線式である．前者は，ローラーで板を挟み，両ローラー間の変位量を差動トランスなどで測定するもので，低速で環境が比較的良い小規模圧延機向きである[21)]．

放射線式板厚計は，放射線の透過線量が鋼板の厚さに対応して変化することを利用したもので，高速，高精度，非接触を特徴とし，近年は，放射線式が多く用いられている．

放射線としてはX線，γ 線が多く使用され，特性に応じて使い分けられる．

X線板厚計は，光子エネルギーが測定対象に応じて最適なものが選べること，また線源が強力で，高応答なことが特長で，高速圧延ラインに使用される[21),23),24)]．放射線板厚計は，ドリフトが大きいため，非圧延時に基準板を計測して自動較正する仕様になっている．**表4.5**に代表的な放射線式板厚計の仕様を示す．

表4.5　代表的な放射線板厚計の仕様（測定対象軟鋼）

項　目	X線板厚計	γ線板厚計	
線　源	X線	アメリシウムAm–241	セシウムCs–137
半　減　期	—	458年	30年
光子エネルギー	10～150 keV	60 keV	660 keV
用途と測定範囲	冷延ミル0.1～8 mm 熱延仕上げミル1～30 mm	冷延ミル0～8 mm	熱延粗ミル 厚板ミル } 5～100 mm
設　定　精　度	設定値の±0.1%	±(設定値の0.05% +1 μm)	±10 μm以上か±(設定値の±0.05%)のいずれか大きい方
統　計　雑　音	板厚の±0.05%(板厚8 mm) ～±0.25%(板厚30 mm)	±0.7 μm(板厚0)～ ±28 μm(板厚8 mm)	±10 μm(板厚5 mm)～ ±154 μm(板厚100 mm)
ド　リ　フ　ト	±(設定値の0.2% +0.5 μm)/8 h	±(設定値の0.05%+ 2 μm)/24 h	±(設定値の0.04%+ 10 μm)/10 min
応　答　速　度	時定数 0.01～0.03 s	時定数 0.05～1.5 s	—

鋼板の幅方向の厚さ分布，すなわちプロフィルは，板厚計を板幅方向に走査させて計測する．走査中も鋼板は走行しているが，その間に板厚およびプロフィルは変化しないと仮定している．一般に板幅中央に固定した板厚計により，長手方向の板厚変化分を補正している[21),24)]．また，走査型板厚計を複数使用し，走査区間を分担させ，走査時間を短縮するなどいろいろ工夫されている．これら走査型板厚計は，高速性が要求されるのでX線式が適している[21),23)]．

4.3.5　平　坦　度　計

圧延中の鋼板の形状としては主として平坦度が測定され，平坦度計をもって形状検出器と呼ばれる．従来から，いろいろなアイデアが提案され[23),25)]，そのいくつかは実用されている．圧延張力の小さい熱間圧延においては，形状を直接測定することが可能である．冷間圧延では張力が大きいので，形状不良の原因である板幅方向に分布するひずみむらは伸ばされ，板は平坦となる．この際，ひずみの幅方向分布は張力分布に変換されるので，板の張力分布から形状を測定する．以下，代表的な形状検出器を紹介する．

〔1〕 冷間圧延用形状検出器

（a） 多分割ロール式　　検出器は，**図4.14**のように検出ロールが軸方向に分割された形をしている．各分割ロールは，磁わい式圧力素子[26)]や水晶圧電素子などを内蔵しており，板幅方向の張力分布が計測できる[27)]．

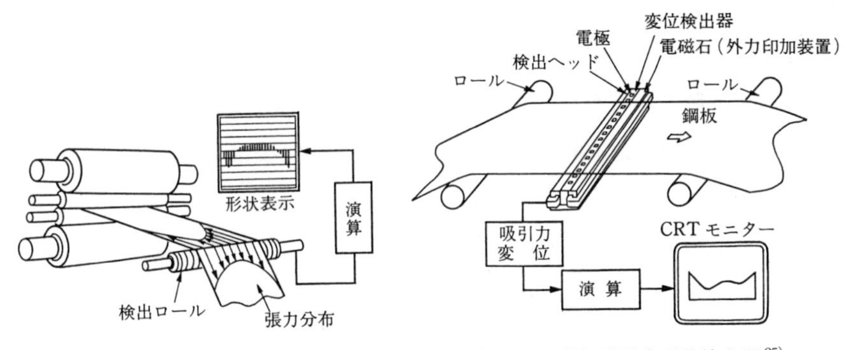

図4.14　多分割ロール式形状検出器　　**図4.15**　磁気吸引式形状検出器[25)]

（b） 磁気吸引式　　磁気吸引式は**図4.15**のように，両側をロールで支持された鋼板の中央部に，電磁石を内蔵した検出ヘッドを設置する．電磁石で鋼板を下方に吸引すると，鋼板の張力分布に反比例的な変位分布が得られ，この変位分布を静電容量形変位計で計測することにより平坦度分布が計算される[27)]．

〔2〕 熱間圧延用形状検出器

（a） 棒状光源式　　棒状光源式は，板表面に映る強力な棒状光源をテレビカメラで撮影し，映像のゆがみを光電変換素子で電気信号に変換し，演算処理して平坦度を算出する[28)]．

（b）水柱抵抗式　水柱抵抗式は，鋼板下の幅方向に複数個のノズルを設置し，一定の水を噴射する．水柱の長さ変化による電気抵抗の変化により，鋼板表面までの距離の変化を測定する．板波が正弦波であると仮定して，板速度と板波の振幅から急峻度（きゅうしゅん）を計算する[29]．水柱の代わりにレーザー変位計を用いる方法もある．

4.3.6 板　幅　計

板幅計の多くは，光電式で測定対象の鋼板の反対側に棒状光源を置いて検出部に板端の光学像を作り，光電子増倍管やリニアアレーなどにより端部位置を読み取る．熱間圧延設備の巻取り機前のように鋼板の上下変動の大きい場所では，板端を片側2台の検出器でにらみ，パスライン変動による測定誤差を調整する2眼式が用いられている[21),24)]．

検出部の間隔をあらかじめ計画板幅に設定しておき，この位置を中心に鋼板の左右の端部位置を連続的に走査する方法と，検出器を電動サーボにより板端に自動追従させ，マグネスケールでその位置を読み取る方法がある[21),24)]．後者の場合，左右の検出端は独立に駆動されているので，鋼板の蛇行は測定に影響しない．**図4.16**はCCD（charge coupled device，電荷結合素子）ラインセン

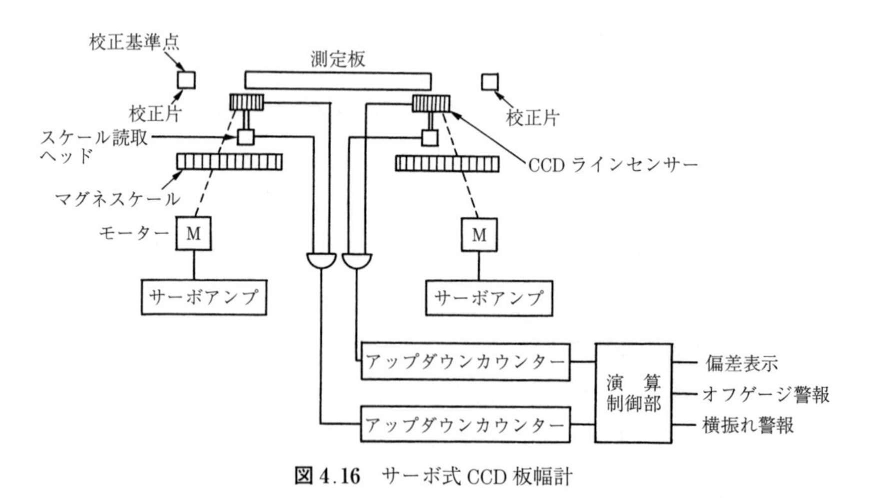

図4.16　サーボ式CCD板幅計

サーを用いたサーボ式の板幅計である．そのほかスラブや厚板の場合，天井に光学スキャナーを取り付け，板幅，長さを測定する方法もある．

4.3.7 温　　度　　計

圧延工場においては種々の温度計測が行われているが，ここでは圧延中の鋼板温度の計測に多用されている放射温度計を紹介する．

放射温度計は，被測定物から放出される放射エネルギーが表面温度の関数となることを原理とする．放射エネルギーは被測定物の放射率により変わる．鋼板の真の温度を T，測定器指示値を S，放射率を ε，放射線の波長を λ とすると，$S/T \fallingdotseq \varepsilon^{1/n}$，$n \fallingdotseq C_2/\lambda T$ と近似される[23]．上式から n が大きいほど，すなわち λ が小さいほど指示誤差は小さくなる．金属面を測定する場合は検出可能なかぎり，測定波長としては短波長帯が採用され[30),31]，場合によっては近紫外域が利用されることもある[23]．

上述測定では一つの波長帯を利用するので単色形と呼ぶのが，二つの波長帯のエネルギーを測定する2色形もある．この方式は，両波帯の放射率がたがいに等しいとき，すなわち灰色条件が成立するとき，両波長帯の放射エネルギーの比が真の温度の関数となることを原理とする．

放射温度計は，光学系，検出系，電気系から構成される．形式および検出器は多種多様であり，被測定物と温度範囲，環境，応答性など，使用目的に応じて使い分けられる[30),32]．走査型は鋼板の板幅方向の温度分布を測定するために使用されるが，最近，**図4.17** に示すようなCCDカメラを利用し，板幅方向の走査周期が13 ms（含データ処理時間）の高速測定を可能にしたものもある．また，光ファイバー式の温度計も開発されている[33]．

なお，放射温度計は上述したように放射率の影響を大きく受けるほか，計測光路における反射，吸収，外来光，視野欠けなど多くの誤差要因があり，その状況を把握し，改善を図ることが精度確保の上で重要である[34),35]．

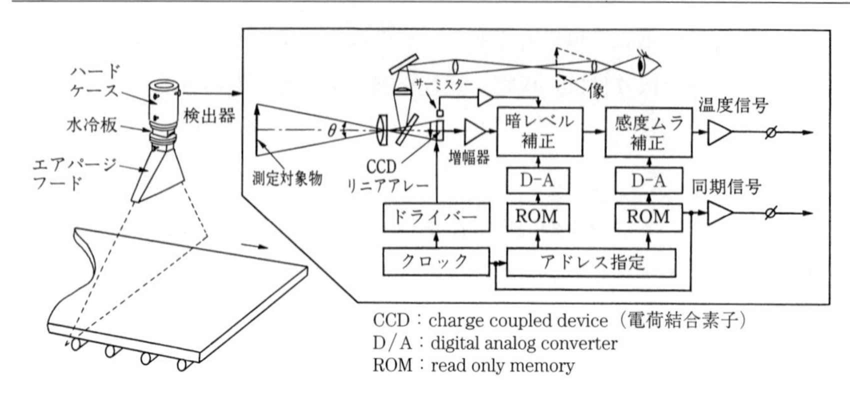

図 4.17　CCD カメラ形放射温度計構成図

4.3.8　近年の新しい計測器

近年，軽量かつ強度の高い高級鋼を安定して圧延する要請が高まり，計測器を構成する要素技術や応用技術の進歩と相まって，計測器も高度化している．

板厚とプロフィルの測定では，近年広角 X 線ビームと多チャネル検出器により，鋼板断面の幅方向厚さ分布を同時刻に測定できる，静止型プロフィル計が実用化されている．**図 4.18** に，マルチファンクションゲージ（multi function gage，MFG）の外観・構造の例を示す．CCD カメラの形状検出器が付設され，平坦度の検出だけでなく，形状不良によるプロフィル計測の補正にも使用される．

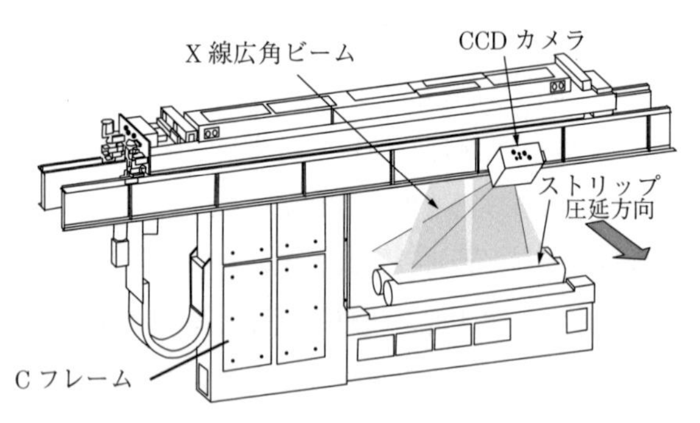

図 4.18　マルチファンクションゲージの外観・構造の例[36)]

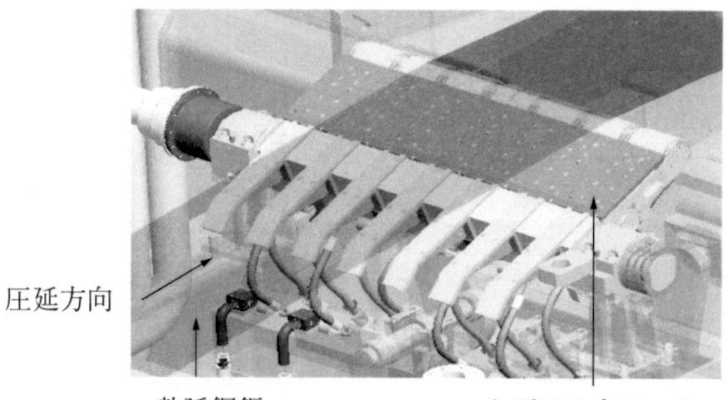

図 4.19　トルクメーター式のインライン形状計の構成[37)]

また，熱間圧延では，張力が作用する定常圧延部では板形状が潜在化して，光学式計測では平坦度を検出できない．これに対して，**図 4.19** に示すように，トルクメーター式のインライン形状計が実用化されている．圧延機スタンド間のルーパーロールを幅方向に分割し，各分割ロールに作用する張力を計測する．幅方向の張力分布をチェビシェフ多項式にて近似し，一次は片伸び，二次は端伸びあるいは中伸び，四次はクォーター伸びを表現する．

近年は，レーザー超音波法により，数 μm 程度の微細な組織を持つ鋼板の材質特性を，非接触で迅速に計測するセンサーの開発も進められている．**図 4.20** に示すように，鋼板表面にパルスレーザーを照射して超音波を励起し，この超音波の伝播挙動をレーザー干渉計で検出する．検出した超音波の高周波数成分の減衰挙動の違いから，鋼板の結晶粒径を測定することができる．この

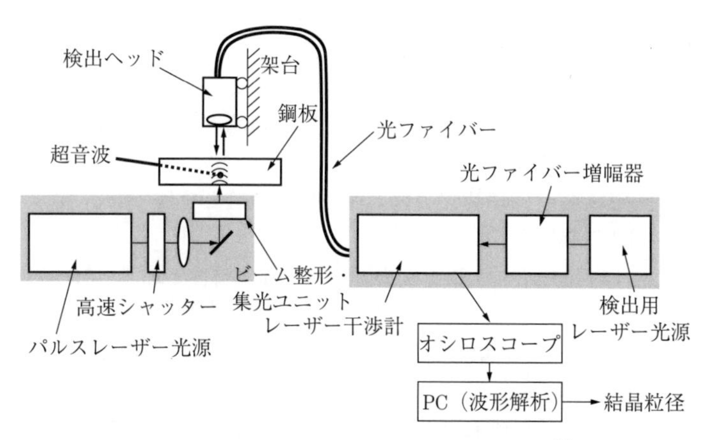

図 4.20　レーザー超音波材質計測装置の構成[38)]

測定値は，降伏応力，引張強度などの機械的特性の推定にも利用できる.

引用・参考文献

1) 日本鉄鋼協会圧延理論部会編：圧延技術発展の歴史と最近の進歩，(1980)，442-465，日本鉄鋼協会.
2) 大森舜二・塚本頴彦・日野裕之・中島浩衛・中沢吉：塑性と加工，**28**-321 (1987)，1067-1074.
3) Bald, W., Beisemann, G., Feldmann, H. & Schultes, T.：Iron and Steel Engineer，(1987)，March，32-41.
4) 梶原利幸・藤野伸弘・西英俊・志田茂：日立評論，**56**-10 (1974)，919-924.
5) 乗鞍隆・吉田尚志・高木道正・服部哲・志賀広巳・玉川正：塑性と加工，**50**-587 (2009)，1097-1101.
6) 安成晋一・山本憲二・島谷文久・中谷光・岩城大介・斎藤武彦・河角知美：塑性と加工，**55**-647 (2014)，1088-1091.
7) 木村智明・竹村明・藤野伸弘：日立評論，**70**-6 (1988)，609-614.
8) Nishioka, K., Hori, Y., Mizutani, Y., Kubuki, Y., Tsuru, S. & Ogawa, S.：Memorial Symposium of The 100th Rolling Theory Committee，(1996)，43-49.
9) 益居健・山田純造・長井俊彦・西野隆夫：塑性と加工，**23**-263 (1982)，1188-1194.
10) 日本鉄鋼協会圧延理論部会編：板圧延の理論と実際（改訂版)，(2010)，223，日本鉄鋼協会.
11) 久能一郎：塑性と加工，**7**-60 (1966)，20-28.
12) 日本鉄鋼協会圧延理論部会編：板圧延の理論と実際（改訂版)，(2010)，244，日本鉄鋼協会.
13) 日本鉄鋼協会圧延理論部会編：板圧延の理論と実際（改訂版)，(2010)，237，日本鉄鋼協会.
14) 林寛治・古元秀昭・大和田隆夫・金森信弥：塑性と加工，**51**-599 (2010)，1147-1150.
15) 日本鉄鋼協会圧延理論部会編：板圧延の理論と実際（改訂版)，(2010)，240，232，日本鉄鋼協会.
16) 日本鉄鋼協会圧延理論部会編：板圧延の理論と実際（改訂版)，(2010)，249，日本鉄鋼協会.

17) 小林政弘：ベアリングエンジニア，**15**（1966），1850-1854.
18) 日本鉄鋼協会圧延理論部会編：板圧延の理論と実際（改訂版），(2010)，224，日本鉄鋼協会.
19) Furumoto, H., Kanemori, S., Hayashi, K., Sako, A., Hiura, T., Tonaka, H., Dale, S., Qun, F. & Fuchen, W.：11th International Conference on Technology of Plasticity，Procedia Engineering 81，(2014)，102-107.
20) 計測技術研究会：新しいセンサの技術開発と最適な選び方，(1978)，556，678，経営開発センタ.
21) 日本鉄鋼協会圧延理論部会編：板圧延の理論と実際（改訂版），(2010)，261，日本鉄鋼協会.
22) 森村正直・山崎弘郎：センサ工学，(1982)，126，朝倉書店.
23) 大森豊明：センサ実用便覧，(1981)，281，470，フジ・テクノシステム.
24) 後藤桂三：塑性と加工，**26**-295（1985），795-803.
25) 藤井國一：塑性と加工，**20**-217（1979），89-97.
26) 小川紘夫：第61回塑性加工シンポジウムテキスト，(1977)，46.
27) 安部可治・舟橋拓夫・江連久・加藤寿彦・関口邦男：塑性と加工，**28**-318（1987），666-672.
28) 上住好章・下田道雄・白石つよし・浜崎芳治・渡辺文夫：三菱電機技報，**55**-9（1981），660-664.
29) 江森隆：第61回塑性加工シンポジウムテキスト，(1977)，14.
30) 江端貞夫・井上利夫・斉川夏樹：川鉄技報，**10**-4（1978），370-378.
31) 阪口育平：計量管理，**34**-11（1985），669.
32) 温度計測部会：温度計測，(1982)，178，計測自動制御学会.
33) 渡辺泰之・千吉良定雄・山本真人・渡辺博・藤本敢・中村晋：横河技報，**29**-1（1985），25-30.
34) 計測技術研究会：新しい温度計測技術の開発と精度維持管理，(1980)，87，経営開発センタ.
35) 鈴木久夫：計測技術，**8**-11（1980），75.
36) 告野昌史：第150回塑性加工学講座「圧延加工の基礎と応用」，(2017)，105-119.
37) 古元秀昭・木ノ瀬亮平・馬庭修二・大和田隆夫・林寛治・金森信弥・末田茂樹：塑性と加工，**54**-635（2013），1043-1047.
38) 佐野光彦・告野昌史・小原一浩・下田直樹・今成宏幸・北郷和寿・坂田昌彦：塑性と加工，**55**-647（2014），1078-1082.

5 圧 延 潤 滑

この章は，板圧延におけるトライボロジーに関連する板圧延のプロセスを説明し，板圧延における潤滑として，摩擦係数について説明する．続いて，ロールと材料界面への圧延油の導入として，ニート圧延およびエマルション圧延の入口油膜厚さの求め方について定量的に説明する．それらの基本的知識をベースにして，冷間圧延潤滑における摩擦係数，潤滑メカニズムと摩擦モデル，材料表面と表面欠陥について詳細に解説する．つぎに，熱間圧延潤滑における摩擦係数，潤滑メカニズムと摩擦モデル，ロールコーティングについて詳細に解説する．

5.1 板圧延における潤滑

板圧延とは，**図 5.1** に示すように板材を摩擦力の作用により回転する二つのロールの間にかみ込ませ，板厚を減少させて所定の厚さの板材を製造する塑性加工プロセスである．図 5.1 において，V をロール速度，V_1 を入側の材料速

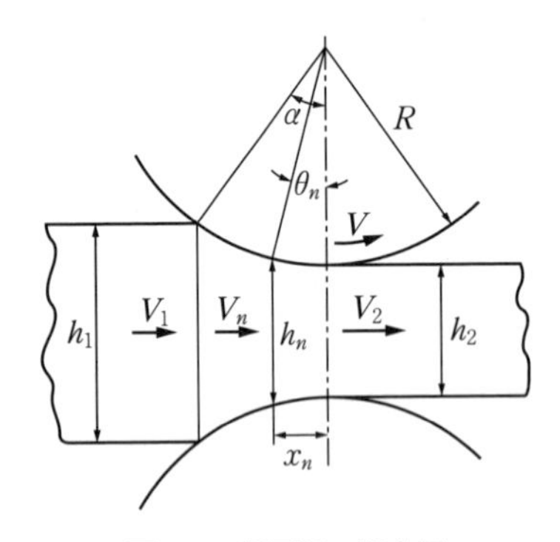

図 5.1　板圧延の概念図

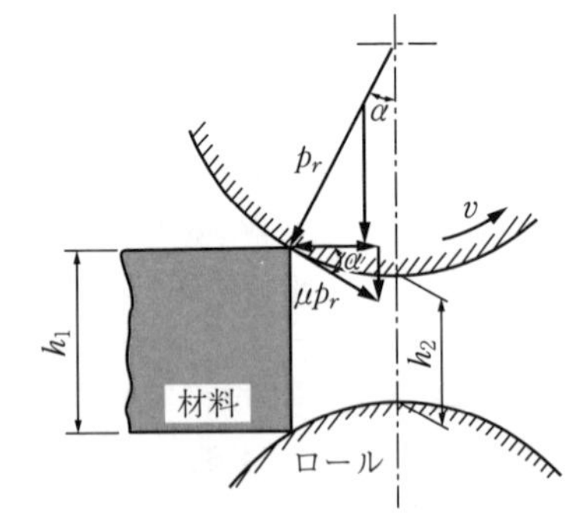

図 5.2　かみ込み時のロールと材料間に作用する力

度，V_2 を出側の材料速度とすると，次式が成り立つ．

$$V_1 \leqq V \leqq V_2 \tag{5.1}$$

そこから，先進率が $(V_2 - V)/V$ として定義されている．

続いて，中立点 x_n における材料の板厚と速度をそれぞれ h_n と V_n，入側における材料の板厚と速度をそれぞれ h_1 と V_1，および出側における材料の板厚および速度をそれぞれ h_2 と V_2 とすると，次式が成り立つ．

$$V_1 h_1 = V_n h_n = V_2 h_2 \tag{5.2}$$

式(5.2)から先進率はロールセンターと x_n がなす角 θ_n を用いて，次式のように得られる．

$$\frac{V_2 - V}{V} = (1 - \cos\theta_n)\left(\frac{D\cos\theta_n}{h_2} - 1\right) \tag{5.3}$$

先進率が式(5.3)で与えられれば，Bland & Ford の冷間圧延理論式†より，摩擦係数を与えることができる．この摩擦係数と先進率の関係から，先進率が小さくなると摩擦係数も低くなる結果が得られている．

しかし，摩擦係数がかなり低くなると中立点が出側に移動し，圧延できなくなる．圧延が可能になるためには，**図 5.2** に示すかみ込み条件

$$\mu p_r \cos\alpha \geqq p_r \sin\alpha \tag{5.4}$$

$$\mu \geqq \tan\alpha \tag{5.5}$$

を満足しなければならない．ここで，α はかみ込み角である．特に，冷間圧延において摩擦係数を低くすると，スリップにより圧延が不可能になることやチャタリング現象が発生することになり，圧延油を選定する場合，極端に低い摩擦係数にならないように注意しなければいけない．

冷間圧延において，ロールと材料間の摩擦係数は，界面の潤滑状況を理解するためや圧延を制御するための重要なトライボロジー因子である．そのため，摩擦係数を求める方法としては，以下の方法が用いられている．

(1)　実測した圧延荷重を用いて冷間圧延理論式から逆算する方法

(2)　先進率より求める方法

† 3.1.3項〔1〕の式(3.36)を参照．

(3)　かみ込み条件式より求める方法

(4)　中立点を入側または出側より外側に移動し，圧延荷重と圧延トルクから求める方法

鋼板やアルミニウム板の冷間圧延を操業している企業において，摩擦係数を求める方法としては，もっぱら(1)の方法が用いられている.

(1)の方法で用いられる冷間圧延理論式は，スラブ法（初等近似解法）を用いて，Karman[1]は圧延の際のスラブに作用する力の平衡から，次式の圧延理論式を導出している.

$$d\left(\frac{h\sigma_x}{2}\right)=(p\tan\theta+\tau)dx \tag{5.6}$$

ここで，冷間圧延の場合には，ロールと材料界面で作用する摩擦せん断応力τは垂直圧力pに比例するとし

$$\tau=\mu p \tag{5.7}$$

また垂直圧力pは，降伏条件式より次式で与えられる.

$$\sigma_x+p=2k \tag{5.8}$$ †

ここで，μは摩擦係数，kはせん断変形抵抗である. 圧延荷重を予測するための式(5.6)の冷間圧延理論式に，未知数の変形抵抗と摩擦係数が含まれていることが理解できる. このKarmanの圧延理論式から，Nadai[2]や3章でもすでに言及しているBland & Ford[3]が，接触弧長に作用する圧延圧力を求めている.

一方，熱間圧延においては，ロールと材料界面の摩擦せん断応力式および材料の変形が不均一変形であることなどから，上記の(1)，(2)および(3)の方法を用いることは非常に少ない. 熱間圧延における摩擦係数を求める方法としては，以下の方法が用いられている.

(a)　熱間トライボシミュレーターを使用して求める方法.

(b)　中立点を入側または出側より外側に移動し，圧延荷重と圧延トルクから求める方法.

† 3章の式(3.14)の脚注を参照.

5.2 界面への圧延油の導入

5.2.1 ニート圧延

図 5.3 に，ロールと材料間で流体潤滑されているニート圧延の入口部の模式図を示す．圧延油の粘度が熱影響を受けない場合は，式 (5.9) のレイノルズ方程式と式 (5.10) の粘度式から

$$\frac{dp}{dh}=\frac{6\eta(U_1+U_2)}{\tan\theta}\left(\frac{h-h_1}{h^3}\right) \tag{5.9}$$

$$\eta=\eta_0 \exp(\alpha p) \tag{5.10}$$

入口油膜厚さ h_1 は次式 (5.11) のように導出される．

$$h_1=\frac{3\eta_0(U_1+U_2)}{(1-e^{-\alpha Y})\tan\theta} \tag{5.11}$$

ここで，p：圧力，U_1：材料の入側速度，U_2：ロール速度，η：圧延油粘度，η_0：常圧・常温の圧延油粘度，α：粘度の圧力係数，Y：材料の降伏応力，θ：かみ込み角である．

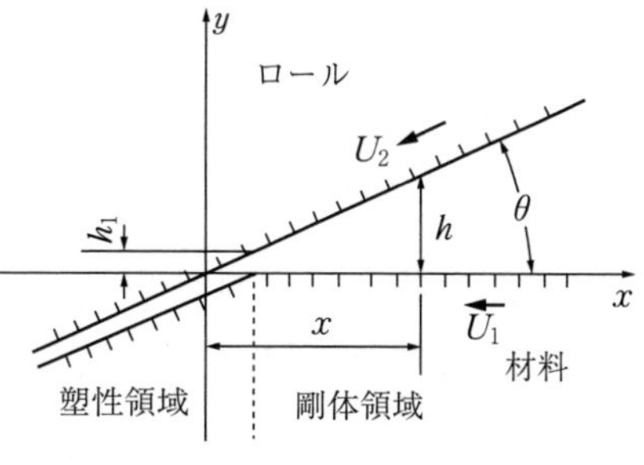

図 5.3 ロールと入口部での模式図

つぎは，熱影響を考慮したレイノルズ方程式による入口油膜厚さの計算方法を示す[4),5)]．計算のための仮定はつぎのとおりである．

(1) ロールと材料は入側近傍で剛体である．

(2) 入側近傍のロールと材料表面は鏡面である．

(3) 材料は圧延油の圧力 p が Y になったときに降伏する．ここで，Y は材料の降伏応力である．

(4) 圧延油は非圧縮，ニュートン流体で，その流れは層流，二次元である．その慣性力は無視する．

(5) 圧延油によって伝導される熱は無視する．

(6)　ロールと材料の表面温度は一定で，周囲の温度 T_0 に等しい．

(7)　圧延油の粘度は圧力および温度の関数であり，粘度は油膜断面の平均温度の関数である．

式(5.9)のレイノルズ方程式，エネルギー式，粘度式は

$$K\frac{\partial^2 T}{\partial y^2}+\eta\left(\frac{\partial u}{\partial y}\right)^2=0 \tag{5.12}$$

$$\eta=\eta_0\exp\{\alpha p-\beta(T-T_0)\} \tag{5.13}$$

で示される．ここで，T：温度，T_0：周囲の温度，β：粘度の温度係数，K：圧延油の熱伝導率である．

小豆島ら[5)]は，式(5.9)を計算する境界条件としては，$h=100\times h_1$ のとき $p=p^*$，$h=h_1$ のとき $p=Y$ とした．ここで，p^* は油膜厚さが入口油膜厚さの100倍になれば，熱的効果の影響を無視してよいとして，レイノルズ方程式から求めた．

つぎに，式(5.12)の潤滑油の速度 u は

$$\frac{\partial u}{\partial y}=-\frac{U_1-U_2}{h}+\frac{2y-h}{2\eta}\frac{\partial p}{\partial x} \tag{5.14}$$

より求めた．式(5.12)の境界条件としては

$$T=\begin{cases}T_{材料}=T_0 & (y=0)\\ T_{ロール}=T_0 & (y=h)\end{cases} \tag{5.15}$$

とし，積分を行い油膜断面の平均温度 T_m を求めた．以上の境界条件を用いて式(5.9)と式(5.12)より入口油膜厚さを計算した．**図5.4**に，その計算結果として，2種類のすべり率において粘度を変化させたときの入口油膜厚さと圧延速度の関係を示す．

この図から，入口油膜厚さは，すべり率0.1のときは熱の影響を受けないが，すべり率0.4のときは大きく影響を受けることがわかる．入口油膜厚さは，高速圧延において圧下率が大きいときには熱影響を受け，圧延速度が増加しても，導入される油膜厚さは増加するよりも減少する可能性のあることが理解できる．

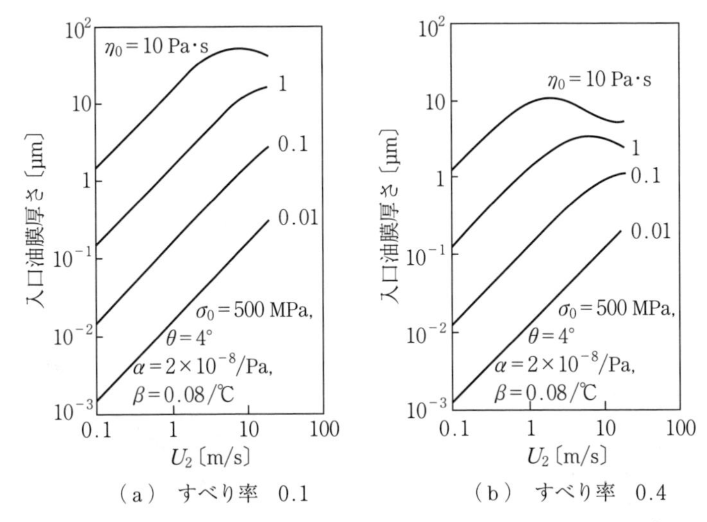

図 5.4　粘度を変化させたときの入口油膜厚さと圧延速度の関係[5)]

5.2.2　エマルション圧延

図 5.5 において，エマルション圧延の工具と材料間での入口部の模式図を図(a)に，エマルション濃度の変化を図(b)に，圧力の変化を図(c)に示す．ここでは，図(a)の模式図に示すように，圧延油がスターブ潤滑[†1]されているエマルション圧延における入口油膜厚さを，レイノルズ方程式から計算する小豆島ら[6)]の方法を示している．計算のための仮定として，5.1 節における仮定(1)，(2)，(3)および(4)にさらに以下の仮定を追加する．

(5)　ロールと材料表面にプレートアウト[†2]した油膜厚さ h_2'' は次式で表す．

$$h_2'' = h_2''^{r} + h_2''^{w} \qquad (5.16)$$

ここで，$h_2''^{r}$：ロール表面プレートアウトした油膜厚さ，$h_2''^{w}$：材料表面にプレートアウトした油膜厚さである．

(6)　プレートアウトしたロールと材料表面間の距離がエマルション粒子の

---

†1　エマルション圧延において圧延速度が増加すると，ニート圧延において導入される油膜厚さよりも減少する現象．

†2　エマルション圧延において，エマルション中の油粒子が材料表面に油膜を形成し，付着する現象．

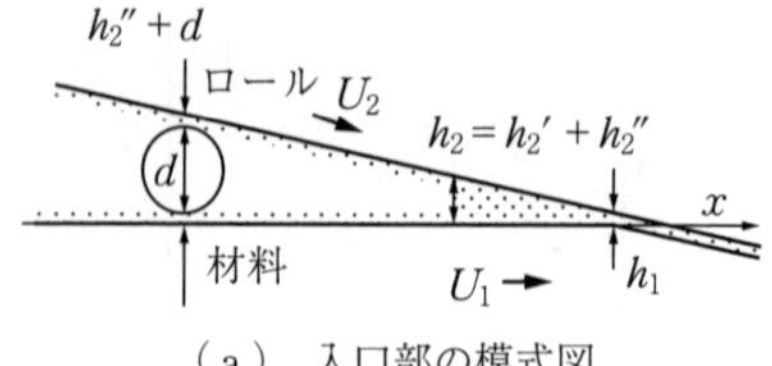

（a）入口部の模式図

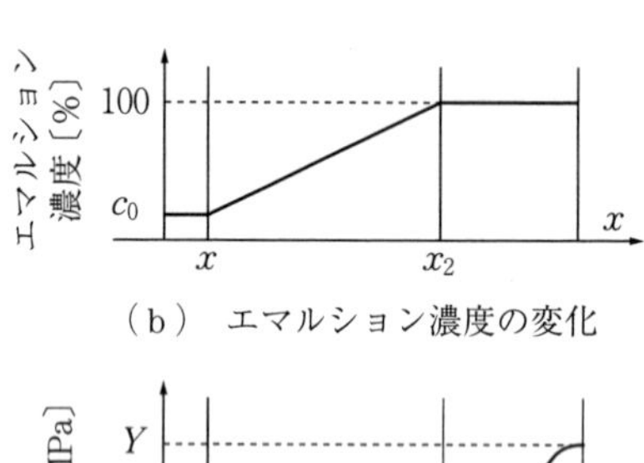

（b）エマルション濃度の変化

（c）圧力の変化

図 5.5　エマルション圧延の入口部の模式図，エマルション濃度の変化および圧力の変化[6)]

図 5.6　h_2 を変化させたときの入口油膜厚さとロール速度の関係[6)]

直径 d に等しい点 x_3 で，エマルション粒子はプレートアウトしたロールと材料表面に付着する．

(7)　点 x_3 で付着したエマルション粒子は優先的に進行し，初期濃度 c_0 からエマルション濃度を増加させ，点 x_2 で濃度が 100%となる．点 x_2 での油膜厚さ γ はトラップ率 γ の影響を受け，次式で示される．

$$h_2' = \frac{c}{100}\frac{\gamma}{100}d \tag{5.17}$$

(8)　圧延油の粘度は油膜断面で一定とし，式(5.10)の圧力の関数とする．式(5.9)のレイノルズ方程式から入口油膜厚さを計算する境界条件は，$h = h_2$ のとき $p = 0$，$h = h_1$ のとき $p = Y$ とした．

図 5.6 に，ベース油の粘度が 0.1 Pa·s のエマルション圧延油で h_2 を 4 レベルの 0.01，0.1，1，10 µm に変化させたときの，入口油膜厚さとロール速度

の関係を示す．低圧延速度のエマルション圧延における入口油膜厚さは，ニート圧延における値と等しく，圧延速度の増加とともに直線的に増加している．各 h_2 の値とも，ある臨界圧延速度を超えるとスターベーション（潤滑油の不足）のため入口油膜厚さは増加の程度が小さくなり，ニート圧延の入口油膜厚さよりも小さくなる．このスターベーションによる入口油膜厚さの減少は，圧延油の粘度や h_2 の値の増加とともに大きく現れる．また，臨界圧延速度は，圧延油の粘度や h_2 の値の増加とともに増加している．

5.3 冷間圧延潤滑

5.3.1 摩 擦 係 数

冷間圧延における摩擦係数は，古くから5.1節の(1)の方法を用い，圧延-引張法により得られた材料の変形抵抗と実測した圧延荷重を用いて，式(5.6)をベースにした冷間圧延理論式から逆算して求められている報告が多い．

〔1〕 鋼の冷間圧延

1970年代に入ると,日本の鋼板の冷間タンデムミルの圧延速度が2 000 m/minを超える高圧延速度において，圧延荷重が大きくなる原因が低炭素鋼の変形抵抗のひずみ速度依存性であることが解明されたのを受け，そのような高速における摩擦係数の値の特定が急務となった．そこで，日本鉄鋼協会の圧延理論部会の「冷間圧延における潤滑」研究グループにおいて，鉄鋼メーカーと大学とで共同研究が行われた．この共同研究においては，五弓ら[7]の変形抵抗式とHitchcockのロールへん平式を用い，圧延荷重を実測し，Bland & Fordの冷間圧延理論式から逆算した摩擦係数と圧延速度の関係が調査された[8]．実験には，同じ低炭素鋼板の供試材と同じパーム油の圧延油が用いられた．その共同研究の摩擦係数の結果を**図5.7**に示す．

これらの結果から，摩擦係数は1 200 m/minの圧延速度を超えると0.05以下の低い値になり，それ以上では圧延速度の増加とともにわずかに低下するという新しい情報を得ることができた．2 000 m/minを超える高圧延速度域にお

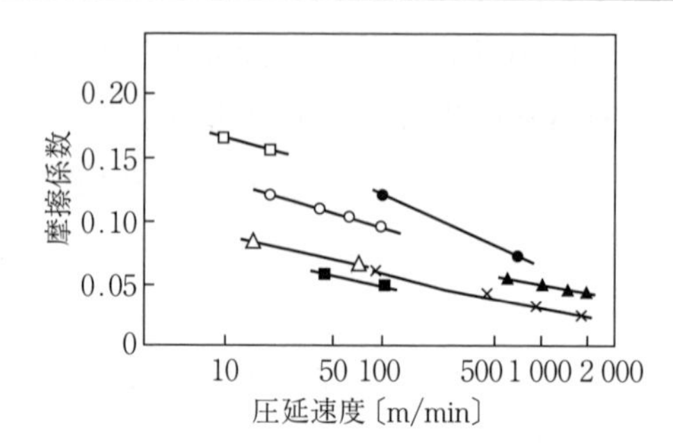

□：ϕ70, ○：ϕ130, ●：ϕ100, △：ϕ250,
▲：ϕ250, ×：ϕ298, ■：ϕ380（単位：mm）

図 5.7　日本鉄鋼協会の共同研究で得られた各種ロール径における摩擦係数と圧延速度の関係[8)]

ける逆算摩擦係数が，ひずみ速度依存性の変形抵抗式を使用することにより，ある程度の精度で求めることができるようになった．しかし，高速度域においては，圧延速度の変化によりロールと材料界面で生じているトライボロジー挙動は大きく変化し，焼付きやチャタリングなどの発生を引き起こしているとの認識を持つと，逆算した摩擦係数から得られる情報が，今後のこの分野の技術問題を解決するのに十分であるかを検討する必要がある．

冷間圧延において摩擦係数を解明しようとするときの一番大きな問題は，上記で説明した冷間圧延理論式を用いて実測した圧延荷重から逆算した摩擦係数を用いることである．本来，摩擦係数とはそれぞれ独立に測定した接線力（摩擦力）と垂直力の比でなければならない．その観点からすると，冷間圧延理論式から逆算した摩擦係数が実測した圧延荷重のみで求められている点，および式(5.7)から導出された冷間圧延理論式は近似解法から得られている点から，それぞれの式により逆算された摩擦係数に統一性が認められないという問題がある．

そこで，冷間圧延の摩擦係数を求めるためには，トライボシミュレーターを用いる方がよいと思われる．そのトライボシミュレーターは，できるだけ実機に近く，トライボロジー特性をシミュレーションする必要がある[9)]．その概念から開発された冷間圧延対

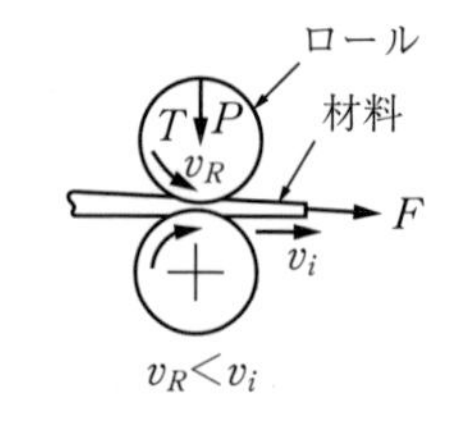

（a）　連続引抜き圧延形

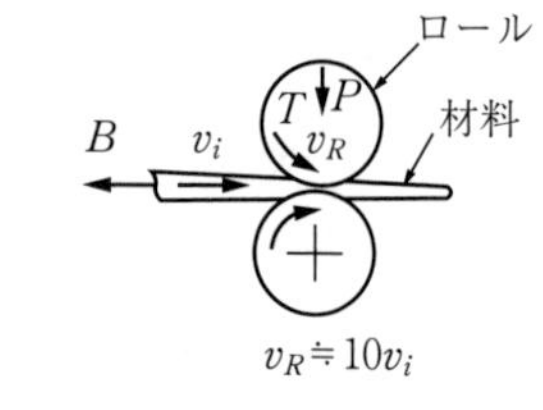

（b）　後方張力圧延形

図 5.8　冷間圧延対応トライボシミュレーター

応のシミュレーション試験機を**図 5.8** に示す.

小豆島[10]は，図(b)に示す後方張力圧延形のすべり圧延型潤滑性評価試験機を開発し，多くの研究成果を報告している．この試験機では，独立に垂直荷重と上ロールのトルクを測定することができ，トライボロジカル的に定義した摩擦係数を求めることができる.

鋼板の冷間圧延には，鉱油，合成エステル油，牛脂，パーム油の基油に，潤滑性向上のために油性向上剤，極圧剤を添加した圧延油のエマルションが用いられている．その摩擦係数は，図 5.7 に示す範囲の値となる．ステンレス鋼板の冷間圧延には，ニート型とエマルション型が用いられる．ニート型には，鉱油の基油に油性向上剤を潤滑性向上のために添加されている．エマルション型にもニート型と同じ圧延油が用いられている．それらの摩擦係数も図 5.7 に示す範囲の値に類似している.

〔2〕 アルミニウムの冷間圧延

アルミニウム板の冷間圧延には，低粘度鉱油を基油に油性向上剤を潤滑性向上のために数％添加した圧延油がニートで用いられている．その摩擦係数は，材質により異なるが，通常の操業ではほぼ 0.03〜0.10 の値の範囲である[11].

5.3.2 潤滑メカニズムと摩擦モデル

図 5.7 に示される冷間圧延理論式から逆算して得られた摩擦係数は，圧延速度の増加に伴い低くなることが示されている．その結果は，Stribeck 線図からも理解されるように，ロールと材料界面の潤滑状態が変化することが原因として考えられる．具体的な潤滑状態としては，ロールと材料界面に導入される圧延油の油膜が増加することにより，界面における流体潤滑の比率が増加する混合潤滑状態であると考えてよい．そこでここでは，マクロ塑性流体潤滑，境界潤滑，混合潤滑のそれぞれのメカニズムの摩擦モデルについて説明する[12].

〔1〕 マクロ塑性流体潤滑

マクロ塑性流体潤滑における摩擦せん断応力 τ_f は，ニュートン流体の仮定から

$$\tau_f = \eta \frac{\partial u}{\partial y} \tag{5.18}$$

で示される．ここで，η は圧延油の粘度である．式(5.18)に式(5.14)を代入すると，摩擦せん断応力は

$$\tau_f = \eta \frac{U_2 - U_1}{h} + \frac{(2y-h)}{2}\left(\frac{\partial P}{\partial x}\right) \tag{5.19}$$

で与えられる．

〔2〕 境 界 潤 滑

冷間圧延の圧延潤滑界面における境界潤滑モデルを**図 5.9** に示す．Bowden & Tabor が示した境界潤滑モデルとは異なり，図 5.9 に示すように接触界面全域に一様な平均圧延圧力 p_a が作用している [12]．

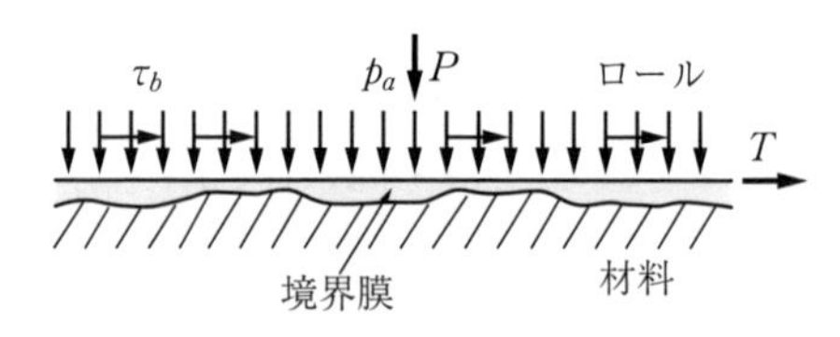

図 5.9　圧延潤滑界面における境界潤滑モデル [12]

このときの垂直荷重 P およびせん断力 T は

$$P = p_a A, \qquad T = \tau_b A \tag{5.20}$$

で示される．ここで，A：塑性接触面積，p_a：圧延塑性接触部に作用する平均圧延圧力，τ_b：圧延塑性接触部に作用する境界摩擦せん断応力である．そこで，圧延塑性接触面積での摩擦係数 μ_a は

$$\mu_a = \frac{T}{P} = \frac{\tau_b A}{p_a A} = \frac{\tau_b}{p_a} = \mu_b \tag{5.21}$$

で与えられる．境界潤滑における摩擦せん断応力 τ_b は

$$\tau_b = \mu_b p_a \tag{5.22}$$

で与えられる．

〔3〕 動圧流体潤滑と境界潤滑の混合潤滑

動圧流体潤滑と境界潤滑とを重ね合わせた混合潤滑において，境界潤滑領域 A_r は境界潤滑領域の面積比を α とすると

$$A_r = \alpha A \tag{5.23}$$

となる．塑性接触領域 A に作用する垂直荷重 P，および摩擦せん断力 F は次式で与えられる．

$$P=p_r\alpha A+p_f(1-\alpha)A \tag{5.24}$$

$$F=\tau_b\alpha A+\tau_f(1-\alpha)A \tag{5.25}$$

で与えられる．混合潤滑領域における摩擦係数 μ_{mix} は

$$\mu_{\mathrm{mix}}=\frac{F}{P}=\frac{\tau_b\alpha+\tau_f(1-\alpha)}{p_r\alpha+p_f(1-\alpha)} \tag{5.26}$$

で与えられる．式(5.26)より摩擦せん断応力は容易に与えられる。

〔4〕 静圧流体潤滑と境界潤滑の混合潤滑

鋼板の冷間圧延後の材料の表面性状を観察すると，多数のオイルピットが観察される．このような表面観察から，圧延潤滑界面において圧延油内の動圧効果により垂直圧力が発生する動圧流体潤滑が生じているとは考えにくい．どちらかというと，オイルピットの圧延油内に静水圧が発生し，その静水圧により垂直圧力を支えていると考える方が妥当だと思われる．

そこで，静圧流体潤滑と境界潤滑とを重ね合わせた混合潤滑において，塑性接触領域 A に作用する垂直荷重 P および F は，式

$$P=p_r\alpha A+q(1-\alpha)A \tag{5.27}$$

$$F=\tau_b\alpha A=\mu_b p_r\alpha A \tag{5.28}$$

で与えられる．ここで，静水圧 q を生じているオイルピットで作用する摩擦せん断応力は無視できる．混合潤滑領域における摩擦係数 μ_{mix} は

$$\mu_{\mathrm{mix}}=\frac{F}{P}=\frac{\tau_b\alpha}{p_r\alpha+q(1-\alpha)} \tag{5.29}$$

で与えられる．式(5.29)より摩擦せん断応力は容易に与えられる。

5.3.3 潤滑メカニズムと材料表面

〔1〕 マクロ塑性流体潤滑

この潤滑メカニズムにおいては，材料の表面は工具表面の拘束を受けないので，圧延油が介在している場合においても，材料の受ける塑性ひずみに対応し

た自由変形した表面が，圧延加工後の材料表面として得られる．

図5.10に，鏡面材料を流体潤滑状況下において圧下率0.1で冷間圧延した材料表面の写真と，同じ材料を塑性ひずみ0.15までおよび0.22まで引張変形した材料表面の写真を示す．両者の表面性状はほぼ同じように観察される[13]．このような材料が自由変形した後の表面粗さは

$$R_0^{\mathrm{mate}}=\begin{cases} R_0 & (R_0^{\mathrm{mate}} \leqq R_0) \\ R_0+c(\varepsilon-\varepsilon_0)D & (R_0^{\mathrm{mate}} \geqq R_0) \end{cases} \tag{5.30}$$

で表されることが知られている[14]．ここで，R_0：変形前の表面粗さ，ε：塑性ひずみ，D：材料の結晶粒径，c：定数である．

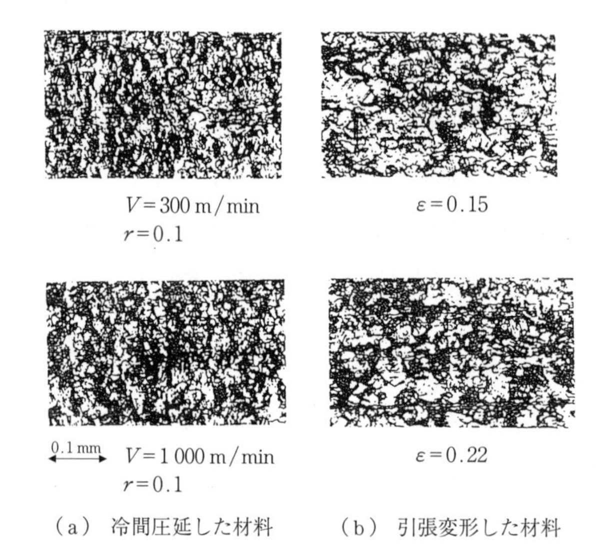

（a） 冷間圧延した材料　　（b） 引張変形した材料

図5.10　流体潤滑下で冷間圧延した材料と引張変形した材料の表面写真[13]

〔2〕 境　界　潤　滑

この潤滑メカニズムおいては，ロールと材料間の界面には薄膜の境界潤滑膜が形成され，材料表面は容易にロールに接触し，鏡面ロールを用いた加工後には，材料表面はほぼ完全に平坦化されることになる。凹凸面ロールを用いた加工後には，材料表面はほぼロールの表面粗さとなる．

鏡面平坦工具の平滑化に及ぼすバルク変形の影響を明確に示したのは，Makinouchi らである[15]．彼らは，無限個突起モデルに弾塑性有限要素法解析を用いて変形解析を行い，塑性域の進展結果を得ており，バルク変形を考慮することにより，真実接触面積が変形とともに大きくなっていることを示している．

図 5.11 に，接触率と無次元化垂直応力の関係の計算結果を示す．コイニングのように端面を拘束し，バルク変形がない場合には Bay ら[16]の結果と一致し，圧延のように端面を拘束せず，バルク変形がある場合には，非加工硬化材料の接触率は無次元化垂直応力が 1 の値の近くでほぼ 100 % になり，容易に材料表面が平坦化されることを示している．

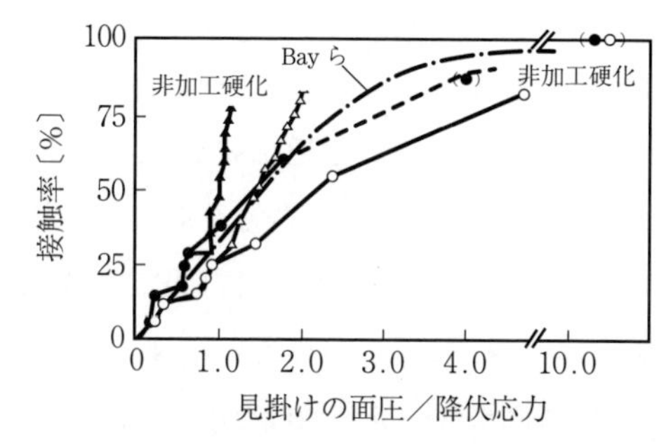

図 5.11 接触率と無次元化垂直応力の関係の計算結果[15]

〔3〕 **混 合 潤 滑**

この潤滑メカニズムにおいては，境界潤滑と流体潤滑とが混在する領域である．塑性加工の場合には，流体潤滑には動圧流体潤滑と静圧流体潤滑とがあり，前者を動圧混合潤滑，後者を静圧混合潤滑とする．

動圧混合潤滑の場合には，ロールと材料接触界面の入口点における接触率は，次式により与えることができる．

$$\alpha = 2\int_{h_m}^{\infty} \frac{1}{\sigma\sqrt{2\pi}} \exp\left(-\frac{z}{2\sigma^2}\right) dz \tag{5.31}$$

ここで，σ：ロールと材料の合成粗さ，h_m：ロールと材料接触界面に介在する平均油膜厚さである．圧延後の材料表面は，式(5.31)で与えられる接触率が圧下率の増加とともに大きくなる．

静圧混合潤滑の場合には，ロールと材料接触界面において圧延油のトラップされた凹部が独立に存在し，圧延後の材料表面にはオイルポケットが形成される．

5.3.4　表　面　欠　陥

〔1〕　鋼の冷間圧延

鋼板においては1970年代後半，高速度，高圧下率により発生する焼付きに対する問題解決のための基礎的な研究を開始し，シミュレーション方法の確立，さらに実機へのシミュレーション結果の適用へと，研究は進んできている。ステンレス鋼板においても1990年代に入り，焼付きの研究が開始され，鋼板と同じ手法による研究が進行している．

田村ら[17]は，鋼板の圧延試験から，焼付きの発生が，ロールバイト出口鋼板表面温度と非常に良い相関性があるとことを報告した．この結果から，耐焼付き性の評価には，ロールと材料間での界面温度が最も重要な因子であることがわかった．そこで，小豆島ら[18]は，図5.8(b)に示す後方張力圧延形のすべり圧延型潤滑性評価試験機を用いて，耐焼付き性の評価実験を行った。彼らは，低炭素鋼版，SUJ-2ロールおよび牛脂の3%エマルション圧延油を用い，7種類のロール速度における焼付き発生限界圧下率を調べた．

図5.12に，限界圧下率とロール速度の関係を示す．C-ⅠおよびC-Ⅱ領域において焼付き発生したときのロール表面と材料表面の写真を，**図5.13**および**図5.14**に示す。図5.12より，焼付き発生はロール速度の増加とともに圧下

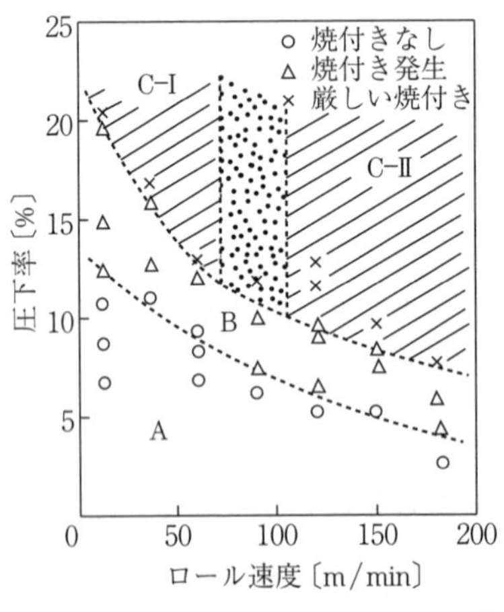

図5.12　限界圧下率とロール速度の関係[18]

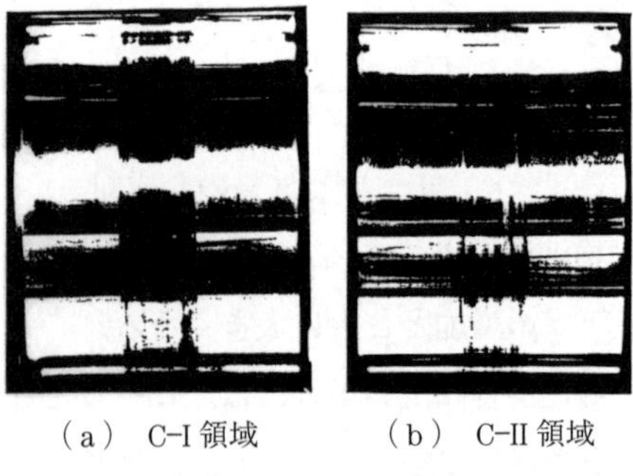

（a）C-Ⅰ領域　　（b）C-Ⅱ領域

図5.13　C-ⅠおよびC-Ⅱ領域において焼付き発生のときのロール表面の写真[18]

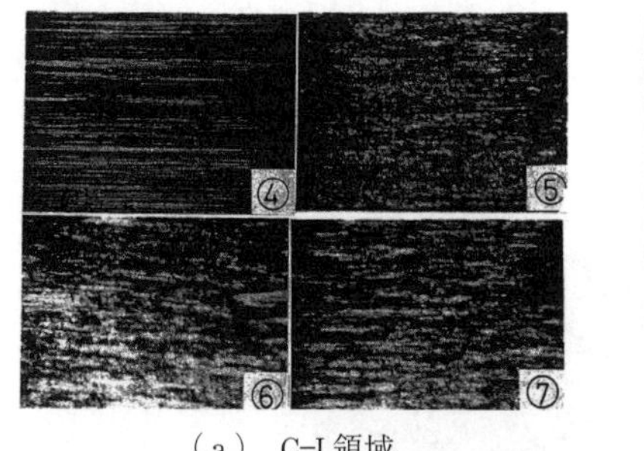

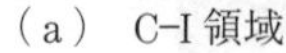
（a） C-I 領域

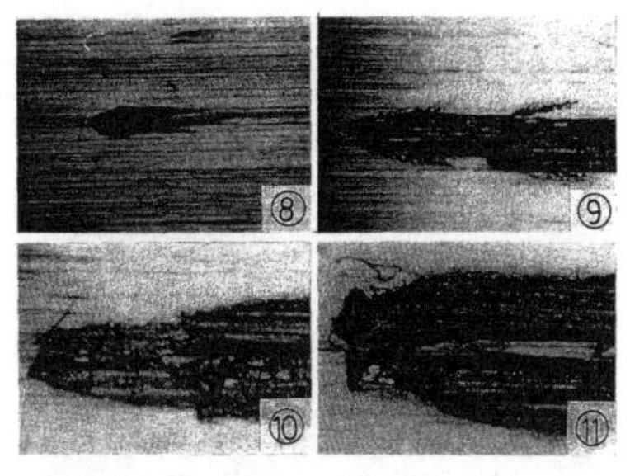

（b） C-II 領域

図 5.14　C-ⅠおよびC-Ⅱ領域において焼付き発生のときの材料表面の写真[18]

率が減少することがわかる．また，図 5.13 および図 5.14 のロールと材料表面の写真から，焼付きは低速の C-Ⅰ領域では冷間圧接タイプ，高速の C-Ⅱ領域ではヒートタイプであることがわかる．

定量的に焼付き発生を評価するために，式 (5.32)[19] を用い，各ロール速度の摩擦による界面温度上昇 T_m を計算した．

$$T_m=\frac{1.06 l \mu p_m \Delta V}{(V_R\, l)^{1/2}}\frac{1}{\dfrac{K_B}{\kappa_B^{1/2}}+\dfrac{K_c}{\kappa_C^{1/2}}} \tag{5.32}$$

ここで，l：接触弧長の半分，ΔV：ロールと圧延材の平均相対速度，V_R：ロール速度，K：熱伝導率，κ：温度伝導率である。

その結果を**図 5.15** に示す[18]．高速の C-Ⅱ領域のヒートタイプの焼付きの場合，界面温度上昇は一定で，実機での焼付きは界面温度が一定の温度まで上昇すると発生することが，明らかになった．

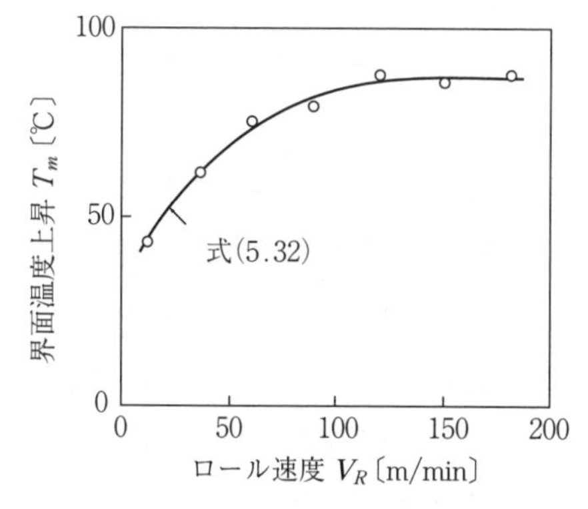

図 5.15　焼付き発生のときの界面温度上昇とロール速度の関係[18]

〔2〕 アルミニウムの冷間圧延

アルミニウムの冷間圧延においては，圧延条件が厳しくなるとアルミニウムの薄膜層がロール表面上に凝着するようになる．その際，**図5.16**に示すような，光沢の良い部分と悪い部分が，一定のピッチで周期的に生じる表面欠陥のヘリンボーンを発生する[20]．

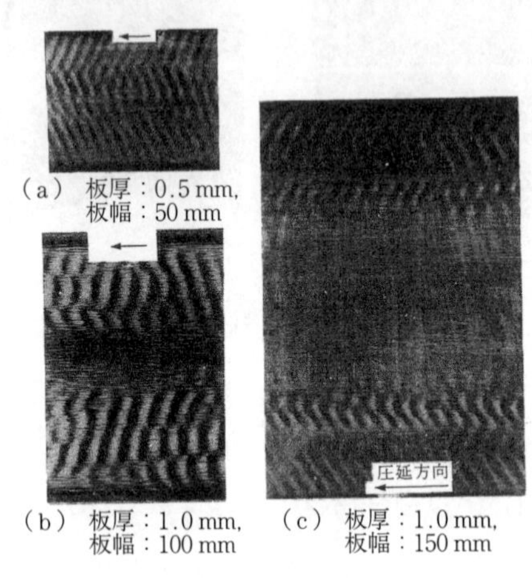

（a） 板厚：0.5 mm，板幅：50 mm
（b） 板厚：1.0 mm，板幅：100 mm
（c） 板厚：1.0 mm，板幅：150 mm

図5.16　アルミニウム冷間圧延のヘリンボーン[20]

5.4 熱間圧延潤滑

5.4.1 摩　擦　係　数

熱間圧延において，1970年前後に欧米において圧延油が用いられ始めた．それ以前は，クーラントの水だけの無潤滑で熱間圧延が行われていた．その際は，圧延前に鋼材表面にスケールが存在していたため問題を生じることなく，圧延が可能であった．しかし，そのような無潤滑では圧延荷重は高く，ロール摩耗も激しい状況で操業されていた．日本においても，1970年代に入って圧延油の使用のための研究が行われ，1975年前後の実機に使用され，圧延荷重，ロール摩耗の低減に大きな成果を挙げた[21]．

熱間潤滑圧延における摩擦係数については，冷間圧延における「実測した圧延荷重を用いて冷間圧延理論式から逆算する方法」などとは異なり，以下の方法が用いられている．

(1)　熱間トライボシミュレーターを使用して求める方法

(2) 中立点を入側または出側より外側に移動し，圧延荷重と圧延トルクから求める方法

井上ら[22]は，新たに開発した熱間転動試験機を用いて**表 5.1** に示す Li-グリース系圧延油の摩擦係数を求め，**図 5.17** の摩擦係数の結果を報告している．熱間転動試験機は，実機の熱間圧延の界面のトライボロジー条件にできるかぎり一致させるように開発された，熱間トライボシミュレーターである．

日比ら[23]は，熱間チムケン試験機を用い，回転しているリングロールに加熱した円柱試験片を押し付け，カルシウム超微粒子を添加した圧延油の摩擦係

表 5.1 評価に用いた Li-グリース系圧延油[22]

No.	潤滑剤	固体潤滑剤〔mass%〕		
		黒鉛	雲母	KPO_3
1	Li-グリース	0	0	0
2		10	0	0
3		0	10	0
4		0	0	10
5		10	0	10
6		0	10	10
7		5	5	10
8	合成エステル油	0	10	0
9		0	10	10
10	鉱油	0	0	0

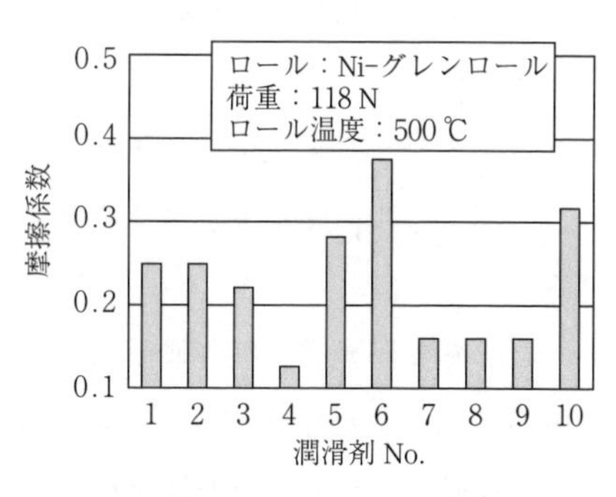

図 5.17 熱間転動試験機による圧延油の摩擦係数[23]

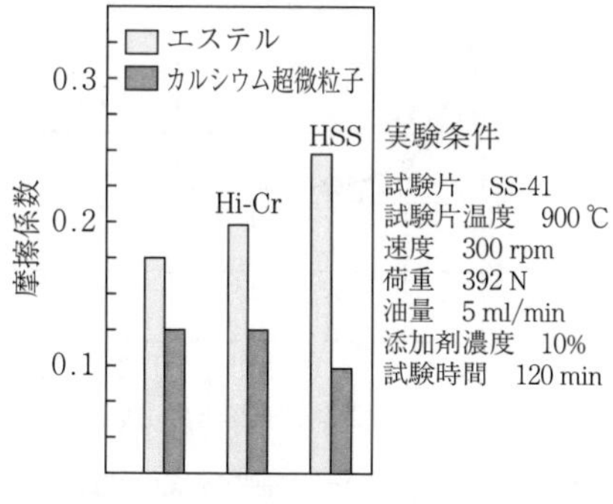

図 5.18 熱間チムケン試験機による摩擦係数[23]

数を求めた．その結果から，**図 5.18** に示すようにカルシウム超微粒子を添加した圧延油の摩擦係数が添加しないものより低く，またロール材質により摩擦係数が変化することを報告した．

このように熱間潤滑圧延における摩擦係数は，圧延理論式を用いて測定した圧延荷重から摩擦係数を逆算することはほとんどなく，(1) の方法の熱間トライボシミュレーターを用いて求められていた．しかし，これらの熱間トライボシミュレーターでは，摩擦係数を求める (2) の方法で必要としている，ロールと材料の接触界面において，試験中連続して材料表面が同じ塑性変形を生じているというトライボロジー条件を満足していない．

そこで小豆島ら[24] は，摩擦係数を求める (2) の方法を満足するため，熱間用に改良したすべり圧延潤滑性評価試験機を開発した．この試験機により摩擦係数を求める具体的な手順は，以下のとおりである．**図 5.19** に示すように，試

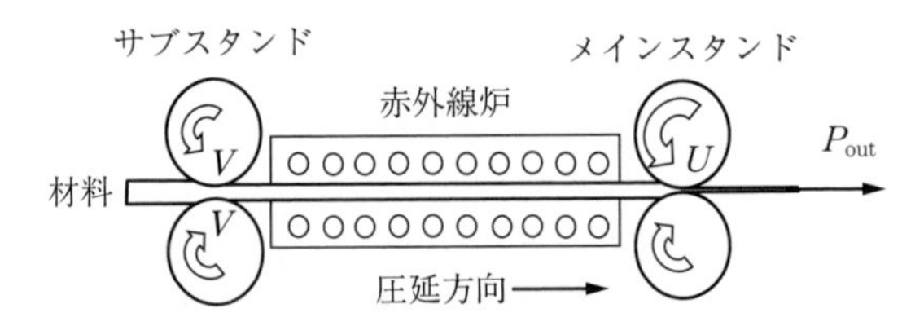

図 5.19　熱間すべり圧延潤滑性評価試験機による摩擦係数の測定[24]

験片をセットして加熱した後，送りロールにより試験片を移動し，試験片均熱部がメインスタンドに到達したら，主ロールを圧下して圧延荷重と上部ロールの圧延トルクを測定する．

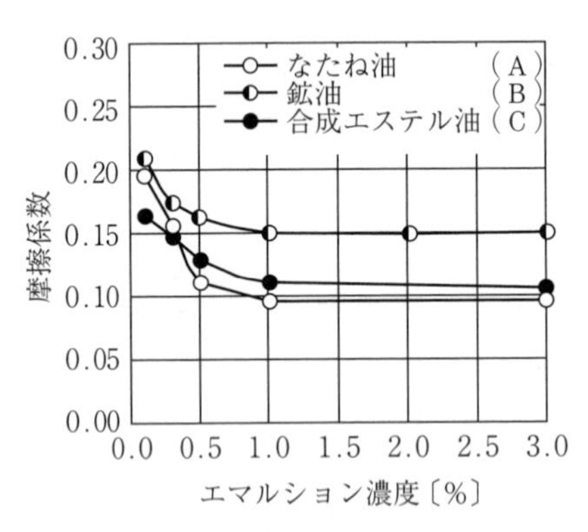

図 5.20　3 種類のベース油の組成の摩擦係数とエマルション濃度の関係[25]

この熱間圧延潤滑性評価試験機を用いて測定した 3 種類のベース油の摩擦係数とエマルション濃度の関係の一例を，**図 5.20** に示す[25]．圧延

油のベース油として，ほぼ同じ粘度のなたね油（A），鉱油（B）および合成エステル油（C）の3種類を用い，それぞれのエマルション濃度を変化させ，すべり圧延を行った．各圧延油とも，エマルション濃度1.0%まで摩擦係数は濃度の増加とともに低下しているが，1.0%以上になるとほぼ一定になっている．その一定の値は，鉱油が高く，合成エステル油となたね油は低く，ベース油の組成に依存している．また，濃度1.0%以下の摩擦係数の濃度依存性も，ベース油の組成に大きく依存することがわかった．

鋼の熱間圧延においては，鉱油や天然油脂の基油に潤滑性を向上させるため，天然油脂，脂肪酸，リン酸エステルが添加されている．通常，その圧延油を冷却水にインジェクションして適用されている．

5.4.2 潤滑メカニズムと摩擦モデル

熱間潤滑圧延におけるロールと材料界面の摩擦モデルを理解するためには，熱間圧延において圧延油を使用したときの界面の潤滑メカニズムを明らかにする必要がある．これを理解するため，小豆島ら[26]は，熱間圧延潤滑性評価試験機を用い，なたね油70%とカルシウムスルフォネート30%の圧延油の0.1，0.3，0.5，1.0，3.0%のエマルションを用いて，一定の圧延条件においてすべり圧延を行って摩擦係数を求め，同時に圧延後の試験片表面上に残留するカルシウム量をX線により測定した。**図5.21**に各エマルション濃度でのCaの

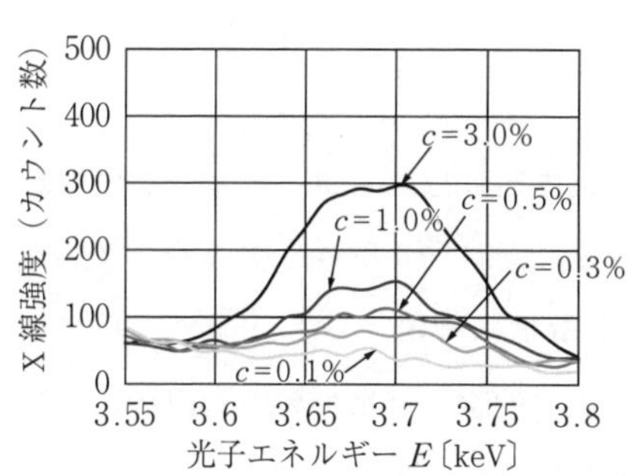

図5.21 各エマルション濃度でのCaのX線強度[26]

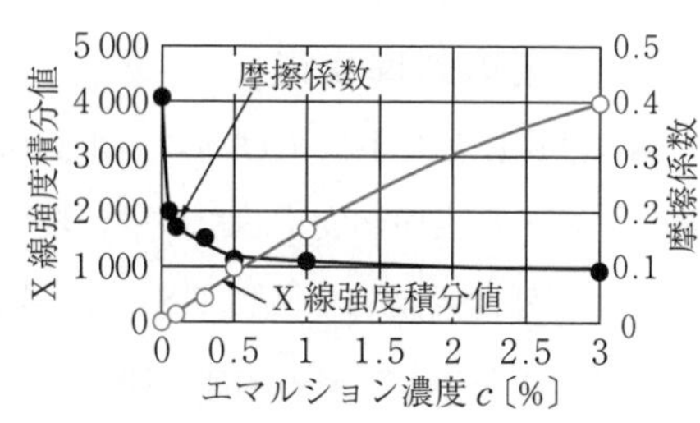

図5.22 X線強度積分値と摩擦係数，およびエマルション濃度の関係[26]

X 線強度を示し，**図 5.22** に X 線強度の積分値と摩擦係数，およびエマルション濃度の関係を示す．

図 5.21 より，エマルション濃度の増加とともに，ロールと材料界面に導入される油膜量が比例的に増加していることがわかる．しかしながら，図 5.22 より，摩擦係数はエマルション濃度 0.5%までは濃度の増加とともに大きく減少し，1.0%以上ではエマルション濃度が増加しても，言い換えれば導入油量が増加しても摩擦係数はほぼ一定の値を示した．

これらのことを考慮して，熱間潤滑圧延における新しい摩擦モデルの模式図を，**図 5.23** に示した．エマルション濃度が 1.0%以上の場合，ロールと材料の接触界面全域に油膜が覆い，摩擦係数は冷間圧延における境界的潤滑状態と同じように，圧延油の物理特性に影響を受けずほぼ一定である摩擦モデルであり，エマルション濃度が 1.0%以下の場合，接触界面に油膜が覆われた領域と油膜で覆われないで水潤滑の領域が混在する摩擦モデルである．

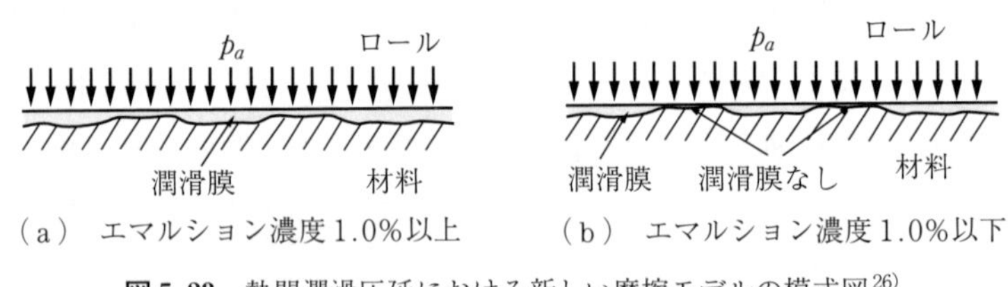

図 5.23　熱間潤滑圧延における新しい摩擦モデルの模式図[26)]

5.4.3 ロールコーティング

〔1〕 鋼の熱間圧延

鋼の熱間圧延においては，ロール表面は黒皮と呼ばれるコーティングに覆われる．ロール表面が安定した黒皮に覆われると，ロール摩耗は少なくなり，安定した圧延が可能になる．しかし，黒皮が帯状に剝離すると，スケールバンディングが発生してその箇所が激しく摩耗するので，圧延材料の表面が悪くなる[27)]。その黒皮の大部分は Fe_3O_4（マグネタイト）である．

黒皮の生成は，ロール材質によって大きく影響を受ける。**図 5.24** に，ロー

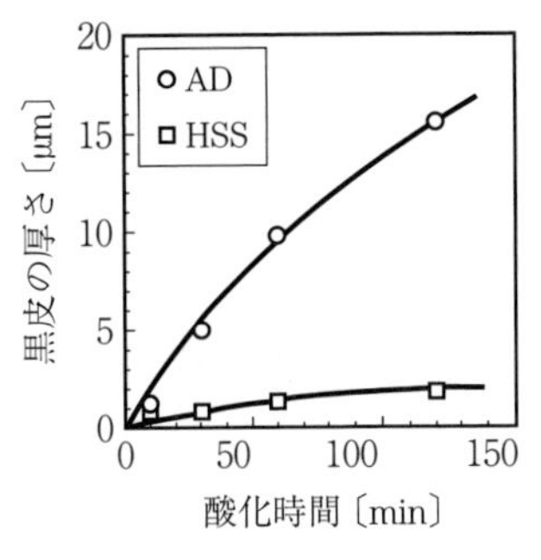

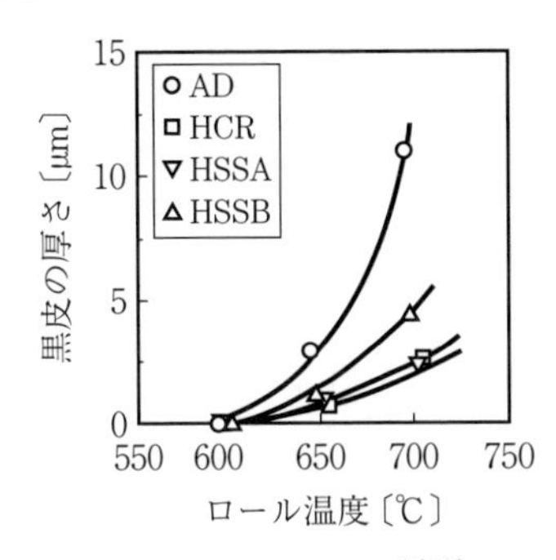

図 5.24 黒皮の厚さに及ぼす酸化時間とロール温度の影響[28),29)]

ル材質の黒皮の厚さに及ぼす酸化時間とロール温度の影響を示す[28),29)]. 図から, 熱間圧延ロールの中では, アダマイトロールが最も黒皮の生成が速いことがわかる. 各ロールとも, 黒皮の厚さが増加すると摩擦係数が低くなり, 摩耗量が減少することが報告されている[29)].

〔2〕 アルミニウムの熱間圧延

アルミウムの熱間圧延においてはロールコーティングが厚くなりやすく, その厚さを均一に保つためにロールブラシが使用されている. **図 5.25** は, アルミニウム熱間圧延機におけるロール表面写真を示す.

(a) 圧延前

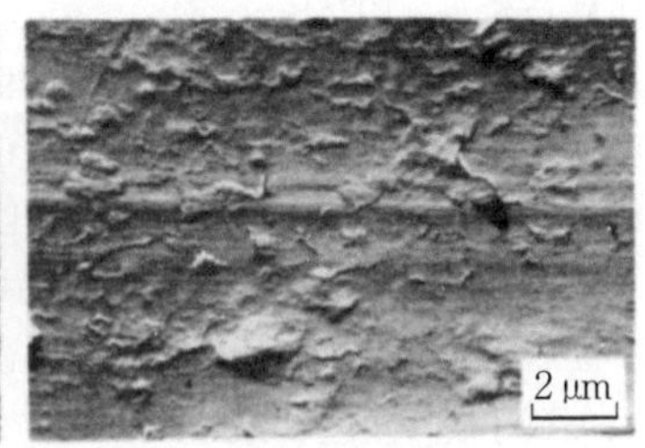

(b) 圧延後

図 5.25 アルミニウム熱間圧延におけるロール表面写真[20)]

図 5.25 のロールの表面写真から, 熱間圧延後には厚いロールコーティング膜がロール表面に形成されていることが, 圧延前のロール表面の研磨すじが不明瞭になっていることから理解できる[20)]. また, ロールコーティングの断面写

真から，ロールコーティングは数μmのアルミニウム片が重なり合ってできていること，さらにはアルミニウム片の間にはアルミニウム酸化物あるいは圧延油が巻き込まれていることが報告されている[30]．

アルミニウムの熱間圧延では，鉱油の基油に，潤滑性を向上させるために脂肪酸，およびエステルの油性向上剤を添加した圧延油が，エマルション濃度3～10％で使用されている．

引用・参考文献

1） von Karman, T. & Angew, Z.：Math. Mech.，**7**（1925），139.
2） Nadai, A.：J. Appl. Mech.，**6**（1939），54.
3） Bland, D.R. & Ford, H.：Proc. Inst. Mech. Engr.，**159**（1948），144.
4） Dow, T.A., Kannel, J.W. & Bupera, S.S.：Trans. ASME，**F98**（1976），4-13.
5） 小豆島明・北村晃一：昭和61年度塑性加工春季講演会講演論文集，（1986），151-154.
6） Azushima, A. & Inagaki, S.：Tribology Trans.，**52**（2009），427-434.
7） 五弓勇雄・木原諄二・小豆島明：塑性と加工，**15**-160（1974），400-406.
8） 中島浩衛：圧延理論部会20周年記念シンポジウム「圧延研究の進歩と最近の圧延技術」，（1974），1.
9） 小豆島明：塑性と加工，**39**-455（1998），1198-2001.
10） 小豆島明：鉄と鋼，**74**-4（1988），696-702.
11） 例えば，横田俊一ほか：塑性と加工，**16**-175（1975），654-659.
12） 小豆島明・宇都宮裕：鉄と鋼，**100**-12（2014），1456-1466.
13） 小豆島明：潤滑，**22**-4（1977），225-228.
14） 大矢根守哉：塑性と加工，**18**-193（1977），144-150.
15） Makinouchi, A., Ike, H., Murakawa, M., Koga, N. & Ciupik, L.F.：Proc. 2nd ICTP，（1987），59-63.
16） Bay, N. & Wanheim, T.：Proc. 3rd ICTP，**4**（1990），1677-1691.
17） 田村裕保・細野弘夫・戸口一男・小林義弘：昭和54年度塑性加工春季講演会講演論文集，（1979），387-390.
18） 小豆島明・喜多良彦・志磨貴司・三橋勝：鉄と鋼，**74**-10（1988），1978-1985.

19)　小豆島明：塑性と加工，**29**-328（1988），492-497.

20)　木村紘：塑性と加工，**20**-227（1979），1126-1129.

21)　寺門良二：日本機械学会誌，**81**-719（1978），1069-1074.

22)　井上剛ほか：塑性と加工，**43**-496（2002），411-416.

23)　日比徹・池田治朗：日本鉄鋼協会創形創質部会シンポジウムテキスト，（1997），32-35.

24)　Azushima, A., Xue, W.D. & Yoshida, Y.：Annals of the CIRP，**56**-1（2007），297-300.

25)　Azushima, A., Xue, W.D. & Yoshida, Y.：ISIJ International，**49**-6（2009），868-873.

26)　小豆島明・薛衛東・吉田良明：鉄と鋼，**94**-4（2008），134-140.

27)　関本靖裕：塑性と加工，**23**-261（1982），952-957.

28)　新谷省一ほか：CAMP-ISIJ，**10**（1997），1076.

29)　新谷省一ほか：CAMP-ISIJ，**10**（1997），397.

30)　吉田隆夫・倉知祥晃：潤滑，**30**-6（1985），438-444.

6 ロール

鉄鋼圧延に用いられる圧延用ロールは種々の用途があり，使用されている国や地域によっても異なるが，本章では熱間・冷間の板圧延用ロールに関し，日本国内で用いられている圧延ロールの一般的な状況について述べる．また，最後にロール間の接触問題についても述べる．

6.1 各種圧延機に使われるロール材質と特徴（厚板，熱間圧延，冷間圧延）

6.1.1 熱間板圧延用ロール

〔1〕 厚板圧延用ワークロール

厚板圧延機は，バックアップロールを有する四重式で，粗・仕上げの2基の圧延機あるいは，両者を兼ねた1基の圧延機からなり，数回の圧延パスを繰り返し行う．ワークロールには，耐摩耗性，耐肌荒れ性および耐熱クラック性が要求される．「かみ止め」と称する圧延材をロール間にかみ込んだ状態でロールの回転が停止する圧延トラブル頻度が高く，高温の圧延材からの入熱によりロール表面が加熱された後，冷却する際に導入される熱クラックに対する抵抗が重要な特性である．ワークロールとしては，硬度 HS 70～80 の合金グレン鋳鉄が広く用いられており，耐摩耗性改善のため，V，Nb などを添加することによって硬質の MC 炭化物を含有させる改善型グレン鋳鉄も用いられている．高クロム鋳鋼は，耐摩耗性が合金グレン鋳鉄より良好であり，一部の粗スタンドで使用されている．

〔2〕 薄板圧延用ワークロール

図6.1に一般的な熱間薄板圧延ラインとワークロールとして一般的に用いられているワークロール材質を示す．粗スタンドのような圧延前段側スタンドの方が圧延材との接触弧長が長く，圧延速度が小さいため接触時間が長く，かつ圧延材温度も高いため圧延材からロールへの入熱が大きく，高い耐熱クラック性が求められる．加熱炉出炉直後の粗圧延前段スタンドは，二重式で圧延荷重に耐え得る高い軸強度要求されるため，鍛鋼系ロールが用いられる．その後の四重式粗圧延後段スタンドでは，ダクタイル鋳鉄を軸材とした，高クロム鋳鋼あるいは低炭素系ハイスを外層とした遠心鋳造製複合ロールが多く用いられる．これに対し，仕上げスタンドでは熱負荷は軽減されるが，製品板の肌あらさや形状といった製品品質への影響が大きく，高い耐肌荒れ性や耐摩耗性が要求される．このため，遠心鋳造製あるいは連続鋳掛肉盛り製のハイスロールが用いられるが，後段側，特に最終2スタンドでは圧延材が折り重なってロールバイト間にかみ込む「絞り込み」と称する圧延事故が発生しやすく，この部位に局部的に生じる高い面圧や熱負荷に耐え得る耐焼付き性や耐クラック性が要求されるため，これらの特性に優れた合金グレン系鋳鉄が用いられている．**表6.1**に各スタンドで用いられる熱間圧延機用ワークロール材質の組織および硬さを示す．

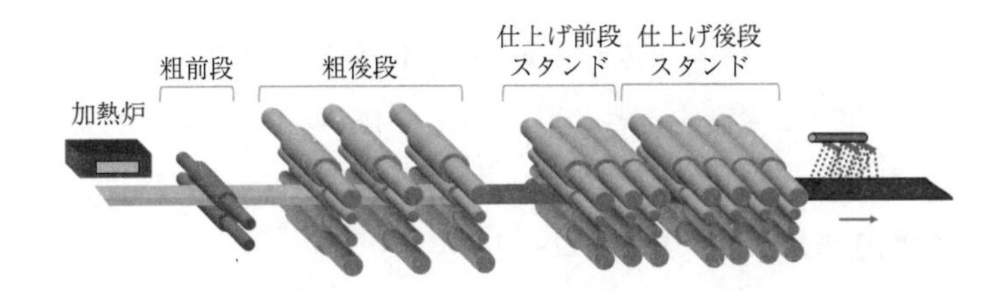

スタンド	粗 前段	粗 後段	仕上げ 前段	仕上げ 中段	仕上げ （後段）
ワークロール材質	鍛鋼	高クロム鋳鋼 低炭素ハイス	ハイス	ハイス 合金グレン*	合金グレン*

〔注〕 * 改善型合金グレンを含む．

図6.1 熱間薄板圧延機とワークロール材質

表6.1　熱間圧延機用ワークロール材質の組織および硬さ

材　質	ミクロ組織 200 μm	組織要素			硬　さ
		基　地	炭化物	黒　鉛	HS
高クロム鋳鋼		マルテンサイト ベイナイト	M_7C_3	なし	70～80
低炭素ハイス		マルテンサイト ベイナイト	MC M_2C M_6C	なし	75～85
ハイス		マルテンサイト ベイナイト	MC M_2C M_6C	なし	80～90
合金グレン		マルテンサイト ベイナイト	Fe_3C (MC)*	あり	70～80

〔注〕 *：改善型合金グレン.
M は金属元素を示す.

圧延ロールに用いられるハイスロールは，切削工具で用いられる JIS 規格での SKH 材とは異なるもので，仕上げスタンドに用いられる材質は 2 重量％程度の C を含有し，V などを主体とする MC，Mo や W を主体とする M_2C や M_6C などの晶出炭化物を含有するとともに，Cr や Mo によって基地組織を強化させた材質である[1].

〔3〕 熱間圧延用バックアップロール

バックアップロールは胴部には耐摩耗性，耐スポーリング性が要求されるが，製品鋼板に直接影響を与えるワークロールの表面損傷を避けるため，ワークロールに応じた硬度の調整も必要となる．さらには圧延荷重を支えるための耐折損性が求められるため，一般的には 3～5% Cr の鍛鋼ロールが使用されている.

6.1.2　冷間圧延用ロール

〔1〕 ワークロール

表6.2に冷間タンデムミルなどに使用されるワークロールの標準的材質の化学成分と特長を示す[2]．ワークロールは主として鍛鋼が使用され，胴部は焼入れによって高硬度でかつ深い硬化層とし，耐凹み性，耐摩耗性，耐肌荒れ性などを付与する．また，軸部は曲げおよびねじり応力に耐え得る強度と靭性（じんせい）を有する．鍛鋼ワークロールの特性は材質によるものもあるが，製造法の影響も大きい．

一般的にワークロールは，耐事故性，耐摩耗性，耐肌荒れ性，高硬化深度，高清浄度などの性能が要求される．遡ること約40年前（1970年代中頃）に圧延機の連続化が導入され，それ以降ロール表面探傷技術の開発[3]，ロールの性能向上[4]などによるロール事故の減少，低周波誘導加熱焼入れ法やサブゼロ処理法の導入とロール鋼の高合金化による焼入れ性の向上など高硬化深度を得る技術の定着，エレクトロスラグ再溶解法（ESR）によるロール鋼の高清浄化の定着，これらの技術のためにロールに対する要求性能も耐摩耗性，耐肌荒れ性に重点が置かれるようになった．また，高強度の圧延鋼板の圧延比率が増大するにつれ，3～5%クロム鋼に代わり，高耐摩耗性の高クロム鋼やセミハイスなどが適用されるようになってきた．

〔2〕 中間ロール

6段圧延機用中間ロールの材質はワークロールと同一であることが多い．ワークロールとバックアップロールに接触して回転するため，耐摩耗性を必要とし，硬さはワークロールとバックアップロールの中間にある．表6.2の5%クロム鋼が使用されることが多いが，高摩耗性指向に伴い，セミハイスや熱間ダイス鋼が適用されるようになってきた．

〔3〕 バックアップロール

表6.2の3%クロム鋼，5%クロム鋼，熱間ダイス鋼がバックアップロール材として使用される．冷間圧延用バックアップロールでは鍛鋼一体式のものが多いが，ほかにアーバにスリーブを焼ばめしたスリーブ式のロールがあり，油

表 6.2 代表的な冷間圧延用ロールの化学成分と特長[2)]（硬化深度は直径 ϕ）

材質	化学成分値〔mass%〕											ミクロ組織		最高ショア硬さ	硬化深度〔mm〕
	C	Si	Mn	P	S	Ni	Cr	Mo	V	W	Co	基地	炭化物		
3%クロム鋼 *1	0.7〜1.0	0.2〜1.0	0.2〜0.6	<0.03	<0.02	〜1.5	2.5〜3.5	0.1〜0.4	〜0.3			焼戻しマルテンサイト	$M_3C + M_7C_3$ 1%未満	100	30〜50 (90 up)
5%クロム鋼 *1*2	0.7〜1.2	0.2〜1.5	0.2〜0.6	<0.03	<0.02	〜1.5	4.5〜5.5	0.2〜0.8	〜0.5			同上	$M_3C + M_7C_3$ 1%未満	100	40〜100 (90 up)
高クロム鋼	0.8〜1.4	0.2〜0.6	0.2〜0.6	<0.03	<0.02	0.1〜0.8	7.0〜12.0	0.1〜1.0	〜0.5			同上	$M_3C + M_7C_3$ 1〜8%	97	60 (90 up)
冷間ダイス鋼	1.3〜2.0	0.2〜0.6	0.2〜0.6	<0.03	<0.02	〜0.5	10.0〜14.0	0.6〜1.2	0.2〜1.2			同上	$M_3C + M_7C_3$ 10〜15%	97 実用上 92	60 (85 up)
セミハイス鋼	0.7〜1.3	0.5〜2.0	0.2〜1.0	<0.03	<0.02	〜0.3	4.0〜8.0	1.0〜3.0	0.5〜1.5			同上	$MC + M_6C$ 2〜5%	98	80 (90 up)
ハイス鋼	0.8〜1.7	0.2〜0.8	0.2〜0.8	<0.03	<0.02	〜0.3	3.0〜5.0	3.0〜10.0	0.5〜5.0	0.5〜6.0	〜10	同上	$MC + M_6C$ 5〜12%	95	60 (90 up)
熱間ダイス鋼 *3	0.4〜0.7	0.3〜2.0	0.2〜0.6	<0.03	<0.02	〜2.0	4.5〜6.0	1.0〜1.6	0.1〜0.4	0.5〜1.5		同上 +ベイナイト	$MC + M_7C_3$ 1%以下	90	100 (80 up)

〔注〕 *1 バックアップロール用の C 量は 0.5〜0.7%.
*2 チタン添加ロールは 0.1% Ti を含有.
*3 中間・バックアップロール用に使用.

圧によりスリーブ中央部を膨らませてクラウンを変更できる機能を備えたVCロール[5]もある．バックアップロールの要求される性能は，耐摩耗性と耐スポーリング性である．これらの特性は硬さが支配的であるが，クロム量増加の効果も認められる．したがって，バックアップロール材は靱性をバランスさせながら高硬度化へ指向してきた．

6.2　ロール使用における品質課題

6.2.1　熱間圧延用ワークロールの肌荒れおよび品質課題

1980年代後半にハイスロールが開発され，熱間薄板圧延のワークロールにも用いられ，ロールの耐摩耗性や耐肌荒れ性は大きく改善された．**図6.2**にハイスと合金グレン鋳鉄の摩耗量の比較を示す[6]．従来の合金グレン鋳鉄に対して4倍程度の耐摩耗性を示している．粗スタンドや仕上げ前段スタンドでは，ロール表層の熱疲労クラックを起点とした損傷が発生し，ロール表層が表面に形成したスケール（黒皮）とともに，広範囲で剥離脱落するスケールバンディングと呼ばれる肌荒れが鋼板製品の大きな品質問題となる．ハイスロールは，アダマイトあるいは高クロム鋳鉄といった従来ロールに比べ，基地組織強化や炭化物形態や量の制御により，耐熱疲労クラック性が強化されており，スケールバンディングによる品質問題は著しく減少した[7]．一方，ハイスロールは従来ロールに比べ摩擦係数が増加し，鋼板温度が上昇するためスケールきずが発生しやすいという課題もあるが，ロール材質の改善[8),9)]や圧延油による潤滑や鋼鈑のスタンド間冷却により対策がなされている．

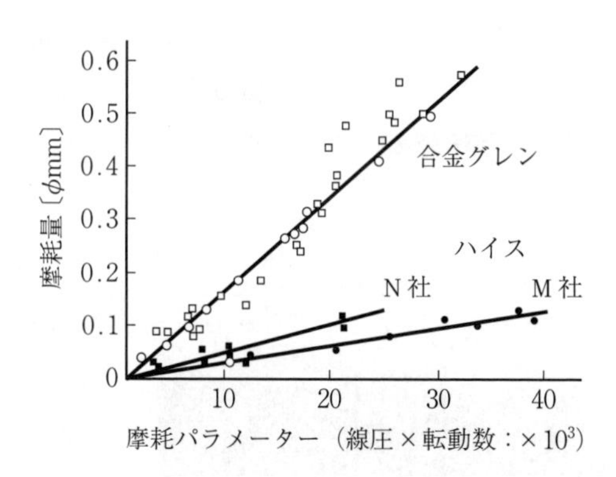

図6.2　ハイスと合金グレン鋳鉄の実機圧延での摩耗量比較[6]（N社，M社は圧延ミルを示す）

6.2.2 熱間圧延用ワークロールのクラック管理

ハイスロールは，絞り込みなどの圧延事故によって深いクラックが発生しやすいため，使用するに当たってクラックの検出，管理が特に重要となる．実際には，ロール研削盤に渦流探傷や超音波探傷機を設け，圧延後の改削ごとにクラックなど，きずの検査を実施するのが一般的である．圧延事故などで発生したクラックをロール表面に残したまま圧延を続けると，圧延荷重によってクラックが内部に進展する可能性がある．ロール表面には圧縮残留応力が存在し，クラックの発生を抑制するが，この応力はロール半径方向には引張りとして作用する．クラックは通常ロール表面に対し垂直方向に発生するが，この応力によりクラックが内部に進展すると，次第にロール表面と平行な方向に向きを変える．クラックのサイズがさらに拡大し，クラック先端部に作用する応力拡大係数がロール材質の破壊靭性値を超えると，不安定破壊によりスポーリング事故に至ることもある．**図 6.3** には，表面クラックを起点として発生した外層スポーリング事故例を示す．熱延薄板圧延の仕上げ後段では，圧延鋼鈑の厚さが薄く，圧延速度も高くなるため鋼鈑が折れ込んで圧延される,「絞り込み」と呼ばれる事故の発生頻度が高くクラック事故が発生しやすい．ハイスは絞り込み起因の耐クラック性に劣るといわれており，仕上げ後段スタンドでは使用することが困難である．ハイスが耐クラック性に劣るおもな原因は，絞り込み事故時に鋼鈑が焼き付きやすく，その後の圧延時に焼付き部に圧延応力が作用するため，焼付き部直下のクラックの進展が促進されるためと考えられる[10]．ハイスレベルの高い耐摩耗性の実現は困難ではあるが，合金グレンをベースにVなどの硬質のMC炭化物を形成する元素を添加して，耐摩耗性を向上させた改善型合金グレンが開発され，広く使用されている[11]．

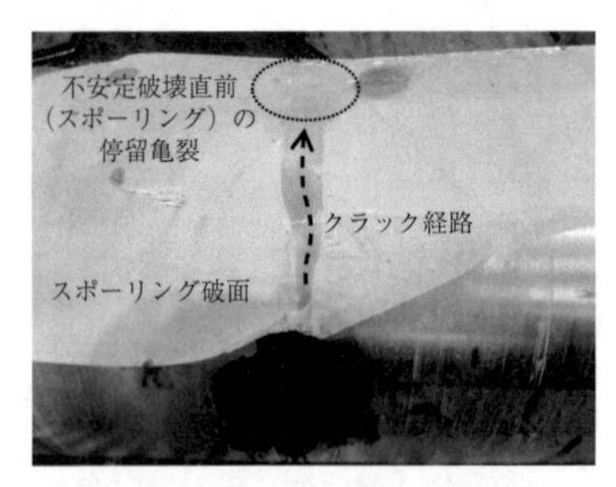

図 6.3　表面クラックを起点としたスポーリング事故例

6.2.3 冷間圧延用ワークロールの肌荒れおよび摩耗

鍛鋼ワークロールの摩耗は，始めの研磨目の凹凸は圧延量の増加とともに平滑化していくが，さらに摩耗が進むと**図6.4**で示されるようなロール製造時の凝固組織である樹枝状組織（デンドライト）に沿った凹凸が生じることがある[4]．このデンドライト肌荒れは，樹枝状組織における樹枝と樹間でのミクロ的合金成分の差，ミクロ的硬さの差などがロール圧延使用時の摩耗過程において，ミクロ的摩耗差となって生じるものである．デンドライト肌荒れは圧延材にもプリントされて板品質を低下させるので，通常研磨粗度の平滑化段階でロールは組み替えられる．

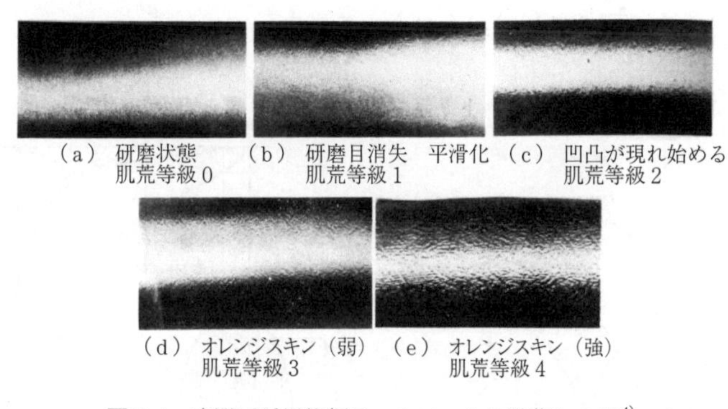
(a) 研磨状態 肌荒等級0　(b) 研磨目消失 平滑化 肌荒等級1　(c) 凹凸が現れ始める 肌荒等級2
(d) オレンジスキン（弱） 肌荒等級3　(e) オレンジスキン（強） 肌荒等級4

図6.4 冷間圧延用鍛鋼ワークロールの肌荒れの例[4]

6.3 Hertzの接触応力と疲労

4段圧延機についてみると，各ロールは板とワークロール，ワークロールとバックアップロールとでそれぞれ接触して回転するが，ロール間接触圧力が高いためにその繰返しにより転動疲労し破壊することがある．ロール間の接触問題は，2個の平行な弾性円柱の接触問題としてしばしば扱われる．後者の問題についてはHertzの研究があり，接触面上の圧力分布を楕円分布とし，接触部における応力分布を理論的に求めている[12]．そこで長さl，半径R_1およびR_2のロールを荷重Pで押す場合に，接触面の最大接触圧力P_{max}および接線幅を

$2b$とし，ロール材（鋼）のポアソン比μを0.3とすれば

$$P_{\max}=\sqrt{\frac{1}{\pi(1-\mu^2)}\frac{P}{l}\frac{\dfrac{1}{R_1}+\dfrac{1}{R_2}}{\dfrac{1}{E_1}+\dfrac{1}{E_2}}}=0.591\sqrt{\frac{P}{l}\left(\frac{E_1E_2}{E_1+E_2}\right)\left(\frac{R_1+R_2}{R_1R_2}\right)} \quad (6.1)$$

$$b=2\sqrt{\frac{1-\mu^2}{\pi}\frac{P\left(\dfrac{1}{E_1}+\dfrac{1}{E_2}\right)}{l\left(\dfrac{1}{R_1}+\dfrac{1}{R_2}\right)}}=1.08\sqrt{\frac{P}{l}\left(\frac{E_1+E_2}{E_1E_2}\right)\left(\frac{R_1R_2}{R_1+R_2}\right)} \quad (6.2)$$

である[12]．ここで，E_1，E_2：半径R_1，R_2のロールのそれぞれの弾性係である．この$P_{\max}$はロールの転動疲労などによる破壊の研究，検討する場合の基準応力とされる．**図6.5**に接触面の応力分布を示す．

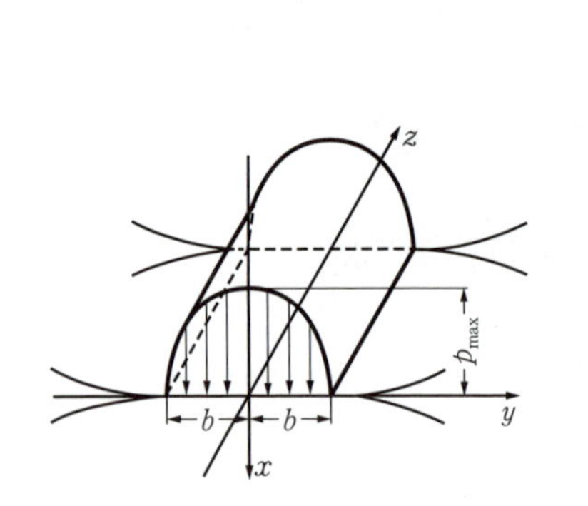

図6.5　2個の円柱の接触面の応力分布[12]（$P_{\max}$：最大接触圧力，b：接触幅の1/2，x：表面からの深さ）

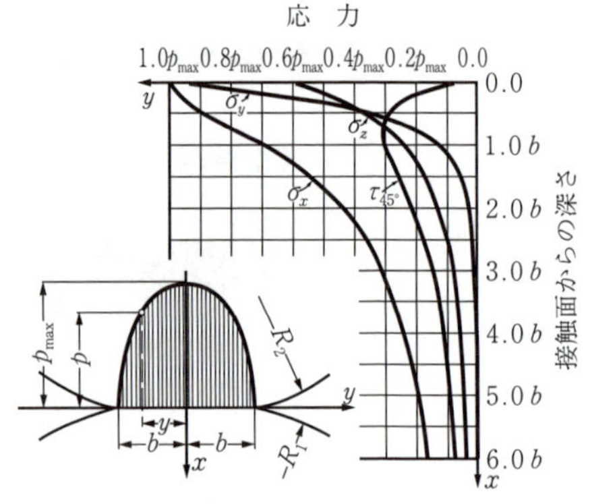

図6.6　円柱の接触により円柱内に生ずる応力分布（楕円分布の対称軸上）[12]

つぎに接触面下の応力分布であるが，計算結果を**図6.6**と**図6.7**に示す．前者は楕円分布の対称軸上の応力分布であり，後者は0.5b深さの面における応力分布である．これらの計算は接触面上に摩擦力が作用しない場合であるが，ロール間の摩擦係数が小さい場合には，これらを基に強度が検討される．転動疲労については図6.6，図6.7中のせん断応力$(\tau_{45°})_{\max}$か$(\tau_{xy})_{\max}$での破壊が考えられ，その起点位置は0.5b～0.786b深さになるであろうと想像される．

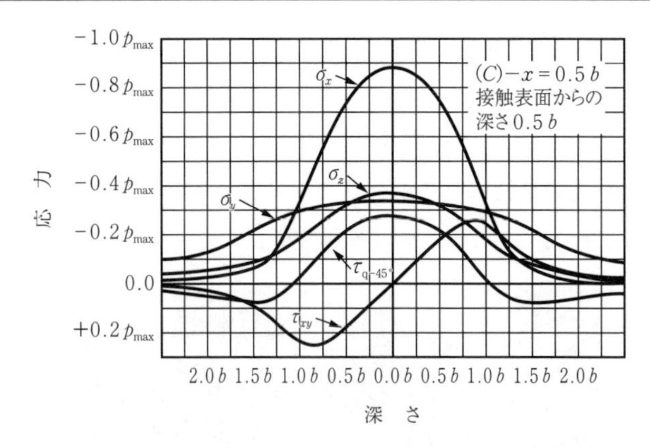

図 6.7 円柱の接触点の移動（円周方向）による円柱内（深さ 0.5 b 位置）の応力の変化[12)]

ここで，$\tau_{45°}$ は z 軸を含み，x 軸，y 軸と 45° の傾斜面に作用する片振りせん断応力で深さ 0.786 b 位置にて最大となり，その大きさは

$$(\tau_{45°})_{\max}=0.301P_{\max} \tag{6.3}$$

である．また，τ_{xy} は x 軸と y 軸を含む平面内に生じるせん断応力であり，深さによって大きさが変化する．τ_{xy} は図 6.7 の深さ 0.5 b 位置で最大となり，その大きさは

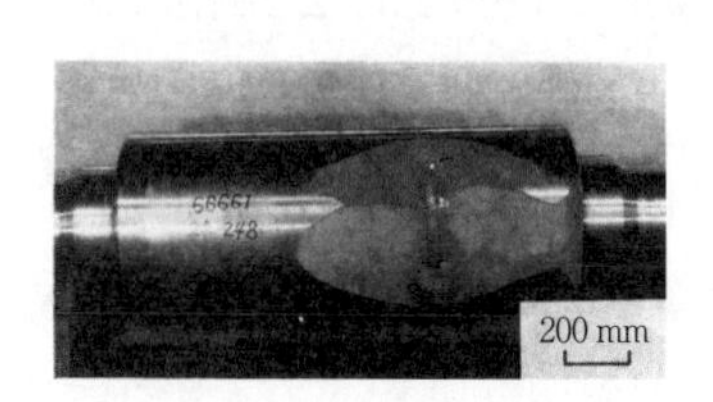

（a） スポーリングしたロールの外観

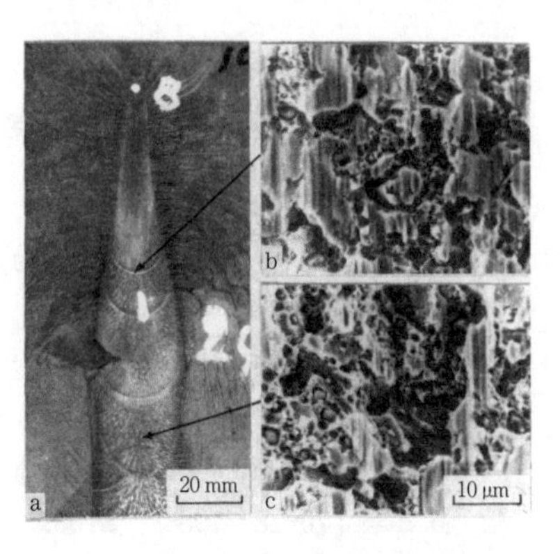

（b） 破面の観察（a：マクロ的観察，b, c：ミクロ的観察）

図 6.8 冷間圧延用ワークロールに生じた典型的スポーリング事例[13)]

$$(\tau_{xy})_{\max} \cong 0.256\,P_{\max} \qquad (6.4)$$

である．**図 6.8** は冷間圧延用ワークロールのスポーリング事例を示すが，このロールを詳細調査したところ，**図 6.9** のようにロール表層（深さ 0.5 mm 以内）の非金属介在物周辺母材に，スポーリングの起点となったと推定されるミクロ的亀裂が観察された[13]．この亀裂は転動疲労によって生じたものである[13]．

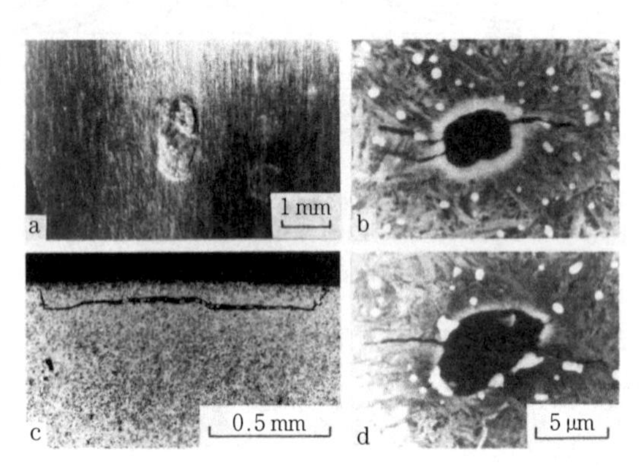

a：小スポーリング
b, d：非金属介在物の円周母材に発生したミクロ的亀裂
c：表面直下の亀裂

図 6.9　転動疲労によって生じたロール表層のミクロ的亀裂[13]

引用・参考文献

1) 小田望：熱間薄板圧延用ロール開発の変遷と今後，221・222 回西山記念技術講座，(2015)，47-66.
2) 神保安広：冷間圧延におけるロールの摩耗，塑性と加工，**45**-520（2004），2-6.
3) 河村皓二・三宅信市・川本隆治・浦澤嘉記：冷延ロール表面疵探傷装置の開発，鉄と鋼，**70**-12（1984），S1089.
4) 標正・広瀬春彦：コールドストリップ用ロールの材質と寿命，鉄と鋼，**57**-5（1971），785-794.
5) 安居栄蔵・益居健・広岡栄司：VC ロールの 4 段冷圧ミル BUR への適用，鉄と鋼，**66**-4（1980），S336.

6) 鎌田俊夫・下タ村修・児玉英世・近藤保夫・佐野義一・大畑拓己：高性能新複合ロールの開発，日立評論，**72**-5（1990），461-468.

7) 西山泰行・倉橋隆郎・川上保・橋本光生：複層鋳込みクラッド法による熱間圧延用ハイスロールの基本特性，塑性と加工，**48**-556（2007），441-445.

8) 野田朗・松永栄八郎・縄田良作：圧延荷重低減型 HINEX ロール，日立金属技報，**11**，（1995），91-94.

9) 西山泰行・倉橋隆郎・川上保・高町恭行：熱間圧延用ハイスロールの圧延特性，塑性と加工，**48**-556（2007），446-450.

10) 佐野義一：熱間薄板圧延用ハイスロールの現状と動向，塑性と加工，**39**-444（1998），2-6.

11) 林清：基地強化による耐摩耗型特殊鋳鉄ロールの開発，CAMP-ISIJ，**14**，（2001），1055.

12) Radzimovsky, E.I.：Stress distribution and strength condition of two rolling cylinders pressed together，Bulletin Series No.408，（1953），10，University of Illinois BULLETIN.

13) 宮沢賢二：0.85% C-3% Cr ロール鋼の破壊靱性に及ぼす熱処理の影響，鉄と鋼，**74**-10（1988），2017-2024.

7　材　質　制　御

塑性加工は，被加工材の形状を制御するだけでなく，材質も制御することができる．圧延においては，2章や8章の板厚や板幅などの寸法・形状制御にとどまらず，圧延材の金属組織を意図的に制御することで，材質を向上することが積極的に試みられている．本章では，圧延中に生じる材質上の諸特性の変化について金属学的および加工学的に概説するとともに，制御する上で念頭に置くべき事柄について紹介する．

7.1　材質の支配因子

図7.1に示すように，材質すなわち材料の諸特性のうち，種々の製造要因で大きく変化するのは機械的性質であるので，本章でもこれに限定して述べることにする．この図に見られるように，機械的性質は直接には金属組織に強く支配されるいわゆる構造敏感な性質である．金属組織は，材料を製造するときの

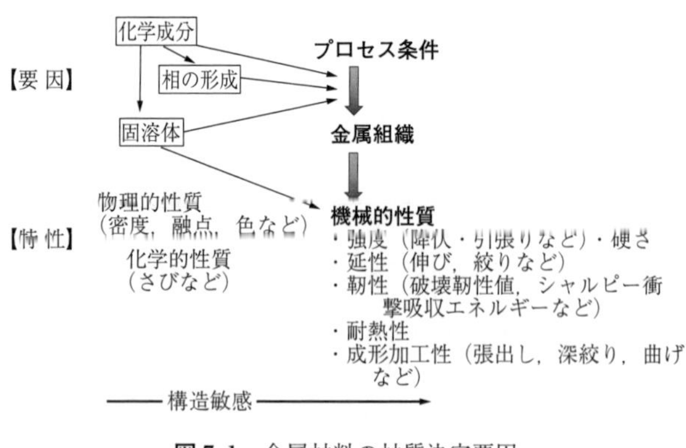

図7.1　金属材料の材質決定要因

プロセス条件によって大きく変化するので，これを精緻に制御することにより種々の特性を有する材料を製造することが可能となる．これが圧延工程での材質制御が重要であるゆえんである．

金属材料は，成分組成を合金化によりかなり自由に変えることができ，これによっても材質特性を大幅に変化させることができることはよく知られている．**図 7.2** に鉄鋼材料の強度と主要な製品例を示す[1)]．成分設計と加工熱処理を巧みに組み合わせることで，例えば熱延鋼板であっても比較的広い強度範囲（引張強さ 370〜980 MPa）を有した材料を製造することができる．これらは，図 7.1 に示すように組織変化に由来するものである．このようなプロセス条件による材質変化は，特に鋼において顕著で，また広く利用されているので，以下の節においては主として鋼を中心に述べることにする．

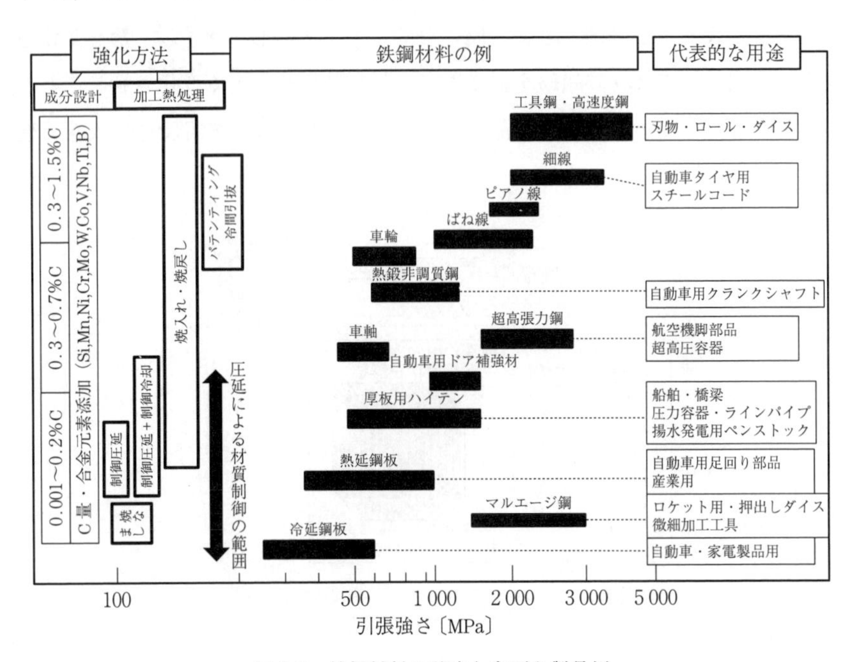

図 7.2 鉄鋼材料の強度と主要な製品例

7.2　圧延工程での組織変化と材質

7.2.1　概　　論

鋼にはさまざまな変態組織があるが，基本的には軟質なフェライト（α）と硬質なセメンタイト（Fe_3C）の2相から成り立っている[2]．フェライトは炭素Cをほとんど固溶しないので，添加したCはすべてセメンタイトになる．**図7.3**に示すように，α中に存在するセメンタイトの存在形態は，微細粒子を均一に分散させるものと薄板状に積層させる，2種類に大別できる．セメンタイト粒子が均一微細に分散した状態が焼戻しマルテンサイト組織であり，薄板状のセメンタイトがフェライトと密に積層したのがパーライト組織である．すなわち，フェライトを基地として，硬いセメンタイトの形，サイズ，量を変化させることによってミクロ組織を形成させ，材質特性を幅広く変化させることができる．また，フェライトの結晶粒のサイズや形状によっても特性は大きく変化する．

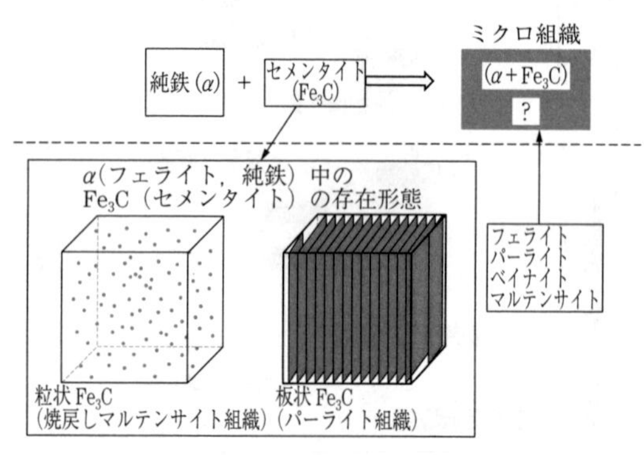

図7.3　鉄鋼材料のフェライト基地中における
セメンタイトの存在状態

表7.1は，熱延および冷延鋼板における各処理工程中での一般的な鋼の組織変化のうち，材質に寄与するものを示したものである．ミクロ組織の形成にお

表 7.1 熱延および冷延鋼板における各処理工程中での一般的な鋼の組織変化のうち，材質に寄与するもの

処理工程	生 成 組 織	
熱間加工	オーステナイトの熱間加工組織	
	・加工硬化（転位の導入）と	（合金炭窒化物）
	その復旧（回復と再結晶）	
熱 履 歴	冷却変態組織	析出
・冷却	↓	
・熱処理	（焼戻し組織）	（セメンタイト）
・加工熱処理		
冷間加工	冷間加工組織	
	・加工硬化（転位の導入）と	
	冷間加工集合組織形成	
焼なまし	回復・再結晶による硬化と	
	再結晶集合組織形成	
	析出（セメンタイト・合金炭窒化物	

いて，熱間加工と冷間加工の大きな違いは†，原子の拡散があるか（熱間），ないか（冷間）である．通常の熱延鋼板では，最終的な組織は冷却中の変態により決定されるが，拡散変態は，粒界や加工粒内などの格子欠陥を起点として核生成するので，加工により著しく核生成が促進される．よって，冷却速度だけでなく，オーステナイト状態での粒径サイズ，加工で導入されるひずみ量，加工速度（＝ひずみ速度）および加工パス間も材質を決める上で重要な因子となる．

冷延鋼板では，直接には最終の焼なまし工程で材質特性を支配する組織因子，すなわち転位密度などの格子欠陥の状態が決定されるが，重要な特性である成形性を決める集合組織の形成は，冷間加工による加工集合組織の影響を受け，またこの加工集合組織は熱延後の組織状態に支配される．したがって，冷延鋼板の材質制御においては，熱延と冷延の双方を最適に管理する必要がある．

† 一般に，融点の 1/2 以上の温度での加工を熱間加工，室温近くでの加工を冷間加工と呼び，その間の温度での加工を温間加工と呼ぶ．

7.2.2 金属学でのひずみの意味と変形様式の影響

塑性加工の金属学的意味は転位の導入とその運動であり，塑性ひずみ速度は一般に

$$\frac{d\varepsilon}{dt}=\varphi\rho b\bar{v} \tag{7.1}$$

で表される．ここで，φ は方位因子，ρ は可動転位密度（転位の中でも，不純物原子に固着されないものなどは塑性変形に寄与しない），b はバーガースベクトルの大きさ，$\bar{v}$ は可動転位の平均速度である．

本章でいうひずみは，上式が示すとおりの意味であり，これはほぼ塑性力学でいう相当ひずみに当たるものである．板圧延においては平面ひずみ条件下でほぼ単純な圧縮変形に近い板厚・板幅中心部の組織変化で議論され，単純に板厚ひずみ（$1.15\times\ln(t_0/t)$，ここで t_0 は初期板厚，t は加工後の板厚）が用いられる場合が多い．しかし，正確には2章および3章で示されているように板厚方向にはひずみは分布を持つため，加工時の板厚に沿った組織変化を定量的に扱おうとする場合は塑性変形解析が必要となる．特に，以下のような場合は相当ひずみの分布を考慮することが必要である．

(1) 板厚が厚く，また板中心部以外の位置での特性も議論される場合（厚鋼板の靭性など）．

(2) 大圧下圧延，大径ロール圧延，高摩擦（無潤滑）圧延などにより，表面近傍ないしは板厚に沿った組織変化が全体の特性に影響する場合（集合組織形成，結晶粒微細化など）．

(3) 特性が板厚全体の和または平均として示される場合（変形抵抗など）．

上記の塑性変形解析を行うときに用いる変形抵抗式は，正しくは組織変化を考慮したものでなければならないので，一般的にいえば温度モデルを含む変形モデルと組織変化モデルを連成して解かなければ正しい結果は得られないことになる．

一般に，熱間加工では金属学的なひずみをスカラー量として扱うことが多く，せん断ひずみと圧縮ひずみとを区別しないので，上記の項目に該当しなけ

れば圧延のシミュレートを引張り，圧縮，ねじりなど種々の方式で行うことができる．しかし，材質制御において，結晶粒径や集合組織などが重要な組織因子となる場合では，複雑な変形履歴も考慮する必要があるため圧延以外の手段でのシミュレートは困難であり，実際と同様の圧延条件（初期板厚，圧下率，圧延速度，ロール径，摩擦係数など）でシミュレートしなければならない．

7.2.3　熱間加工での基本諸現象

熱間圧延加工でのミクロ組織変化に関わる冶金学的現象としては，加工時での加工硬化・動的回復・動的再結晶，加工パス間での静的回復・静的再結晶・ポストダイナミック再結晶，加工後の粒成長があり，その後の冷却時に生じるフェライト核生成と成長，パーライト生成と成長，ベイナイト・マルテンサイト生成と成長が挙げられる[3]．ここで，新しい結晶粒の形成とその成長により転位や結晶粒界が消滅するのが再結晶と呼ばれており，それ以外は回復と呼ばれている．熱間厚板圧延プロセスでの一般的なミクロ組織変化の模式図を**図7.4**に示す[4]．

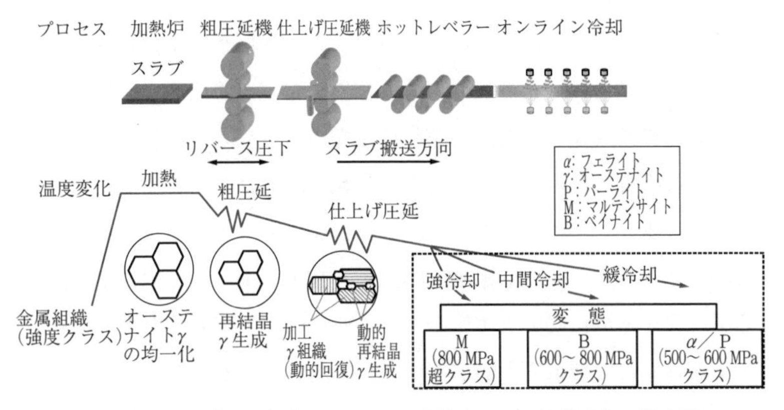

図7.4　熱間厚板圧延プロセスでの一般的なミクロ組織変化の模式図

〔1〕　加工組織の復旧

熱間加工において，組織を決定するのは加工欠陥の復旧過程である．高温（一般には，融点の半分以上と定義する）では，導入された転位は熱活性化運動を行って消滅していく．この復旧過程には回復と再結晶があるのは周知である．回復は熱間加工に必ず伴う現象で，転位は加工で導入される一方で消滅していくので，熱間加工後の転位密度は加工で導入された転位密度の総量より小さくなる．このほかに，再結晶後に結晶粒が粗大化する粒成長現象がある．これらの復旧過程は粒成長を除き加工中にも起こり得るが，これを動的復旧と呼んでいる．これらを模式的に**図 7.5** に示す[5]．これらの諸過程のうち，動的回復および動的再結晶について以下に説明する．

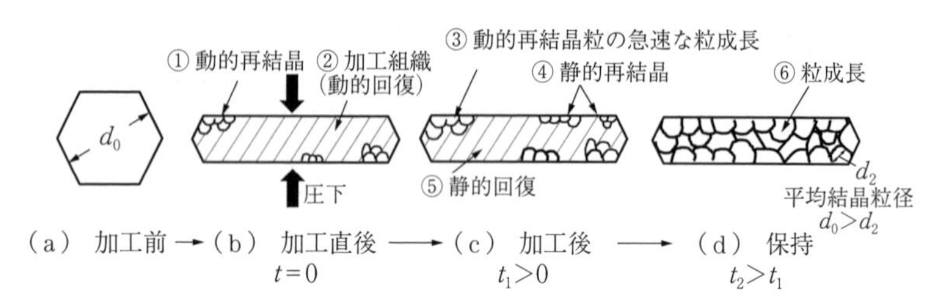

図 7.5　オーステナイト域での熱間加工中および加工後に起こる基本的な冶金現象

〔2〕 動的回復と動的再結晶

加工により生じた加工組織をその後高温で静的保持したときに起こる静的回復や静的再結晶に対し，加工中に生じる状態を動的回復および動的再結晶と呼んでいる．再結晶とは，結晶粒界，特に粒界三重点を優先的な核生成サイトとし，生成した核が成長して新しい結晶粒となる．生成した結晶粒はただちに加工硬化，回復過程を経るので，動的再結晶粒の粒界はギザギザした形をとることが特徴的である[3]．動的再結晶のしやすさは金属によって異なる．一般に，積層欠陥エネルギー（stacking fault energy，SFE，完全結晶中に単位面積の積層欠陥を導入するのに必要なエネルギー）が低い（＝絶対値が大きい）金属では，回復が遅いので変形応力が高くなり，動的再結晶が起こりやすいといわれている．動的回復が起こるものとしては，純アルミニウム，亜鉛，鉄フェライトであり，動的再結晶が起こるものとしてはアルミニウム合金，鉄オーステナイト，ステンレス鋼などがある．ただし，添加元素やひずみ速度，温度など考慮するべきパラメーターがあるため，材料ごとに検討することが必要となる．

熱間加工においては，加工硬化とともに動的回復や動的再結晶による軟化が起こり，それらが釣り合うと変形応力が一定の定常状態となる．動的回復および動的再結晶を起こす金属の応力-ひずみ曲線の模式図を**図7.6**に示す．回復が容易に起こる材料では，あるひずみにおいて比較的低応力で定常応力 σ_s に移行する（図7.6(a)参照）．この場合は，加工が進んでも加工硬化と動的回復が釣り合うため，動的再結晶は起こらない．**図7.7**は，動的回復型の例として，アームコ鉄の700℃での応力-ひずみ曲線を示す[6),†]．定常応力状態では，

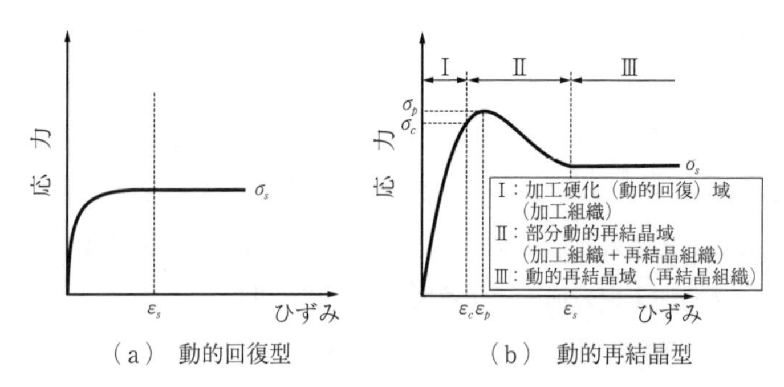

（a）動的回復型　　（b）動的再結晶型

図7.6　動的回復(a)と動的再結晶(b)により定常状態に至るまでの応力-ひずみ曲線の模式図

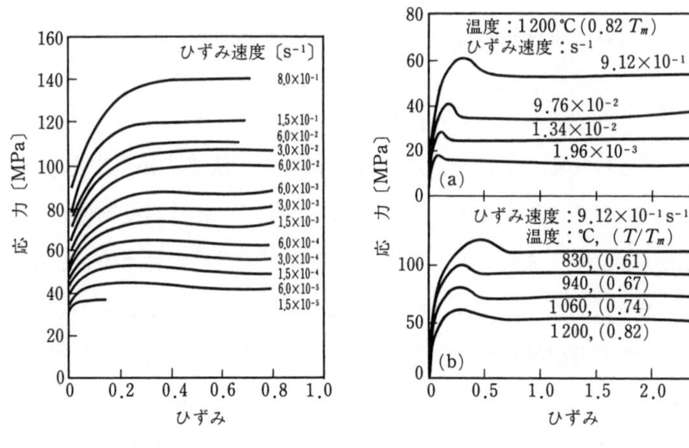

図7.7　アームコ鉄の700℃での応力-ひずみ曲線.

図7.8　0.06C鋼のオーステナイト域でのねじり試験による応力-ひずみ曲線.

† 純鉄の一種で，99.90～99.95%の純度の鉄をいう．アームコ（Armco）の名称は，製造会社 American Rolling Mill Company の頭文字をとったもの.

安定なサブグレイン組織が形成されていることがわかっている．一般に，鋼では同じ温度で比較するとフェライトの方がオーステナイトよりも変形応力が小さく，回復が速い．一方，動的再結晶はある臨界となるひずみ ε_c から始まり，応力はその後やや遅れて最大 σ_p に達し，その後軟化し，応力一定 σ_s の定常状態となる（図 7.6 (b) 参照）[7]．すなわち，加工硬化後，部分的に再結晶を起こすため，定常状態になる前の動的再結晶組織は粒径も転位密度も不均一であることが特徴的である．

図 7.8 は，0.06 鋼（動的再結晶の鉄）のオーステナイト域でのねじり試験による応力-ひずみ曲線の例である[8]．同じ温度の下では，ひずみ速度が速くなるにつれ最大応力 σ_p は上昇し，その際のひずみ ε_p も大きくなり，その後一定となる応力 σ_s も大きくなる．また，同じひずみ速度の場合は，加工温度が低くなるほど最大応力 σ_p，ひずみ ε_p，一定の応力 σ_s は大きくなる．

つまり，熱間加工中の加工硬化速度に対して動的回復速度がそれを相殺できるかどうかで，動的再結晶が起こるかどうかがが決まる．加工硬化が動的回復でバランスしてしまえば，変形が進行してもそれ以上のひずみエネルギーが蓄積されないので，動的再結晶は起こらない．

定常状態での動的再結晶粒径 d_s は

$$d_s = A\,Z^{-m} = A\left\{\dot{\varepsilon}\exp\left(\frac{Q}{R\,T}\right)\right\}^{-m} \tag{7.2}$$

という形で与えられる．ここで，A は材料によって決まる係数であり，$\dot{\varepsilon}$ はひずみ速度，Q は活性化エネルギー，R は気体定数で，Z は温度補償ひずみ速度（Zener-Hollomon パラメーター）である．Q は，通常その金属の自己拡散の活性化エネルギーに近い値（鋼の場合には 254 kJ/mol）をとる．すなわち，熱間圧延では，動的再結晶粒径は同じ温度で比較すると静的再結晶粒径より小さくなる．**図 7.9** は，動的再結晶粒径 d_s と Zener-Hollomon パラメーター Z の関係を示したものである[9]．動的再結晶粒径は，同じ材料であれば，加工前の初期結晶粒径 d_0 に依存しないのが特徴の一つである．また，高 Z ほど，すなわち加工が低温で加工速度が速い（高ひずみ速度）ほど，動的再結晶粒径は細か

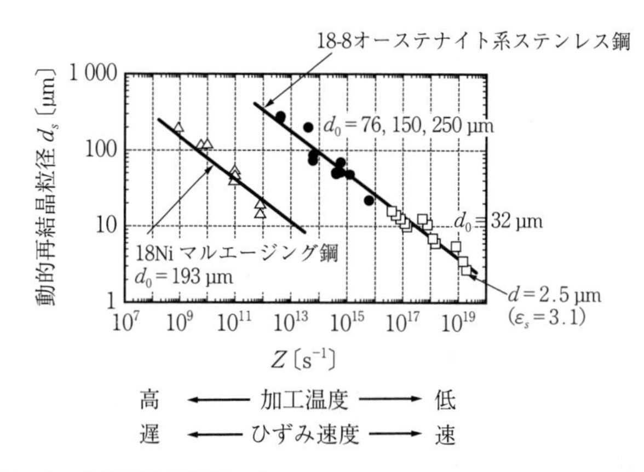

図 7.9 動的再結晶粒径 d_sと Zener-Hollomon パラメーター Zの関係

くなる．ただし，図 7.8 で見られるような高 Zで動的再結晶を定常状態にさせるためには，より大きなひずみ ε_s を与える必要がある．図 7.9 では，18-8 オーステナイト系ステンレス鋼において，動的再結晶粒径 2.5 μm を得るために 3.1 のひずみが必要という結果を示している．ひずみ 3.1 は，圧延でいう 93%圧下に相当するものである．すなわち，高 Z-大ひずみ加工が細粒化の方策と考えることができる．

〔3〕 合金元素の影響

ここでは固溶状態のものに焦点を絞って述べることにする．合金元素は復旧を遅らせ，変形応力を増加させるものが多い．鉄オーステナイトでは，Nb, Ti, Mo, V などの微量添加（マイクロアロイング）で再結晶が抑制されると同時に A_{r3} 変態点が低下する．圧延条件においては，微細な変態生成物を得るために，オーステナイトを微細化あるいは加工硬化状態とすることが重要である．再結晶の抑制は，加工オーステナイトの伸張と，粒内の変形帯の増加を引き起こす．圧下量とともに，フェライトの核生成サイトとなるオーステナイト粒界表面積や変形帯が増加することで，その後の冷却によって微細なフェライトが得られる．また，A_{r3} の低下は加工オーステナイトの領域を拡大させ，同時に変態後のフェライトの成長も抑制させる．すなわち，熱間圧延時の多パスによるひずみの蓄積効果が期待できる．これが，制御圧延技術の重要なポイントである．**図 7.10** は微量添加元素の一例を示したものだが，Nb の抑制効果が最も大きく効果的である[10)]．ただし，Nb が固溶したオーステナイトは，最大応力 σ_p とともに ε_p を上げ，定常応力 σ_s を上昇させるため，結果的にはひずみ蓄積と大きな圧延荷重が必要となる．**図 7.11** は，Nb 添加鋼を対象に，熱間圧延での蓄積圧下率と変態後のフェライトの平均粒径の関係を示したものである[11)]．累積圧下率とともにフェライトは微細となり，また同じ累積圧下率でも加工前のオーステナイト粒径 d_0 が小さいほど，フェライトは微細となる．なお，加熱時に未固溶の析出物は再結晶の進行に影響を及ぼさないが，再結晶後の粒成長を抑制する効果を持つ．

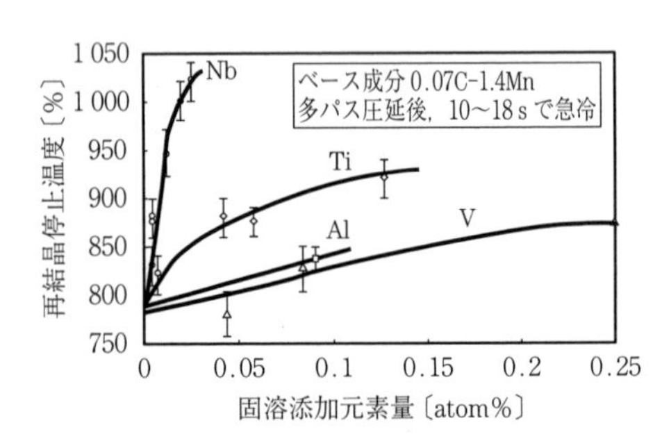

図 7.10　微量添加元素によるオーステナイト領域での再結晶停止温度の変化

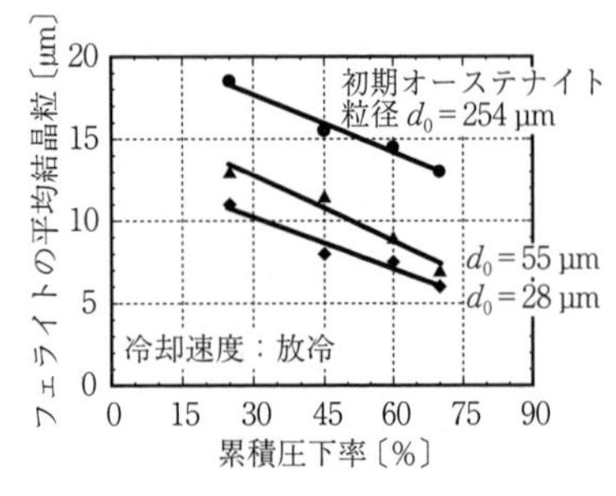

図 7.11　Nb 添加鋼の熱間圧延におけるフェライトの平均粒径と累積圧下率の関係（ここで圧下後の板厚はすべて 8 mm であり，粒径は大気中放冷後に測定）

7.2.4　熱間加工における組織変化

〔1〕　ひずみとひずみ速度の効果

図 7.12 に示すように熱間圧延が高速化・連続化していくにつれて，組織・材質に関係するひずみ速度とパス間時間も大幅に変化する．これまで熱間加工の基礎研究は主としてひずみ速度やひずみの小さい（$d\varepsilon/dt$：10^{-4}～10^0 s^{-1}，ε：0～0.6）[7)] 引張試験などで行われてきたが，その後，各種の熱間加工シミュ

レーター[9),12)~14)]や実機圧延機[15)]での多段圧下実験により，工業圧延（~300 s^{-1}）での組織変化がかなり模擬できるようになってきた．

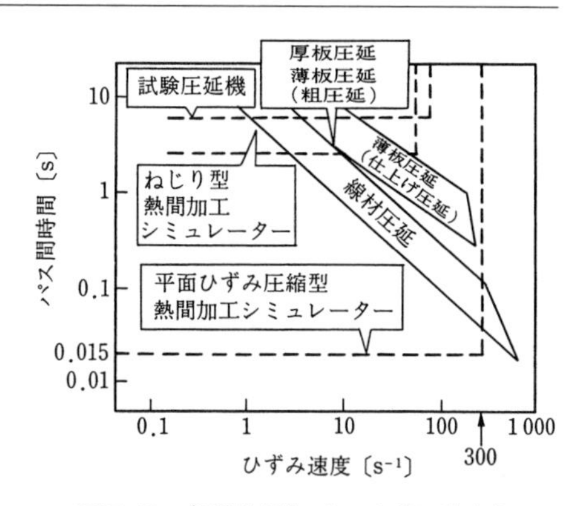

図7.12 各種熱間加工のひずみ速度とパス間時間の範囲

この中でも，動的再結晶が実際の圧延で起こっているかどうかが，最も議論のあったところである．動的再結晶のメカニズムが静的再結晶とすべて同じで，核生成も成長も同様の速度論で扱えると仮定すると，低ひずみ速度の実験の延長として考えれば，ひずみ速度の大きい工業圧延では動的再結晶はとうてい起こり得ないことになる．これに対して，図7.8でも見られるように最大応力の移動はひずみ速度の変化ほど大きくないことや，またひずみの累積の著しい高速の連続圧延でも変形抵抗がそれほど高くないことなど，動的再結晶を考えないと説明がつかないことが多い．圧延後焼入れ材の実験結果も，少なくとも高温では1パス大圧下または累積大圧下で，動的再結晶が粒径決定の重要な要因であるといえる．

実用圧延条件をシミュレートでき，また急速に完全焼入れが可能な熱間加工シミュレーターが開発されたことで，この点がかなり明確になってきた[5),13),14)]．例えば，工業圧延に用いられるひずみ速度の範囲で，ひずみ速度にほとんどよらず比較的低いひずみで動的再結晶が開始していることがわかった．ただし，成長は時間に依存するので，ひずみ速度一定の場合，この臨界ひずみ ε_c 以降はひずみをパラメーターとした核生成成長の速度式に従うことになる．炭素鋼オーステナイトについて，これらの結果を定式化した例を**表7.2**(a)~(q)に示した．これらの結果を用いることで，組織や応力-ひずみ曲線を予測することが可能となる．これらの式の詳細については文献5)を参照されたい．

表 7.2　炭素鋼オーステナイトの熱間加工組織モデル（図 7.5 に対応）
（ひずみ：0.1〜0.8，ひずみ速度：1〜300/s）

復旧過程		計算式	
① 動的再結晶	限界ひずみ	$\varepsilon_c=4.76\cdot10^{-4}\exp(8\,000/T)$	(a)
	粒　径	$d_{\rm dyn}=22\,600\,[\dot{\varepsilon}\exp(Q/RT)]^{-0.27}=22\,600Z^{-0.27}$	(b)
		$Q=63\,800$ cal/mol	
	再結晶率	$X_{\rm dyn}=1-\exp\left[-0.693\left(\dfrac{\varepsilon-\varepsilon_c}{\varepsilon_{0.5}}\right)^2\right]$	(c)
		$\varepsilon_{0.5}=1.144\cdot10^{-3}d_0^{\,0.28}\dot{\varepsilon}^{0.05}\cdot\exp(6\,420/T)$	(d)
	転位密度*	$\rho_{s0}=87\,300\,[\dot{\varepsilon}\cdot\exp(Q/RT)]^{0.248}=87\,300Z^{0.248}$	(e)
		$\rho_s=\rho_{s0}\exp(-90\exp(-8\,000/T)\cdot t^{0.7})$	(f)
② 動的回復*		$\rho_e=\dfrac{c}{b}(1-{\rm e}^{-be})+\rho_0{\rm e}^{-be}$	(g)
③ 動的再結晶後の粒成長		$dy=d_{\rm dyn}+(d_{pd}-d_{\rm dyn})\cdot y$	(h)
		$d_{pd}=5\,380\cdot\exp(-6\,840/T)$	(i)
		$y=1-\exp[-295\dot{\varepsilon}^{0.1}\exp(-8\,000/T)\cdot t]$	(j)
④ 静的再結晶	粒　径	$d_{st}=5/(S_V\cdot\varepsilon)^{0.6}$	(k)
		$S_V=\dfrac{24}{\pi d_0}(0.491{\rm e}^{\varepsilon}+0.155{\rm e}^{-\varepsilon}+0.1433{\rm e}^{-3\varepsilon})$	(l)
	再結晶率	$X_{st}=1-\exp\left[-0.693\left(\dfrac{t-t_0}{t_{0.5}}\right)^2\right]$	(m)
		$t_{0.5}=0.286\cdot10^{-7}S_V^{-0.5}\cdot\dot{\varepsilon}^{-0.2}\cdot\varepsilon^{-2}\cdot\exp(18\,000/T)$	(n)
⑤ 静的回復*		$\rho_r=\rho_e\exp[-90\cdot\exp(-8\,000/T)\cdot t^{0.7}]$	(o)
⑥ 粒成長		$d^2=d_{st}^{\,2}+1.44\cdot10^{12}\cdot\exp(-Q/RT)\cdot t$	(p)

＊：転位密度 ρ〔$\rm cm^{-2}$〕と変形応力 σ〔MPa〕の関係．$\sigma=1.4\times10^{-5}\sqrt{\rho}$　(q)

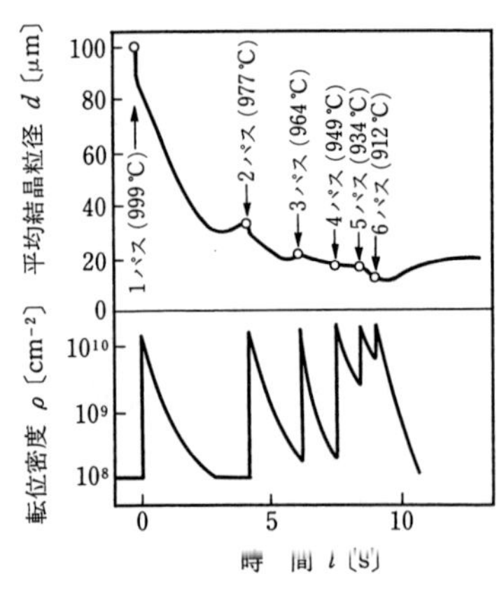

図 7.13　6 パス熱間仕上げ圧延におけるオーステナイトの組織変化例（シミュレーション計算）

〔2〕　多パス圧延の取扱い

多パス加工では，一般に図 7.6 (b) のような場合を想定し，各加工パスがつぎの加工パスによりそれぞれ表 7.2 のような変化をするとして計算しなければならないが，これを各パスごとに行うのはあまりにも繁雑で実用的ではない．実際には，次パスの前で転位密度・粒径ともいくつかの仮定をおいて平均化し，その平均転位密度に対応するひずみを前ひずみとして次パスの計算をスタートさせることで十分な精度が得られることがわかった．**図 7.13** は，このようにしてシミュレーション計算した熱間仕上げ圧延における組織変化の例を示した．このような計算は，実測の組織変化をよく説明することが示されている[16].

7.2.5 熱間加工と析出

金属合金中には一般に種々の合金元素（いわゆる不純物を含む）が含まれていて，条件により母相金属中に固溶していたり，または異相組織として析出したりする．このことが金属合金の性質に大いに影響を与えることはいうまでもないが，ここでは特に熱間圧延に関係ある問題について述べる．

鉄オーステナイト中での合金元素の析出には，多くの平衡またはこれに近い状態のデータがあるが[17]，速度論的解析は比較的少ない．一般に析出物の完全固溶温度から低下するほど析出の駆動力は大きいが，一方，低温になるほど合金元素の拡散が遅くなるので，析出時間は**図 7.14** (a) に示すように，いわゆる C 曲線を描く．NbC は熱間加工の温度で最も顕著な析出が起こり，加工再結晶などの挙動に大きい影響を与える析出物であるが，ほかの注目すべき析出物として一般的には TiC などの Ti の化合物，MnS， 特殊鋼では $Cr_{23}C_6$,Mo_2C, $V_4(C,N)_3$ などが挙げられる．重要な析出物の中でも AlN は，オーステナイト中ではあまり析出しないとされている．

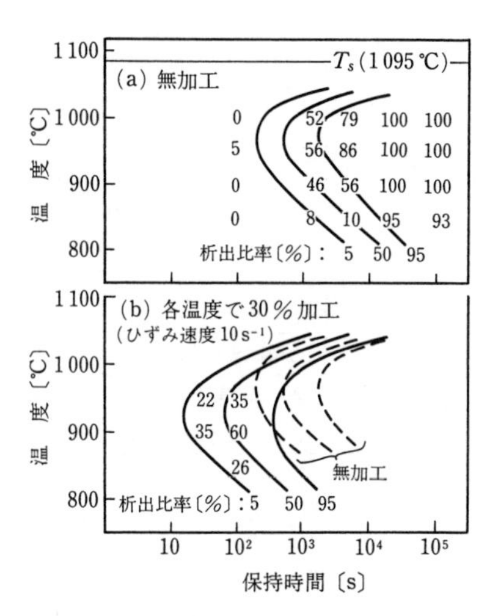

図 7.14 0.05 C-0.3 Mn 0.04 Nb 鋼の 1 250° C 溶体化後のオーステナイト中での NbC の析出挙動

加工により，このような析出が著しく促進されることはよく知られている．図 7.14 (b) にその例を示した[18]．ここで，測定または計算されているのは 10 mm 以上のものであるが，これに先立ち加工後数秒程度の時間で変形応力の上昇が起ることが明らかになった．これは，転位線上のクラスターの形成に対応していると思われ，従来加工誘起析出と呼ばれてきた現象である．このような析出により静的復旧，特に静的再結晶が顕著に抑制され，加工欠陥を多く含む加工硬化オーステナイトを安定して得ることができる．これは，制御圧延技術の最も重要なポイントとなっている．

その他の析出物の効果としては，圧延前の加熱工程で比較的微細な析出物が存在する場合の圧延開始前の初期オーステナイト粒に対するピン止め（pinning）効果がある[19]．この効果は，図 7.11 に示した初期粒径の微細化を通じて特に厚板の細粒化に有効である．

7.2.6　熱間加工と変態

表 7.3 に加工と変態との関係を分類して示す．

表 7.3　実用鋼板圧延での加工熱処理の加工と変態との関係による分類

	プロセス	圧延仕上げ温度域（変態前）				通常の変態組織
		再結晶域	未再結晶域	変態域	フェライト域	
加工後変態	通常圧延	←→	薄手の厚板 ←→			F+P
			厚板 ←→	- - -→		
	制御圧延		薄板 ←→			F+P
	制御冷却	厚板・薄板 ←→	←→			F+P または B
	直接焼入れ	厚板・薄板 ←→	- - -→			M(+B)
	ベイナイト鋼		←→			B
加工中変態	二相域圧延			←→		加工 F+P
変態後加工	温感圧延	(←→)	⇒		←→	F+セメンタイト
	冷間圧延	(←→)	⇒		←→	F+セメンタイト

普通の熱間圧延，すなわち安定オーステナイト域での加工の場合，拡散変態に対する変態の促進効果は，おもにつぎのように分類でき，いずれも核生成の促進効果である．成長速度に対する効果は，一般に小さい．

a)　再結晶オーステナイトの細粒化

b)　加工硬化オーステナイトの変態促進効果

1)　粒の伸長による粒界面積の増加

2)　粒界での核生成の活発化

3)　オーステナイト粒内変形組織（変形帯，マイクロバンドなど）からの核生成

b）の効果を個々に定量的に扱うことはまだできないが，**図7.15**に示すように7.2.4項に求めたような全転位密度の効果として一括して扱うことが近似的に可能である．a), b）の効果を併せて示したのが**図7.16**であり，加工によって核生成が著しく活発化し，変態点が上昇する．

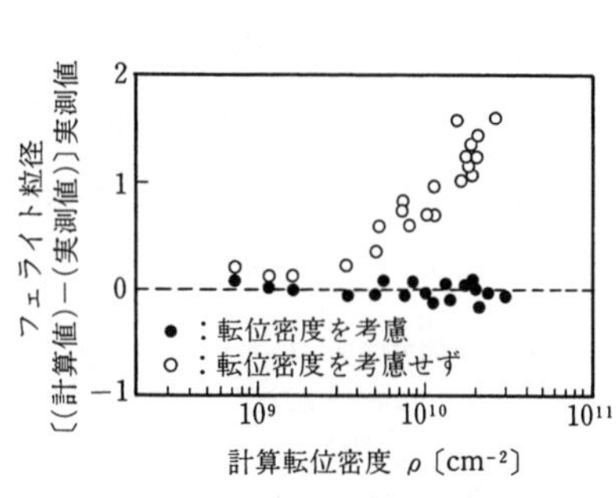

図7.15　フェライト粒径の計算値と実測値の差に対する転位密度の影響[37]（0.1C-0.3Si-1.2Mn鋼，加工温度：800～950℃，冷却速度：5℃/s）

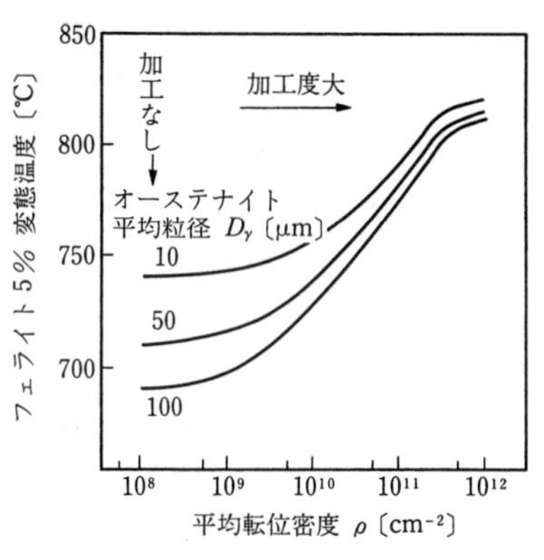

図7.16　フェライト変態温度に及ぼすオーステナイト粒径と転位密度の関係（0.1C-0.3Si-1.2Mn鋼，冷却速度：10℃/s）

このように熱間加工から変態までを一貫して定量的に扱うことが可能となっている．全圧下率の比較的小さい厚板圧延の場合，低温のオーステナイト域では再結晶が完了しなくなる．特に，Nbなどの添加で再結晶を抑制した場合は大きな累積ひずみでb）の効果が期待できる．

強度の高いマルテンサイト組織を得ようとする場合（直接焼入れ）は，上述とは逆にフェライトの核生成を抑えなければならないので，高温で圧延してオーステナイトをできるだけ再結晶させ，等軸化させるのが普通である．しか

し，十分焼入れ性の良い Mo 添加鋼などでは，むしろ未再結晶域で圧延していっそうの強靭化効果を得ることもできる．これはオースフォームと呼ばれ，加工で伸張したオーステナイトがマルテンサイト組織に受け継がれるものである[3]．この場合，機械的特性に異方性を有することが多い．

オーステナイト（γ）域より低温になるとフェライト（α）が変態し始める．$\alpha+\gamma$ が混在した二相域での圧延も強靭化に利用されている[20),21)]．この場合，加工フェライトにより，圧延板面に{100}が集積した集合組織が発達し，シャルピー衝撃試験などの破壊試験を行うと，後述するセパレーションという破面が観察される．このセパレーションの発生は，ノッチ底の応力が緩和することで，結果的にエネルギー遷移温度を低温側に移行させ，かつ低温での靭性を向上させる[22)]．また，α 域で加工するとサブグレインが発達した回復中心の組織になり，大ひずみを課すことで 0.5～2 μm の超微細 α が生成することがわかっている[23)]（**図 7.17** 参照）．特に，熱間～温間圧延の場合，ロールと材料の摩擦もある（摩擦係数 0.2～0.35）ため，表層に導入される相当ひずみはせん断ひずみの影響で飛躍的に大きくなる．例えば，50%の 1 パス圧下において，通常相当ひずみは 0.8 となるが，有限要素解析では，摩擦係数 0.3 でも大径ロール

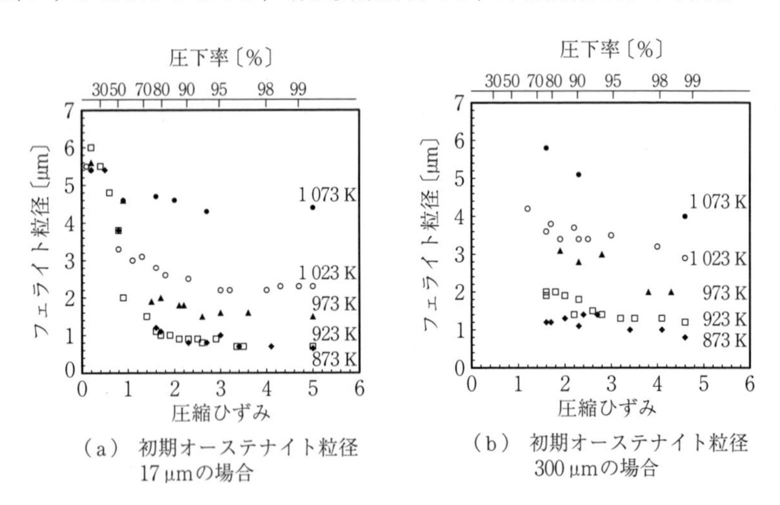

（a） 初期オーステナイト粒径 17 μm の場合

（b） 初期オーステナイト粒径 300 μm の場合

図 7.17　さまざまな加工温度におけるフェライト粒径と圧縮ひずみの関係

によって相当ひずみ4以上を表層に導入できることがわかっている[24].

7.2.7　冷間圧延による組織変化

金属結晶は，特定のすべり面（BCCでは{110}, {112}, {123}など）に沿って特定のすべり方向（同じく〈111〉）へ塑性変形をするので，加工前の多結晶の方位の分布がランダムであっても，冷延後は特定の結晶方位が発達した冷延集合組織が形成される．これには，{110}または{111}がそれぞれ圧延面に平行なものの2系列があり，加工度が高いと後者が強くなる．加工用鋼板では冷延後軟化焼なましを行うが，このとき，再結晶する際に特定の方位が選択されて再結晶集合組織が形成される．加工性に優れた集合組織を発達させるには，まず冷延時に{111}集合組織が発達していることが必要であるため，冷延圧下率は80％前後と高くなるのが普通である．これを焼なましして，{111}またはこれに近い方位の再結晶集合組織を得るためには，また冷延に先立つ熱延工程でのフェライトの細粒化や析出物の制御が重要であることも明らかにされている．詳細は，文献25)～28)を参照されたい．

7.3　圧延工程での材質制御技術

圧延工程で製造される製品は，その形状によって厚板圧延，薄板圧延，棒鋼圧延，線材圧延，形材圧延，管材圧延などに分類される．それぞれの圧延工程ごとに，設備能力，圧延温度，圧延速度などが異なり（図7.12参照），製品の要求性能に応じた材質制御が実現されている．ここでは，特に板圧延に焦点を絞って述べることにする．鋼板は，厚板と薄板に大別できる．厚鋼板は造船用，ラインパイプ用，建築・土木用などの製品があり，おもに強度，靭性（じんせい），溶接特性が求められる．薄鋼板は自動車用が代表的な製品であり，強度，成形性（伸び，絞り），耐衝撃吸収性を高めることに努力が向けられている．

7.3.1 厚板圧延での材質制御

〔1〕 一般的特色と工程

厚板圧延はリバース圧延なので，生産性を無視すれば原則として冷却中の任意の温度での圧延が可能となる．また，広幅化や組織の均一性向上を目的に1回目の圧延後に鋼板を90°回転（幅方向が圧延方向になる）させて圧延するクロス圧延も実施されることもある．かつて圧延後の冷却はオフラインで実施されていたが，生産性や特性および均一性の向上を目的にオンラインとなっている[4)]（図7.4参照）．また，均一かつ高精度な温度管理を目的にホットレベラー（板形状を平坦にすることが目的）後に加熱装置を設けることも実施されている[29)]．

通常の圧延では，各パス間の逐次の静的再結晶によりオーステナイト粒の細粒化が進行するが，得られる粒度はたかだか6～7番（平均粒径でいえば約40 μm）程度である．部分的な未再結晶化は一般に混粒化を招き，靭性を劣化させる．1970年代前半には，材質制御を目的に制御圧延と制御冷却を組み合わせたTMCP（thermo-mechainical control process）が確立され，いまに至っている[4),10),30),31)]．

〔2〕 制御圧延・制御冷却（TMCP）

フェライト（α）結晶粒の微細化による強度向上と低温脆性（ぜいせい）改善を目的に，オーステナイト（γ）の再結晶による微細化あるいは未再結晶域での圧延によって，α変態の核生成サイトを飛躍的に増加させる制御圧延と圧延後の変態温度域をある程度急速に冷却して，$\gamma \rightarrow \alpha$変態を過冷却の状態で生じさせる加速冷却を組み合わせたプロセスである．すなわち，制御圧延は「加工によるγ状態の制御」であり，制御冷却は「冷却によるγからの変態組織の制御」といえる．

これまで，**図7.18**のような種々のプロセスが開発実用化されている．従来，プロセスでは熱間圧延後，オフラインで熱処理されていた．TMCPでは，冷却および加熱装置はオンラインで実施される．TMCP技術の導入により，例えば船体用の鋼板では1960年代に降伏強度240 MPaだったものが，1980年代には

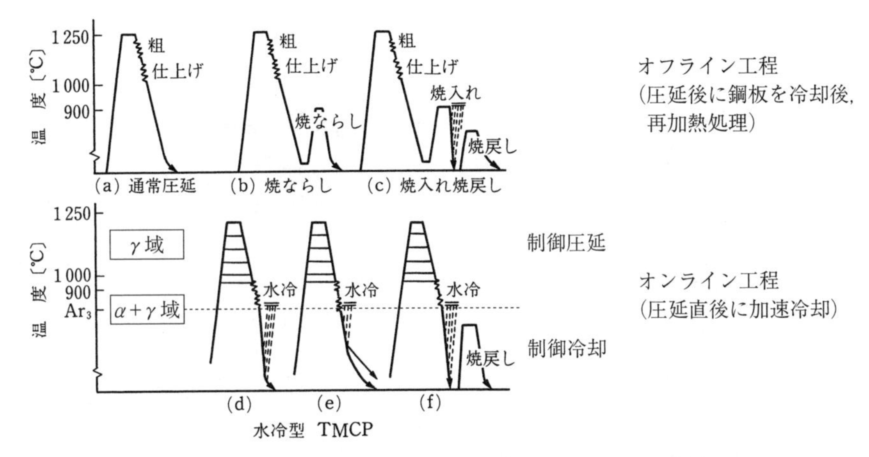

図7.18 従来プロセスとTMCPのプロセスパターンの比較

355 MPa，2010年代には460 MPaに達している．その他，ラインパイプ（650～1 200 MPa），タンク・ペンストック（800～1 000 MPa），海洋構造物（355～550 MPa）などに利用される高強度厚鋼板が製造されている．

〔3〕 必要性能と材質制御

各種厚板製品には，所望の板厚を有し，強度と低温靭性，さらに優れた溶接性が要求される．組織の微細化は延性脆性遷移温度（ductile-brittle transition temperature，DBTT）を低温化（改善）し，同時に強度を向上させることができる唯一の手法であり，鋼の強靭化を図るための基本設計指針といえる．降伏強度（σ_{ys}）およびDBTTは，結晶粒径dの関数として，Hall-Petch型の次式で表される．

$$\sigma_{ys}=\sigma_0+\frac{k_y}{\sqrt{d}} \tag{7.3}$$

$$\mathrm{DBTT}=A-\frac{K}{\sqrt{d}} \tag{7.4}$$

ここで，σ_0, k_y, A, Kは定数である．この式からわかることは，結晶粒の微細化により，降伏強度が上昇するとともにDBTTが低下，すなわち低温靭性が向上する．**図7.19**はその結果を示した一例である[10]．仕上げ圧延温度の低下

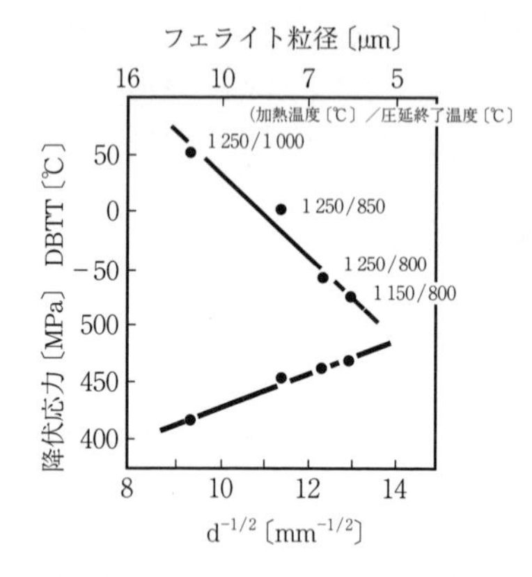

図 7.19　0.14C-1.3Mn-0.03Nb 鋼における圧延温度によるフェライト粒径と降伏強度・DBTT の変化

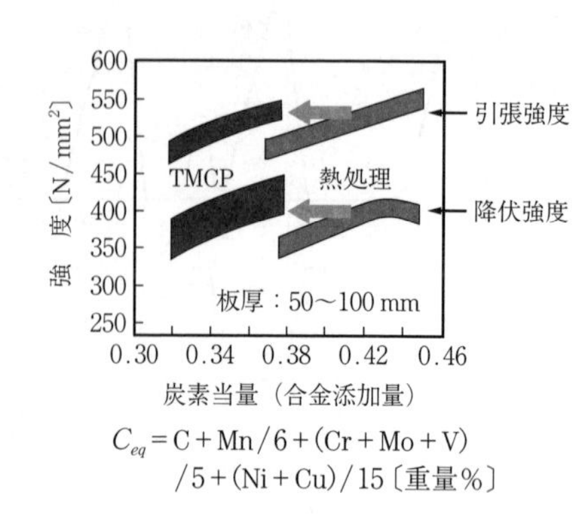

図 7.20　強度と炭素当量の関係における TMCP の効果

に伴い，粒径 d は微細となり，$d^{-1/2}$ に対して σ_{ys} は直線的に上昇し，DBTT は改善する．

また，鋼材の溶接性を示す代表的な指標として，炭素当量（C_{eq}）と溶接割れ感受性指数（P_{CM}）がある．鋼の高強度化を図る上で合金元素の添加は必要であるが，溶接部の低温割れを抑え，予熱温度を低減させるためには，C_{eq} と P_{CM} を低く抑える必要がある．

$$C_{eq}=C+\frac{Mn}{6}+\frac{Si}{24}+\frac{Ni}{40}+\frac{Cr}{5}+\frac{Mo}{4}+\frac{V}{14} \tag{7.5}$$

$$P_{CM}=C+\frac{Si}{30}+\frac{Mn}{20}+\frac{Cu}{20}+\frac{Ni}{60}+\frac{Cr}{20}+\frac{Mo}{15}+\frac{V}{10}+5B \tag{7.6}$$

TMCP により，低 C_{eq}，低 P_{CM} で高強度・高靭性かつ溶接性に優れた高強度鋼板の製造が可能となっている[4),32)]（**図 7.20** 参照）．

7.2 節での圧延温度，ひずみ速度，ひずみ，パス間時間などのプロセスパラメーターによる組織形成からわかるように，鋼板内の組織は時間とともに変化する．当然ながら，加熱炉から取り出された鋼板の温度は，内部より板厚表面部や先端部および後端部で低下し始める．圧延の際にはロール表面との抜熱や圧下における発熱，および $\gamma\rightarrow\alpha$ 変態後の潜熱などがある．また，冷却工程では板表面から冷却される．よって，圧延工程において鋼板温度は必ずしも均一とはいえないことに注意が必要である．その上，大圧下であれば，鋼板に導入されるひずみは，板厚方向に分布を持つため複雑さはより増してくる．よって，何の工夫もしなければ当然鋼板の組織は板厚方向に分布を持ち，材質も板厚表面と中心で異なることになる．これらを回避する取組みとして，冷却技術の性能向上とともに，鋼板の幅および長さ方向の温度を放射温度計など最新の計測機器で測定し，板内部は有限要素解析を通じて予測することでプロセスにフィードバックされている．一方，プロセスパラメーターの板厚分布を逆利用することで，表層に1〜3 μm の微細粒，内部は 10 μm の粒を形成させた，25 mm 厚の造船用鋼板も製造されている[33),34)]（**図 7.21** 参照）．鋼板表層部における結晶粒微細化による靭性向上により，大型船舶の脆性破壊防止に役立てられている．

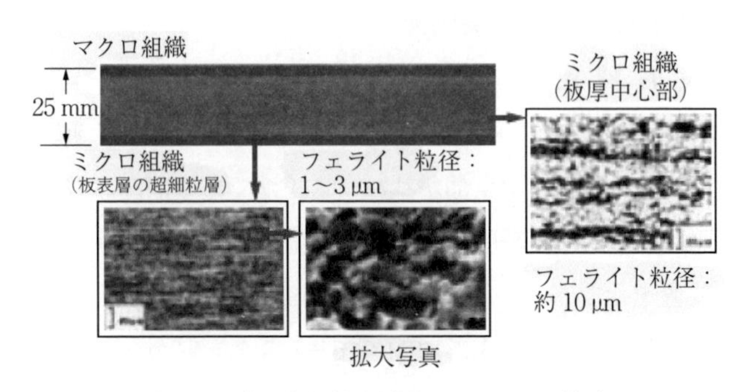

図 7.21　表層微細粒を活用した 25 mm 厚鋼板

$\alpha+\gamma$ 二相域圧延による低温靭性改善も試みられている．圧延後の$\gamma\rightarrow\alpha$変態と異なり，熱間圧延であっても圧延集合組織（加工 α 組織）が発達するため，鋼板の材質は異方性を有することもある．特に，厚板の重要な性能の一つである靭性においては，組織に付随したセパレーション（縦割れ）が現れる[20)〜22)]（**図 7.22** 参照）．この発生は，鋼のへき開面である{100}が板面に平行に集積することやリン（P）などの粒界脆化元素が原因といわれている．セパレーションの発生は，亀裂底の塑性拘束を緩和させるため，DBTT を低温側に移行

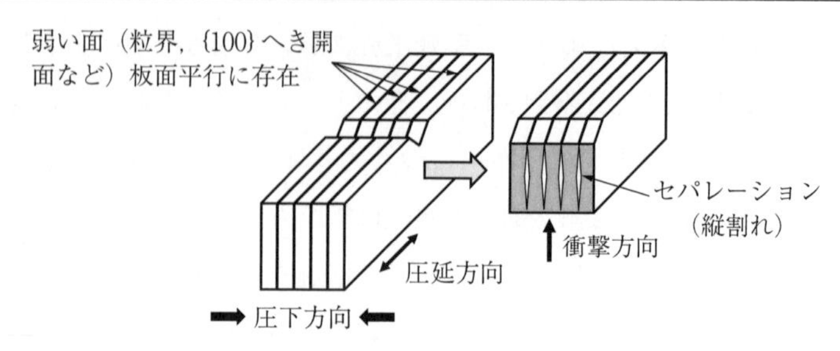

図 7.22　シャルピー衝撃試験後の破面に観察されるセパレーション

し，かつ低温での吸収エネルギーを向上させる．当然，板厚方向に温度やひずみの分布があれば，セパレーション発生の頻度も板厚方向で変わるため，靭性も板厚の場所で異なることになる．厚鋼板における材質制御は，板厚方向の組織制御といえる[35]．

7.3.2　熱間薄板圧延での材質制御

〔1〕　一 般 的 特 色

図 7.23 に熱間薄板圧延工程の一例を示す．熱間圧延の粗圧延は完全な連続圧延は少なく，一部あるいは全部がリバース圧延であるが，おもに材質に寄与する仕上げ圧延は完全な連続圧延である．一般的に，このように連続して薄板を製造する装置をホットストリップミル（HSM）と呼び，製造されるコイル状のものをホットコイルと呼ぶ．HSM の 6〜7 スタンドからなる仕上げ最終段の圧延速度は，1960 年代から 2 倍となり，いまや時速 100 km を超えている[36),37)]．仕上げ圧延後の加速冷却によって材質制御されることは厚板圧延の TMCP 技術と同じである．ただし，厚板圧延に比較し，全圧下率が大きいため

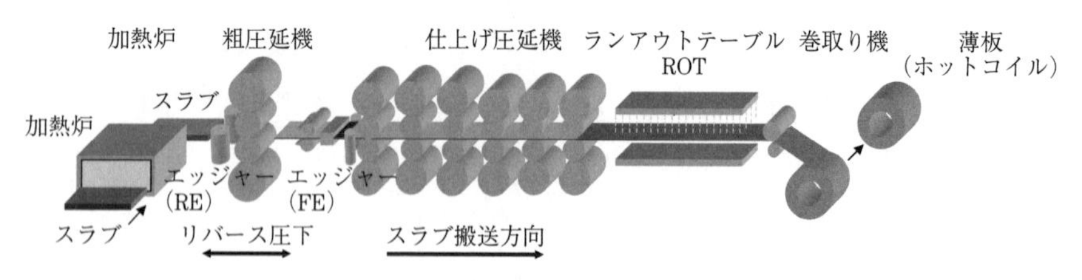

図 7.23　熱間薄板圧延工程の一例

オーステナイト粒は細かくかつへん平にでき，かつ冷却速度も板厚方向に均一かつ速くしやすいため，均一組織でかつフェライト粒度も通常10～11番程度（平均粒径でいえば約10 μm）までの細粒が得られる．

生産量のきわめて大きい熱間薄板圧延ミルでは，圧延条件は生産性（クラウンや形状制御，低圧延荷重）を重視して決められるため，材質制御の観点から変更できるプロセスパラメーターは少ない．熱間薄板圧延で比較的自由に制御できる材質制御手段は温度であり，仕上げ温度（finisher delivery temperature, FDT）と巻取り温度（coiling temperature, CT）を合金組成ごとに変化させることで材質の制御が行われている．鋼板は圧延後ランナウトテーブル（ROT）で水冷されるが，テーブル長さ短縮と材質制御の観点から冷却はますます強化されている．冷却後コイラーで巻き取られ徐冷されるが，この際，巻取り温度が高いと（普通600～650℃ 以上）ストリップの先端部（top）と後端部（bottom）は相対的に冷却速度が速く，材質ばらつきの原因となる．これに対しては，冷却水量の時間的な調節を行うなどの対策もとられている．低炭素鋼の熱間薄板圧延における仕上げ温度，巻取り温度とミクロ組織の関係を**図7.24**に模式的に示す[38]．変態温度 A_{e3} 以上のオーステナイト域で圧延加工を行

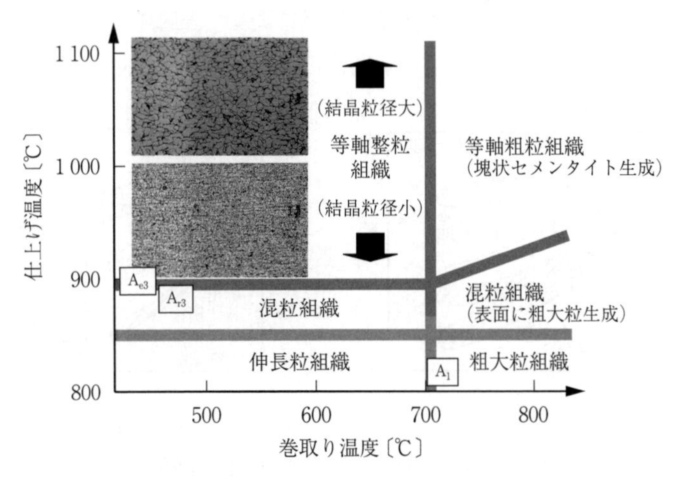

図7.24　低炭素鋼の熱間薄板圧延における仕上げ温度，巻取り温度とミクロ組織

い，A_1 変態点 723 ℃以下（共析線以下）で巻き取れば等軸整粒組織を得ることができる．その場合において，FDT が低いほど，圧延速度が速いほど，累積圧下量が大きいほど，フェライト粒径は微細となる．FDT が A_{r3} 以下では，フェライトとオーステナイト二相域での圧延加工組織からの変態になるため，伸長フェライトと等軸フェライトの混粒組織となる．CT が A_1 変態温度以上の場合には，巻取り後の冷却速度が遅くなるため，粒成長が促進されるので，粗大粒組織となる．

〔2〕 熱延鋼板の制御圧延・制御冷却

厚板の制御圧延材と同様の成分で制御圧延が行われているが，圧延技術上の制約のため厚板ほど低い圧延温度をとることはできないので，オーステナイトはかなり再結晶していると考えられる．しかし，全ひずみが大きいためかなりの細粒化が期待できる．一般的には，実用的な熱延鋼板では 5 μm 以上の粒径となっている．より細粒化されたものとして，仕上げ圧延機の後段での異径片駆動ロールによる大圧下と各スタンド間に設置された冷却装置による強冷却により，2～5 μm の微細フェライト粒径を実現した高強度熱延鋼板が製造されている[39]．また，さらなる大圧下（仕上げ 3 段で 1 パス 40％以上）とパス間時間の短縮を図ったラボレベルの多段圧延機により，表層で 1 μm のフェライト粒径を達成した薄板も試作されている[14]．さらに粒径は，Nb 添加によってよ

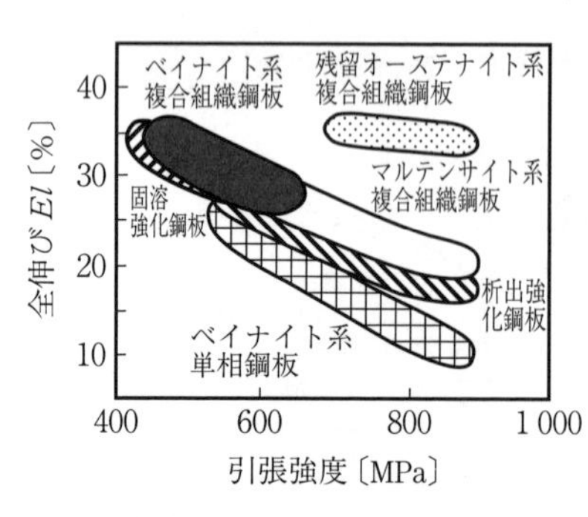

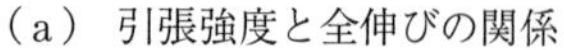
（a） 引張強度と全伸びの関係

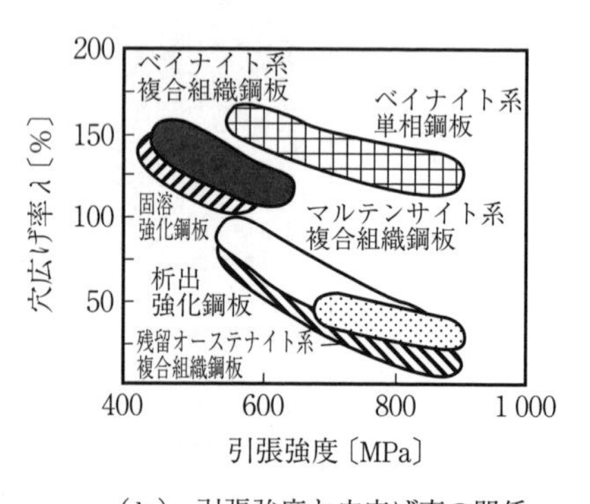

（b） 引張強度と穴広げ率の関係

図 7.25　各種熱間圧延鋼板における引張強度と全伸び，穴広げ率の関係

り微細になることも示されている．

冷却能力が強化されたため，低温巻取りなどの冷却プロセスを工夫した各種の高強度熱延鋼板が製造されている[40]（**図 7.25** 参照）．代表的なものは，フェライトマルテンサイトの二相高強度鋼（dual phase 鋼）である．この鋼には種々のバリエーションがあるが，基本的考え方は**図 7.26** のようにフェライト変態後パーライト変態域を急冷し，5〜20%のマルテンサイト組織を得るものである[41]．図 7.25 (a) に示したように，DP 鋼は同じ強度でほかの高張力鋼に比べて降伏点が低く，伸びが優れる（低降伏比）ので，自動車のホイールのようなかなりの成形加工を行う部材に用いられている．DP 鋼板よりもさらに高い伸びを示す鋼板が残留オーステナイト鋼板と呼ばれるものである．これは，フェライト変態とそれに引き続くベイナイト変態（400 ℃付近）によってオーステナイト中への炭素濃度上昇を図り，冷却後，数%〜数十%のオーステナイトを意図的に残留させた鋼板である．金属組織としては，フェライト，ベイナイト，残留オーステナイトである．残留オーステナイトが，プレスなどの成形過程で硬質のマルテンサイトに変態する（TRIP（transformationiInduced plasticity）効果）ことによって強度向上とともに高い均一伸びを達成している（図 7.25 (a) 参照）．ただし，均一伸び後，変態した硬質なマルテンサイトが破壊の起点になりやすいため，局所伸びに相当する穴広げ率が良くないという欠点もある（図 7.25 (b) 参照）．

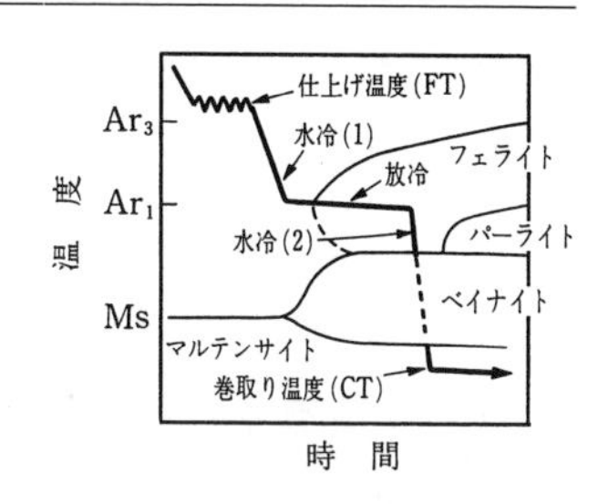

図 7.26　二相高張力鋼の代表的な冷却パターン（細線は連続冷却変態線図（CCT）を示す）

〔3〕　冷延鋼板用素材の熱延工程での組織制御

次工程でのコイルの処理の都合やスケール減少などの目的では変形抵抗が許すかぎり低温仕上げ，低温巻取りが望ましいが，最終製品の加工性などを制御するためには熱延条件をある範囲内に制御する必要がある．図 7.24 に示したように，加工用冷延薄板の熱延組織は等軸整粒フェライトで細粒が望ましく，好ましい条件は変態点直上での仕上げ圧延と加速冷却後の低温巻取りである．

連続焼なましを前提にした場合には熱延工程の役割が変わってくる．最も広く用いられるAlキルド鋼では，次項で述べるように従来焼なまし過程で行っていたAlNの析出制御ができないので，熱延工程でAlNを十分に析出させるために高温巻取りを行っている[42]．

〔4〕 冷延焼なまし工程での材質制御

前述の加工性に対する最適圧下率のほかに，最適の1パス当りの圧下率が存在することや，小径ロールは不利であることなどが明らかにされているが，これは板厚方向のせん断ひずみの寄与が影響している．

従来の箱形のバッチ式焼なまし炉では最適焼なまし条件がよく研究されており，特にAlキルド鋼の加工性（r値）に最適加熱速度があることがわかっているが，これは再結晶初期に微細AlNが析出し，{111}集合組織を発達させるためと説明されている．**図7.27**は，各種冷延高強度鋼板の引張強度と加工性の関係を示したものである[26]．組織設計思想は，高強度熱延鋼板と同じと考えてよい．

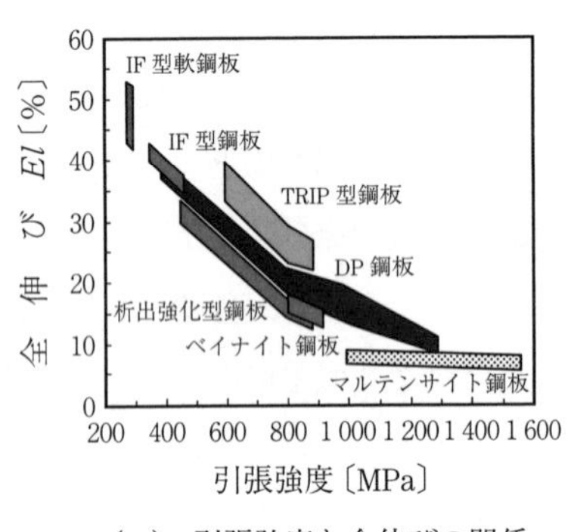

（a） 引張強度と全伸びの関係

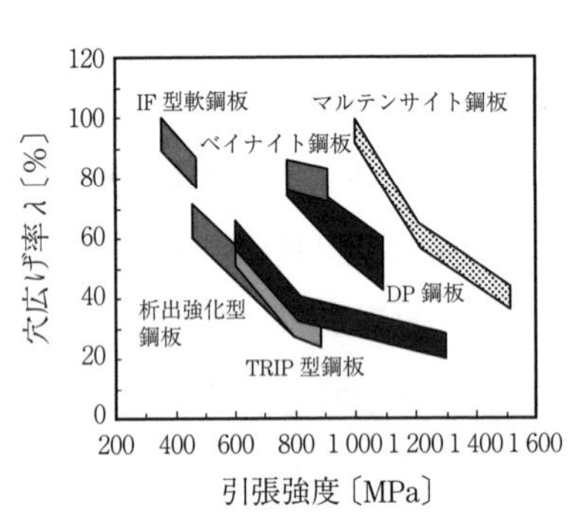

（b） 引張強度と穴広げ率の関係

図7.27 各種冷延高強度鋼板における引張強度と全伸び，穴広げ率の関係

7.4　材質制御の今後の方向

材質制御における基本は内部の微視組織を把握することにある．そのためには，まずは組織とプロセスパラメーターの定量的関係を知ることが必要であ

る．その後は，具体的な圧延プロセスで形成される内部組織やその分布を把握し，素材そのものの特性を知ることが求められる．どのような圧延プロセス（加熱温度，加工温度，ひずみ，ひずみ速度，パス間時間，冷却速度など）でどのような組織が形成され，その結果どのような材質となるかを予測する技術が今以上に求められるはずである．

材質を向上させる微視組織の理想像は単相から複相となっており，これに付随して，プロセスも制御圧延と加速冷却，さらにはその後の熱処理と，工程はより複雑となっている．一方，二酸化炭素量削減など地球全体の問題として，資源・エネルギー削減に配慮した省エネプロセスがよりいっそう求められている[43)~45)]．このような背景から，1980年代末に連続鋳造と熱延ミル（HSM）を直結したプロセス（「熱延ミニミル」といわれている）が一部で実用化されている．連鋳と熱延を直結することで，省エネ，省コストに優れたプロセスとして，2000年以降，新興国を中心に導入されている．この場合，連鋳スラブを再加熱する必要がないため，材質制御において，ほぼ完全に固溶した合金元素を微細析出物として使える利点がある．ミニミルで製造された鋼板は，累積圧下率が小さいため，従来プロセスに比べ組織制御が困難であるということや表面性状の問題などから，かつては建設用鋼板，波形鋼などの低級鋼に使用されているだけであった．しかし，その後は自動車，電気製品などの高級鋼にも展開され始めている．時代とともに圧延プロセスは変化し，材質制御の手段も変化することに注意が必要である．特に，わが国のような先進国では，従来の延長線上にない簡潔な製造プロセス実現[46)]に向けた材質制御技術がいま以上に必要になるだろう．ただし，省エネ・省コスト製造プロセスと変化しても，材質特性への要求はより高くなることに変わりはない．実験と数値解析を活用した予測技術を発展させることで，強度-延性（成形性），強度-靭性バランスなど，高強度化で低下する材質特性を飛躍的に向上できる圧延プロセスを迅速かつ的確に提示し，具現化できることが期待される．

引用・参考文献

1) 平川賢爾・大谷泰夫・遠藤正浩・坂本東男：機械材料学，基礎機械工学シリーズ 2，(1999)，107，朝倉書店.
2) 牧正志：鉄鋼の組織制御，(2015)，p.7，内田老鶴圃.
3) 日本塑性加工学会編：塑性加工便覧，(2015)，61-67，コロナ社.
4) 植森龍治・藤岡政昭・井上健裕・皆川昌紀・白幡浩幸・野瀬哲郎：海運や建設現場を支える鋼材（造船・建産機分野），新日鉄技報，**391**（2011），37-47.
5) 矢田浩・瀬沼武秀：塑性と加工，**27**-300（1986），34-44.
6) Immarigeon, J.P.：Acta Metall，**22**-10（1974），1235-1247.
7) 徐洲・酒井拓：鉄と鋼，**77**-3（1991），462-469.
8) Nakamura, T. & Ueki, M.：Trans. ISIJ，**15**-4（1975），185-193.
9) Salvatori, I., Inoue, T. & Nagai, K.：ISIJ Int.，**42**-7（2002），744-750.
10) 小指軍夫：制御圧延・制御冷却，(1997)，地人書館.
11) Kozasu, I., Ouchi, C., Sanpei, T. & Okita, T.：Micro Alloying，**75**（1977），120-135.
12) 美坂佳助・吉本友吉：塑性と加工，**8**-79（1967），414-422.
13) Yanagida, A., Ikeda, M., Komine, H. & Yanagimoto, J.：ISIJ int.，**52**-4（2012），574-581.
14) Inoue, T., Torizuka, S. & Nagai, K.：Mater. Sci. and Technol.，**17**（2001），1329-1338.
15) 木内学・佐々木保・小豆島明・柳本潤・難波茂信：塑性と加工，**50**-576（2009），18-25.
16) 矢田浩：塑性と加工，**28**-316（1987），413-422.
17) 例えば，日本金属学会編：金属データブック，(1983)，151，丸善.
18) 赤松聡・村松義一・瀬沼武秀・矢田浩・石川信二：鉄と鋼，**75**-6（1989），933-940.
19) 西沢泰二：鉄と鋼，**70**-15（1984），1984-1992.
20) 松田昭一・川島善樹果・関口昭一・岡本正幸：鉄と鋼，**68**-3（1982），435-443.
21) 福田実・国重和俊・杉沢精一：鉄と鋼，**64**-6（1978），740-748.
22) Inoue, T., Yin, F., Kimura, Y. & Tsuzaki, K.：Metall. Mater. Trans.，**41A**（2010），341-355.

23) 鳥塚史郎・長井寿・佐藤彰：塑性と加工，**42**-483（2001），287-292.
24) David, M. Ed.：Finite Element Analysis,（2010），589-610，SCIYO.
25) 古林英一・北田正弘・堂山昌男・小川恵：再結晶と材料組織，（2000），内田老鶴圃.
26) 占部俊明・細谷佳宏：塑性と加工，**46**-534（2005），560-564.
27) 阿部光延：薄鋼板製造技術，（2000），日本鉄鋼協会.
28) 長嶋晋一編著：集合組織，（1983），丸善.
29) 遠藤茂・中田直樹：JFE 技報，No.33,（2014），1-6.
30) 藤林晃夫・小俣一夫：JFE スチールの厚板製造プロセスと商品展開，JFE 技報，No.5,（2004），8.
31) 染谷良：当社厚鋼板製造技術と製品開発について，住友金属技術誌，**50**-1（1998），22.
32) Nishioka, K. & Ichikawa, K.：Sci. Technol. Adv. Mater., **13**（2012），023001(20pp).
33) 石川忠・萩原行人・吉川宏・野見山裕治・間渕秀里：溶接学会論文集，**15**-1（1997），148-154.
34) NIPPON STEEL MONTHLY，**33**（2007）.
35) 西村公宏・竹内佳子：鉄と鋼，**100**-9（2014），1097-1103.
36) ふぇらむ，鉄鋼生産技術年表，**19**-1（2014），66-79.
37) 日本学術振興会 将来加工技術第 136 委員会編：ハイテク五十年史に学ぶ将来加工技術，（2019）386-397，日本工業出版.
38) 松津伸彦・小山一夫・川崎宏一・加藤弘・後藤和芳・末木裕治：鉄と鋼，**69**-13（1983），S1461.
39) 倉橋隆郎・竹士伊知郎・高橋昌範・高岡真司：塑性と加工，**44**-505（2003），106-111.
40) 十代田哲夫：塑性と加工，**46**-534（2005），570-573.
41) 武智弘：鉄と鋼，**68**-9（1982），1244-1255.
42) 松藤和雄：熱処理，**25**-4（1985），180-184.
43) 梅澤修：ふぇらむ，**7**-7（2002），545-554.
44) 井上忠信・長井寿：材料，**52**-9（2003），1107-1115.
45) 林寛・古元秀昭：塑性と加工，**44**-508（2003），496-500.
46) 矢田浩：ふぇらむ，**1**-3（1996），185-190.

8 板圧延

塑性加工プロセスに求められる機能としては，創形（形を造る）と創質（材質を造る）に大別されるが，これらは製造過程において独立ではなく，例えば，材質を造るための諸条件であるひずみやひずみ速度，温度，合金成分などにより圧延時の荷重が変化し，この荷重の変化に対応して圧延機の剛性や圧延ロールのたわみなどの変形に起因する板厚や板形状（板クラウン，板平坦度）といった形の変化が発生するなど，相互に強く連関しており，製造プロセスではこれらの両方の要求を満足する製造技術が必要である．

圧延における板変形への諸条件の影響理論や圧延機の特徴，材質制御に関しては他章を参照いただくこととし，本章では板圧延における創形の視点から，板厚，板クラウンおよび平坦度，板幅を対象に，製造プロセスにおける板形状の制御技術について説明する．

8.1 板厚制御

自動板厚制御（AGC：automatic gauge control）を考える場合，例えば，圧下ねじを何ミリ閉じ込めば何トン荷重が増えるかというような，① プロセスの性質（制御上ではゲインに相当）という面，いかに ② 計測するかという面，いかに信号を処理してうまく動かすかという ③ 制御理論の面，どうやってプロセスに作用させるかという ④ アクチュエーターの面，という四つの面がある．特に後者三つでは速さとか応答性とかの時間的面を追求するので，少し性格が異なっており，プロセスの知見と，時間領域の応答性，の両者に対する洞察力を持っておく必要がある．

このうち，制御理論の純理論的な応用は専門書に譲り，ここでは，種々の応用の基礎となる基本的な事項について説明する.

これから述べる項目は多岐にわたり，各項目間の大小関係がつかみにくいが，実際の応用では，対象となる設備，周囲の環境（例えば圧下が油圧であるとか，板厚計が設置されているとか，圧延機が新しいとか）により種々の変化に富んだ選択肢があり，板厚を制御する場合の最も効果的な手段についても，千差万別である．そのため，なるべく各項目別に，どの程度影響力があるかということを説明することで，その判断のための助けとしていただきたい.

なお，板厚制御の考え方は1スタンドの圧延機単体，それを複数組み合わせたタンデムミル，熱間圧延，冷間圧延などによって異なってくるので，つぎに示すような整理をしておく.

タンデムミルの場合，圧延機の間に板がつながっているため，張力の影響と，上流圧延機の出側板厚が，下流圧延機の入側板厚になるので，中間圧延機を操作したときの最終出側への影響は圧延機単体の性質と大幅に異なる．また，冷間圧延と熱間圧延でも様子が異なる．そのため，このような分け方を念頭に置いて説明を進めていく.

8.1.1 圧延機単体で板厚を変化させる原理

板厚を（制御のために）変化させる原理を考える．これは逆に，外乱により板厚が目標値から逸脱してしまう場合にもあてはまる原理である.

圧延機は弾性体としてのつぎの関係式（ゲージメーター式）

$$\text{板厚} = (\text{圧延荷重による圧延機の変形}^{\dagger}) + \text{ロール設定位置} \tag{8.1}$$

が成り立つので，板厚を変えるためには，

(1) ロール設定位置（圧下ねじまたは油圧シリンダー位置）

(2) 圧延荷重を変える

という2通りの方法がある.

なお，ここで圧延機の変形は剛性によって評価されるが，板厚に及ぼす圧延

† ミルストレッチと呼ぶ.

機の剛性の影響については4.2節に記述されているので参照されたい.

〔1〕 **ロール設定位置による板厚制御**

ロール設定位置の影響度は，例えば1 mm狭めると1 mm板厚が薄くなるわけではなく，必ず1 mm以下になる．というのは，それに伴い圧延荷重が増え効果を減少させてしまうからである．**図8.1**で説明すると，まず，素材の入側板厚をh_0（A点），ロール間隙をS_0（C点）としたときの出側板厚を求める問題を考える，曲線ABは材料側の変形を示す塑性曲線と呼ばれ，出側板厚hまで圧下したときの圧延荷重Pを表している．曲線CDは，圧延機側の変形を示すミルストレッチ曲線と呼ばれ，ゲージメーター式(8.1)の関係を満たす出側板厚と荷重の関係を表している．両者の荷重は等しくないといけないので，二つの曲線の交点Gが求める板厚h_1である．さてここで，ロール間隙をΔS締めたとき，板厚変化Δhはいくらになるか，曲線CDは曲線EFに移動し，交点はGからIに変わる．図の三角形IJGの点Kは線分JGを$1/K:1/M$（Mは線分GIの傾き，Kは線分JIの傾き）に内分する点であるので，Δh_1（線分KG）は，式(8.2)となり，$K/(K+M)$が影響度である．

$$\Delta h_1=\frac{\Delta S(1/M)}{1/K+1/M}=\frac{K}{K+M}\Delta S \tag{8.2}$$

ここで，K：ミル剛性，M：塑性係数である．

図解による方法のみでは以降の説明に限度があるため，式上で同じことを導

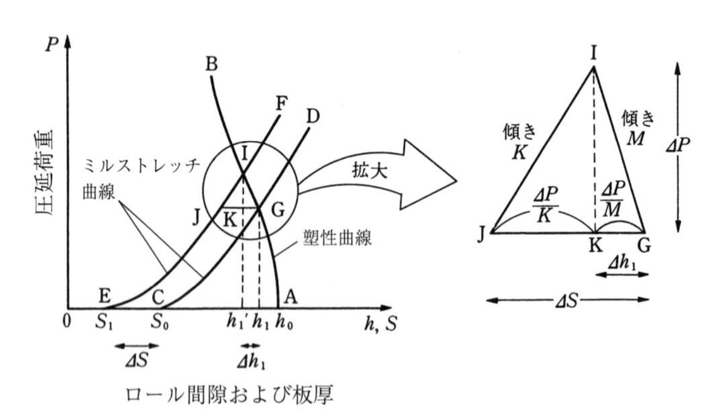

図8.1　ロール間隙変化時の板厚変化量の求め方

くと，微小変化のみを考え，線形近似してゲージメーター式は式(8.3)，圧延荷重式は式(8.4)になる．

$$\Delta h_1 = \frac{\Delta P}{K} + \Delta S \tag{8.3}$$

$$\Delta P = \frac{dP}{dh_0}\Delta h_0 + \frac{dP}{dh_1}\Delta h_1 + \frac{dP}{dT_f}\Delta T_f + \frac{dP}{dT_b}\Delta T_b + \frac{dP}{dk_f}\Delta k_f \tag{8.4}$$

ただし，P：圧延荷重，T_f：前方張力，h_0：入側板厚，T_b：後方張力，K：ミル定数，h_1：出側板厚，k_f：変形抵抗，S：ロール設定位置，dP/dx：荷重に対する変数zの偏微分係数である．

式(8.4)で$M=-dP/dh_1$と定義し，Δh_1以外は0とすれば

$$\Delta P = -M\Delta h_1 \tag{8.5}$$

となり，式(8.3)と式(8.5)を解くと前式(8.2)と同じ結果になる．

具体的数値として，例えば，$K=8.0$ MN/mm，$B=1\,000$ mm，圧下力関数としてSimsの式，変形抵抗として美坂の式を用いて計算すると，**表8.1**のようになる．

表8.1　板厚変化に対するロール間隙変化の影響度$K/(K+M)$の算出例

	h_0〔mm〕	h_1〔mm〕	温度〔℃〕	$M=dP/dh_1$〔MN/m〕	$\frac{K}{K+M}$
ケース1	30	20	1 100	1.12	0.82
ケース2	3	2.4	900	15.57	0.24

板厚が薄い場合や素材温度が低く変形抵抗が高い場合には，ロール間隙が板厚に及ぼす影響度$K/(K+M)$は小さくなる．なお，ロール設定位置のみならず，外乱として次項で述べるようにロール偏心，油膜厚変化も同じ効果を及ぼす．

〔2〕 圧延荷量を変化させることによる板厚制御

圧延荷重を変化させるためには，おもに張力を変えることが行われる．式上では

$$\Delta h_1 = \frac{\Delta P}{K} = \frac{(dP/dT_b)\Delta T_b + (dP/dT_f)\Delta T_f}{K} \tag{8.6}$$

であり，通常，後方張力の影響度の方が前方張力より大きい（通常2倍程度）

ため，おもに後方張力が板厚制御に用いられる．ただし，張力そのものを操作量として用いることはできないで，ロール速度により間接的に操作する．

8.1.2　タンデムミルの板厚制御原理

〔1〕 冷延タンデムミルの板厚制御原理

冷間圧延のタンデムミルでは張力の影響が入るため様子が変わってくる．例えば，**図 8.2**(a)のとおり2スタンドの場合で速度は一定にしているとする．ここで出側板厚を制御する手段として，一見，出側Bスタンドのロール間隙を変えるのも一つの方法と考えがちであるが，正しくない．というのは，ロール間隙を変えても，Bスタンド出側の板厚変化は少なく，効果はほとんど期待できない．この現象を，Bスタンドにおけるミルストレッチ曲線と塑性曲線の変化を示す図 8.2(b)を用いて説明すると，つぎのようになる．

(1)　Bスタンドのロール間隙を瞬間に狭める（$S_0 \to S_1$）．

(2)　式(8.2)に従って板厚は薄くなり（$h_1 \to h_1'$），圧延荷重は増加する（$P_1 \to P_1'$）．

(3)　Bの出側板速度はほとんど変わらない（先進率の変化量が小さい）ため，Bから出ていく板のマスフロー（単位幅当り，板厚×速度）は少なくなり，入ってくるマスフローも少なくなければならず，すなわち入側

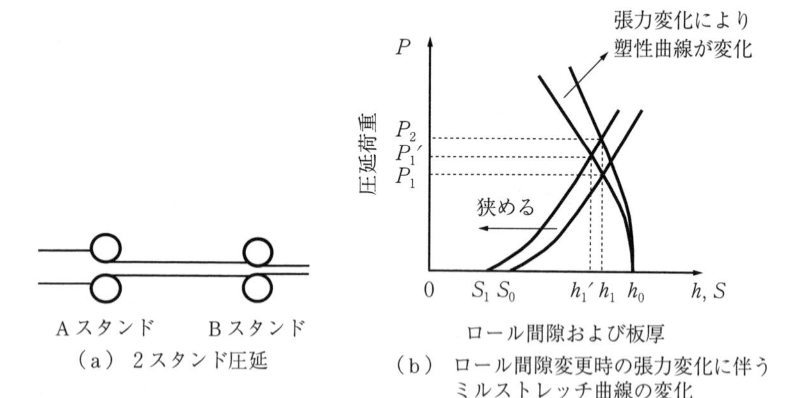

(a) 2スタンド圧延

(b) ロール間隙変更時の張力変化に伴うミルストレッチ曲線の変化

図 8.2　張力変化時の板厚の決まり方

板速度は遅くなる．

(4)　A-B 間の素材の停留を引き起こし，張力が急速に下がる．

(5)　B にとって後方張力が下がるため，見掛けの塑性曲線が変化し，圧延荷重が急増する（$P_1' \to P_2$）．

(6)　圧延荷重が増加するとミルストレッチが増加し，板厚が厚くなる（$h_1' \to h_1$）．この動きは，(2) を打ち消す作用であり，最終的に張力は低い所で落ち着き，最終出側板厚はほとんど変わらない（系の応答性は数 ms のオーダーであるので，現実的には，(1) でロール間隙を狭めても，系の応答速度の方が数段早いので，(2) の状態は起こらない）．

ということで，ロール間隙を変えても板厚はほとんど変わらず，荷重と後方張力が変わるだけである（逆に，ロール間隙は後方張力を制御する目的に使われ得る）．

（a）　マスフローによる考え方　　そうすると，このようなミルでは何を制御として使えるか．それを簡単にある程度の精度で考える方法として，素材のマスフロー（単位幅当り，板厚×速度）による考え方がある．定常状態では，各スタンドのマスフローは入側第 1 スタンドのマスフローと同一になるので，各スタンド出側板厚は (第 1 スタンドのマスフロー)/(各スタンド出側板速度) で決まる．ここで，第一次近似として先進率の影響は少ないと仮定でき†，最終出側板厚は (第 1 スタンドのマスフロー)/(最終スタンドロール速度) で決まる．それゆえ最終出側板厚を変えるには，つぎのものが効果的である．

(1)　マスフローそのものを変化させる．

・第 1 スタンドの出側の板厚（ロール間隙または後方張力による）を変える．

・第 1 スタンドのロール速度を変える．

(2)　マスフローは一定のままで，最終スタンドロール速度を変える．

† 通常，後方張力による板厚変化率と先進率変化の比 $=(dP/dT_b/(K+M)/h)/(df/dT_b)$ は 3 ～ 4：1 程度である．ただし，あらゆる場合に成立するわけでないので，計算して確認する必要がある．

(2)について，現象を図8.2で説明すると，例えばBの速度を増やすとA, B間の張力が増え，AおよびBの荷重が下がり，板厚が薄くなる.

これらのことは，スタンド数が3，4と増えていってもあてはまる.

(b) 影響係数法　さて，より厳密に解析しようとすると，前述Bの速度を変えたとき，Aの荷重が下がり，Bの入側板厚が薄くなり，Bの板厚が薄くなる作用も同時に起こり，さらにAの上流にミルがあるタンデムミルではAの入側の張力が変わり，Aに上流の全スタンドからの影響も考慮しないといけない．これら多変数の相互影響関係を厳密に定量的に解析するには，ミル全体のダイナミックシミュレーションによるしかない．ただし，全体を見渡す方法として，定常状態の微小変化を対象とし，全体を連立方程式にして数値的に解析する影響係数法が参考になる[1),2)]．例えば，最終スタンドロール速度を1%変えると各スタンドの板厚，荷重，張力が何%変わるかを計算できる．この導き方を上記2スタンドの例に従って説明する.

基本関係式として，次式が成り立つ.

(1)　ゲージメーター $h_i\,(i=1,2)$

$$\varDelta h_1-\varDelta S_1-\frac{\varDelta P_1}{K}=0$$

$$\varDelta h_2-\varDelta S_2-\frac{\varDelta P_2}{K}=0$$

(2)　荷重 $P_i\,(i=1,2)$

$$\varDelta P_1-\left(\frac{dP}{dh_1}\right)_1\varDelta h_1-\left(\frac{dP}{dT_f}\right)_1\varDelta T=0$$

$$\varDelta P_2-\left(\frac{dP}{dh_1}\right)_2\varDelta h_2-\left(\frac{dP}{dT_b}\right)_2\varDelta T-\left(\frac{dP}{dh_0}\right)_2\varDelta h_1=0$$

$(\varDelta T=\varDelta Tf_1=\varDelta Tb_2)$

(3)　速度 $v_i\,(i=1,2)$

$$\varDelta v_1-\varDelta f_1 V_{R1}-(1+f_1)\varDelta V_{R1}=0$$

$$\varDelta v_2-\varDelta f_2 V_{R2}-(1+f_2)\varDelta V_{R2}=0$$

ここで，V_R：ロール速度である.

(4) 先進率 $f_i\,(i=1,2)$

$$\Delta f_1-\left(\frac{df}{dh_1}\right)_1\Delta h_1-\left(\frac{df}{dT_f}\right)_1\Delta T=0$$

$$\Delta f_2-\left(\frac{df}{dh_1}\right)_2\Delta h_2-\left(\frac{df}{dT_b}\right)_2\Delta T-\left(\frac{df}{dh_0}\right)_2\Delta h_1=0$$

(5) 体積フロー $h_i v_i\,(i=1,2)$

$$\frac{\Delta h_1}{h_1}+\frac{\Delta v_1}{v_1}-\frac{\Delta h_2}{h_2}-\frac{\Delta v_2}{v_2}=0$$

変数の数は13個，式の数は9個であるので，4個の変数を決め，それを右辺に移動すれば9個の変数，9個の式になり，一次方程式の解が決まる．4個の変数として，ΔS_1，ΔS_2，ΔV_{R1}，ΔV_{R2} を選ぶと，マトリックス表示で上記を，つぎのように整理し直すことができ

$$\underset{A\ (9\times 9)}{\begin{bmatrix} 1 & 0 & -1/K & 0 & \cdots \\ 0 & 1 & 0 & -1/K & \cdots \\ dP/dh_1 & 0 & 1 & 0 & \cdots \\ dP/dh_0 & -dP/dh_1 & 0 & 1 & \cdots \\ \vdots & \vdots & \vdots & \vdots & \cdot \\ \vdots & \vdots & \vdots & \vdots & \cdot \end{bmatrix}}\underset{X}{\begin{bmatrix} \Delta h_1 \\ \Delta h_2 \\ \Delta P_1 \\ \Delta P_2 \\ \vdots \\ \Delta T \end{bmatrix}}=\underset{b_1}{\begin{bmatrix} 1 \\ 0 \\ 0 \\ 0 \\ \vdots \\ 0 \end{bmatrix}}\Delta S_1+\underset{b_2}{\begin{bmatrix} 0 \\ 1 \\ 0 \\ 0 \\ \vdots \\ 0 \end{bmatrix}}\Delta S_2$$

$$+\underset{b_3}{\begin{bmatrix} 0 \\ 0 \\ 0 \\ 0 \\ 1 \\ \vdots \\ 0 \end{bmatrix}}\Delta V_{R1}+\underset{b_4}{\begin{bmatrix} 0 \\ 0 \\ 0 \\ 0 \\ \vdots \\ 1 \\ \vdots \\ 0 \end{bmatrix}}\Delta V_{R2} \tag{8.7}$$

$$\therefore\quad X=A^{-1}(b_1\Delta S_1+b_2\Delta S_2+b_3\Delta V_{R1}+b_4\Delta V_{R2}) \tag{8.8}$$

例えば，$\Delta h_1=(A^{-1}$ の第1行$)b_1\cdot\Delta S_1+(A^{-1}$ の第1行$)b_2\cdot\Delta S_2$ 等々で右辺に移動した変数 ΔS，ΔV_R の影響度合いを求めることができる．

計算例として3スタンドミルの場合を**図8.3**に示す．図の傾向は前述マスフ

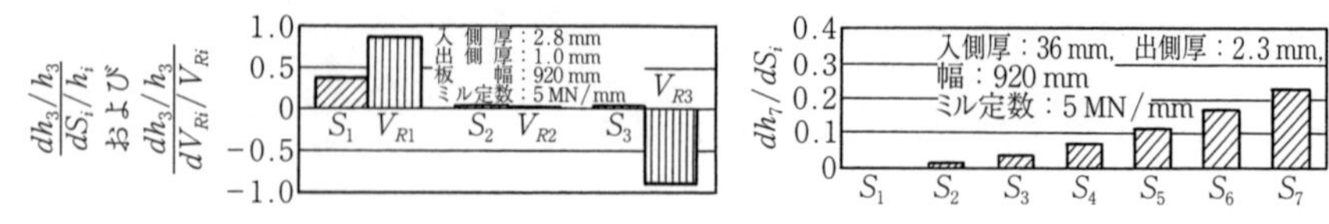

図 8.3　冷延影響係数例（3スタンドの場合）（S または V_R を 1%変えたとき出側板厚が何%変わるかを表す）

図 8.4　熱延タンデムミルの影響係数例

ローの考え方と一致している.

なお，張力が一定となるよう制御を行っている場合は，このようなロール間隙と後方張力のつながりが切れ，スタンドごとの独立した制御となる（8.1.2 項〔2〕と同じ扱い）.

〔2〕 熱延タンデムミルの板厚制御原理

熱間圧延の場合，張力は一定となるように速度制御されているので，操作できるのはロール間隙のみで，各スタンドのロール間隙操作量 ΔS と出側板厚偏差 Δh との影響度は

$$
\begin{aligned}
\Delta h_1 &= \frac{K_1}{K_1+M_1}\Delta S_1 \\
\Delta h_2 &= \frac{K_2}{K_2+M_2}\Delta S_2 + \frac{dP/dh_0}{K_2+M_2}\Delta h_1 \\
&\ \ \vdots \qquad\qquad\qquad \vdots \\
\Delta h_i &= \frac{K_i}{K_i+M_i}\Delta S_i + \frac{dP/dh_0}{K_i+M_i}\Delta h_{i-1}
\end{aligned}
\tag{8.9}
$$

であり，冷間圧延の場合とは異なり，下流スタンドほど，最終出側板厚への影響度は大きくなる（**図 8.4** に一例を示す）.

8.1.3　板厚外乱の要因

外乱の要因は，つぎのように分けられ，おもなものを説明する.

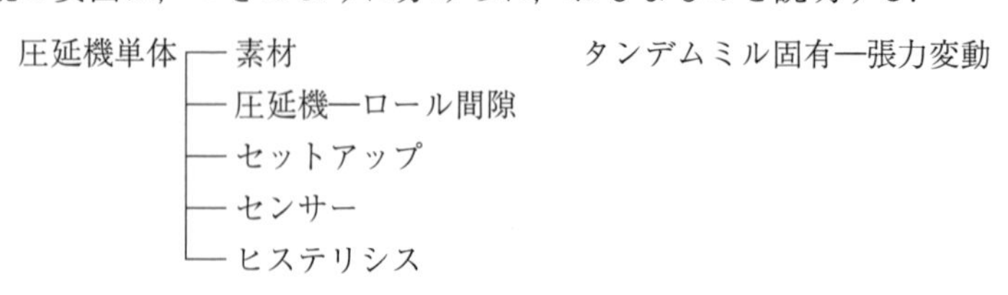

〔1〕 **圧 延 素 材**

（a） **変 形 抵 抗**　熱間圧延では温度の不均一による変形抵抗変化が大きく，特に加熱炉のスキッド直上部の素材の温度が低いため，スキッドマークと呼ばれている．これは素材1本につきスキッドの本数分のみ現れる．加熱プロセスでの改良が進んでおり，さらには，連続鋳造から直送して解消できる場合もある．変形抵抗に対する影響度は，よく使われる美坂らの式[3]で計算すると，つぎのようになる．

$$\frac{dk_f/dT_k}{k_f}=-\frac{2\,851+2\,963\,C_{eq}-1\,120\,C_{eq}^2}{T_k^2} \tag{8.10}$$

ここで，T_k：絶対温度〔K〕，C_{eq}：炭素当量〔%〕である．

素材温度が900～1 000 ℃の範囲では，目安として10 ℃温度が変わると変形抵抗は3 %弱変化する．

冷間圧延では，熱間圧延での仕上り・巻取り温度の変化などによる硬度の差，また溶接部の材質変化などがある．

最終板厚に対する影響度は，つぎのように変形抵抗変化項が加わり

$$\Delta P=-M\Delta h+\frac{dP}{dk_f}\Delta k_f$$

$$\therefore\quad \Delta h=\frac{\dfrac{dP}{dk_f}}{K+M}\Delta k_f=\frac{P}{K+M}\frac{\Delta k_f}{k_f} \tag{8.11}$$

板厚に対する変形抵抗変化率の影響度は $P/(K+M)$ である．

（b） **板　　厚**　タンデムミルの場合は，上流スタンドの板厚誤差は下流スタンドの外乱となる．

〔2〕 **ロール間隙の変化**

（a） **ロール偏心**　おもにバックアップロールの偏心が原因であり，バックアップロール回転周期に合わせた変動を生ずる．一般に上下のバックアップロールは少し回転周期が異なるのが普通であり，**図8.5**のようにうねりをもった変動となる．これに対する対策としては，偏心補償装置や制御法が開発された例があるので文献4)～6)を参考にしていただきたい．

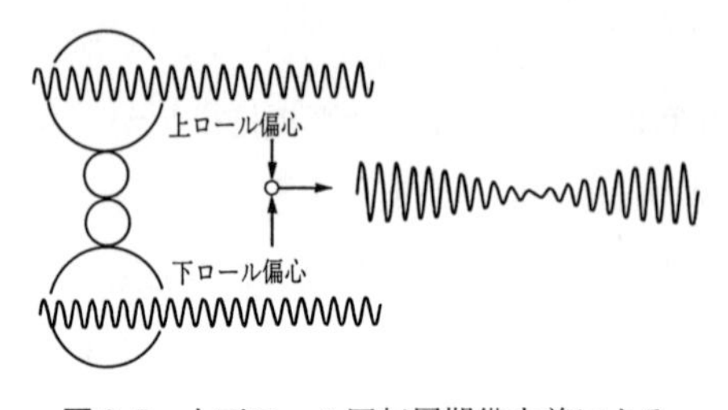

図 8.5　上下ロール回転周期僅少差によるロール偏心うねり

(b) 油　　膜　おもにバックアップロールの油膜が回転速度により変動することにより発生する．油膜厚さ推定方式としては Vogelphol の式[7] などがよく用いられるようである．一般的に回転速度は，急速には変えられないので変化速度はゆっくりしており，予測モデルで大部分は補正可能である．根本的な対策はローラーベアリング化である．

(c) 熱 膨 張　ワークロール，バックアップロールと順に温度が上昇し変動要因となる．前記の油膜よりさらに変化がゆっくりしているので，モニター AGC（8.1.4 項〔1〕参照）などで対応可能である．

〔3〕 セットアップ誤差

圧延機単体では，セットアップの荷重予測誤差は板の先端部で板厚誤差となる．タンデムでは張力変動にもつながる．

〔4〕 セ ン サ ー

板厚計，ロール設定位置検出器，荷重計そのものに誤差やノイズ，検出遅れがあり，これらは全体の要求精度，速度に合わせて十分余裕を持った精度，応答性にしておく必要がある．

〔5〕 ヒステリシス

キスロールでミルストレッチを測ったとき**図 8.6** のように，ヒステリシス現象があり，AGC に悪影響がある．原因はセンサー，機械系が混在している．

〔6〕 タンデムミルでの張力変動

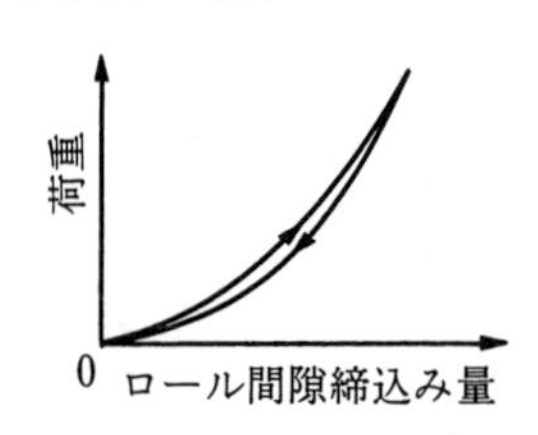

図 8.6　ミルストレッチ測定時のヒステリシス例

タンデム圧延の場合はシングルスタンド圧延の場合と異なり，スタンド間張力変動が最終板厚に大きな影響を与える．

(1)　ストリップ先端部がつぎのスタンドにかみ込んだときに生じる張力変動．大きなものとしてつぎの二つの要因がある．

1) セットアップの誤差（荷重，ロール間隙，設定計算の誤差）により上流スタンドの出側板速度と下流スタンドの入側板速度が大幅に違っている場合．

2) 駆動モーターのインパクト特性（かみ込み時，モーターの速度が一瞬低下する．予測モデルであらかじめ速度を速めておく場合もある）．

(2) ストリップ後端部が前スタンドからかみ放されたときに生じる張力変動．張力がステップ時に0になる．このとき，下流スタンドの荷重が増加し，板厚が厚くなるので通常何らかの補正を行う．

(3) 定常圧延時における張力変動

これらの対策として，冷間圧延においては素材コイルの先端部で発生する張力外乱の影響をなくすために，コイルとコイルを溶接してつなぐ完全連続式タンデム圧延機が開発されており，熱間圧延においてはルーパーの低慣性化，実張力測定方式や最新の制御理論を取り入れたルーパー制御システムが開発されている[8)~11)]．

8.1.4 種 々 の AGC

〔1〕 モニターAGC

モニターAGCは**図8.7**の構成になっており，板厚計の実測値を基に誤差を打ち消す方向に板厚を変化させる．板厚を変化させる方法は，熱間圧延ではロール間隙，冷間圧延ではおもに張力であり，できるだけ板厚計に近いスタンドを操作する．この特徴としてつぎのものがある．

(1) 板厚計そのものを使うので確実である（モデルの誤差が介在しない）．

(2) 操作するスタンドと板厚計の間に距離があり，板厚外乱が短い周期で変化し，その距離間（正確には数倍の距離）で入ってしまうようなときは制御できない．すなわち周波数特性が悪い．原理的に，ストリップの制御に適しているが，厚板圧延でも使われ始めている．

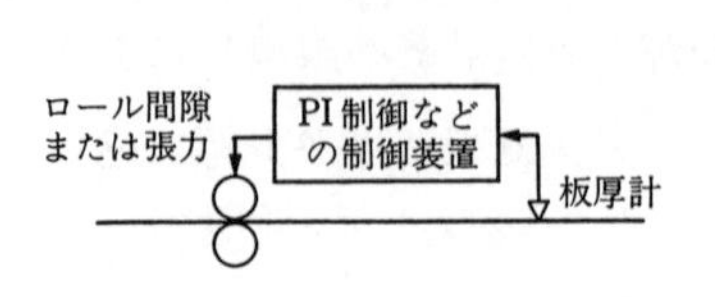

図8.7　モニターAGCの構成

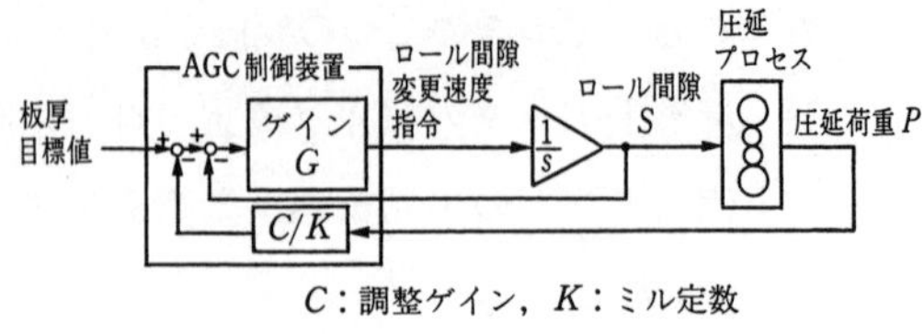

図8.8　ゲージメーターAGCの基本ブロック図

〔2〕 ゲージメーターAGC

ゲージメーターAGCの基本ブロック図を**図8.8**に示す．式(8.1)のゲージメーター式で板厚を測定できるので，その値を目標値にするように制御する方式である．ロール間隙を操作して制御するのが一般的である．

(a) ゲージメーター式の精度　　ゲージメーターAGCは操作した結果が即板厚として測定できるため，高い周波数の板厚外乱にも追従することができる．しかしゲージメーター式はモデル式であり，モデル精度が問題となるので，つぎのような点に留意する必要がある．

ミルの剛性に影響を与える因子として，ハウジングの変形，油膜剛性，ロール変形（フラットニングも含む）がある．このうち

(1)　多段圧延機のロール変形は不確定問題を解く必要があり，分割モデルなどの数値解析によって求められるが3章を参照されたい．

(2)　油膜剛性はロール速度と荷重の複雑な関数であり，解析解に実測を加えて検討する必要がある．

(3)　残りの項はキスロール状態でミル伸びを実測し，油膜とロール変形を除けば求めることができる．

実際には，荷重測定におけるヒステリシスなどの測定誤差もあり，各精度の見極めが困難である．それゆえ通常，圧延中に板厚計との差を誤差項として逐次的に補正する．

(b) 目標値の与え方　　ゲージメーター式には種々のモデル推定項があり，その精度は十分とはいえない．そのため目標値の与え方に，つぎの2通りがある．

(1) ロックオン方式：かみ込みなどのタイミングでゲージメーターの値を保持し，以降はその値を目標値にする．その結果，板厚のばらつきは少なくなるが，板厚の平均値はロックオンしたときの値に保持される．

(2) 絶対値方式：目標値の絶対値を与える方式で，最先端部の板厚から制御できるメリットがあり，制御された結果の板厚はゲージメーターモデル式の精度で保証される[12),13)]．ただし，セットアップの誤差に応じて板厚制御量も大きくなるので，形状とか張力制御との関連で適用が制約される場合がある．

(c) 調整ゲインと制御量　入側板厚外乱を AGC でどれだけとれるかを式で表すと，つぎのようになる．

$$\frac{dh_1}{dh_0}=\frac{1-c}{\{K+M(1-c)\}}\frac{dP}{dh_0} \qquad (c: 調整ゲイン) \tag{8.12}$$

AGC がないと

$$\frac{dh_1}{dh_0}=\frac{1}{K+M}\frac{dP}{dh_0} \tag{8.13}$$

であるので，ミル剛性が見掛け上 $1/(1-c)$ 倍になったのと同じようになる．$c=1$ のときは，ミル剛性は無限大倍，板厚変動 dh は 0 になる．

AGC 制御ゲインに対する板厚外乱除去度とロール偏心増幅度の関係を図示すると，**図 8.9** のようになる．c は 1 に近くなって初めて効果が出てくるが，1 より少し大きくなると系全体として正帰還のゲインが 1 を超え発散する（例えば，ロール間隙を際限なく締める）性質がある．通常の応用では，種々の原因で（K の推定誤差に対する余裕，ヒステリシス，次項のロール偏心による制約など）若干 1 より少な目で限界まで大きく調整する．

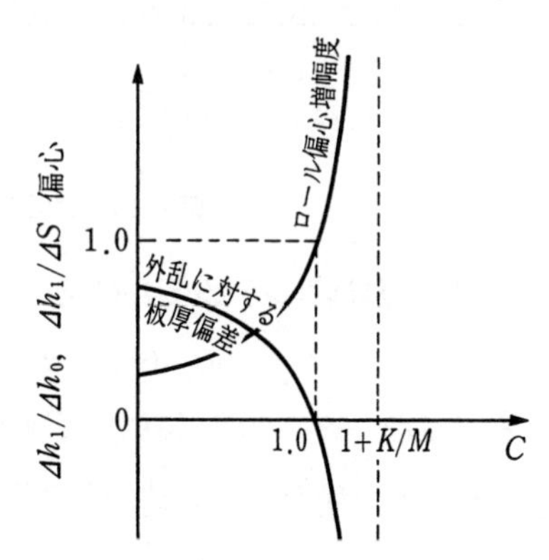

図 8.9　AGC 調整ゲインに対する板厚外乱除去度とロール偏心増幅度

(d) 油圧圧下 AGC とロール偏心との関連　圧下に油圧が使われると，ロール偏心による荷重変化にまで追従し，AGC によりかえって板厚変動が大きくなる場合もある．その関係は，ロール偏心の板厚に対する影響度は式(8.14)であり

$$\frac{dh_1}{dS'}=\frac{1}{\{1+(1-c)\}(M/K)} \qquad (S'：ロール間隙偏心量) \qquad (8.14)$$

図 8.9 にも示すように，AGC がない場合（$c=0$）には，M が大きい（素材が変形しにくい）ほどロール偏心の影響度は小さいが，AGC があると（$c=1$），原理的にはロール偏心の 100％が板厚に影響し，板厚変動量は AGC がない場合の $(1+(M/K))$ 倍になる．

8.1.5 AGC 構成の例

〔1〕 冷延タンデムミルの例

冷延タンデムミルの AGC 構成例を**図 8.10** に示す．板厚計は直前スタンドのモニター AGC と，つぎのスタンドにかみ込むタイミングに合わせたフィードフォワード制御に用いられる．この場合，張力は一定に制御しなくても，ある範囲内に収まるように制御されるのが普通である．

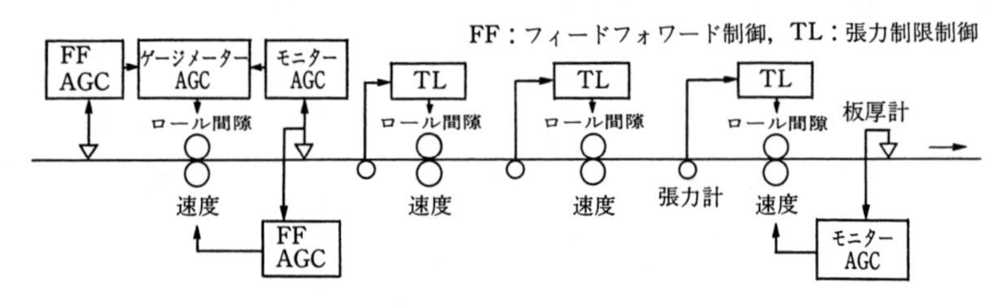

図 8.10　冷延タンデムミルの AGC 構成例

〔2〕 熱延タンデムミルの例

熱延タンデムミルの AGC 構成例を**図 8.11** に示す．各スタンドのゲージメーター AGC，モニター AGC，入側スタンドの情報を出側スタンドに反映するフィードフォワード AGC からなる．

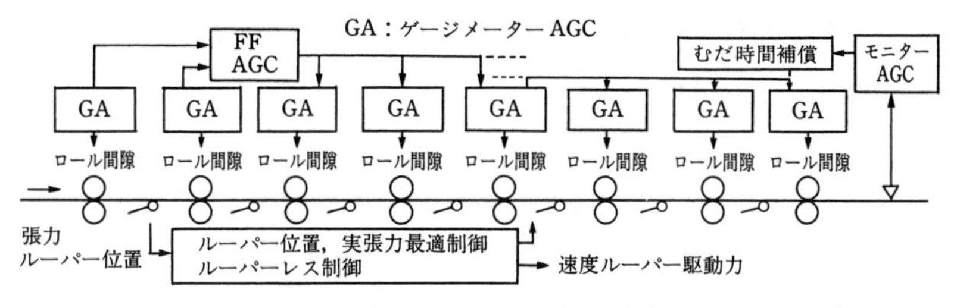

図 8.11 熱延タンデムミルの AGC 構成例

〔3〕 **厚板ミルの例**

厚板ミルの AGC 構成例を**図 8.12** に示す．素材長が短く，可逆圧延を行うため，板厚計で全パス全長にわたり測定できない制約上，板厚計はおもにゲージメーターモデルの補正に用いられる．

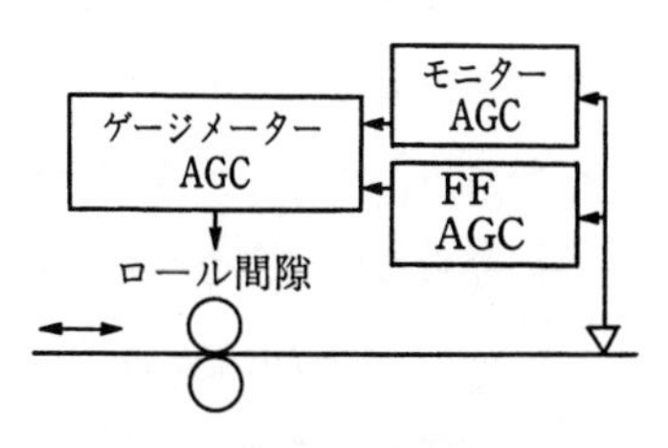

図 8.12 厚板ミルの AGC 構成例

8.1.6 フィードフォワード制御

基本的には，**図 8.13** のように，前もって入側の板厚外乱がわかっており，それを除くように，タイミングを合わせて，板厚制御の操作をする方式である．原理的に，フィードフォワード制御の方がフィードバック制御より制御能力がある．ただし，すべて，こうなるはずというモデルに頼った制御であり，モデル精度が制御精度の決め手となるので，フィードバック制御を補完するものと考えるべきである．使い方の例として，冷間圧延・熱間圧延タンデムミルにおいて，上流スタンドの実績を下流スタンドに反映させる制御（図 8.10,

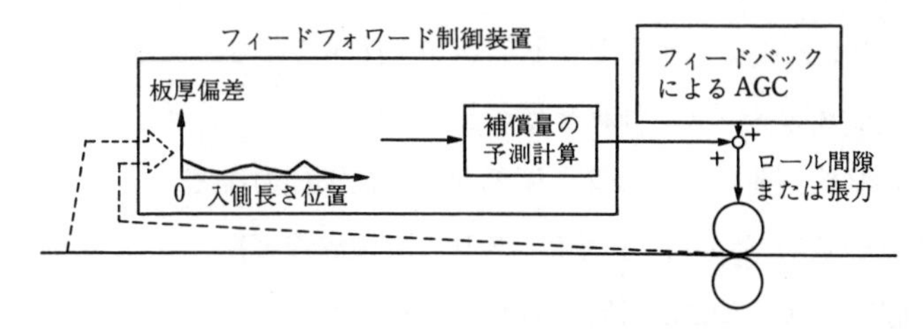

図 8.13 フィードフォワード制御の構成

図8.11参照)，厚板ミルにおいて，直前パスの実績をつぎのパスに反映させる制御（図8.12参照）がある[14),15)].

8.1.7 タンデムミルにおけるセットアップの考え方[16)~19)]

タンデムミルにおいて圧延が円滑に継続し，かつ所定の板厚を得るためには，つぎの条件が成り立つ必要がある.

〔1〕 体積速度一定の条件

スタンド間で，ループの発生や，素材の切断が起こることなく，圧延が円滑に行われるためには，タンデム圧延機内のすべての位置において，体積速度が同一にならなければならない.

$$v_i h_i = (1+f_i) V_{Ri} h_i = U \tag{8.15}$$

〔2〕 ゲージメーター式

各スタンド出側板厚とギャップの関係は，ゲージメーター式で表される．具体的には，式(8.1)で述べたようにつぎの式で表される.

$$h_i = f(P_i, B, \cdots) + S_i \tag{8.16}$$

ただし，$f(\cdot)$：圧延荷重による圧延機の変形，B：板幅である.

各スタンド出側厚 h_i $(i=1, \cdots, n)$ が確定している場合には，式(8.15)，(8.16)から各スタンドロール間隙 S_i $(i=1, \cdots, n)$，および各スタンドのロール速度率，$V_{R1} : V_{R2} : \cdots : V_{Rn}$ が確定し，セットアップ計算は終了する.

また，最終出側板厚 h_n およびタンデムミル入側板厚のみが決まっていて，ほかのスタンド出側板厚 h_i $(i=1, \cdots, n-1)$ に自由度がある場合には，式(8.15)，(8.16)を満足し，かつ評価関数を最適に（例えば能率を最大に，あるいはクラウンを最小に）するセットアップを探すこともできる.

このようなセットアップ計算を行うときには

(1) 設備制約（荷重，トルク，圧延速度，最大能力など）

(2) 圧延の制約（かみ込み制限，スリップ限界など）

などを考慮に入れることは当然である.

8.1.8　板厚制御シミュレーション

実際の応用に当たっては，汎用的理論解析に合わせて，影響係数法やダイナミックシミュレーターなどの数値解析を利用すると，対象となる設備や要求精度などの前提条件に合わせて制御系の設計，解析ができる．これらの作り方は，文献 20)～24) に詳しく述べられているので参考にしていただきたい．

8.2　板クラウンおよび平坦度（板形状）制御

圧延製品の重要な寸法形状品質の一つに板プロフィル（板厚の板幅方向分布）を代表する板クラウン，エッジドロップおよび平坦度（板形状）が長手方向の板厚精度とともに挙げられる．この板材の製品は，そのほとんどは「熱間・冷間圧延」と呼ばれる工程で製造され，その後，二次加工メーカーなどへ出荷され，最終製品に加工されている．圧延材の寸法・形状は，例えば二次加工メーカーを代表する自動車部品製造におけるプレス成形などの歩留り向上，製品品質および生産性効率と直結しており，その要求精度は年々厳しくなっている．圧延材製造メーカーでは，近年，上記寸法形状精度に加え，自動車用鋼板に代表される軽量化ニーズ（省エネルギー対応）に応えるため，980 MPa 級以上の高張力鋼板（ハイテン材）の製造が行われており，一般材軟鋼から高張力鋼板まで幅広い板材を安定的に製造，かつ歩留りロスが少ない高精度の制御技術の確立が強く要求されている．

板形状の制御技術は，1960 年代の後半から 4 段圧延機のロールベンディングに関して活発に行われ，1970 年代に入り，中間ロールを軸方向に移動可能とし，ロールベンダーの効果を向上させた 6 段圧延機のように高機能を有するハードの開発と，信頼性の高い平坦度検出器の開発もあり，おもに冷間圧延で大きな発展が見られた．これらの技術（特に圧延機のハード）は 1980 年代に入り，熱間圧延にも波及した．

板クラウン制御に関しては，冷間圧延では板クラウンを大きく変更すれば，板形状の悪化につながり圧延操業が不安定になる．一般的に冷間圧延では，圧延出側形状を崩さないようにクラウン比率一定の板形状制御が行われるため，板クラウンを自由に変更することは困難である．したがって，熱間圧延では，冷間圧延における最終製品の板クラウンを満足するための板クラウンを製造する必要がある．これにより，オンラインでの板クラウン計の開発とともに，クラウン制御圧延機と呼ばれる高機能を有する圧延機が種々開発されるに至った．本節では，板クラウンと平坦度の形成，板クラウン・形状制御ミルの特徴および実操業における制御技術の紹介をする．

8.2.1　板クラウンおよび平坦度（板形状）の形成

〔1〕 板クラウン（エッジドロップ）および平坦度の定義

（a） 板クラウン・エッジドロップ　　板クラウンおよびエッジドロップの形成要因を**図 8.14** に示す．熱間圧延における板クラウン（板幅方向板厚分布）

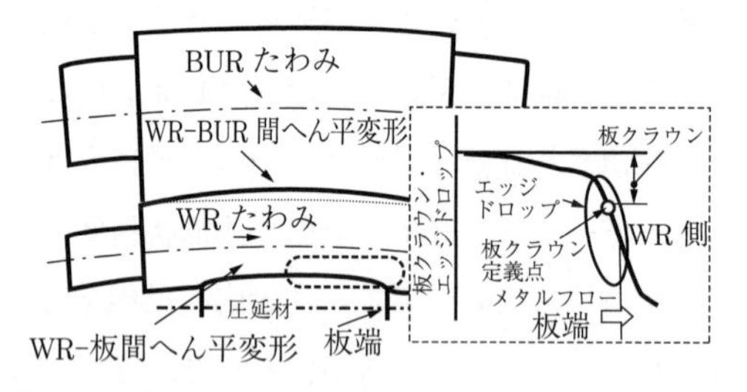

図 8.14　板クラウンおよびエッジドロップの形成要因

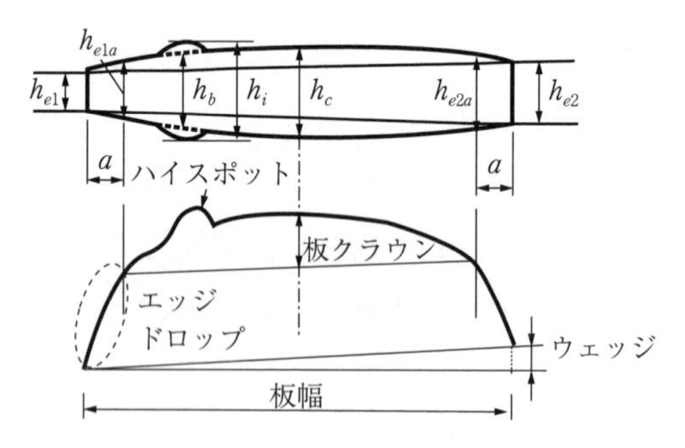

図 8.15　板材の断面板厚分布（板プロフィル）と板クラウン・エッジドロップの模式図

は，板幅中央と板端からの定義点位置における板厚差，エッジドロップは板幅端部における急峻な板厚変化から形成されている．板クラウンおよびエッジドロップは，おもに，ロール軸芯たわみとロールへん平変形などのロール弾性変形，初期ロールプロフィル，時系列的に変化するサーマルクラウン（ロール熱膨張）とロール摩耗，および圧延材板幅方向へのメタルフローなどによって形成されている．**図 8.15** には板材の断面板厚分布および板クラウン・エッジドロップの模式図を示す．板材の断面板厚分布には，板クラウン・エッジドロップのほかに，上下ロール間の平行度（ギャップ差）から生じるウェッジ，局部的なロール摩耗から生じるハイスポットが形成される．これらは，次式のように表されている．

$$\left.\begin{array}{ll}\text{クラウン} & C_{ha}=h_e-\dfrac{h_{e1a}+h_{e2a}}{2} \\ \text{ウェッジ} & \Delta W_e=|h_{e1}-h_{e2}| \\ \text{ハイスポット} & \delta=h_i-h_b \\ \text{エッジドロップ} & E_d=h_{e1a}-h_{e1}\quad\text{または}\quad h_{e2a}-h_{e2}\end{array}\right\} \tag{8.17}$$

エッジドロップは，上記定義以外に，板端からの定義位置を 2 点設定し，その位置における板厚差とすることもある．

ここで，a（板クラウン定義点位置）：板端から a〔mm〕の位置，C_{ha}：板クラウン，ΔW_e：ウェッジ，δ：ハイスポット，E_d：エッジドロップ，h_e：板幅中央の板厚，h_{e1}，h_{e2}：板材端部の板厚，h_{e1a}，h_{e2a}：板クラウン定義点位置における板厚，h_i：突起部頂点の板厚，h_b：突起底部の板厚である．なお，添え字が複雑になるため，本章に限って H は入側板厚，h は出側板厚を示すこととする．

（b）平坦度（板形状）　平坦度不良は大別すると，**図 8.16** のように分類される．このうち，一般的にいわれている不良は，端伸び，中伸び，クォーター伸びがあり，長手方向の伸び率が幅方向で異なることにより発生する．ひずみ量から見ると，10^{-4}～10^{-5} のオーダーである．クロスバックルは，主として薄物材の調質圧延において発生する．反り（L 反り，C 反り）やねじれは残

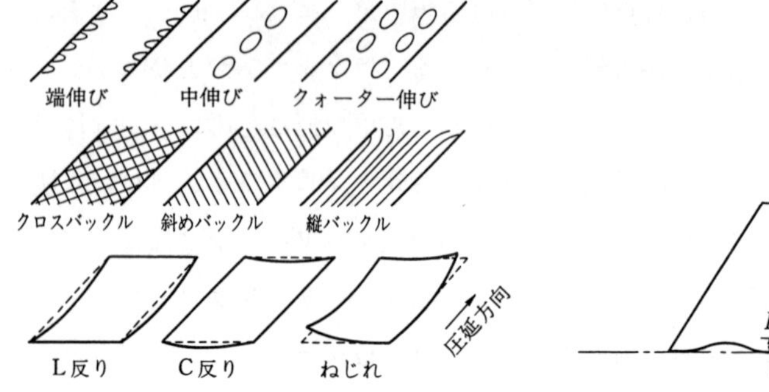

図 8.16　平坦度不良の種類

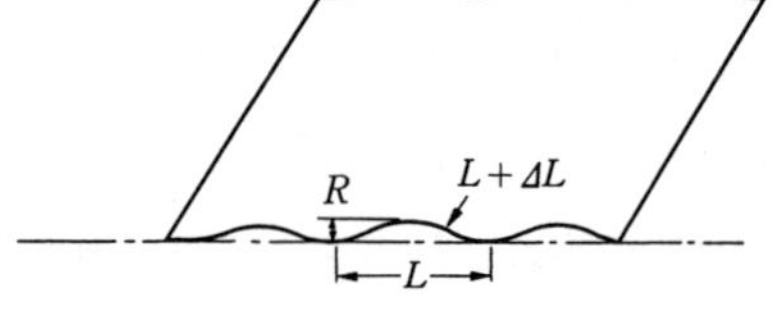

図 8.17　平坦度（急峻度）の定義（$\lambda=R/L$）

留応力によるものであり，ロールの上下・左右の非対称に起因するものである．

端伸び平坦度不良は**図 8.17** に示すように，急峻度 λ として波高さ R とピッチ L により次式のように表される．

$$\lambda=\frac{R}{L} \tag{8.18}$$

板の波形状を正弦曲線で近似すると，急峻度と伸び差率（$\Delta L/L=\Delta\varepsilon$）は次式のように近似される[25]．

$$\Delta\varepsilon=\frac{\Delta L}{L}=\left(\frac{\pi}{2}\right)^2\left(\frac{R}{L}\right)^2=2.465\lambda^2 \tag{8.19}$$

〔2〕 板クラウンと平坦度との関係

板圧延といえども，板幅端では幅方向への塑性流動（メタルフロー）が生じている．これを無視して，板幅方向のひずみがないものと仮定した場合の圧延前後の板厚分布（プロフィル）と，板クラウンおよび平坦度（板形状）との関係を**図 8.18** に示す．

また，板クラウンと平坦度には以下の関係が成り立つ．

$$\Delta C_p=\frac{C_{ha}}{h_c}-\frac{C_{Ha}}{H_c}=\frac{h_c-h_e}{h_c}-\frac{H_c-H_e}{H_c}$$
$$\fallingdotseq 1-\varepsilon_1-(1-\varepsilon_2)=\varepsilon_2-\varepsilon_1\equiv\Delta\varepsilon \tag{8.20}$$

ここで，$\varepsilon_1=(L_e-L_c)/L_c$，$\varepsilon_2=(l_e-l_c)/l_c$，$\Delta C_p$：クラウン比率の変化，$C_{Ha}$，$C_{ha}$：それぞれ圧延前後の板クラウン，$L$，$l$：それぞれ圧延前後の長さ，添え

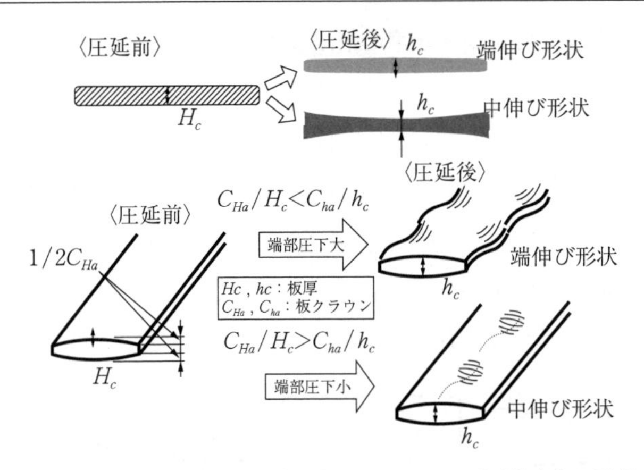

図 8.18　圧延前後の板厚分布と板クラウンおよび平坦度との関係

字 c，e はそれぞれ板幅の中心と板端を示す．$\Delta\varepsilon>0$ で端伸び，$\Delta\varepsilon=0$ で平坦，$\Delta\varepsilon<0$ で中伸び形状を表す．

入側が平坦（$L_c=L_e$）と仮定すると，クラウン比率変化 ΔC_p と急峻度 λ との関係は次式のように表される．

$$\lambda=\pm\frac{2}{\pi\sqrt{|\Delta C_p|}} \tag{8.21}$$

実際には，幅方向への塑性流動もあり，クラウン比率変化がそのまま平坦度に表れないことから，クラウン比率変化の圧延前後の変化と平坦度とを関係付けるパラメーターが実験的に求められている．平坦度予測式としては，例えば，クラウン比率変化を直接平坦度に変換する式が提案されている[26),27)]．

$$\lambda=a\sqrt{|\Delta C_p-b|} \tag{8.22}$$

ここで，a は形状変換係数と呼ばれるパラメーター，b は形状不感帯と呼ばれ，座屈の限界を示す量に相当する．

クラウン比率変化が式(8.19)に示した伸差率に与える影響を用いて，平坦度を予測する式が提案されている[28)]．

$$\Delta\varepsilon=\xi\cdot\Delta C_p \tag{8.23}$$

ここで，ξ は形状変化係数と呼ばれるパラメーターである．

〔3〕 板クラウンおよび平坦度の形成要因

板材の断面板厚プロフィルを代表する板クラウンおよびエッジドロップは，**図 8.19** に示すように，ロール弾性変形およびロールプロフィルから形成される．板クラウンは，おもに，ロール軸芯たわみおよびロールプロフィルにより，エッジドロップは，ロール表面におけるロールへん平変形，初期ロールフィル，時系列的に変化するサーマルクラウンとロール摩耗によるロールプロフィル，および圧延材板幅方向へのメタルフローなどによって形成される．

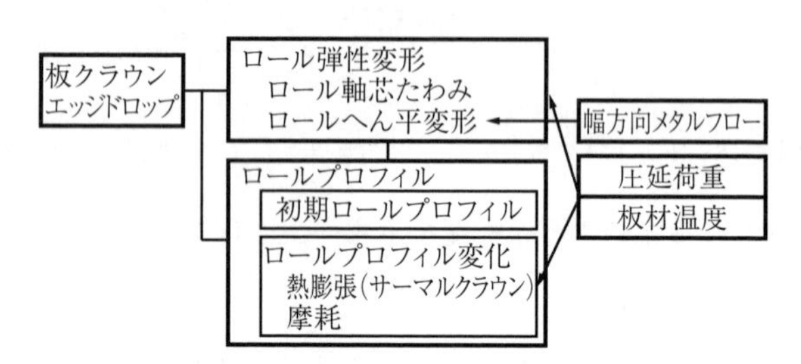

図 8.19　板クラウン・エッジドロップの形成要因

ロール弾性変形は，圧延荷重や圧延条件（板幅，板厚）などにより，**図 8.20** のようにロールの軸芯たわみ変形，ロールへん平変形が生じる．圧延荷重の大小，ロール胴長方向の圧延荷重分布により，これらのロールたわみ変形量も異なってくる．ロールの軸芯たわみはほぼ放物線状であり，板クラウンや端伸び，中伸び形状に大きく影響する．圧延材端部付近のロールへん平変形は，板端部付近で大きくロールの弾性変形の回復が起こることから，エッジドロップ量に大きく影響する．

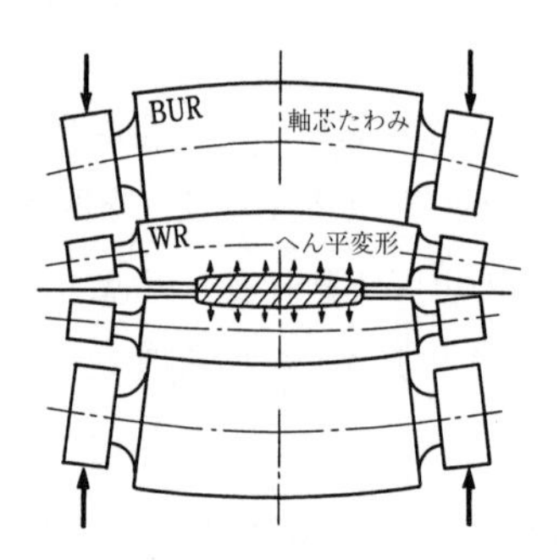

図 8.20　4 段式圧延機のロール弾性変形

ロールプロフィルは，初期ロールプロフィル，圧延荷重や圧延材温度に影響を受け，かつ時系列的に変化するサーマルクラウン（ロール熱膨張）とロール摩耗から決定される．

ロールの初期プロフィルはロール間隙の胴長方向の分布をあらかじめ与えて，幾何学的に板クラウンを制御するために設定される．代表的なプロフィルには放物線伏（または sin, cos カーブ），台形状，片テーパー状があり，S 字状プロフィルは，ロール間間隙の胴長方向分布を変化させるためにロールシフト圧延機に使用されている．サーマルクラウン（ロール熱膨張）は，圧延材自体の温度，圧延中に発生する加工発熱，摩擦発熱が，圧延材とロールが接触することにより発生する．**図 8.21**（a）にはサーマルクラウンの成長挙動を示す．圧延の進行とともに増大し，熱間圧延ではサーマルクラウンは板クラウン・平坦度に大きな影響を及ぼす．摩耗プロフィルはロールの材質に大きく依存するが，図（b）のように圧延通板部が摩耗したボックス形状になり，熱間仕上げ圧延の後段スタンドで顕著に現れる[29]．また，圧延材端部付近のサーマルクラウンやロール摩耗は，エッジドロップに顕著に影響する．

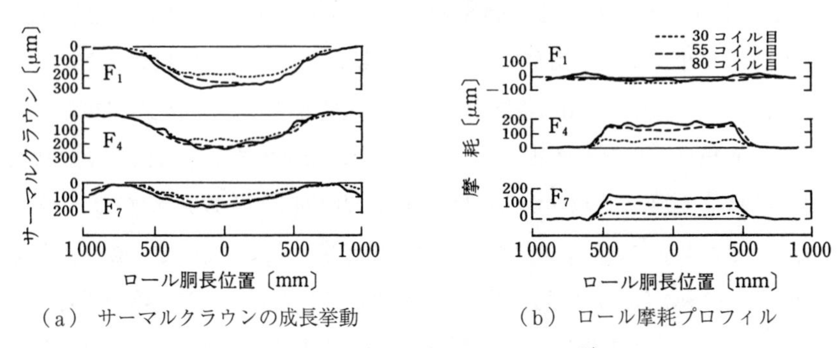

（a） サーマルクラウンの成長挙動　　（b） ロール摩耗プロフィル

図 8.21 ワークロールのサーマルクラウンと摩耗プロフィル[29]（熱間仕上げ圧延の場合）

一般的に変形抵抗が小さく，板厚が厚い段階ほど材料のメタルフローも容易に起こり，板クラウンは制御しやすく，変形抵抗が大きく板厚が薄いほど板クラウン比率は変化せず，わずかな伸び率差が平坦度不良となって現れる．すなわち，薄板圧延を例にとると，熱間圧延の板プロフィル（板幅方向の板厚分布）は，後述する手段により制御することが比較的容易であるが，冷間圧延ではクラウンの制御は難しく，平坦度やエッジドロップの制御が主体となる．**図 8.22** は，熱延板の板クラウン比と冷延板の板クラウン比との関係を実験的に

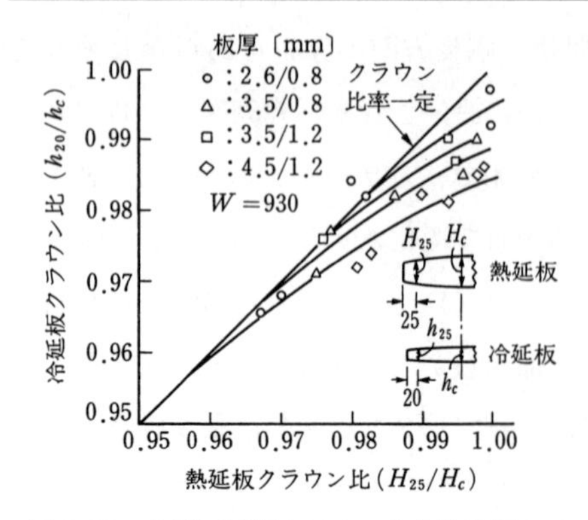

図 8.22　熱間圧延板クラウン比と冷延板クラウン比との関係[29]（冷間圧延板は酸洗い後片側 5 mm 耳切りした後に圧延）

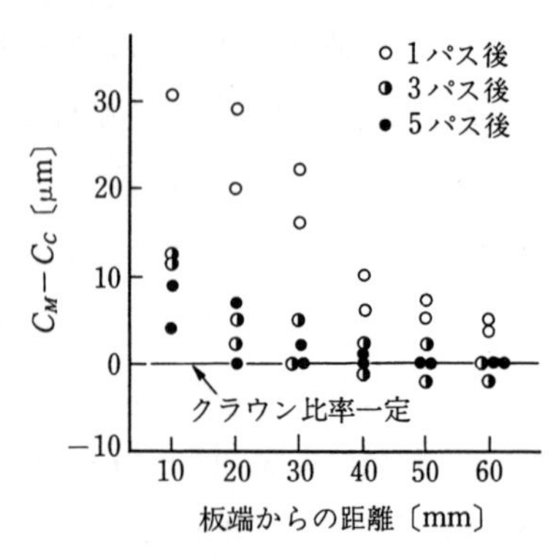

図 8.23　冷間圧延時のクラウン実測値（C_M）と熱間圧延板クラウン比一定条件から計算されたクラウン（C_c）との差の板幅方向における変化[29]

求めたものであり，冷延板の板クラウンは熱延板の板クラウンによりほぼ決まってしまうことがわかる．**図 8.23** は，冷延後の板クラウン実測値（$C_M=C_h$）と，母板クラウン比が一定として計算された冷延後の板クラウン（$C_c=h\cdot C_H/H$）との差を縦軸に板端からの距離を横軸にとり，冷延時に板幅のどの位置から板クラウンが変化するものか調べた結果である．冷間圧延の初期（板厚が厚い）段階でも板端からほぼ 50 mm の範囲でしか板クラウン比の変化はなく，それより中央部では母板クラウン比と等しくなっている．板厚が薄くなるとさらに板端部しか変化しないことがわかる．したがって，冷間圧延では板端のエッジドロップの制御は可能となるが，中央部のクラウンを制御することは難しく，熱間圧延において改善を必要とする．

8.2.2　板クラウンおよび平坦度（板形状）制御

板クラウン・平坦度（板形状）は，例えば，二次加工メーカーを代表する自動車部品製造におけるプレス成形などの歩留り向上，製品品質および生産性効率と直結しており，その要求精度は年々厳しくなっている．これらのニーズに対応するため，1970 年代の後半からオンライン用の平坦度検出器や走査型板プロフィル計の実用化が図られ，従来の 4 段圧延機による圧延方法にも種々の改良が図られるとともに，新しい形式の板クラウン・平坦度制御ミルがつぎつぎと開発・実用化されるようになった.

〔1〕 1970年代以前の板クラウン・形状制御技術

熱間仕上げ圧延では前段スタンド強圧下，後段スタンド軽圧下の圧延スケジュールが古くから採用され，後段スタンドにワークロールベンダーを装備し，ワークロールの組替えまでの1ロールサイクルにおいて，ロール摩耗の板クラウンへの影響を最小限にするため，広幅材から徐々に狭幅材に圧延順を変更するコフィン（coffin）スケジュールが採用されていた．圧延材の板プロフィル（板幅方向板厚分布）は，**図8.24**に示すように，ロールの摩耗とサーマルクラウンの合成プロフィルの変化に応じて変わるため，1ロールサイクルにおいて大きな凸形の板クラウンを有する板プロフィルから平坦，凹形の板プロフィルへと変化する．このため，特に寸法・形状に対する要求が厳しい材料に対しては，ロールサイクルにおける組込み位置を規制する方法がとられた.

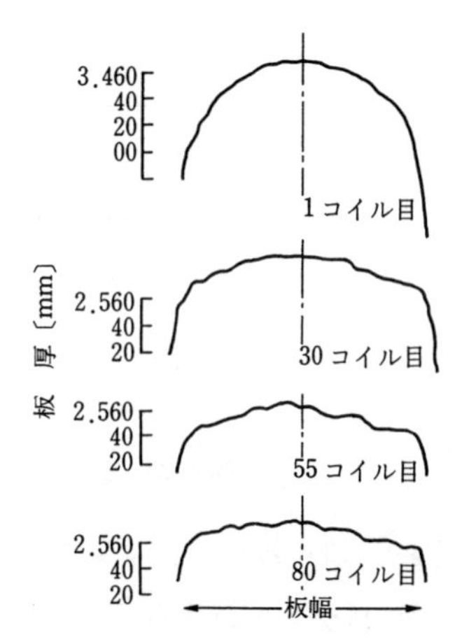

図8.24　1ロールサイクルにおける板プロフィルの変化[29]（コフィンスケジュールによる）

走査型板プロフィルメーターの実用化とともに，圧延の操業技術の面から，ロール摩耗やサーマルクラウンの変化に合わせ，圧延負荷によるロールの弾性変形の程度を調整し，ワークロールの組替えサイクル内における板クラウンを一定に制御することを目的とした仕上げトータル（圧延）荷重変更法[30]や仕上げ圧下（負荷）率配分法[31]などが開発された.

ハード面からは，ロールベンダーの能力向上と使用技術の向上，圧延荷重を低くし，ロールの弾性変形を減少させる異径単ロール駆動による圧延法[32]，板端部の急激な板厚の落ち込み（エッジドロップ）を減少させる台形クラウンワークロール法[33]，バックアップロールの胴長をワークロールの胴長より短くし，ロールベンダーの効果を向上させる段付きバックアップロール法[34]などが開発された．しかしながら，矩形（くけい）断面プロフィルを得るためにはいずれの方法も不十分であり，さらに高機能なプロフィル・平坦度制御技術が必要とされた．

〔2〕 1980 年代以降の板クラウン・平坦度制御技術

平坦度・プロフィル制御圧延機は 1970 年から種々考案され，1980 年代後半において実機に装備された実用化技術として確立されてきた．各種の制御アクチュエーターを大別すると**図 8.25** のように表される．

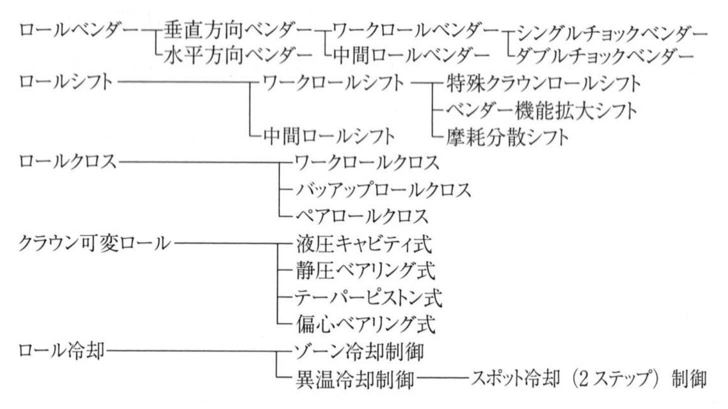

図 8.25　板クラウン・平坦度の制御アクチュエーター

（a） ロールベンディング　　ロールベンダーは，上ロールの自重を支えるロールバランスの能力を拡大し，曲げモーメントを大きくしてロールを胴長方向にたわみ変形しやすくしたものである．垂直方向へのワークロールベンダーが広く使用されている．板クラウンや平坦度に対する要求が厳しくなるとともにベンダー力の増強（熱間仕上げ圧延機を例にとると 1.0 → 2.5 MN/チョック）やワークロールベンディング機構を二重構造とし，大きな曲げモーメントを付加できるダブルチョックベンダー[35]，ワークロールベンダーを有効活用するための大クラウンバックアップロール法[36]などが開発されている．使いやすさや応答性が速いこともあり，最も一般的な制御アクチュエーターである（**図 8.26** 参照）．

水平方向ベンダー機構を有するミルとして，4 段式 MKW ミル[37]に小径ワー

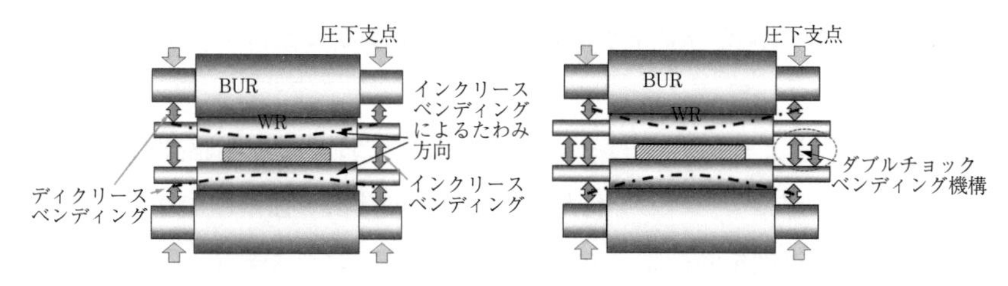

（a） シングルチョックベンダー　（b） ダブルチョックベンダー

図 8.26 垂直方向ワークロール（WR）ベンダー

クロールを組み込み，ワークロールに水平方向に放物線状のたわみ変形を与え平坦度制御を可能とした圧延機がある．硬質材や薄物材の圧延に従来のワークロール径（ϕ500～600 mm）より小径（ϕ200～350 mm）が使用されるようになり，複数個の分割押出しロールを油圧式などにより，それぞれ単独に動作させ，複合伸びなどの平坦度不良に対しても制御することができるFFCミル（flexible flatness control mill）[38]が実用化された（**図 8.27** 参照）．

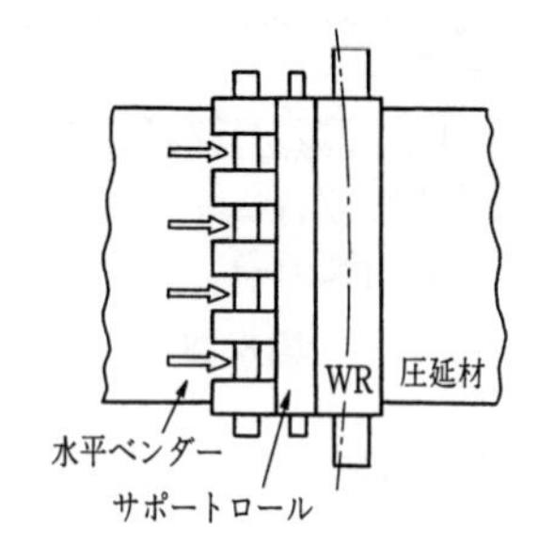

図 8.27 FFCミルでの水平方向ワークロール（WR）ベンダー

テイラーミル[39]のように，5段圧延機において上下駆動ロールの駆動トルクの割合を変えることにより，小径ワークロールの水平方向たわみを制御する方法もある．

（**b**） **ロールシフト圧延機**　ロールを軸方向にシフトさせることの意義は大別すると，つぎの3点に分類される．

(1) 特殊なロールクラウンを付与し，上下ロール間隙の幾何学的形状を調整し，圧延材の板クラウンや平坦度を制御する方法．

(2) ロールを軸方向にシフトし，ワークロールとバックアップロールの接触によりロール端に作用する曲げモーメントを除去し，ロールベンダーをより効果的に作用させる方法．

(3) ワークロールを軸方向にシフトして局部的な摩耗を発生させず，異常プロフィル（ハイスポット）を防止する方法（この方法は(1), (2)においてワークロールをシフトさせる方法を採用することにより実質的には達成される).

図 8.28 に示すように，20段ゼンジミアミルにおいて，非駆動の第1中間ロールの片側端部にテーパーを付与し，圧延材の寸法・種類によりテーパー位置を設定し，平坦度を制御する方法が古くからステンレス鋼板，電磁鋼板，高炭素鋼板，高硬合金材料の圧延に採用されている[40].

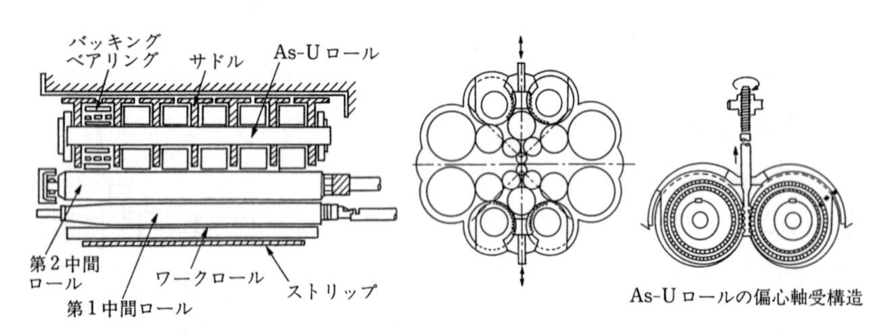

図 8.28　20段ゼンジミア圧延機のロール構成と As-U 偏心軸受

板幅方向の断面板厚精度の要求が高くなるとともに，既存4段圧延機の改造もあり，多くの技術が実用化されている．片テーパークラウンロールシフトミル（K-WRS mill）は，ワークロール胴の片側端に先細りテーパーを付与し，上下で交互配置することにより，寸法，鋼種に応じてテーパー開始点を圧延板端の内部に調整でき，エッジドロップの制御を主目的としたものである[41]．4段式の熱間仕上げ圧延機後段スタンドに初めて採用され，最近では4段および6段式の冷間圧延機にも普及し，平坦度制御との両立もあり，前段スタンドに設置されている（**図 8.29**（a）参照).

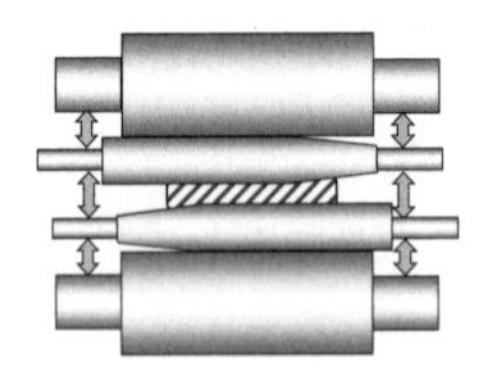

（a） 片テーパークラウンロールシフトミル（K-WRS ミル）

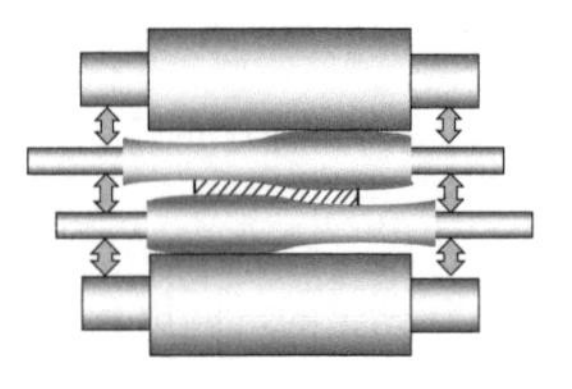

（b） S字クラウンロールシフトミル（CVC ミル）

図 8.29　特殊クラウンロールを有する4段式ワークロールシフト圧延機

S字状曲線（三次式形状）のクラウンを有し，上下に交互配置したCVCミル（continuous variable crown mill）上下ロールを逆方向にシフトすることにより，その微分式に比例した二次式形状のロール間隙分布が得られることに独創性を有する圧延機であり，端伸び，中伸び形状の板クラウン，平坦度制御に適した圧延機である[42]．この圧延機は4段式圧延機（ワークロールをS字形状），6段式圧延機（中間ロールをS字形状）に適用され，鉄鋼やアルミニウムの圧延に広く普及されてきた（図(b)参照）．

（**c**）　**ロールベンディング機能の向上を図るロールシフト圧延機**　この典型はHCミル（high crown mill）であり[43]，6段式圧延機の上下一対の中間ロールを軸方向にたがいに逆方向にシフトし，ワークロールベンディングの効果を大幅に向上させたものである（**図8.30**参照）．1974年に鉄鋼用冷間圧延機として実用化開発されて以来，鉄鋼，非鉄金属の多くの冷間圧延機に採用された．さらに，1977年には鉄鋼用熱間圧延機にも実用化され，中間ロールだけでなくワークロールもシフトできるように改良され，材料や寸法規制のないスケジュールフリー圧延にも有効に機能している．熱間圧延機ではワークロールをシフトすることにより同様の効果を狙った4段式圧延機がより広く普及している．

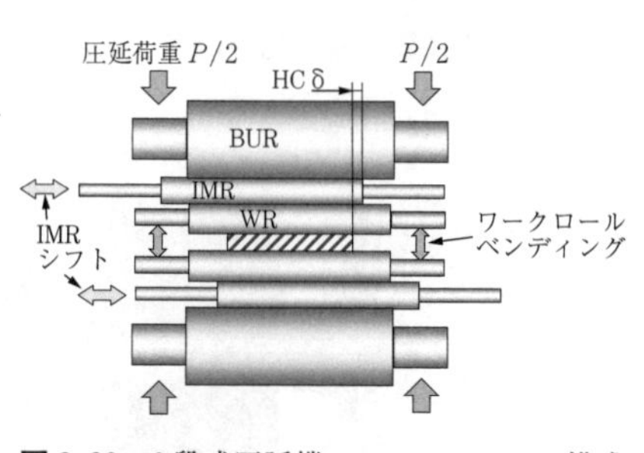

図8.30　6段式圧延機HCミルのロール構成

HCミルはワークロールベンディングの効果向上を目的としているが，さらに6段式圧延機において中間ロールベンダーも装備したUCミル（universal crown mill）[44]へと発展し，ワークロールをより小径にすることにより，電子材料を始めとする高品質の寸法・形状精度の要求される難圧延材の圧延に力を発揮している．

（**d**）　**ロールクロス圧延機**　上下のロール軸をたがいに交差させて，上下ロール間の軸方向の間隙分布を調整することにより，板クラウン・平坦度制御を行う方法である．この方法は古くは1930年代から提唱されていたが，ワークロールとバックアップロールの摩擦によりロール軸方向に生じるスラスト力が大きいことから，金属の板材圧延機としては実用化が困難とされていた. 1980年代にワークロールとバックアップロールを一対として上下ロールをクロスさせることにより，この問題を解決し実用化されるに至った[45]. このペアクロスミル（PCミル，pair cross mill）は，鉄鋼用熱間圧延機に採用され，板クラウン制御に大きな威力を発揮している（**図8.31**参照）. ロールシフト圧延機に比べ，ミル剛性の変化が小さいことも特徴である.

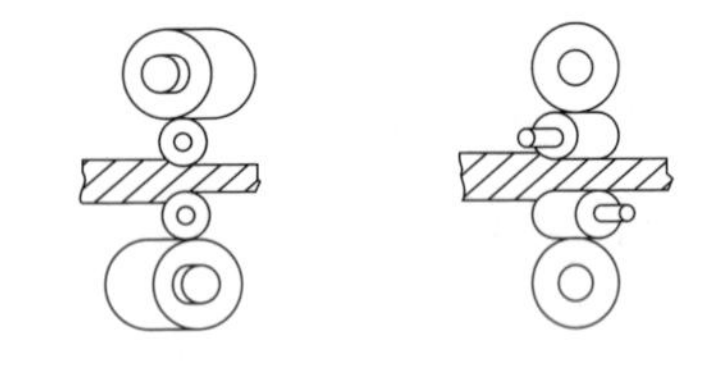

図8.31　4段式ロールクロス圧延機

ロールクロス圧延機は，ごく少量の角度の変更（0～1.6°）だけで非常に大きな効果があり，**図8.32**に示すように，幾何学的に圧延材幅方向のロールギャップを変更することができる.

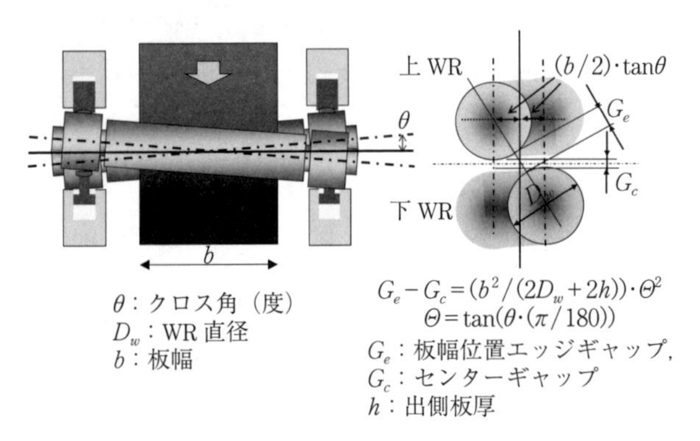

図8.32　ロールクロス圧延機のロールギャップ変更機構

熱間圧延機のために開発された圧延機において，板クラウン・形状制御能力を比較した計算例[46),47)]が紹介されており，従来のワークロールベンディング機構のみの4段圧延機に比べて，それ以外のクラウン形状制御端を有する圧延機では，格段にクラウン制御能力が大きくなっている．

（e） クラウン可変ロール　ロールに液圧室を設け，液圧によるロール膨張を利用してロールクラウンを制御する方法は，紙材を始めとして非鉄金属材料の圧延で古くから実用化されていた．

金属材料の圧延では，1960年代に複合バックアップロールのアーバとスリーブ間に油圧キャビティを設け，油圧圧力を調整することによりスリーブを膨らませ，ロールクラウンを可変とする方法が提案されている[48]．これを具体的に実用化したものがVCロール（variable crown roll）[49]やICロール（inflatable crown roll）[50]である（**図8.33**（a）参照）．ロール設備であるため，圧延機の改造を伴わない利点がある．これらは負荷の小さいスキンパス圧延機を始め，広く実用に供されている．

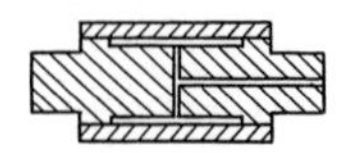

（a） 液圧キャビティ式（VCロール，ICロール）

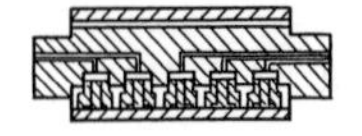

（b） 静圧軸受式（NIPCOシステム）

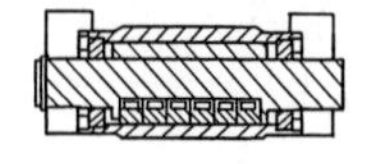

（c） 油膜軸受式（shapeロール）

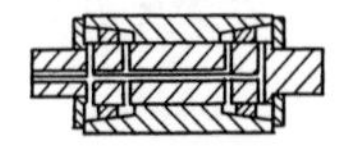

（d） テーパーピストン式（TPロール）

図8.33 代表的なクラウン可変ロール

製紙機械に用いられていたNIPCOシステム[51]も金属圧延機のバックアップロールに使用されるようになってきた（図（b）参照）．これは固定ビーム，回転スリーブ，静圧ベアリングにより構成され，静圧ベアリングのサポートパッドは固定ビームに組み入れられている．パッドはワークロールに接触する側にあり，スリーブとは付加された油圧に対し，適当の間隙を維持しながらビームを曲げ，板クラウン制御を行う．同様に回転スリーブ内に複数の固定ビーム，プッシャー，油膜軸受パッドから構成されるshapeロールも開発されている[52]（図（c）参照）．

前述の油圧によりロール胴部のロールプロフィルを可変にする方式に比べ，ロール剛性を維持しつつ，スリーブとアーバ間にウェッジリングを有して油圧圧力により位置を変更し，ロール端のロールプロフィルを制御しようとした

TP ロール（taper piston roll）も開発され[53]，鉄鋼や非鉄金属の圧延に実用化されてきた（図（d）参照）．クラスター形圧延機に多く採用されているのが，ロール偏心機構を有した支持ロールにより端伸び，中伸び，複合伸びを制御する方法である．20 段センジミアミルにおける As-U ロール偏心軸受機構（図 8.28 参照）がその代表である．この方式はロール軸を曲げることになるが，12 段クラスター形圧延機では，ロール軸を曲げずにベアリング部のみ偏心させる機構も開発され機能向上を図っている[54]．

（f） **ロール冷却による制御**　　ロール冷却法はサーマルクラウンを制御するためであり，アルミニウムを始め鉄鋼，非鉄金属の冷間圧延において平坦度制御に効果を上げている．

ロール冷却法は胴長方向に設置された複数の吐出しノズルに対し，各ゾーンごとに流量を調節する方法（zone control）[55]，2 種類の温度を使い分ける方法（two temperature control）がある[56]（**図 8.34** 参照）．zone control 法が広く採用されてきたが，この効果をさらに向上させ応答を速くさせたものが two temperature control 法である．

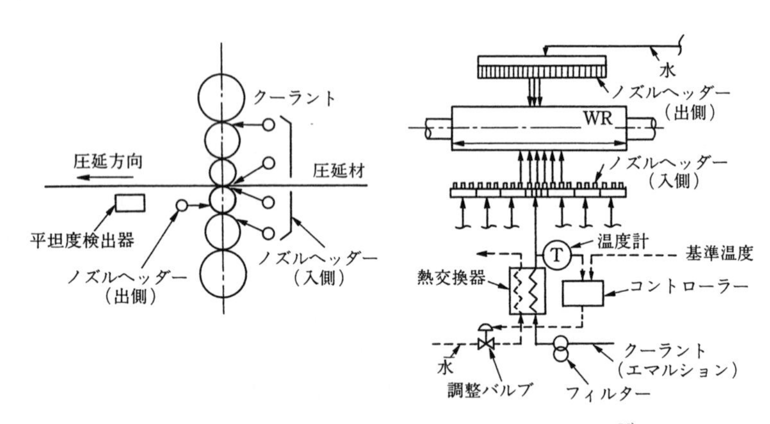

図 8.34　ロール冷却によるサーマルクラウンの制御[56]

上述した圧延機では，高生産性を実現するためのサイズ/スケジュールフリー圧延に対応するために，圧延機ロールの垂直方向，水平方向のベンディング機構，特殊ロールを用いた軸方向へのロールシフト，進行方向への回転によるロールクロス，油圧により膨縮させるクラウン可変ロール，分割ベアリングによるロール押出しなど多彩なアクチュエーターが考案，実用化されてきた．

8.2.3 板クラウンおよび平坦度（板形状）制御システム

8.2.1項〔3〕で述べたように，熱間圧延では板幅方向へのメタルフローが容易に生じるので，平坦度と板クラウンの同時制御が可能となる．冷間圧延では，このメタルフローはごく板端近傍に限られるので，平坦度とエッジドロップのみの制御が行われている．

〔1〕 板クラウン・平坦度制御

（a） 熱 間 圧 延 熱間仕上げ圧延機列の1980年代頃に，後段複数スタンドにすでに述べた種々のアクチュエーターを有する制御ミルの導入が進められてきた．

図8.35には，熱間仕上げ圧延機列（6段圧延機）と板クラウン・平坦度の制御能力との関係について一例が示されている[57]．後段スタンドのみに板クラウン制御能力を有する圧延機を導入した場合，圧延機列の中間スタンドでは圧延機の通板に支障のない平坦度（通常，急峻度2.5～3%以下といわれる）の確保と最終スタンド出側で良好な平坦度（急峻度0%）の確保のため，板クラウンを制御するためのアクチュエーターの能力を十分に発揮できない状況が

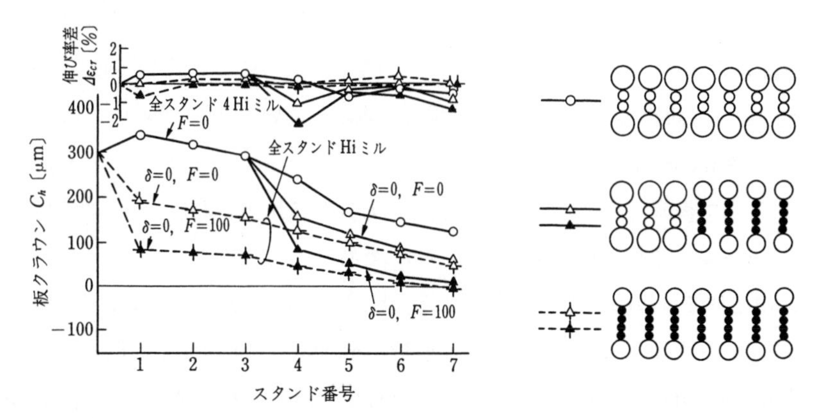

図8.35 熱間仕上げ圧延機列（6段圧延機）と板クラウン・平坦度の制御能力との関係[57]

あった．近年，既存ミルの改造では，薄物・硬質材などの圧延量が増加していることもあり，仕上げ前段に大きな板クラウン制御能力を有する圧延機が配備されることが増えている[58]．

（b）冷間圧延　一方，冷間圧延では，エッジドロップの制御が主体であり，**図 8.36** に一例を示すように[59]，前段の複数スタンドにおいて特に板端部を中央部よりやや厚くするように制御し，後段スタンドにおいて平坦度を悪化させないように減厚し，最終的に矩形断面と平坦度の確保の両立を図ろうとしている．この制御は，電磁鋼板やぶりき原板の圧延に適用されており，片テーパーワークロールシフトミルや TP ロールミルが多く導入されるようになってきた．冷間圧延においても，板端専用のプロフィル計が圧延機出側に設置されており，中間スタンド間にも装備されるケースがある．

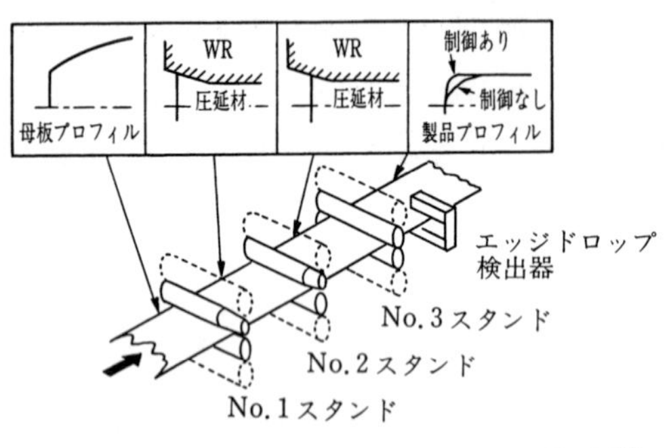

図 8.36　冷間圧延におけるエッジドロップ制御[59]

〔2〕平坦度制御

（a）冷間圧延　8.2.1 項に示したように，平坦度は長手方向伸びひずみの板幅方向の分布により表される．この長手方向伸びひずみ（実際には張力の板幅方向分布）を平坦度検出器により測定し，この出力を最小二乗法により次式のように四次べき級数化し，平坦度を表現している[60]．

$$y=\lambda_1 z+\lambda_2 z^2+\lambda_3 z^3+\lambda_4 z^4 \tag{8.24}$$

ここで，y：板幅各点での検出出力値（張力分布に比例した値），z：板幅方向位置，λ_1～λ_4：平坦度を表すパラメーターである．

式 (8.24) では板幅両端を $z=\pm1$ に正規化し，中央（$z=0$）における出力値を 0（$y=0$）とするようにシフトし，定数項を削除して平坦度を近似している．

式 (8.24) の四次べき級数を対称，非対称に分離し，パラメーター λ_1～λ_4 を次式のように Λ_1～Λ_4 に線形変換し，平坦度の直感的把握を可能としている．

対称成分

$$f_s(z)=\lambda_2 z^2+\lambda_4 z^4$$

$$\Lambda_2=f_s(l)=\lambda_2+\lambda_4$$

$$\Lambda_4=f_s\left(\frac{1}{\sqrt{2}}\right)=\frac{1}{2}\lambda_2+\frac{1}{4}\lambda_4 \tag{8.25}$$

非対称成分

$$f_n(z)=\lambda_1 z+\lambda_3 z^3$$

$$\Lambda_1=f_n(l)=\lambda_1+\lambda_3$$

$$\Lambda_3=f_n\left(\frac{1}{\sqrt{3}}\right)=\frac{1}{\sqrt{3}}\lambda_1+\frac{\alpha}{3\sqrt{3}}\lambda_3$$

図 8.37 に示すように，Λ_2 は板端（$z=1$）での平坦度（端伸び，中伸び）を，Λ_4 は $z=1/\sqrt{2}$ の位置での平坦度（クォーター伸び，複合伸び）を板幅中心を基準として表現される．Λ_1，Λ_3 は同様に非対称成分を表している．

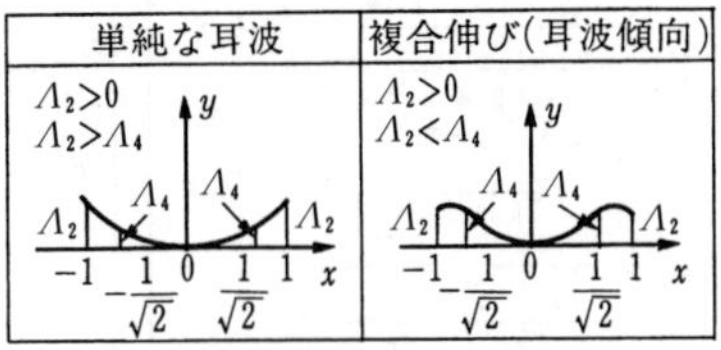

上記表示法に類似した方法として，四次直交関数により平坦度を表現する方法がある[61]．これは次式のように表される．

$$\beta(i)=A_1\phi_1+A_2\phi_2+A_3\phi_3+A_4\phi_4$$

$$A_j=\sum\phi_j(i)\beta(i) \qquad (i=0\sim4)$$

$$\sum\phi_j(i)\phi_k(i)=\begin{cases}1 & (j=k)\\ 0 & (j\neq k)\end{cases} \tag{8.26}$$

（a） 対称パターンの判定

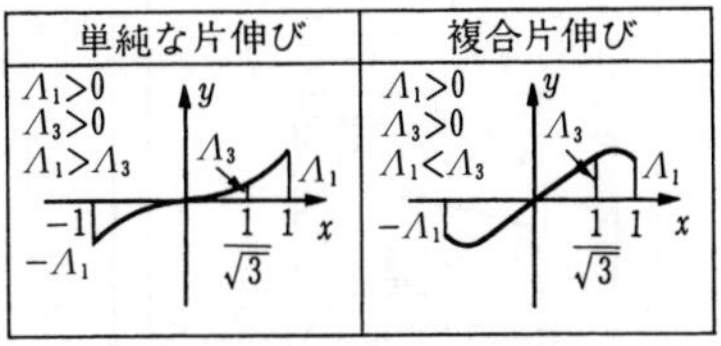

（b） 非対称パターンの判定

図 8.37 形状パラメーター $A_1\sim A_4$ と平坦度の関係[60]

ここで，$\phi_j(i)$ は直交関数，$\beta(i)$ は平坦度検出出力値，A_j はモード係数（A_1：片伸び，A_2：端伸び，中伸び，A_3：非対称伸び，A_4：クォーター伸び，複合伸び），i は幅方向の位置を表す．

その他，張力分布を測定し，この結果から各測定点ごとに平坦度を表示する．これは I unit 表示を採用し，以下のように表される[62]．

$$\frac{\Delta L}{L}=\left(\frac{\pi}{2}\frac{R}{L}\right)^2 \tag{8.27}$$

$$I_{\mathrm{unit}}=10^5\left(\frac{\Delta L}{L}\right)=10^5\left(\frac{\Delta\sigma}{E}\right) \tag{8.28}$$

ここで，式(8.27)で示した$\Delta L/L$は伸び差率，RおよびLは，平坦度の定義（図8.37参照）から，それぞれ波高さおよび波ピッチである．式(8.28)で示した$\Delta\sigma$は張力偏差，Eはヤング率である．

これらの平坦度制御システムは冷間圧延に多く採用されており，その代表例を以下に示す．

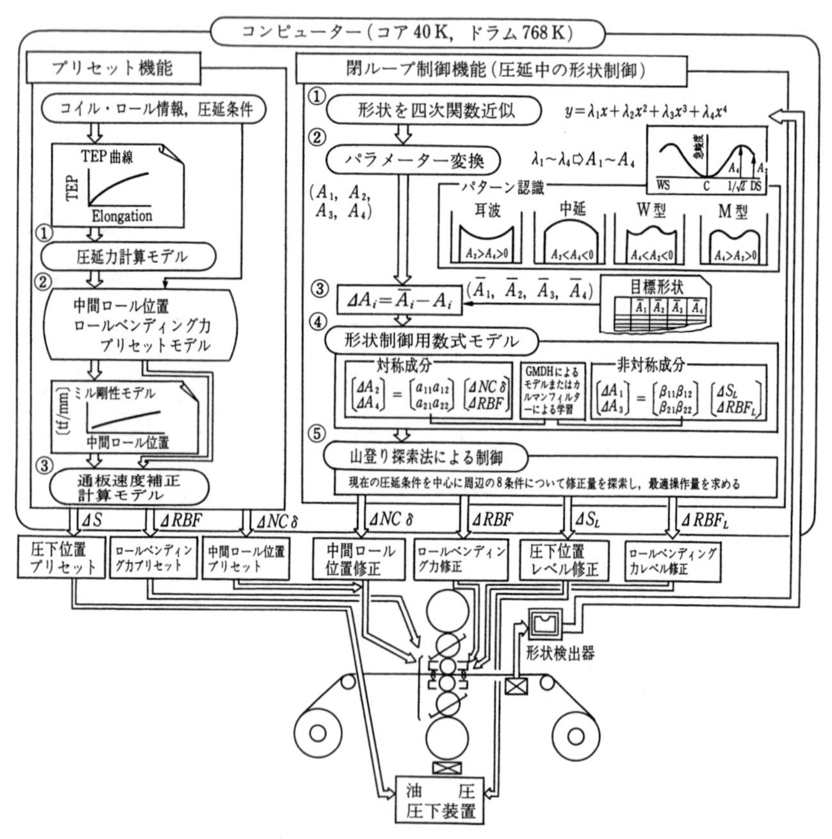

図 8.38　6段式圧延機 HC ミルに採用された平坦度制御システムの概要[63]

(1) **四次べき級数を用いた制御システム** 図8.38に四次べき級数表示を用いた6段式圧延機の平坦度制御システム[63]を示す．

(2) **I unit表示を用いた制御システム** 図8.39に自動平坦度制御システムを示す[62]．この制御システムは，アルミニウムの冷間圧延に初めて適用されたものであり，ロールベンディングやロールクーラントをアクチュエーターとして使用している．

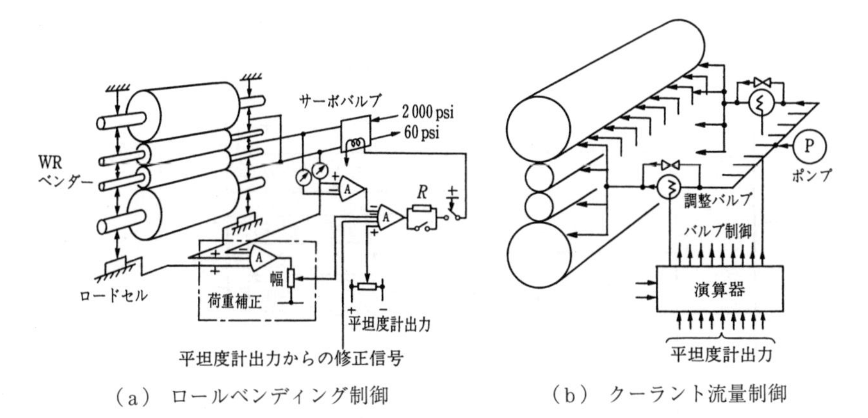

（a） ロールベンディング制御　　（b） クーラント流量制御

図8.39 アルミニウムの冷間圧延における自動平坦度制御システム（ALCAN-ASEA平坦度制御システム）[62]

（b） 熱 間 圧 延 熱間圧延では，板幅に比べ板厚が厚いことから複合伸びを無視して，端伸びと中伸びを表す伸び率差を制御変数とし，板クラウン制御との両立を基本に平坦度制御システムを多く採用している．したがって，前述のように，中間スタンドでは通板に支障のないように制御（急峻度≦2.5～3%）し，最終スタンドの目標急峻度を0%としたベンディング力を設定するセットアップ制御と，平坦度検出器からの出力を基にしたフィードバック制御を行っており，応答の速いロールベンディングをアクチュエーターに使用している．圧延荷重を変更する場合もあるが，板厚制御の面からむしろベンディング力の補正量として扱われる方が一般的である．

セットアップ制御は，コイル先端の板クラウン・平坦度を制御するためであり，前コイルの板クラウン・平坦度測定値や圧延実績（圧延荷重・板厚など）

に基づき，ベンディング力やほかのアクチュエーターの設定値を修正するものである．

熱間仕上げ圧延における平坦度制御システムの一例を**図 8.40** に示す[64]．同制御では，あらかじめベンディング力など各アクチュエーターの平坦度に対する影響係数を求め，制御スタンドに重み係数を乗ずることにより実施されている．

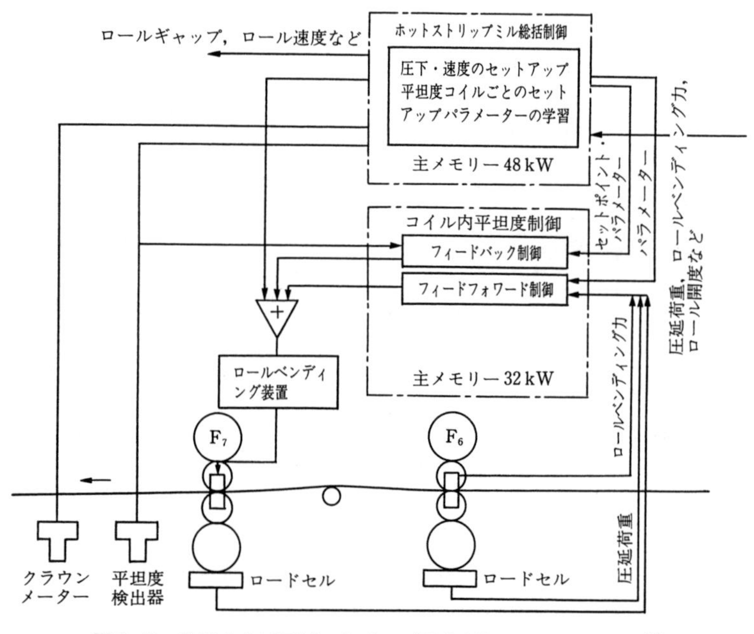

図 8.40　熱間仕上げ圧延における平坦度制御システムの一例[64]

8.3 板　幅　制　御

鋼板の圧延プロセスにおいて，板幅制御技術や平面形状制御技術は歩留り改善などにつながる重要な基盤技術である．本節では，熱延プロセスでの板幅制御，および厚板圧延プロセスにおける平面形状制御について紹介する．

8.3.1 熱間圧延の板幅制御

〔1〕 概 要

熱間圧延鋼板の板幅変動は**図 8.41** に示すように発生原因が異なるいくつかの形態がある[65]．粗圧延では，圧延材の先・後端部で，幅プレスや幅圧延（エッジャー圧延）による幅落ちや，水平圧延によるバチ広がり（フレアー）が発生する．また，定常部では加熱炉でのスラブの温度むらに起因したスキッドマークにより幅変動が発生する．仕上げ圧延では，スタンド間の張力により幅縮みが発生し，スキッドマークによる幅変動は拡大する．さらに，仕上げ圧延後にコイラーで巻き取る際，張力が過大になり板幅がネッキングする現象もある．

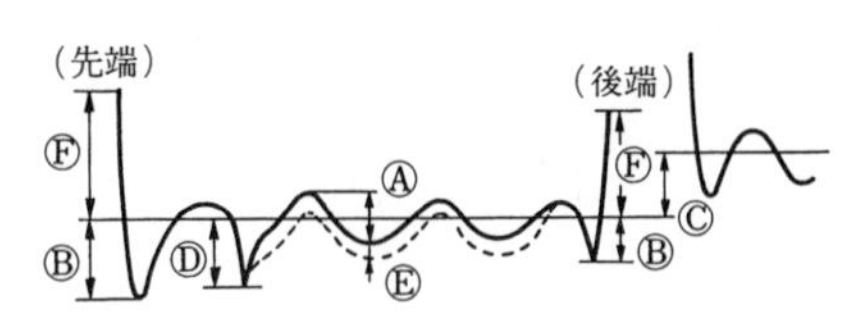

図 8.41 熱間圧延鋼板の各種板幅変動[65]

これまで，熱延鋼板の高品質，高歩留り化や，高効率・省エネルギー化，高生産性の要求に対して，熱延スラブの幅大圧下技術や高精度な自動板幅制御（automatic width control，AWC）技術が開発，実用化されている．熱間圧延の板幅制御技術として，(1) スラブ幅サイジング技術，(2) 粗圧延での幅制御技術，および (3) 仕上げ圧延での幅制御について述べる[66)〜68]．

〔2〕 スラブ幅サイジング技術

連続鋳造と熱間圧延の同期化を図るためスラブの幅集約が指向され，最大幅変更量 300〜1 300 mm の幅圧下が可能な幅サイジング技術が実用化された．スラブ幅サイジング法としては，**図 8.42** に示すエッジャー圧延方式と幅プレス方式がある．

エッジャー圧延方式はエッジャー（竪ロール）による幅圧下と水平圧延機によるドッグボーン圧下を組み合わせたレバース圧延法である．幅圧下効率とか

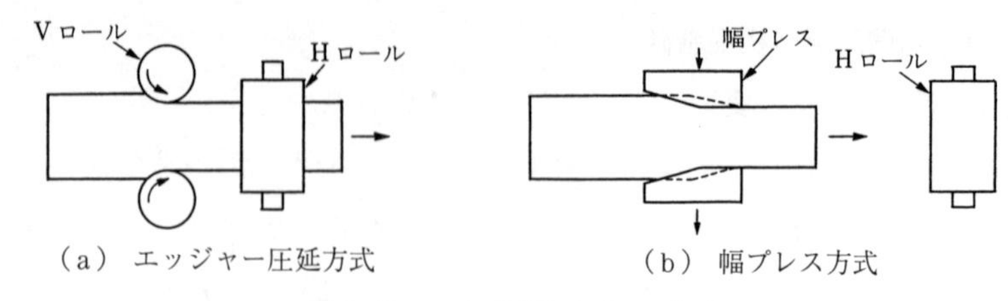

図 8.42　スラブ幅サイジング方式

み込み性の向上を図るためにエッジャーロールをカリバー（孔型）化しており，ϕ2 000 mm を超える大径カリバーロールも実用化されている[69]．また，**図 8.43** に示すように熱間圧延の前工程において，長大スラブを 2 基のエッジャーの間に水平圧延機を設置した V-H-V ミルによってレバース圧延し，最大 1 150 mm の幅変更が可能なプロセスも実用化されている[70),71]．

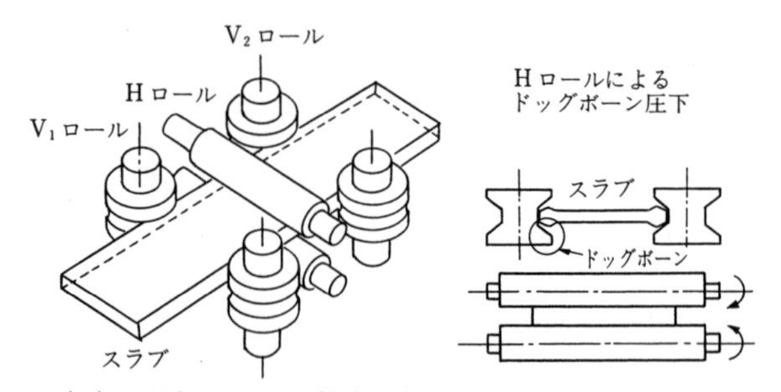

図 8.43　V-H-V ミルによる幅サイジング法[70]

幅プレス方式[72),73] はテーパー部と平行部を有する 1 対の金型でスラブを間欠的に幅圧下する方法であり，金型とスラブの接触長が長く，圧下が幅の内部まで浸透するため，**図 8.44**（次ページ参照）に示すように幅圧延方式に比べて幅圧下効率は高い[74]．

〔3〕 粗圧延での板幅・クロップ制御

（a） 板 幅 制 御　　粗圧延時の板幅制御は，板間の制御と板内の制御に大別される．板間の幅制御は，粗圧延機列の各エッジャーのセットアップ制御であり，エッジャー圧延後の水平圧延における幅広がりを予測して，粗圧延完了

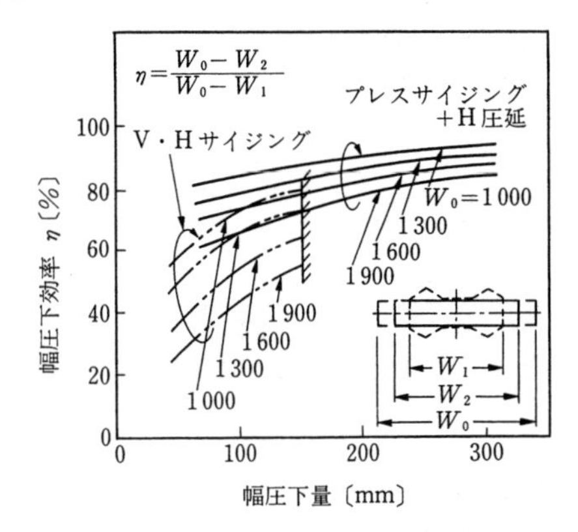

図 8.44　サイジング方式による幅圧下効率の比較[74]

時の圧延材平均幅を目標幅に一致させるように，各エッジャーのロール開度を圧延前に設定する方法である．このため高精度な幅予測式が必要である．**表 8.2** に実用的な幅広がり予測式を示す[75)~77)]．幅広がり予測式は，エッジャー圧延で生じた板幅端部の盛上り部のみを水平圧延（ドッグボーン圧延）した幅広がり量 ΔB_D と盛上り部のない矩形断面の圧延材を水平圧延した幅広がり量 ΔB_H の重ね合せからなる．また，エッジャー圧延時のピーニング効果を考慮した実用的な圧延荷重予測式を**表 8.3** に示す[77)~79)]．

板内の幅制御には，加熱炉で生じるスキッドマークに起因した幅変動と圧延材の先・後端部の局部幅狭部を，エッジャーの開度によってダイナミックに制御する方法がある．実際の制御方法は**図 8.45** に示すように幅計で幅変動を計

表 8.2　エッジャー圧延後の水平圧延時の幅広がり予測式

	幅広がり式　$\Delta B=\Delta B_H+\Delta B_D$
長田らの式[75]	$\Delta B_H W_E\cdot\{10^a\cdot(100r_H)^\alpha+(0.01T-11)\cdot(0.67r_H+0.033)\}/100 \quad \cdots r_H\geqq 0.1$ $=W_E\cdot\{10^a\cdot(100r_H)^\alpha+(0.01-11)\cdot r_H\}/100 \quad \cdots r_H<0.1$ $\Delta B_D=(\beta+0.001T-1.1)\cdot\Delta W_E$ $a=\{0.004\,2(2R_H/h_0)-0.25\}(W/h_0)+0.075\,6(2R_H/h_0)-1.325$ $\alpha=\{-0.001(R_H/h_0)+0.064\}(W/h_0)-0.005\,9(2R_H/h_0)+1.490$ $\beta=\{-0.61\times10^{-4}\cdot(2R_H/h_0)+0.016\,6\}(W/h_0)-0.012\,5(2R_H/h_0)+0.380$
芝原らの式[76]	$\Delta B_H=W_E\cdot\{(h_0/h_1)^s-1\}$ $s=\exp\{-1.64(W_E/h_0)^{0.376}\cdot(W_E/ld_H)^{0.016(W_E/h_0)}\cdot(h_0/R_H)^{0.015(W_E/h_0)}\}$ $\Delta B_D=\Delta W_E\cdot\exp\{-1.877(\Delta W_E/W)^{0.063}\cdot(h_0/R_E)^{0.441}\cdot(R_E/W)^{0.989}\cdot(W/W_E)^{7.591}\}$

〔注〕 ΔB：水平圧延後の幅広がり量，ΔB_H：矩形断面材の幅広がり量，ΔB_D：ドッグボーン圧下による幅広がり量，W：幅圧延前の板幅，W_E：幅圧延後の板幅，$\Delta W_E=W-W_E$，h_0：入側板厚，h_1：出側板厚，$r_H=(h_0-h_1)/h_0$, R_H：水平圧延ロール半径，R_E：幅圧延ロール半径，$ld_H=\sqrt{R_H\cdot(h_0-h_1)}$，$T$：板温〔℃〕

表 8.3　エッジャー圧延での圧延荷重予測式

	幅圧延荷重式　$P=k_{fm}\cdot H\cdot ld_E\cdot Q_P$
岡戸らの式[77]	$Q_P=1.59-6.66(h_0/W)+0.11(W_m/ld_E)+0.18(h_0/W)(W_m/ld_E)$
横井らの式[78]	$Q_P=\{1-0.53\exp(-1.66h_0/W)\}\cdot\{0.24(ld_E/W_m)+0.28(W_m/ld_E)+0.39\}$
渡辺らの式[79]	$Q_P=0.25(ld_E/W_m)+0.21(W_m/ld_E)+0.6$ ただし，$W=3h_0$ として k_{fm}，W_mを求める．

〔注〕 P：圧延荷重，k_{fm}：平均変形抵抗，h_0：板厚，$ld_E=\sqrt{R_E\cdot\Delta W_E}$，$R_E$：エッジャーロール半径，$\Delta W_E$：幅圧下量，$Q_P$：圧下力関数，$W$：入側板幅，$W_m=W-(2/3)\Delta W_E$

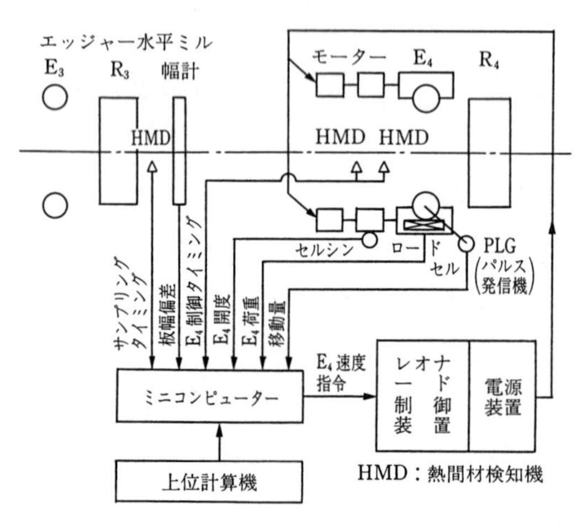

図 8.45　粗圧延エッジャーによる板幅制御の構成例[80]

測し，下流側（後続）のエッジャーのロール開度を修正するフィードフォワード方式[77),80)]と，自動板厚制御（AGC）と同様の考え方による自己検出型のエッジャー荷重フィードバック方式[81]がある．また，幅測定を基にエッジャーの開度設定値を修正する板間のセットアップ修正も同時に行われている．

（b）　クロップ制御[87),88)]　熱間仕上げ圧延の通板を容易にするために粗圧延完了時に圧延材の先・後端部に生じた不要なクロップを切断する．このクロップロスを最小化することで歩留り向上が図れる．エッジャー圧延方式では幅圧下量の増大に伴い，幅方向中央部が凸形状のタング状から幅方向中央部が凹形状のフィッシュテール状のクロップ形状へと変化し，特に幅大圧下時にはクロップロスが極度に大きくなる．このクロップ制御方法としてはプレス予成形法[82),83)]，両片パス圧延法[84)]，大径ロール圧延法[85)]など種々の方法が提案されており，最もクロップロス低減率が高いのは，**図8.46**に示すプレス予成形法である．幅プレス方式ではエッジャー圧延方式に比べてクロップ形状はタング状の傾向が強く，クロップロスの発生も非常に少ない[74),86)]．特に先端は，幅圧下量が大きくてもクロップが非常に小さいという特徴があり，それを利用し，大幅にクロップを低減する方法が提案されている[88)]

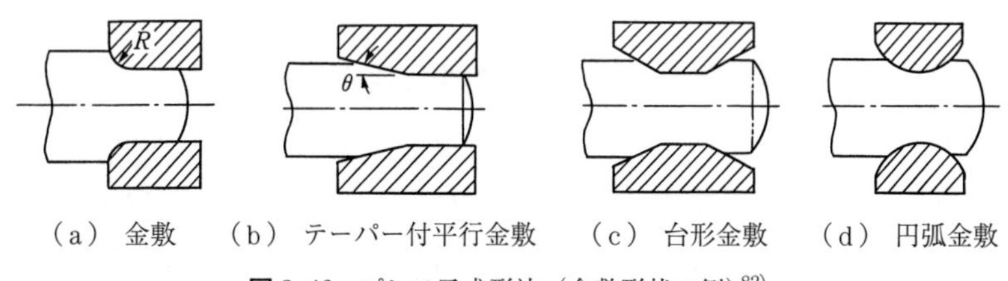

（a） 金敷　（b） テーパー付平行金敷　（c） 台形金敷　（d） 円弧金敷

図8.46　プレス予成形法（金敷形状の例）[82)]

エッジャー圧延とそれに続く水平圧延や，幅プレスでの変形挙動に関しては，剛塑性FEMや市販コードによる弾塑性FEM解析を用いた検討も多く行われており[89)～96)]，圧延条件の最適化やオンランモデルの精度向上，あるいはカリバーロールやプレス金型の最適設計などに活用されている．

〔4〕 仕上げ圧延での板幅制御

仕上げ圧延では，通板時のミル速度アンバランス，ルーパー制御不良，自動速度制御系の応答遅れ，スキッドマークのような長手方向温度変動などによるスタンド間張力変動が原因で板幅変動が生じる．また，一定張力でもスキッド部と非スキッド部の張力による幅縮みの差により板幅変動が生じる．このため，初期の仕上げ板幅制御は，板幅変化に対するスタンド間張力の影響を極力小さくしようとする低張力一定制御が主流であった[97),98)]．その後，さらなる幅精度向上のニーズから，**図8.47**に示すように，粗圧延と同様に仕上げミル前エッジャーや，スタンド間エッジャー[99)～101)]による板幅制御，幅計を用いて仕上げミルスタンド間の張力を変更する張力AWC技術が実用化された[102)～105)]．

また，これらの仕上げ圧延での高精度板幅制御を支える幅変化予測モデルの研究・開発も盛んに行われており，以下に紹介する．

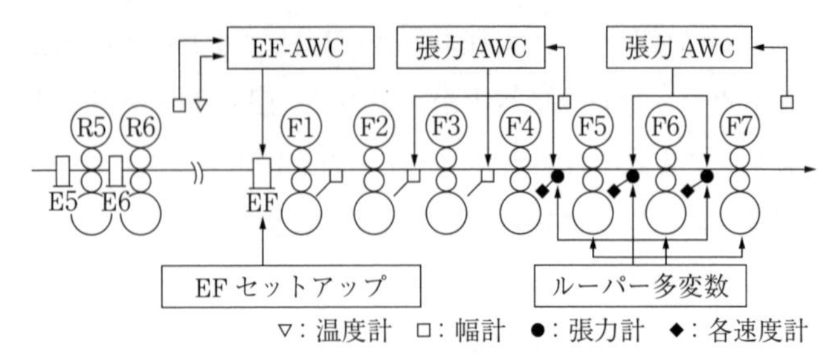

図 8.47　仕上げ AWC の構成例[103)]

仕上げ圧延ミルでの幅変化の要因は，水平圧延による幅変化とスタンド間張力による幅縮みに大別することができる．水平圧延の幅変化は，粗圧延では幅広がり量が大きく，8.3.1 項〔3〕で述べた実験などに基づく幅変化予測の数式モデルが定式化されている[75),76)]．一方，仕上げ圧延では板幅/板厚比が大きく，幅中央領域が平面ひずみ状態になるため幅広がり量は小さく，**図 8.48** に示すように板プロフィル変化の影響が大きくなる[106)~110)]．**図 8.49** に示すように，板クラウン比率変化を指標として簡易的に予測できる[106)~111)]．

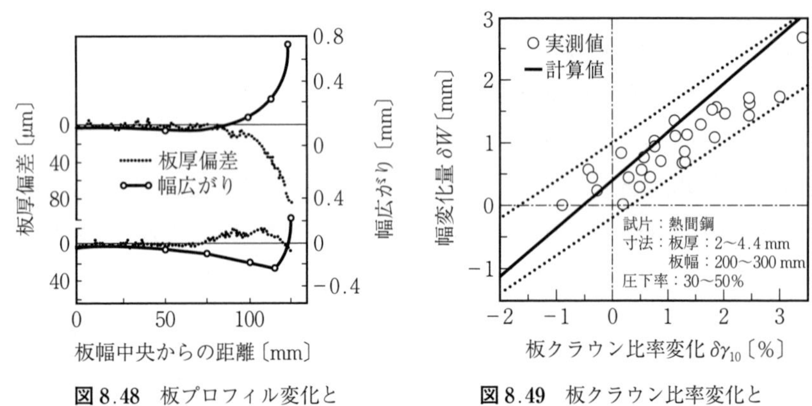

図 8.48　板プロフィル変化と幅変化の関係[106)]

図 8.49　板クラウン比率変化と幅変化の関係[106)]

スタンド間張力による幅縮みは，**図 8.50** に示すように早くから実機での定量的な調査が行われ[112)]，幅計を用いた張力 AWC 制御が実用化されていた．張力による幅縮み予測式は，**図 8.51** に示すような一定張力条件での伸びひずみの時間的変化に基づき定式化されている[113)~116)]．スキッドマークによる温度変

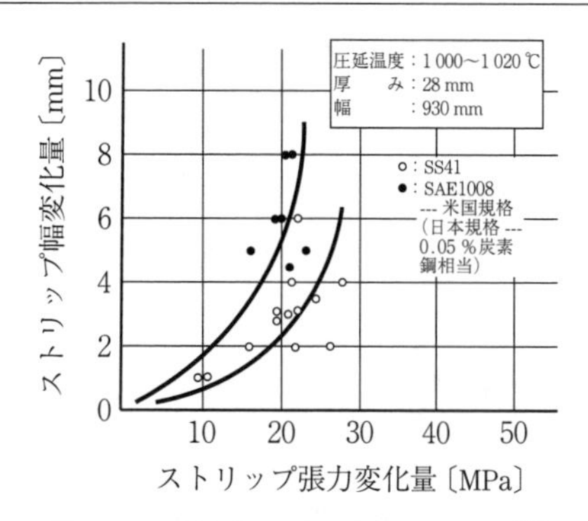

図 8.50 実機仕上げ圧延での幅縮み[112)]

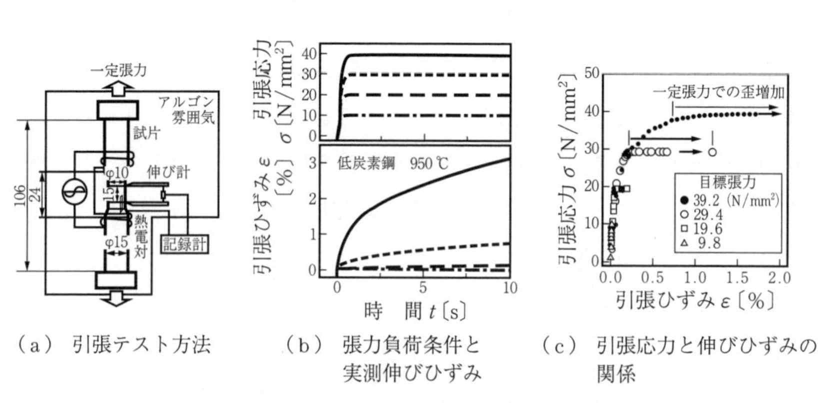

（a） 引張テスト方法　（b） 張力負荷条件と実測伸びひずみ　（c） 引張応力と伸びひずみの関係

図 8.51 低炭素鋼の高温引張テスト例[114)]

動がある場合の仕上げ幅予測に適用した例を**図 8.52** に示す[117)].

仕上げ圧延後の鋼板は，ランアウトテーブル（ROT）上を搬送されながら所

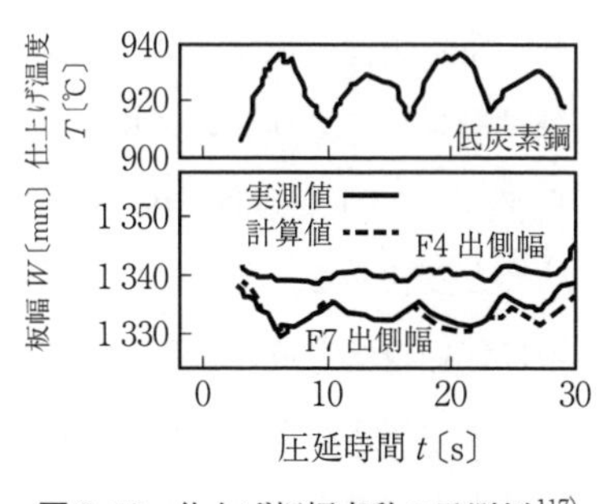

図 8.52 仕上げ板幅変動の予測例[117)]

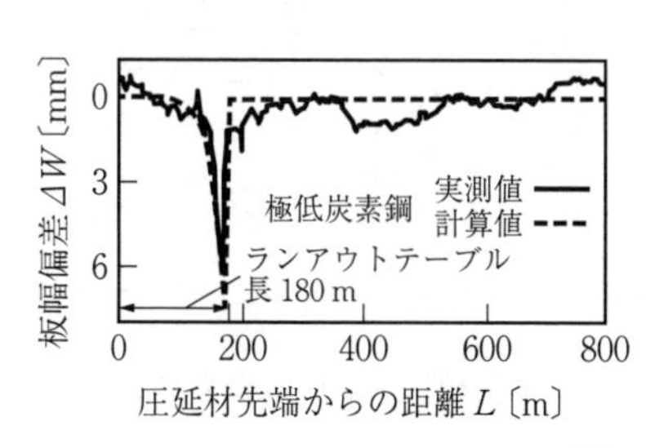

図 8.53 幅ネッキングの計算精度[117)]

定の温度まで水冷されて，ダウンコイラーに巻き取られる．この過程で圧延材はオーステナイトからフェライトに相変態する．その際に軟化が生じ，先端がコイラーに巻き取られる瞬間の過大な張力によって，**図8.53**のような幅ネッキングが発生するが，前述のモデルにより推定が可能である[117),118)]．

8.3.2 厚板の平面形状制御

〔1〕 概　　要

厚板における平面形状不良をその原因から大別すると，板幅精度の不良，先・後端部のクロップ形状不良，板幅端あるいは先・後端部の不均一変形（まくれ込み，オーバーラップ），キャンバー形状（平面湾曲形状）不良となる．これらはいずれも製品歩留り低下の原因となり，平面形状矩形化圧延技術が歩留り向上の面から重要となる．厚板平面形状不良発生原因とその予測に関して述べ，つぎに平面形状矩形化・ノートリム化技術に関して述べる．

〔2〕 平面形状の変形過程

水平1パス圧延時の変形では，圧延材の先・後端部は前・後の材料の拘束がないため，ツノ状の局部的な幅広がり（フレア）を生ずるとともにタング状のクロップ形状となる（**図8.54**(a)参照）．この幅張出し量$\varDelta W$およびクロップ量$\varDelta l$は圧延方向の先端部よりも後端部で顕著に生ずる．また，圧延後の板断面形状はバルジ形状となり，圧延条件（板厚，ロール径，接触投影長）によりシングルバルジからダブルバルジ（図(b)参照）形状へと変化する．その後の圧延パス増に伴い板厚が薄くなると，ダブルバルジ形状が潰されて，まくれ込み(オーバーラップ)となり，製品歩留り低下の一因となる．また，圧延材左右の伸びが異なったときにはキャンバー（図(a)参照）が生じ，その原因は入側圧延材のウェッジや圧延機上下ロールの平

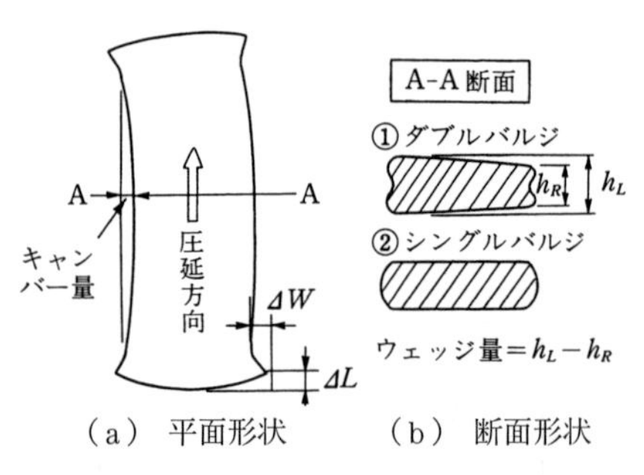

図8.54　平面形状不良（1パス圧延後）

行度不良などである[119].

前記，1パス圧延での形状不良が圧延パスごとに重ね合わされて仕上げ圧延材の平面形状不良となるが，厚板圧延の場合，圧延パス途中で圧延材を平面内で90°転回（ターン）して幅出し圧延を実施することが多く，変形がより複雑となる．加熱炉から抽出したスラブは「成形パス」と呼ぶスラブ長手方向に1～4パスの圧延を行い，板厚などを整える．続いて，圧延材を90°転回して成品の幅方向に圧延する「幅出しパス」にて，成品幅を調整する．成形パスでは平面形状はおおむね図8.54（a）に示すものになるが，幅出しパス後の形状は2通りに大別できる．成形パスでの圧下率が大きく，幅出しパスの圧下率が小さい場合は，幅出しパス方向の先後端は幅方向の中央部が凹形状になるフィッシュテール状，板幅端は長手方向の中央部が広いたいこ状となり，一方，成形パスでの圧下率が小さく，幅出しパスでの圧下率が大きい場合は，先後端はタング状，板幅端は長手方向の先後端が広いつづみ状になる傾向にある．幅出しパス後，圧延材を再び90°転回して「仕上げパス」によって，成品板厚まで圧延される．仕上げパス後の平面形状は，先述の幅出しパス後の形状と仕上げパスでの条件により決まる．

〔3〕 平面形状制御技術

厚板の平面形状を矩形化する制御方法は，種々の方法が開発されている．以下に代表的な技術に関して説明する．

（a） 水平圧延下制御法　前述のように，厚板圧延ではスラブから仕上げ圧延の間に幅出し圧延が入るので，これを利用して平面形状を制御することが可能となる．**図8.55**に示すように，つぎの二つの方法がある．

(1) 幅出しパス前の成形パスで圧延材長手方向に積極的に板厚分布をつけ，つぎの幅出しパスでの伸び差により，前述の幅張出し量ΔWを制御する．

(2) 幅出しパス時に圧延方向に板厚分布をつけて，仕上げ圧延時の板幅方向

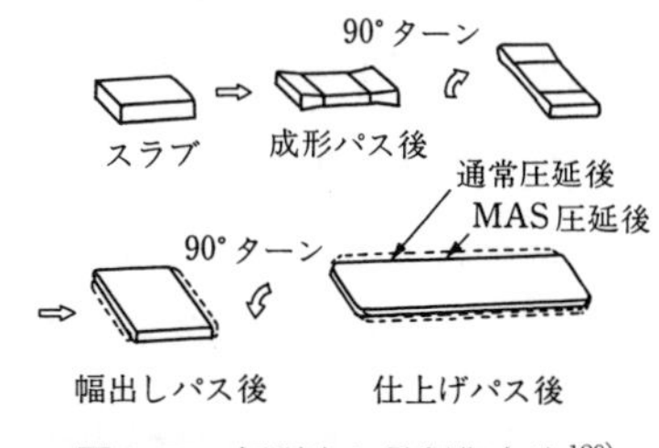

図8.55　幅張出し量制御方法[120]

伸び差分布により，クロップ量 Δl を制御する．

これらは，DBR（dog bone rolling）法[119]や MAS（mizushima automatic plan view pattern control system）法[120]と呼ばれており，平面形状矩形化技術として実用化されている．**図 8.56** に平面形状改善の効果を示す．

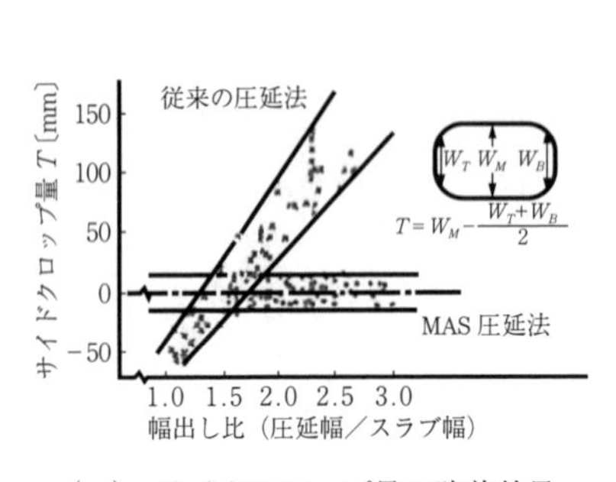

（a） サイドクロップ量の改善効果

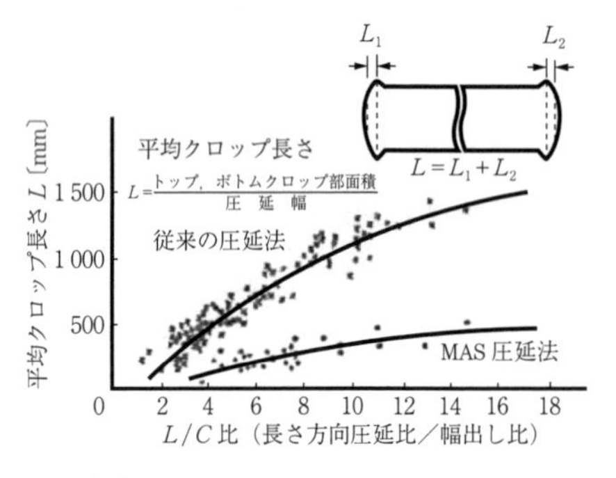

（b） 平均クロップ長さの改善効果

図 8.56　幅張出し制御法での平面形状の改善効果[120]

一方，これとはまったく異なる方法として**図 8.57** に示す差厚幅出し圧延法[121]と呼ばれる方法も提案されている．この方法は，幅出し圧延後にロールを傾斜させて端部だけ圧延し，矩形に近付ける方法である．

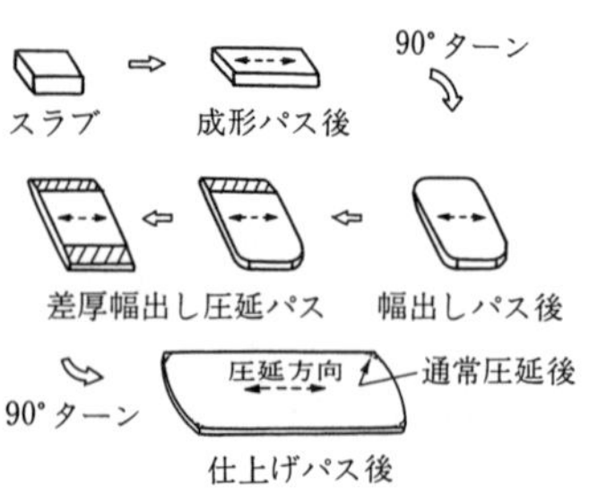

図 8.57　差厚幅出し圧延法[121]

（b） エッジャー圧延制御法　一般に，エッジング圧延をすると先・後端の幅狭とフィッシュテール状のクロップ形状が生じる．この点を利用し，**図 8.58** に示すように，成形パス後の L 方向エッジングと幅出しパス後の C 方向エッジング圧延を実施することにより，仕上げパス後の平面形状を矩形化する[122]．この場合の各エッジングパス時の最適エッジング量を決定するには，エッジング圧延による平面形状変化予測が必要である．その一例として，**図 8.59** はエッジング圧延による幅張出し量 ΔW の変化と，クロップ量 Δl の変化の関係を鉛モデル圧延テストにより求めたもので，

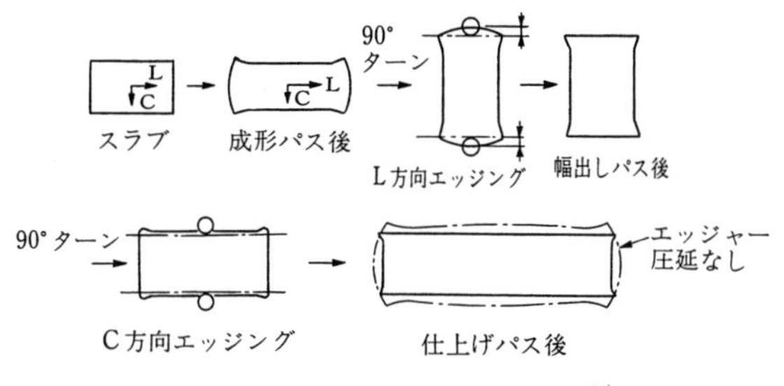

図 8.58 エッジャー圧延制御法[122)]

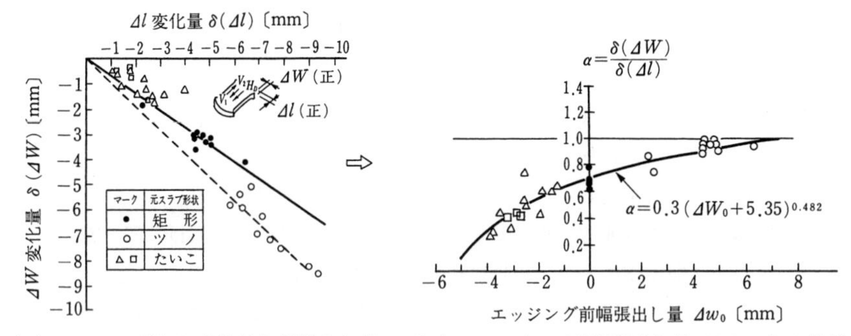

(a) クロップ量 Δl 変化量と幅張出し量 ΔW 変化量の関係　(b) エッジング前幅張出し量 ΔW_0 による整理

図 8.59 クロップ量 Δl 変化量と幅張出し量 ΔW 変化量の関係[123)]

両者の関係はエッジング圧延前の幅張出し量 ΔW_0 により決定できる[123)]．一方，エッジング圧延時の幅変化挙動はすでに定式化されており[80)]，ΔW_0 が求まるのでエッジング圧延によるクロップ量 Δl が予測可能となる．

また，ショートストロークエッジングを活用して，平面形状の切捨てロス面積を最小化するエッジャー幅圧下量最適化法も開発されている[124),125)]．

数値解析技術の進歩と計算機の能力向上に伴い，FEM による厚板圧延での平面形状変形挙動の解析も行われており，各種形状不良に対する影響因子の評価や，オンラインの予測モデルの高精度化の検討に活用されている[126)~128)]．

〔4〕 ノートリム化技術

前項に示した平面形状の矩形化により歩留りが大幅に向上するが，なお板幅端部のまくれ込み，板幅精度不良，キャンバーなどが残り，トリミングによる歩留りロスは避けられない．これに対して，ノートリム化技術が開発されている[129]．まくれ込み対策に関してはカリバーエッジャーの適用[129]，板幅精度改善対策としてアタッチドエッジャーの適用[129),130]，キャンバー制御としてはキャンバー計による計測と，これに基づいたレベル圧下制御[131]が有効である．また，板幅精度が向上するとトリミングに代わり，エッジミラーによる端面切削による歩留り向上技術も開発されている[130]．

引用・参考文献

1) 美坂佳助：塑性と加工，**8**-78（1967），188-200.
2) 美坂佳助：塑性と加工，**10**-96（1969），9-18.
3) 美坂佳助・吉本友吉：塑性と加工，**8**-79（1967），414-422.
4) 橋本一義・阿部光博・葉山安信：三菱重工技報，**18**-2（1981），270-274.
5) 今井功・鈴木孝治：石川島播磨技報，**13**-2（1973），189-198.
6) 星野郁弥・阿部禎一・木村紘・木村英紀：計測自動制御学会論文集，**31**-8（1998），1114-1121.
7) Vogelphol, G.Z.：Ver. Dt. Ing.,（1984），261.
8) 谷本直・林美孝・片岡恒男・笹生宏明・土井一博・藪内捷文：鉄と鋼，**70**-12（1984），1269-1276.
9) 福島賢也・辻勇一・上野伸二・関義朗・三代川勝・森田進一・岩瀬光男：昭和62年度塑性加工春季講演会講演論文集，（1987），99-102.
10) 塩谷政典・芳谷直治・植山高次：新日鉄技報，347（1992），74-77.
11) 木村和喜・中川繁政・原口昭彦・三浦寛昭：鉄と鋼，**79**-3（1993），382-389.
12) 小川茂・松本紘美・濱渦修一・田中晃：塑性と加工，**27**-304（1986），879-886.
13) 辻勇一・島津智・平石勇一・福島賢也・加藤勝弘・平世和雄：鉄と鋼，**74**-3（1988），481-488.
14) 木村和喜・布川剛・本城基・高橋亮一：鉄と鋼，**77**-4（1991），828-838.
15) 鈴木和裕・星俊弘・中野直和・上田一郎・和田凡平・角裕之・平田豊：鉄と鋼，**80**-9（1994），136-138.
16) 鈴木弘：塑性と加工，**8**-80（1967），460-466.
17) 鈴木弘：塑性と加工，**9**-88（1968），86-92.

18) 鎌田正誠・鈴木弘：塑性と加工，**9**-89（1968），398-404.
19) 鎌田正誠・鈴木弘：塑性と加工，**9**-90（1968），489-468.
20) 阿高松男：塑性と加工，**11**-116（1970），676-686.
21) 阿高松男：塑性と加工，**12**-121（1971），134-143.
22) 高橋則夫：石川島播磨技報，**17**-3（1977），287-292.
23) 吉田博・石川好蔵・広瀬勇次・斉川夏樹：塑性と加工，**23**-288（1982），691-699.
24) 木村和喜・中川繁政・原口昭彦・三浦寛昭：鉄と鋼，**79**-3（1993），382-386.
25) Peason, W.K.：J. Inst. Met.，**93**（1964-65），169.
26) 高島義昭ほか：石川島播磨技報，**19**-3（1979），133.
27) 辻邦夫ほか：神戸製鋼技報，**30**-1（1980），20.
28) 中島浩衛ほか：塑性と加工，**23**-263（1982），1172.
29) 鑓田征雄ほか：川崎製鉄技報，**11**-1（1979），78.
30) 土屋健治ほか：鉄と鋼，**61**-12（1975），s 552.
31) 鑓田征雄ほか：塑性と加工，**21**-238（1980），990.
32) 神居詮正ほか：塑性と加工，**17**-191（1976），966.
33) 足立明夫ほか：昭和 53 年度塑性加工春季講演会講演論文集，（1978），45.
34) 渡辺英一ほか：塑性と加工，**23**-263（1982），1139.
35) 本城恒ほか：石川島播磨技報，**215**（1981），45.
36) 渡邊英一ほか：塑性と加工，**23**-263（1982），1139.
37) Rittinghaus, S., et al.：Stahl und Eisen，**98**-5（1978），194.
38) 鍬本紘ほか：塑性と加工，**23**-263（1982），1259.
39) Ballintine, 0.P., et al.：Iron Steel Eng.，**52**-3（1975），35.
40) Sendzimir, M.G.：ibid.，**57**-11（1980），31.
41) 三宅祐史ほか：川崎製鉄技報，**16**-4（1983），3.
42) Bald, W., et al.：Iron Steel Eng.，**64**-3（1987），32.
43) 梶原利幸ほか：目立評論，**56**-10（1974），919.
44) 西英俊ほか：塑性と加工，**24**-268（1983），44.
45) 大森舜二ほか：第 33 回塑性加工連合講演会講演論文集，（1982），41.
46) 松本紘美ほか：製鉄研究，**328**（1988），49.
47) 河野輝雄：住友金属，**42**-4（1990），190.
48) 益居健：92, 93 回西山記念技術講座テキスト，（1983），16.
49) 益居健ほか：塑性と加工，**23**-263（1982），1188.
50) Eibe, W.W.：Iron Steel Eng.，**61**-9（1984），20.

51) Guettinger, H., et al.：4th Int. Conf. on Steel Rolling,（1987），E 20.
52) Quehen, A., et al.：4th Int. Steel Rolling Conf., **2**（1987），E 21.
53) 加藤平二ほか：石川島播磨技報，**26**-6（1986），360.
54) 川並高雄ほか：塑性と加工，**23**-263（1982），1216.
55) Sivilotti, O.G.：Iron Steel Eng., **50**-6（1973），83.
56) 木川佳明ほか：塑性と加工，**27**-304（1986），587.
57) 中島浩衛ほか：昭和 54 年度塑性加工春季講演会講演論文集，(1979)，42.
58) 小川茂：第 270 回塑性加工シンポジウム，(2008)，55.
59) 水上進ほか：材料とプロセス，**2**-2（1989），465.
60) 戸田龍ほか：第 29 回塑性加工連合講演会講演論文集，(1978)，97.
61) 上住好章ほか：三菱電機技報，**55**-9（1981），54.
62) Nilsson, A.：Iron Steel Eng., **56**-6（1979），55.
63) 今井一郎ほか：第 29 回塑性加工連合講演会講演論文集，(1978)，94.
64) 北尾斉治ほか：塑性と加工，**23**-263（1982），1145.
65) 日本鉄鋼協会：わが国における最近のホットストリップ製造技術，(1987)，59.
66) 塑性と加工，“熱間圧延における幅変更・幅制御技術”特集号，**25**-277（1984），73.
67) 佐々木保：217 回塑性加工シンポジウムテキスト，(2002)，57.
68) 佐々木保：248 回塑性加工シンポジウムテキスト，(2006)，17.
69) 森研介・市川司朗・坂口敏明・徳丸秀人・渡辺和夫：鉄と鋼，**72**-4（1986），s 324.
70) 広瀬稔・中間昭洋・高田克己・橋本肇：鉄と鋼，**73**-12（1987），s 1103.
71) 竹内正博：製鉄研究，**310**（1982），295.
72) 田添信広：塑性と加工，**38**-442（1997），962.
73) 植村昌信・菰田隆・波床尚規・田添信広・井出賢一・小林弘：石播技報，**30**-6（1990），479.
74) 二階堂英幸・直井孝之・植木茂・藤原煌三・阿部英夫・二瓶充雄：第 38 回塑性加工連合講演会講演論文集，(1987)，37.
75) 長田修次・荒木省一・中島浩衛・神山藤雄・吉田一：昭和 54 年度塑性加工春季講演会講演論文集，(1979)，489.
76) 芝原隆・美坂佳助・河野輝雄・高力満・竹本裕：鉄と鋼，**67**-15（1981），2509.
77) 岡戸克・有泉孝・野間吉之介・薮内捷文・山崎喜政：鉄と鋼，**67**-15（1981），

260.
78) 横井玉雄・美坂佳助・吉原佳久次：鉄と鋼，**67**-15（1981），100.
79) 渡辺和夫・時田秀紀・中島浩衛：鉄と鋼，**64**-11（1978），s 697.
80) 芝原隆・河野輝雄・美坂佳助・布川剛：塑性と加工，**25**-277（1984），115.
81) 小林和夫・中西正幸・山田稔久・本城恒・石井肇・田添信広：昭和 57 年度塑性加工春季講演会講演論文集，（1982），33.
82) 阿部英夫：塑性と加工，**25**-277（1984），87.
83) 布川剛・平松照生・加山誠規・沖正海・芝原隆：鉄と鋼，**69**-13（1983），s 1069.
84) 木村寛・阿部博・羽田野清一・柳井久・園田正・網矢博昭：鉄と鋼，**68**-12（1982），s 1126.
85) 丹羽文雄・松田勝・小野武・的場哲・阿高松男・野原由勝：鉄と鋼，**68**-12（1982），s 1121.
86) 沖正海・芝原隆・寒川顕範・波床尚規：住友金属，**42**-4（1990），324.
87) 磯辺邦夫・比良隆明・阿部英夫：塑性と加工，**30**-340（1989），682.
88) 森謙一郎・小坂田宏造：塑性と加工，**23**-260（1982），897.
89) 宅田裕彦・森謙一郎・八田夏夫・小門純一：塑性と加工，**23**-262（1982），1103.
90) 二階堂英幸・直井孝之・柴田克巳・近藤徹・小坂田宏造・森謙一郎：塑性と加工，**25**-277（1984），129.
91) 中村洋二・橋本肇・中島裕文・金井則之・清末考範：CAMP-ISIJ，**23**（2010），1089.
92) Muller, H., et al.：Metallurgical Plant and Technology International，**15**-5（1992），60.
93) 山口晴生・草場芳昭：CAMP-ISIJ，**6**（1993），1349.
94) 井口貴朗・北浜正法・鑓田征雄：第 49 回塑性加工連合講演会講演論文集（1998），21.
95) 後藤寛人・壁矢和久・木村幸雄・高嶋由紀雄・三宅勝：第 66 回塑性加工連合講演会講演論文集，（2015），339.
96) 佐々木俊輔・勝村龍郎・三宅勝：CAMP-ISIJ，**27**（2014），347.
97) 斉藤森生・谷本直・林美孝・広川剛・薮内且文・宮井康之：日本鋼管技報，**107**（1985），12.
98) 福島賢也・辻勇一・関義朗・森田進一：東芝レビュー，**42**-11（1987），827.
99) 田添信広・佐藤勲一・藤島郁夫・本城恒・河村国夫・五十嵐泰生・鳥居光

男・大矢清：石川島播磨技報，**27**-4（1987），229.

100）田添信広・河村国夫・佐藤勲一・五十嵐泰生・藤島郁夫・本城恒：第 37 回塑性加工連合講演会講演論文集，（1986），37.

101）五十嵐泰生・的場哲・村国夫・本城恒・大矢清・田添信広：第 37 回塑性加工連合講演会講演論文集，（1986），41.

102）粟津原博・志田茂：塑性と加工，**25**-277（1984），109.

103）阪上浩一・中川与彦・十文字克彦・菊池保博・木村和喜・伴誠一：CAMP-ISIJ，**8**（1995），1249.

104）中田隆正・浅田秀樹・中島繁紀・平田清・北村章：神戸製鋼技報，**41**-3（1991），95.

105）木村和喜・阪上浩一：塑性と加工，**43**-493（2002），109.

106）佐々木保・河野輝雄・伴誠一・阪上浩一・喜多孝夫：CAMP-ISIJ，**9**（1996），304.

107）柳本潤・佐々木保・木内学・河野輝雄：塑性と加工，**33**-383（1992），1406.

108）石井篤・高町恭行・小川茂・山田健二・明田成徳・福井信夫：塑性と加工，**44**-509（2003），645.

109）吉田博・浅野一哉・野村信彰：第 40 回塑性加工連合講演会講演論文集，（1989），17.

110）米田裕紀・潮海弘資・岡田誠康・浦野朗・星泰雄・北浜正法：CAMP-ISIJ，**9**（1996），312.

111）佐々木保・河野輝雄：95 回鉄鋼協会圧延理論部会資料，（1992），95 圧理 -2.

112）黒田幸清・中牟田哲也・櫟原潤：鉄と鋼，**68**-12（1982），S 1127.

113）白石敏一・井端治広・水田篤男・郡田和彦・滝沢謙三郎：昭和 63 年度塑性加工春季講演会講演論文集，（1988），265.

114）伴誠一・佐々木保・河野輝雄・寒川顕範：第 44 回塑性加工連合講演会講演論文集，（1993），173.

115）高町恭行・小川茂・渡辺和夫：第 45 回塑性加工連合講演会講演論文集，（1994），519.

116）村田早登史・東祥三・升田貞和・関根宏・小倉隆彦：CAMP-ISIJ，**9**（1996），308.

117）佐々木保・河野輝雄・伴誠一・阪上浩一：第 46 回塑性加工連合講演会講演論文集，（1995），301.

118）佐々木保・矢澤武男・阪上浩一・河野輝雄：第 47 回塑性加工連合講演会講演論文集，（1996），73.

119) 升田貞和・平沢猛志・市之瀬弘之・平部謙二・小川幸文・鎌田正誠：鉄と鋼，**67**-15（1981），177.

120) 平井信恒・吉原正典・関根稔弘・坪田一哉・西崎宏：鉄と鋼，**67**-15（1981），163.

121) 渡辺秀規・高橋祥治・塚原戴司・千貫昌一・金田欣亮：鉄と鋼，**67**-15（1981），156.

122) 笹治峻・久津輪浩一・堀部晃・野原由勝・山田稔久・渡辺和夫：鉄と鋼，**67**-15（1981），139.

123) 河野輝雄・林千博・塚本頴彦・益本雅典：昭和58年度塑性加工春季講演会講演論文集，（1983），349.

124) Furukawa, H., et al.：Proc. of the 7th International Conference on Steel Rolling，（1998），583.

125) 和田凡平・古川裕之：住友金属，**50**-1（1998），79.

126) 平田健二・堀江正之・高島由紀雄・宇田川辰郎：117回鉄鋼協会圧延理論部会資料，（2002），117圧理-3.

127) Hirata, K., et al.：Proc. of the 7th ICTP，（2002），529.

128) 前田恭志：神戸製鋼技報，**59**-1（2009），8.

129) 井上正敏・大森和郎・折田朝之・岡村勇・磯山茂・樽井正昭：鉄と鋼，**74**-9（1988），1809.

130) 竹下幸一郎・若月邦彦・河野幸三・大力修・梶哲雄・金山重夫：鉄と鋼，**73**-12（1987），S 1061.

131) 大森和郎・井上正敏・三宅孝則・田中祐児・西崎克己：鉄と鋼，**72**-16（1986），2248.

9 棒線圧延

棒材・線材から加工される日本の製品は自動車を主体に幅広い分野で使用され，世界に誇る高級鋼として進歩してきた．ここでは，その製品を生み出すプロセスに焦点を当て，棒線圧延の基本的な考え方，塑性加工と加工熱処理，各社の最新棒線圧延動向，および今後の展望について俯瞰してみることにした[1)~3)]．ここでは紙数の都合上，加熱炉・ロール・周辺設備・精整・計測制御および二次，三次加工などは他の専門書[4),5)]に譲ることにした．

9.1 棒線圧延の歴史[6)~14)]

工業的に丸棒の圧延を確立した最初の技術者は**図 9.1** の英国人 Henry Cort で，1783 年に溝が付いたロールの特許を取った．つぎに，不純物を分離するため鉄をかき混ぜ，高品質の錬鉄を抽出する「パドル炉」の特許も 1784 年に取得した．

図 9.1 工業的に丸棒を圧延した始祖 英国人 Henry Cort[3)]

図 9.2（a）に示すように，鋳造製の二重ロールで水車の動力により錬鉄スクラップから丸棒を月間 40～80 t で生産したことに始まる．素材は図（b）に示すように，平板・丸棒・レールなどを薪のように束ねた「鉄パイル」を炉で加熱し，数パスの圧延で溶着させていた．二重式ロールは，往復圧延の際，蒸気エンジンによる回転を一時止めて逆回転させる必要があったが，1800 年以降，正逆回転が不要な三重式孔型圧延機（**図 9.3** 参照）

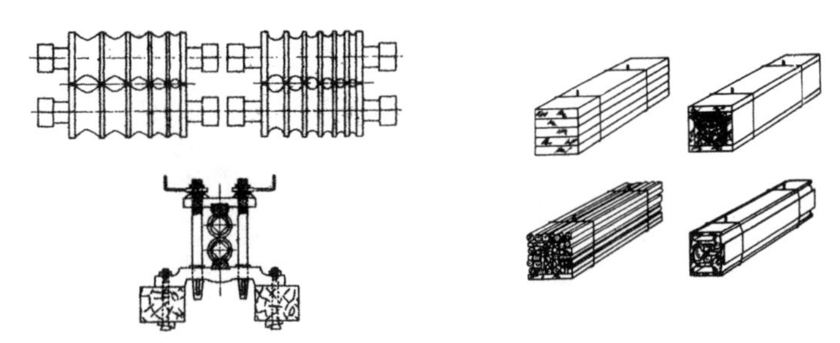

（a）孔型鋳造ロール（直径 280 mm，胴長 762 mm）　（b）鉄パイルによる素材

図 9.2　工業的丸棒の初生産[7)]

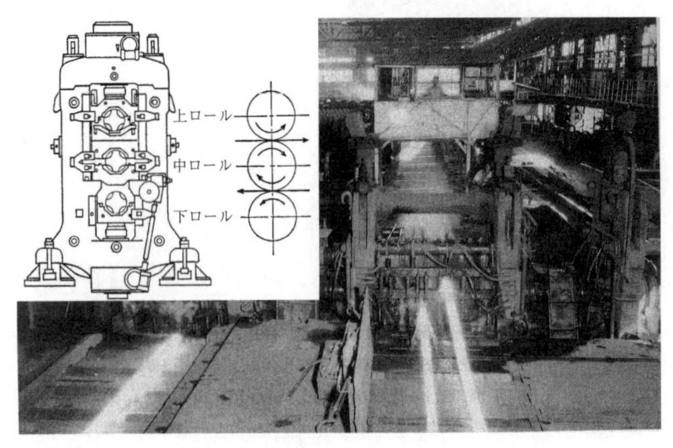

図 9.3　三重式による孔型圧延機[3)]

により，高い能率で生産されるようになった．

1866 年，英国ウェールズでより長い製品の要求が高まり，大きなインゴットの圧延を棒線圧延から分離，ブルーミングミルが考案・実用化されるようになった．1882 年，W.Garret は「ガレット式圧延法」を考案した．**図 9.4**（a）に示すように，一つの動力で全圧延機を駆動，粗列は三重式，中間・仕上げ列は二重，三重式の圧延機を横 1 列に配置したレイアウトである．人力で「箸方（はしかた）」が先端をつかみ，つぎの孔型に誘導していた．本方式は世界中で広く永く愛用され，ビレット 1 本当りの単重は 100 kg，仕上げ速度は数 m/s から 10 m/s に向上した．図（b）に示すように，粗列スタンドのみ連続水平圧

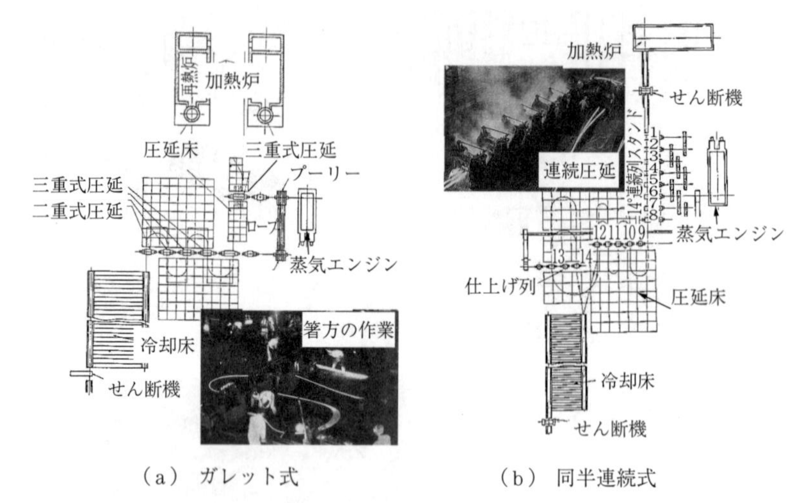

（a） ガレット式　　　　　　　（b） 同半連続式

図 9.4　ガレット式圧延機[7)]

延機配列で生産性を向上させた半連続式圧延に発展した.

米国で 1887 年にレピーターが発明され，材料の先端を自動装入化した（**図 9.5** 参照）. C.H.Morgan は，1878 年に 100 mm 角ビレットから $\phi 5.5$ mm の線材を 14 パスで水平圧延機により多ストランド全連続式圧延を実用化した.

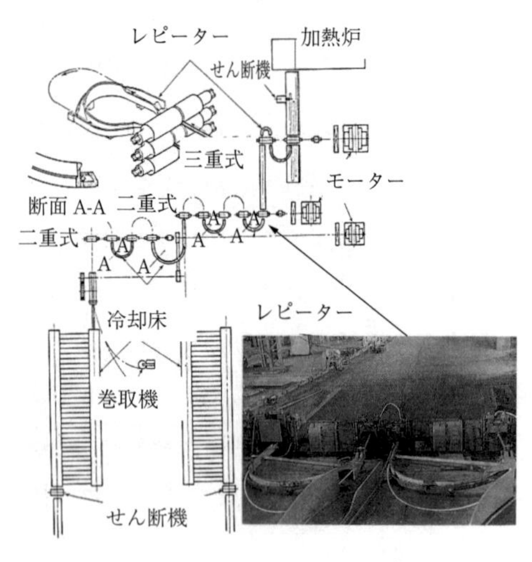

図 9.5　レピーター方式[12)]

図9.6には，1900年頃，50mm角ビレットからϕ5.5mmの線材を14パスで連続圧延したレイアウトを示す．最初の6スタンドは近接配置とし，スタンド間張力を取り除くため粗列と仕上げ列の間にスペースを設けている．その後，鋼片圧延ミルと鋼片再加熱炉と一体化全連続共通駆動線材ミルが稼働するようになった．

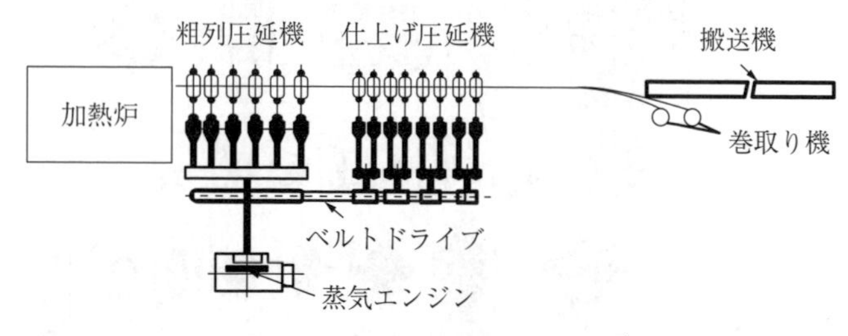

図9.6 全連続共通駆動線材ミル[7)]

図9.7には，当時の線材圧延の孔型形状とパススケジュールを示す．日本で初めて棒線圧延が導入されたのは，1901年（明治34年）官営八幡製鐵所に設けられた三重式粗圧延機と並列・複二重式仕上げ圧延機5基からなる第1小形工場（ϕ16〜32mm），ついで1907年にこの素材を利用し，ガレット式線材ミルにより日本初の普通線材の製造が開始された．線材工場は，三重式粗圧延機1基と中間・仕上げ列11基の全12基からなる半連続式ミルで，いずれも蒸気エンジンにより駆動した．同釜石製鉄所においては1913年（大正2年）に中形工場（ϕ48〜ϕ75mm），1916年に小形工場（ϕ9〜ϕ38mm）が稼働した．

これは，**図9.8**(a)に示す「ドイツ式」と称するシュレーマン社製全連続式ミルで，仕上げは1本通しでルーパーを取り入れた水平・垂直圧延であった．室蘭製鉄所では，1942年に半連続ガレット式の第1線材工場が稼動し，ϕ5.5〜ϕ9.5mmの線材を製造した．旧住友金属・小倉製鉄所の前身である東京製綱・小倉製鋼所に1917年小形工場，1918年にガレット式線材工場が完成した．神戸製鋼所では1923年からガレット式圧延法で棒鋼（ϕ12〜ϕ80mm）を生産し，1926年線材工場（ϕ9.5〜ϕ12.7mm）が稼働し，1929年にϕ5.5mmの量産に成功した．1932年に半連続式圧延方式の第2線材工場が稼

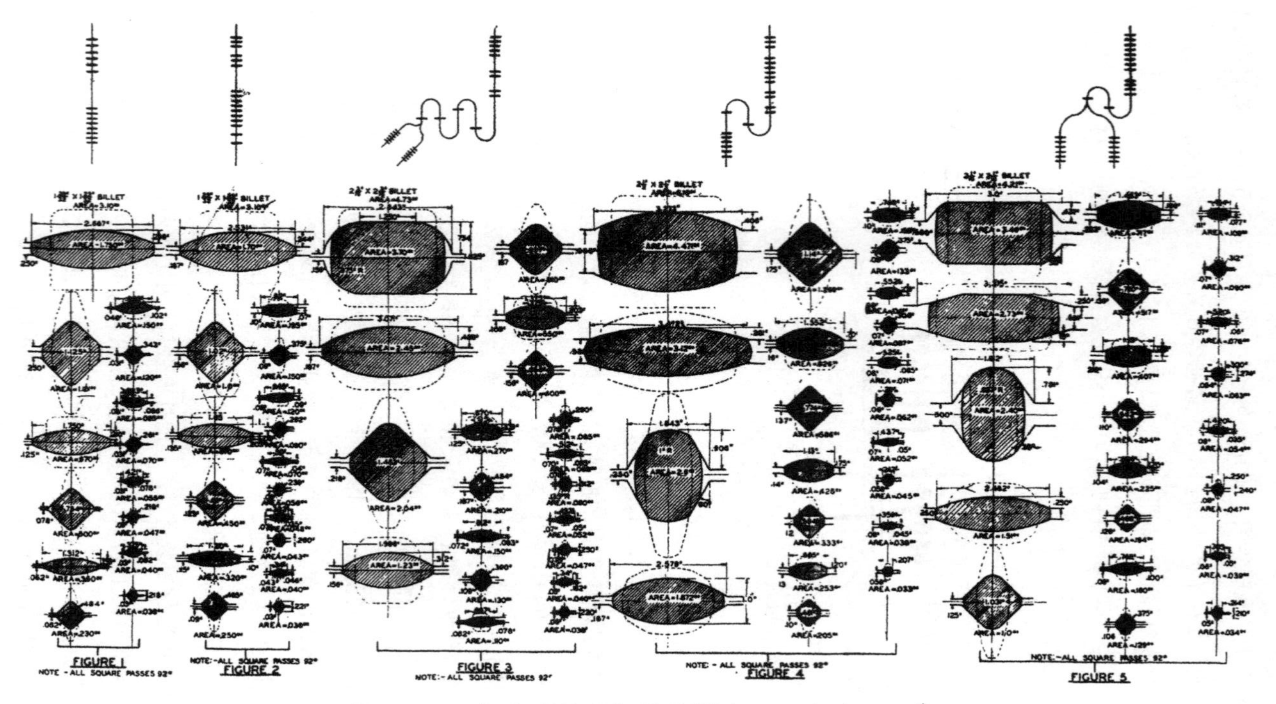

図 9.7　1900 年頃の線材圧延の孔型形状とパススケジュール[7]

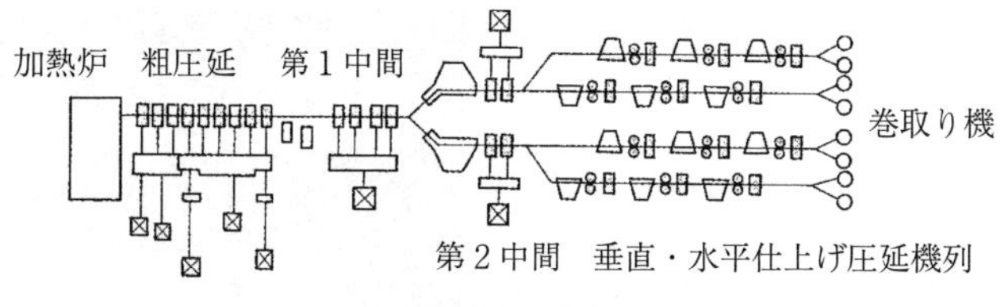

（a） ドイツ式ミル

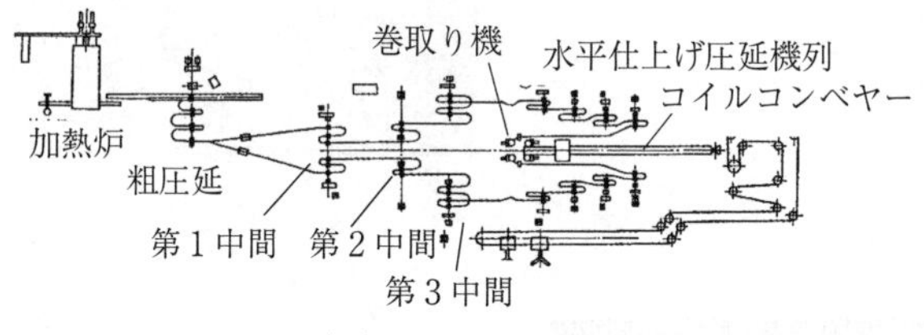

（b） スウェーデン式ミル

図 9.8 ドイツ式とスウェーデン式のレイアウト[3)]

働し，硬鋼線が国産化されるようになった．戦後の復興と自動車産業の発展に伴い 1956 年，図 9.8（b）に示すように神戸製鋼所にスウェーデン式と称するモルガーシャーマ社のレピーター方式の圧延を導入し，寸法精度が高く表面きずの少ない線材を指向した．1955 年，旧八幡製鐵・光でドイツ式と称する全連続式ノーツイストミル（仕上げスタンドからルーパーおよび水平・垂直交互圧延）が稼働，続いて旧富士製鐵・釜石にも導入された．1958 年，旧住友金属・小倉では鋼片圧延ミルと鋼片再加熱炉を一体化した全連続共通駆動線材圧延機が導入された．1969 年に神戸製鋼所の第 7 線材工場，同年に旧富士製鐵・室蘭で ϕ 9〜38 mm の太径専用の第 2 線材工場が稼動した．

図 9.9 に，旧住友金属・小倉が 1970 年に Morgan 社から導入した線材ミルのレイアウトと圧延機を示す．4 ストランド粗列・中間列圧延，仕上げ圧延にツイストのないブロックミルや衝風式パテンティング処理を備えたコイル単重 2 t の線材圧延である．

仕上げブロックミルは**図 9.10** に示すように，速度制約の原因であったスピンドルやカップリングを廃している．当初は ϕ 5.5 mm で 60 m/s であったが，現在では 120 m/s が可能となっている．

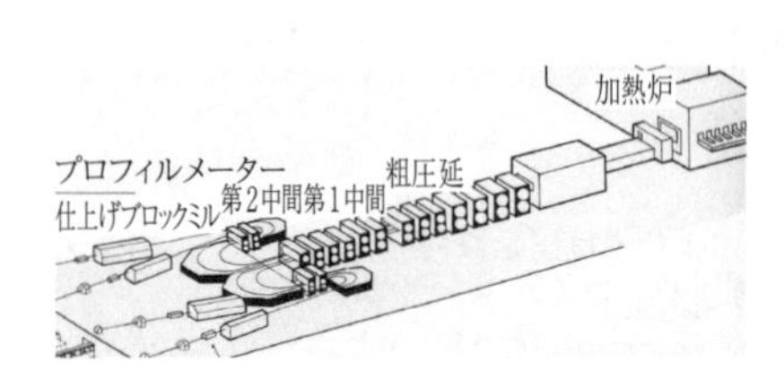

図 9.9　Morgan 式線材ミルのレイアウトと圧延機[3)]

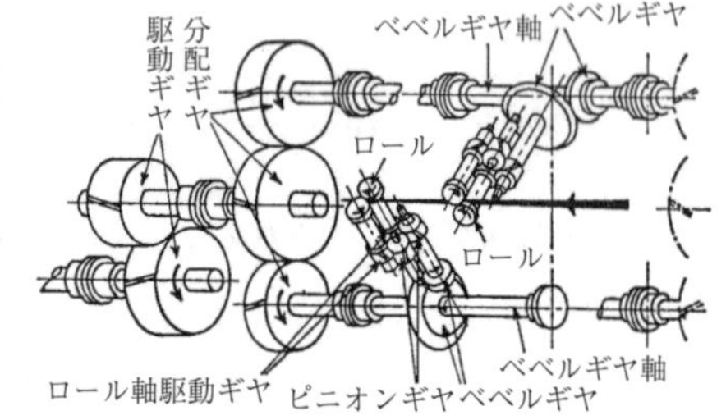

図 9.10　仕上げブロックミルの駆動構造[3)]

1971 年に同型式の旧新日鐵・君津，1973 年に神戸製鋼所・加古川にも第 2 中間以降のレイアウトを変更した同型式の線材ミルが稼働した．棒鋼工場は，品質重視の観点から水平・垂直交互配列 1 本通しの流れに変わり，1974 年に旧新日鐵・室蘭では連続棒鋼ミル，1976 年に旧住友金属・小倉においても同型式の棒鋼ミルが導入された．神戸製鋼所でも棒鋼工場が更新された．

圧延機が水平・水平配列の場合，**図 9.11**(a)に示すようにツイストガイドあるいは孔型を斜め配置にして，つぎのパスまでに 90° 捻転させていた．図(b)は水平・垂直の両方に対応した下部駆動方式のコンビネーション圧延機，図(c)は下部駆動方式垂直圧延機の構造で，水平圧延機と同じようにクレーンを使用した圧延操業などが容易である．しかし，地下にあるピニオンスタンドが水やスケールなどにさらされるためメンテナンスに難があり，最近では図(d)に示すような上部機構が多く採用されている．この 1 ストランド水平・垂直交

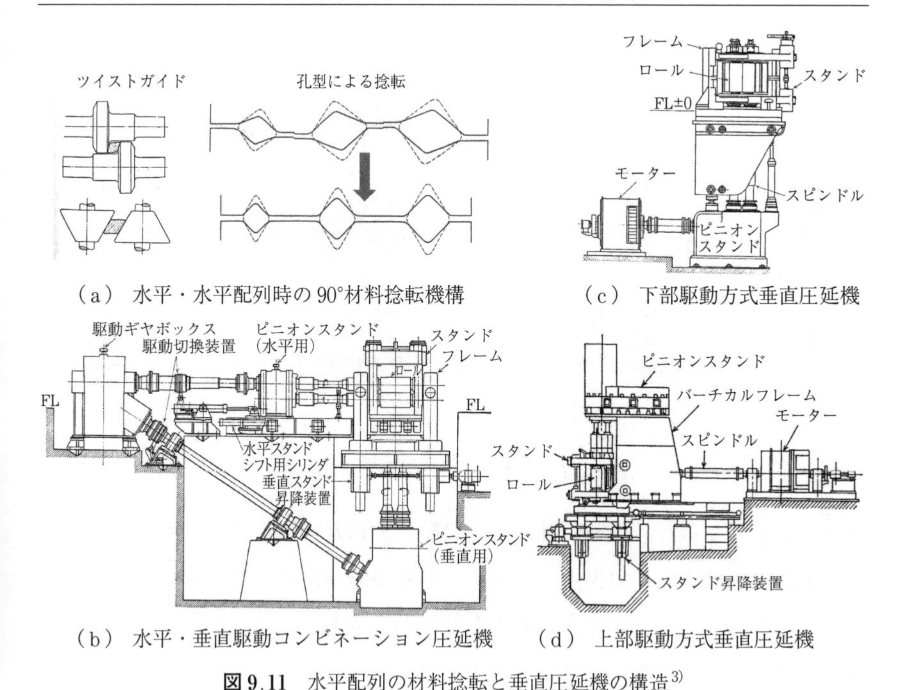

図 9.11 水平配列の材料捻転と垂直圧延機の構造[3)]

互圧延により棒線の品質，生産能力は飛躍的に向上した．1980 年代には 2 方ロールのみならず，3 方，4 方などの多方ロールの開発・実用化に発展した．

9.2 棒線における孔型圧延方式の分類

棒線圧延は形鋼（H 形鋼・鋼矢板・溝形鋼・山形鋼など）の圧延を含めた孔型圧延の一種で，2 方ロール圧延の場合はスクエア（角），ダイヤ（菱），オーバル（楕円），ラウンド（丸）形状などの孔型（caliber または groove）を切削した溝型ロールで，延伸・整形する塑性加工法である．**図 9.12** に投影接触弧長 l と入口材料高さ h_0 による引抜き・圧延・鍛造加工の変形状態を一覧図に示す．図中央の圧延では，ロール間隙形状比 l/h_0（投影接触弧長/入口材料高さ）がⅢの仕上げ圧延工程のように大きい場合は，塑性変形（図中濃い灰色部）がロールバイト内の中心部まで圧下が浸透する．一方，この値がⅢ→Ⅱ→Ⅰに

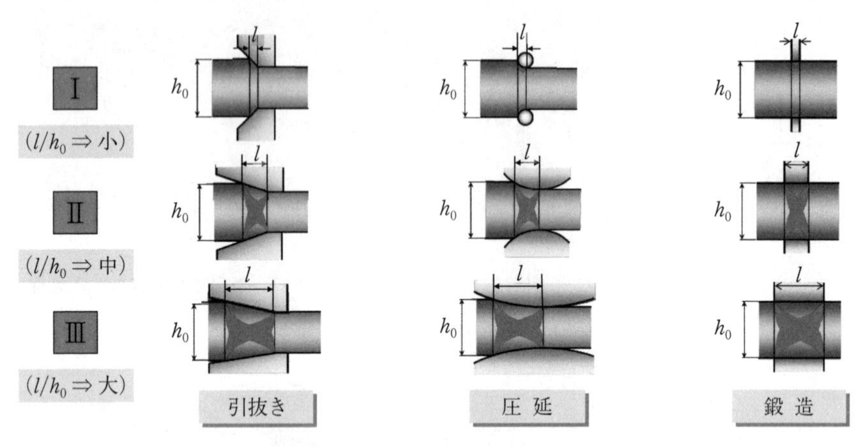

図 9.12　各種加工の塑性変形状態一覧

進みⅠ以下になると，分塊圧延のように塑性領域が表層部に集中する．その結果，中心部圧延方向に引張力が作用し，割れや空隙あるいは製鋼段階で生じたセンターポロシティ（鋳片内部微小空孔）が圧着しにくくなる．Ⅰの場合，引抜きではダイス角度が大きな変形に相当し，カッピー破断を誘発しやすい．鍛造でも相対的に小さな工具接触面となるため，内部割れが生じやすい．さらに，孔型圧延は幅方向にも圧下率が変化するため，より不均一度が増す．

図 9.13 に示す孔型圧延方式では，ロールと材料の投影接触面積の形状は大別して（a）矩形接触，（b）凸型接触，（c）凹型接触の 3 種類になる．凸型接触方式はロール溝底中央部から圧下され，両側に緩やかに幅広がりを生じるため，断面内はほぼ一様変形となる．両端から圧下される凹型接触方式は，溝底と材料の間隙を埋める変形と両サイドに張り出す幅広がりによる変形が重なり複雑で，不均一なひずみを呈する．矩形接触方式は両者の中間の変形となる．負荷特性についても，ほぼ上記の分類で説明できる[1)~3)]．MacGregor ら[15)]はロールにピン圧力素子を埋め込み，ロール入口と出口付近に 2 種の圧力ピークが生ずることを見いだし，入口付近のピークはピーニング（peening）による効果と考えた．

図 9.14 に横軸に材料とロールとの接触角度 α，縦軸に圧力分布 p の推移を

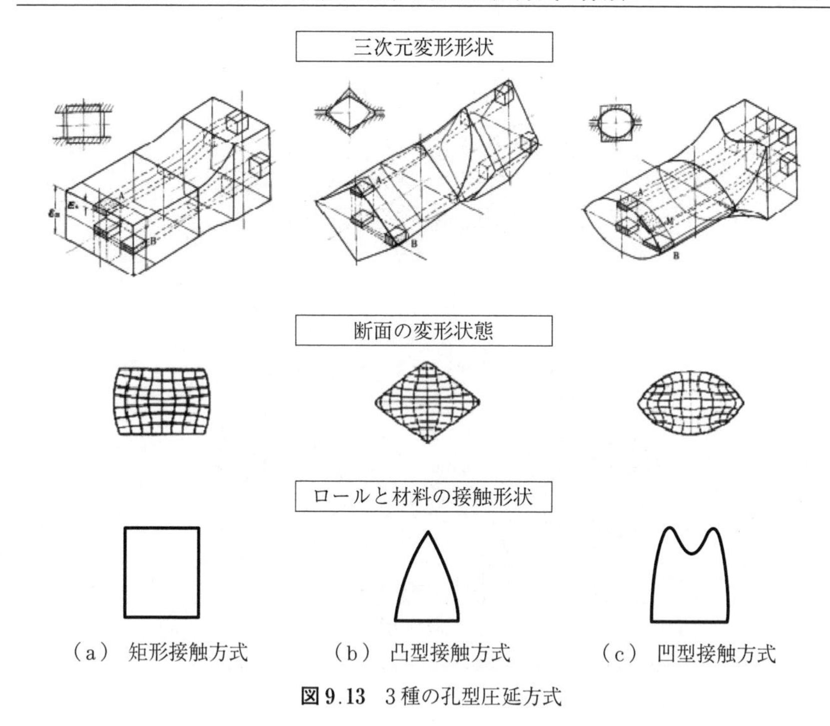

（a） 矩形接触方式　　（b） 凸型接触方式　　（c） 凹型接触方式

図 9.13　3 種の孔型圧延方式

示す．ロール入口と出口付近の圧力を測定すると，l_d/H_m の小さい E（分塊圧延・棒線粗列圧延に相当）では入口付近で圧力分布が上昇する．これは図 9.14 の上図に示すように弾性くさび（弾性域がロールバイトにくさび状に入り込む）によるピーニング効果が発生したためである．一方，l_d/H_m の大きい A（薄板圧延に相当）ではピーニング効果よりもロール出口側にフリクションヒルの圧力ピークが顕著に現れる．

凸型，凹型の孔型圧延の変形と圧力分布について，齋藤ら[16),17)]が測定した結果を**図 9.15** に示す．スクエア・ダイヤ圧延（凸型）では溝底部のピーニング圧力が著しく高く，スクエア・オーバル圧延（凹型）では，ピーニング圧力は低くなる．これは凹型接触の場合，両サイドが圧延方向に伸び，中央部はこれに追随して引張力が作用するためである．また，圧延圧力分布は前方張力 A よりも後方張力 C，D の影響を受けやすい．また，同図の上段に示すように油

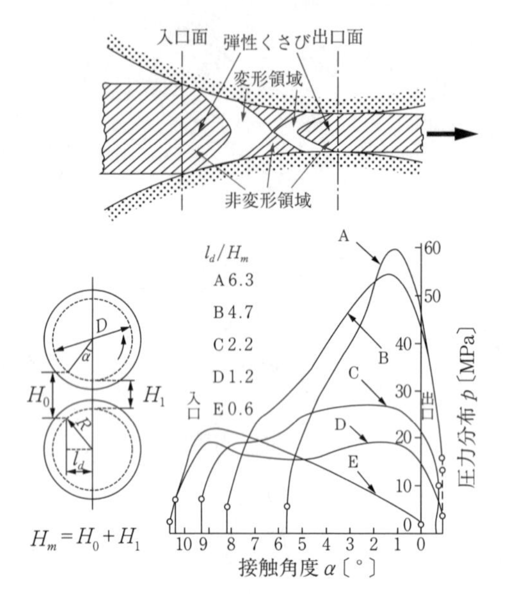

図 9.14　ロール間隙形状比 l_d/H_m と圧延圧力分布[16)]

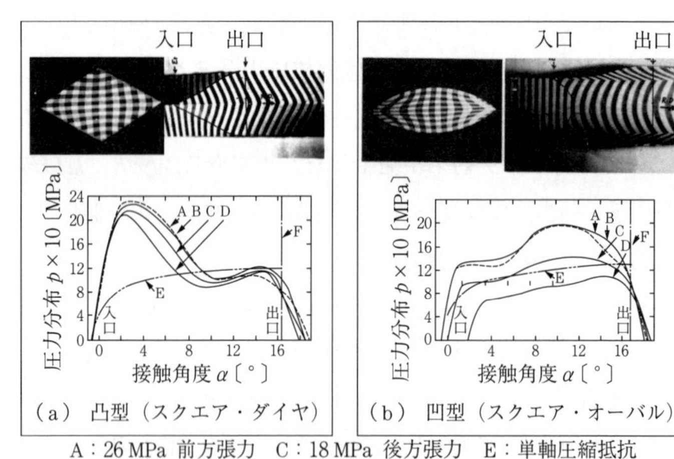

A：26 MPa 前方張力　C：18 MPa 後方張力　E：単軸圧縮抵抗
B：0 MPa 無張力　　D：36 MPa 後方張力　F：ロール中心

図 9.15　棒線圧延の凸型・凹型変形との圧力分布比較[17)]

粘土「プラスティシン」実験において凸型は一様変形，凹型は不均一変形となることも明らかにした．現在では，2 方ロール圧延のほかに 3 方ロールや 4 方ロールが使用されるようになった．多方ロールは断面内の塑性流動を抑制し，延伸方向の流動が大部分になるので，2 方ロールに比較し，寸法精度が格段に良好となる．しかし，断面内のメタル流動が不足するため，鍛錬効果が弱まる欠点もあり，二次工程における結晶粒粗大化などに注意が必要である．以上を要約すると，① 圧下率の幅方向不均一分布，② 投影接触弧長の不均一分布，③ ロール速度の不均一分布，④ 孔型側壁による幅方向流れの拘束，⑤ 断面内の温度不均一分布など，孔型圧延は複雑な変形負荷特性を示す．

9.3　孔型圧延の理論解析方法

孔型圧延の研究は 1900 年代初頭からドイツを中心に始まった．例えば Geuz（1900 年），Sedlaczek（1925 年），Ekelund（1927 年），Gubkin（1954 年），Wusatowski（1955 年）らにより，幅広がりや荷重・トルクなどの実験式が提案された[18),19)]．一時，1960 年代に当時のソ連がノモグラムを使った数式化が進められた．これ以降，孔型圧延変形負荷特性の研究の主力は日本に移った．図 9.15 の齋藤ら[16),17)] の棒線変形負荷特性に見られるように，孔型での変形特性を把握すべく油粘土「プラスティシン」を用いたモデル実験が盛んに用いられた．1970 年代以降は，より取扱いが簡便で室温において再結晶する鉛，さらに熱間鋼を直接モデル実験に使用し始めた．1980 年代前後には幅広がり・荷重・トルクおよび先進率をスタンド間張力との影響も含めて，数式モデル化する理論と実験が精力的に研究され，1980 年代後半から 1990 年代初めに FEM による数値シミュレーションの解析研究が大学・企業の単独あるいは共同により発展し，現在の実用化段階に至っている．

薄板圧延と違いロール径に比べて材料幅の小さい孔型圧延では，幅広がりが大きくなりやすい．圧下率 $\Delta H/H_0$ が増大すると幅広がり $\Delta B/B_0$ は増えるが，温度変化による幅広がりの変動はほとんど観察されない．経験的数式モデルに矩形換算法がある．これは，圧延断面を等価な矩形断面に置き換え，板圧延理論から類推する方法である[1)~3)]．Siebel，Wusatowski，柳本ら[20)]の実験式に基づく簡易式が提案されたが，篠倉[21),22)]の幅広がり式を基に齋藤[23)]らが拡張し精度検証した簡易式は，圧延荷重・トルクは ±15%，先進率・幅広がりは ±3～4%の精度で予測できるとしている．

1980年代からFEMによる孔型圧延特性の数値シミュレーションが急速に発展した．森ら[24)]の剛塑性有限要素法（**図9.16**参照）は，ロールとの接触領域や変形負荷特性が，応力・ひずみレベルで把握されるようになった．小森らは同様に温度分布を考慮した解析を試みた[25)]．1992～1998年に圧延理論部会[27)]で各大学・企業の解析ソフトの特徴や信頼性を評価確認した．ここでは，「棒鋼・線材圧延三次元FEM解析システムの開発研究会（主査：東大生研木内教授）」を紹介する[26)~29)]．開発者の東大生研・柳本，早大・浅川らが構築したgraphical user interface（GUI）を用い，欧米のソフト開発と同じように各社の棒線技術者による試用→改善→試用を数年間繰り返し，1999年に使いやすく，精度の高いパソコンベースのシステムが完成した．

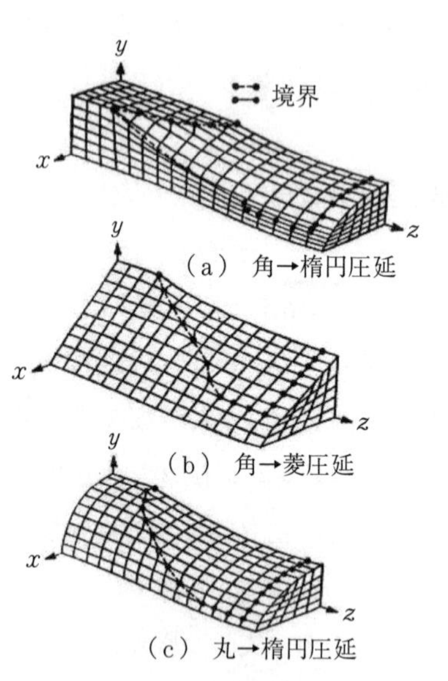

図9.16　剛塑性有限要素法による孔型圧延解析[24)]

図9.17にスクエア・オーバルのパソコン画面上の入出力データを示す．左画面にメッシュされた材料と孔型形状を入力すると，右の画面に短時間で幅広がり・荷重・トルク・応力・ひずみを短時間で出力される．剛塑性有限要素法の“CORMIL System”では圧延プロセス条件を定める最低限の入力項目により，圧延技術者が日常的な業務の中で「電卓」のようなツールとしてFEM解析を利用することができるようにしている．例えば**図9.18**に示すように，データの素材・孔型形状はテンプレート化されており，現場の技術者が図面情

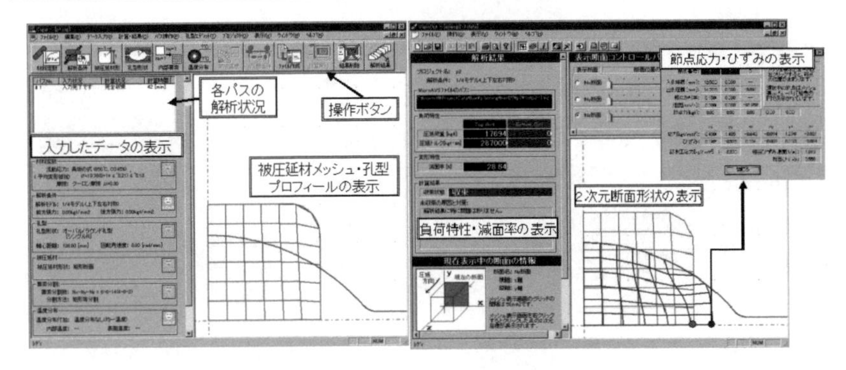

剛塑性有限要素法の“CORMIL System”

図 9.17　パソコン画面上の入出力データ

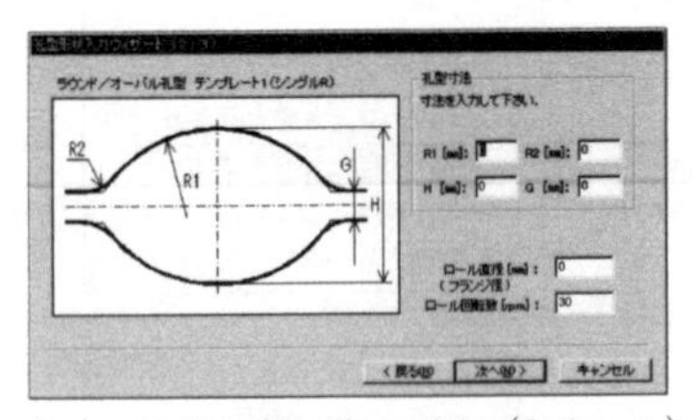

（a）　ラウンド・オーバル（2 ロール）

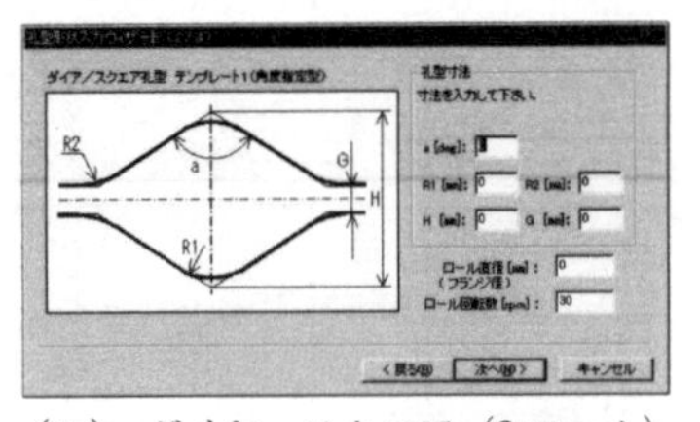

（b）　ダイヤ・スクエア（2 ロール）

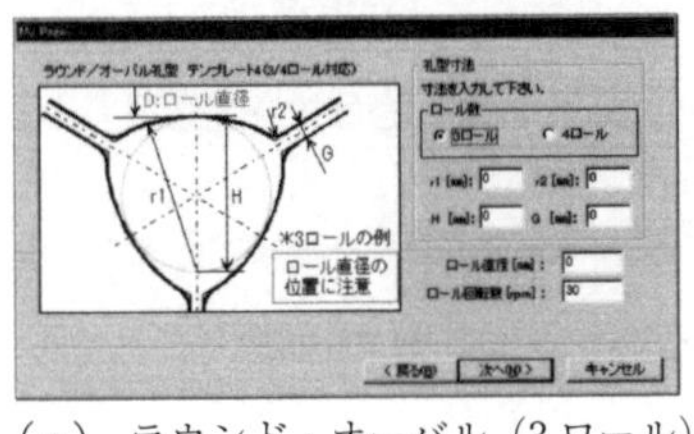

（c）　ラウンド・オーバル（3 ロール）

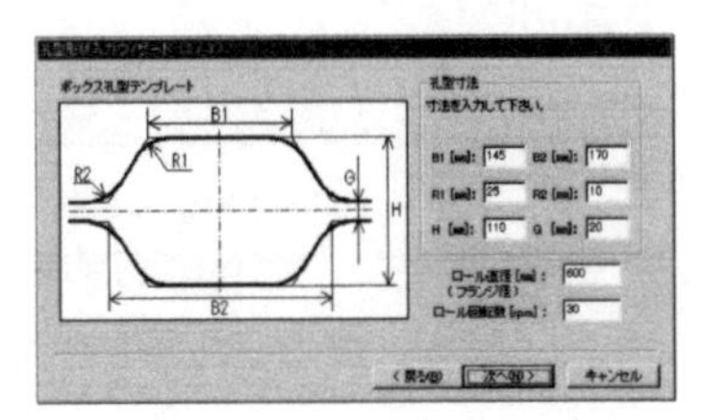

（d）　ボックス（2 ロール）

図 9.18　テンプレート方式のデータ入力法

報を基に直接入力できる．

図 9.19 にスクエア・オーバルとオーバル・ラウンドの圧延圧力分布を示す．市販のポストプロセッサーとのリンクにより，速度・応力・ひずみなどの三次元分布を表示することができる．応用事例として，**図 9.20** には材料断面温度分布と幅広がり率の変化をシミュレーションした結果を示す．材料断面が均一に温度低下した場合（破線）には幅広がり率に変化はないが，材料断面の表層

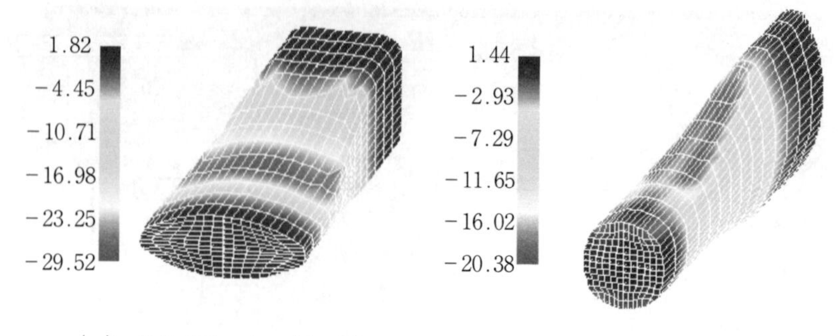

図 9.19　圧延圧力分布の出力

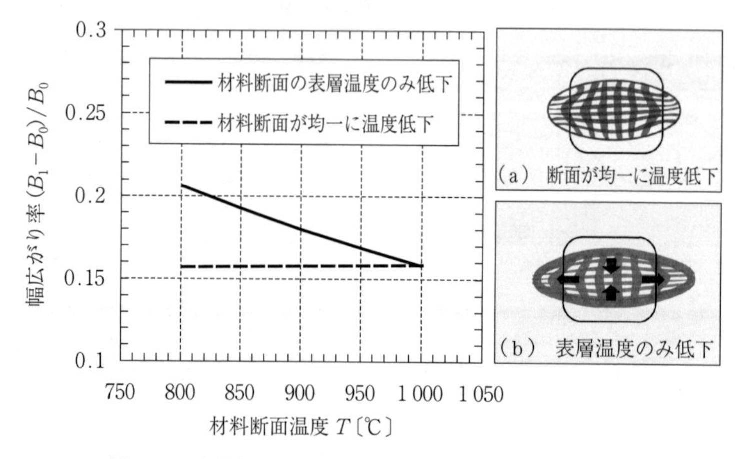

図 9.20　表層と中心部の温度差が幅広がり率に及ぼす影響

温度のみが低下して内部は 1 000 ℃に保持されていた場合（実線）には幅広がり率が増大する現象が再現されている．これは，表層付近の温度が低下すると高温で柔らかい中央部がより押しつぶされ，幅方向にメタルが流動し，その結果幅広がりが大きくなったと考えられる．操業現場で「温度が低くなると幅広がりが大きくなる」とされているが，「表層の温度が低くなると…」との注釈が必要である[28]．ここでは，代表例として CORMIL System を紹介したが，各大学，企業で多くのシミュレーションが実用化されている．

表 9.1 に棒線孔型圧延の変形・負荷特性の研究とその時代の技術・設備の推

表 9.1　棒線孔型圧延の変形・負荷特性の研究推移

年　代	変形・負荷特性の研究	技術・設備
1900 年代前半	二次元圧延理論（Karman1923, Orowan1943）	ガレット式圧延
1960 年代	モデル実験（プラスティシン） 経験的数式モデル（矩形換算法）	全連続式ミル
1970 年代	ピーニング効果と近似理論式 張力と幅広がり	モルガン式線材ミル 張力制御技術
1980 年代	経験的数式モデルの完成 連続圧延特性，剛塑性有限要素法の出現	グルーブレス圧延 3 方ロール圧延
1990 年代	三次元棒線 FEM のベンチマークテスト	4 方ロールミル
2000 年代	汎用 FEM システム 材質造り込み技術	高負荷ブロックミル 高剛性ミル

移を示す．今後は，数値解析による連続圧延特性把握，結晶塑性学などによる圧延材の組織・機械的性質まで予測し得る創形・創質シミュレーターとしての発展が期待される

9.4　孔型とパススケジュール[1)～3), 6)～8)]

代表的な孔型（あながた）の種類と設計指針を**表 9.2** に示す．孔型には素材を必要な寸法までを圧延する延伸孔型（break down pass）と，これをさらに所定の製品に形状にする造形孔型（forming または sizing pass）とに分類される．孔型設計の要点は，① 圧延材を孔型に適切に充満させる，② 無駄な幅広がりをなくし，所要動力を最小にする，③ 孔型内で材料の倒れを防ぐ，④ 表面きずを発生させない，⑤ ロールに局部摩耗を与えない，⑥ 材料のガイド保持やロール間隙調整が容易などが挙げられる．ボックス，ダイヤ，スクエア，オーバル，ラウンドは基本的な孔型である．その多くは経験的に改善され実情に即したものとなっている．

素材を製品の形状寸法に圧延するため，断面積が順次小さくなるように孔型を配列する組合せが「パススケジュール」である．棒線圧延では一般に 1 パス当りの減面率は 20% 前後である．粗圧延では，圧延材の速度が遅く温度も高

表 9.2 代表的な孔型の種類と設計指針

孔型		指針
ボックス	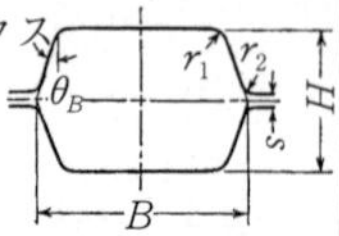	粗列に用いる $\theta_B=5\sim10°$
ダイヤ	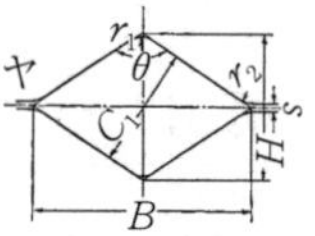	$\theta=105\sim125°$ $r_1=C_1\times(0.1\sim0.2)$
スクエア	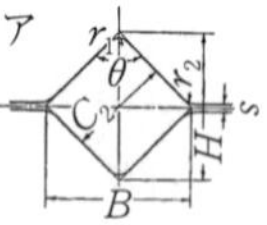	$\theta=90\sim92°$ $H=1.4C_2-0.83r_1$ $r_1=C_2\times(0.1\sim0.2)$
オーバル	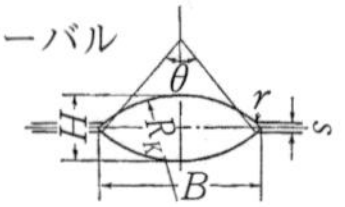	$\theta=45\sim120°$ $B/H=1.8\sim3$ $R_K=(B^2+H^2)/4H$
ラウンド		$\theta_R=15\sim30°$ 製品径 D, 広げ径 d $d=1.01\sim1.02\times D$

孔型		指針
ダブルラジアスオーバル		幅が広くなるときダブルRとする $R_{K2}<R_{K1}$
フラットオーバル	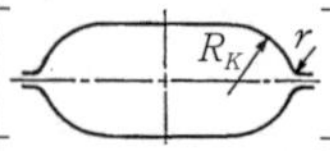	主として粗列に用いる
ヘキサゴナルオーバル	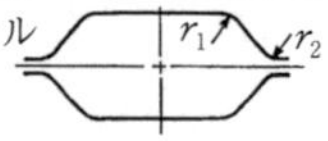	主として粗列に用いる
コンケーブバスタードオーバル	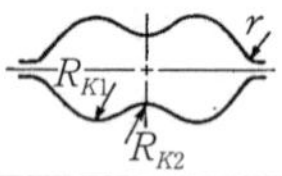	鉄筋棒鋼の仕上げ前パスの孔型
スラグオーバル(縦オーバル)	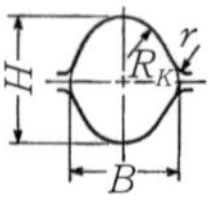	粗列ボックス孔型の次パスに使用．倒れにくく安定 $R_K/H=0.74\sim0.96$
ゴチックスクエア	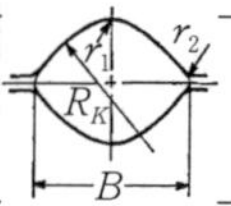	唇状の孔型 $R_K=B$ 不安定
リップラウンドスクエア	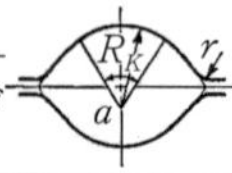	同上

いので大きな減面率をとることができる．一方，仕上げパスでは圧延速度が大きく，品質を重視するため減面率は小さくとる．代表的な孔型と設計指針，パススケジュールとその特徴・留意点を**表 9.3** にまとめて示す．**表 9.4** に国内の代表的な棒線圧延におけるパススケジュール例を示した．

一般に粗列では，材料の塑性変形ひずみが均一で，ディスケーリング性に優れたスクエア・ダイヤ法を，中間列では角鋼から丸鋼に変換するためスクエア・オーバル法を，仕上げ列では表面品質・形状に優れたラウンド・オーバル法を用いる例が多い．孔型のロール配列においては粗列は全サイズ共通孔型とし，中間・仕上げ前半まで数種類，仕上げ最終パスとその仕上げ前パスのみ製品寸法ごとに孔型を持ち，かつ寸法が大きくなるにつれ，仕上げパス数を減らして設計する方法が一般的である．また，**図 9.21** に棒線圧延のパス数と断面

表9.3 代表的な孔型と設計指針，パススケジュールとその特徴・留意点

パススケジュール		特徴・留意点
ボックスオーバル	90°ツイスト	線材の粗列に主として使用．同じ圧下を2回繰り返すので，ディスケーリング性に劣る．高減面率が可能で，鍛錬性に富む，ひずみは不均一となりやすい． 減面率：20～30%
スクエアダイヤ	90°	棒鋼の粗列に主として使用．低減面率から高減面率まで幅広く対応．ディスケーリング性が良く，ひずみもほぼ均一．コーナー部冷えやすく，割れの誘発に留意． 減面率：15～25%，20～30%
スクエアオーバル	45° 90°	主として棒線の中間列に使用．高減面率が可能でパス回数を削減できる．スクエアからラウンド形状を得るためには必須のパスであるが，ひずみが不均一になりやすく，きずの発生に注意を要する． 減面率：20～35%，15～30%
ラウンドオーバル		棒線の中間から仕上げパスに使用．低減面率ではあるが，ディスケーリング性が良く，ひずみもほぼ均一．表面肌やきずを重視する場合，ラウンドビレットから粗・中間・仕上げの全パスに使用する． 減面率：15～25%，10～20%

表9.4 棒線圧延におけるパススケジュール例

	棒鋼圧延機					線材圧延機			
	A	全連続式			B 半連続式		C 全連続式		D 半連続式
素材		◇ 180 mm 角			□240 mm 角		□115 mm 角		□94 mm 角
1	粗列	◆			□	粗列	□	粗列	□
2	粗列	◇ 140			□	粗列	⬭	粗列	⬭
3	粗列	◆			◆	粗列	⬯	粗列	⬯
4	粗列	◇ 105			◇ 145	粗列	⬭	粗列	⬭
5	粗列	◆			◆	粗列	◇ 55	粗列	○ 59 ϕ
6	粗列	◇ 80			◇ 110	粗列	⬭	粗列	⬭
7	粗列	◆			中間列 ⬭	粗列	◇ 40.5	粗列	◇ 39.5
8	粗列	◇ 62			中間列 ◇ 81	一中間	⬭	粗列	⬭
9	中間列	⬯	◆	▭	中間列 ⬭	一中間	◇ 30	粗列	◇ 29
10	中間列	○ 52	◇	▭	中間列 ◇ 62	一中間	⬭	粗列	⬭
11	中間列	⬯		エッジャー	中間列 ⬭	一中間	◇ 23	粗列	◇ 22.5
12	中間列	○ 42		▭	中間列 ◇ 47	二中間	⬯	中間列	⬭
13	仕上げ列	⬯		エッジャー	仕上げ列 ⬭	二中間	○ 20 ϕ	中間列	◇ 17
14	仕上げ列	○ 34		▭	仕上げ列 ◇ 34.5	二中間	⬯	中間列	⬭
15	仕上げ列	⬯		エッジャー	仕上げ列 ⬭	二中間	○ 17 ϕ	中間列	○ 15.1
16	仕上げ列	○		▭	仕上げ列 ◇ 26	仕上げ列（ブロックミル）	⬭	仕上げ列（ブロックミル）	⬭
17					仕上げ列 ×	仕上げ列（ブロックミル）	○ 13 ϕ	仕上げ列（ブロックミル）	○ 12.3 ϕ
18					仕上げ列 ⬭	仕上げ列（ブロックミル）	⬭	仕上げ列（ブロックミル）	⬭
19					仕上げ列 ×	仕上げ列（ブロックミル）	○ 10.5 ϕ	仕上げ列（ブロックミル）	○ 10.1 ϕ
20					仕上げ列 ○ 22 ϕ	仕上げ列（ブロックミル）	⬭	仕上げ列（ブロックミル）	⬭
21					仕上げ列 ⬭	仕上げ列（ブロックミル）	○ 8.5 ϕ	仕上げ列（ブロックミル）	○ 8.2 ϕ
22					仕上げ列 ○	仕上げ列（ブロックミル）	⬭	仕上げ列（ブロックミル）	⬭
23						仕上げ列（ブロックミル）	○ 6.9 ϕ	仕上げ列（ブロックミル）	○ 6.7 ϕ
24						仕上げ列（ブロックミル）	⬭	仕上げ列（ブロックミル）	⬭
25						仕上げ列（ブロックミル）	○	仕上げ列（ブロックミル）	○
製品		28 mm ϕ	50 mm 角	12 × 80	18 mm ϕ		5.5 mm ϕ		5.5 mm ϕ

◇ スクエア孔型で，数字は対辺寸法〔mm〕
◆ ダイヤ孔型
⬭ オーバル孔型
⬯ バーチカルオーバル孔型
○ ラウンド孔型で，数字は mm ϕ
▭ 溝なしロール
エッジャーロール
× 使用しないスタンド

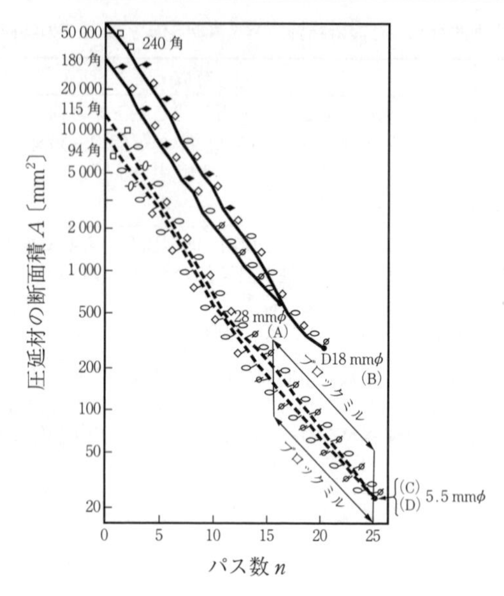

図 9.21　棒線圧延のパス数と断面積の関係[3)]

積の関係を示す．横軸にパス数，縦軸に圧延材断面積を対数目盛で整理した．素材は 240 mm 角から 94 mm 角で，各点間を結ぶ直線の勾配からパススケジュールの減面率が推測される．仕上げパスは比較的丸いオーバルを用い，減面率も 8〜15%程度に抑えている．後述する「ブロックミル」では，ロール径を小さくし幅広がりを極力抑え，従来の圧延より大きな減面を可能にしている．

図 9.22 に特殊用途の孔型とパススケジュールを示す．図(a)はスクエアから全凸型接触でラウンド材を作るゴシック孔型とそのパススケジュールである．凹型接触方式のスクエア・オーバルを使用せずにラウンドが得られるが，倒れやすいのでその対策が必要である．図(b)〜（d）はそれぞれ八角形状，六角形状，フラット形状とそのパススケジュールである．仕上げ直前のリーダーパスの形状が重要となる．異形棒鋼も最終スタンドで「ふし」やマークを付け，リーダーパスには特殊なオーバル形状を使用する．

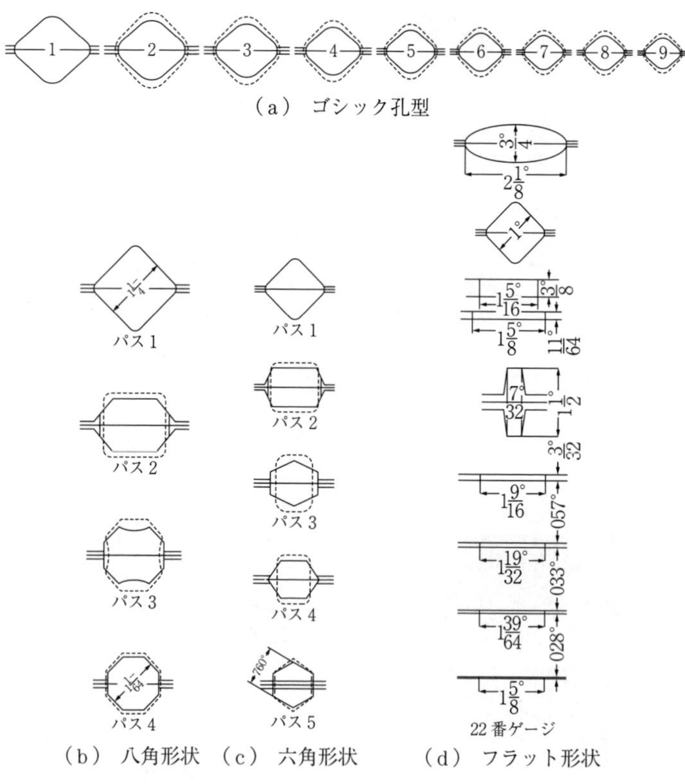

図 9.22 特殊用途の孔型とパススケジュール[3)]

9.5 孔型圧延の倒れ[1)〜3), 30)]

孔型圧延では，材料高さと幅がほぼ等しいか，あるいは逆に高さが幅よりも大きいため，圧延中に材料が転倒する場合がある（**図 9.23** 参照）．倒れは寸法精度を悪化させ，しわきずやかみ出し・折れ込みきず，さらにはミスロールを誘発する．**図 9.24** は鉛材を使用した倒れのモデル実験を示す．固定ガイドで材料に傾き角度 θ_s を与え，かみ込み後は自由ガイドで材料と一緒に θ_e 回転できる構造になっている．

図 9.25 はダイヤ・スクエアの実験例で，横軸は圧延中の材料長手方向距離

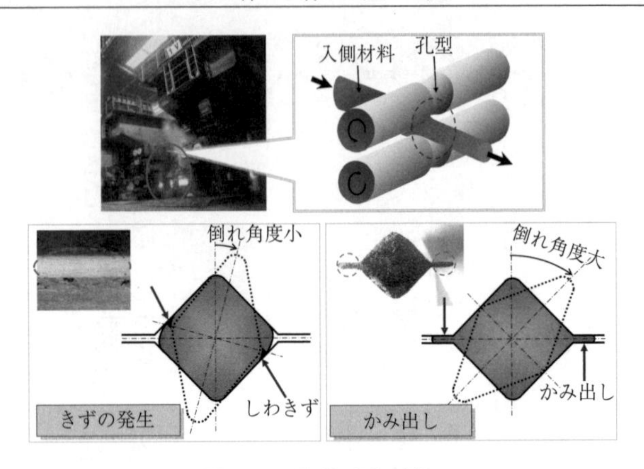

図 9.23　孔型圧延の倒れ

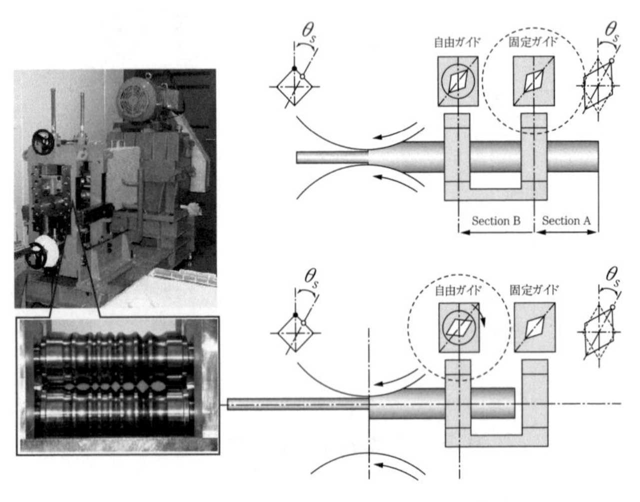

図 9.24　鉛材を使用した倒れのモデル実験

l を示し，原点は先端が初期設定の倒れ角度 θ_s かみ込んだ位置である．縦軸は圧延後の倒れ角度 θ_e である．なお，Section A はガイドにより拘束された領域を表し，Section B は拘束が外れた領域を表している．これによれば，初期設定の倒れ角度 $\theta_s=30°$ 未満ではガイドの拘束に無関係にほとんど $\theta_e=0$ となって復元し，30° 以上では $\theta_e=90°$ すなわち転倒する状況を示している．

図 9.26（a）によれば，スクエア・ダイヤ圧延における孔型頂角 $\phi=115°$

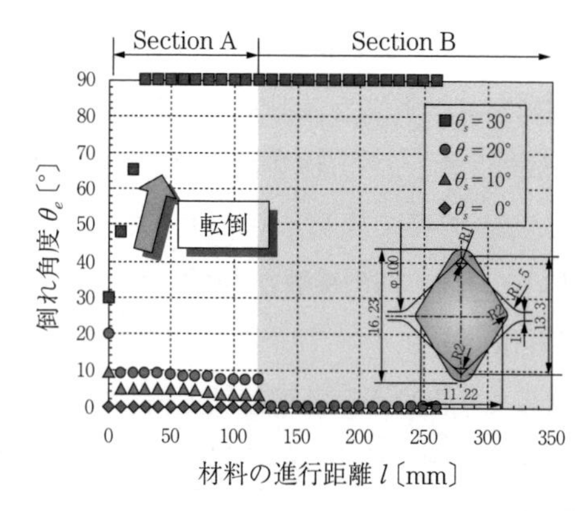

図 9.25 モデル実験によるダイヤ・スクエア圧延の倒れ

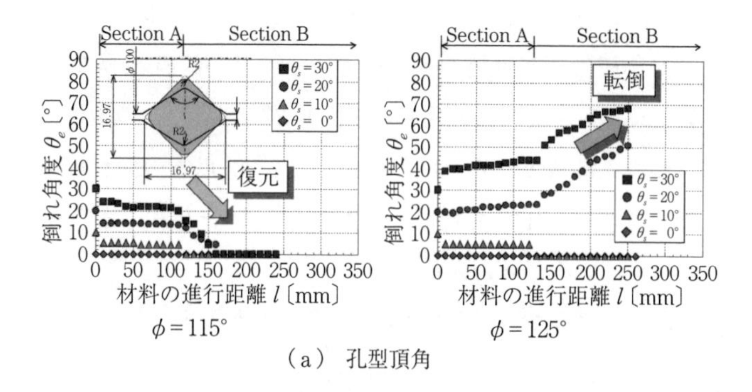

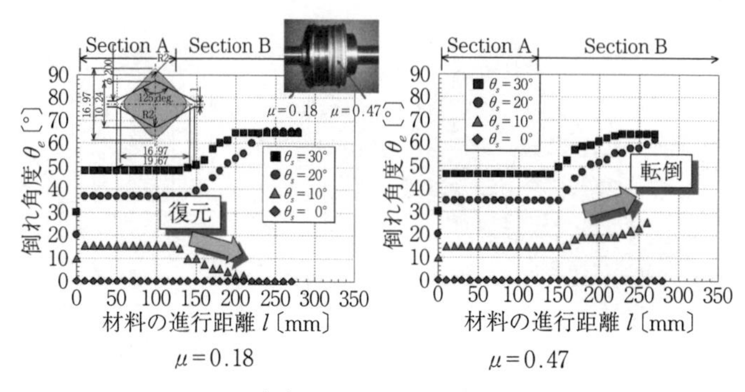

図 9.26 ダイヤ孔型の頂角・摩擦係数が倒れに及ぼす影響

では倒れにくいがϕ =125°と大きくなると孔型内で倒れやすくなる．倒れは孔型・材料形状だけではなく，摩擦係数やロール径比によっても影響される．図（b）に示すようにショットブラストでロール表面の摩擦係数を2種類に変えて倒れの影響を観察した．μ=0.18の場合はθ_s=10°でSection Bの領域にて復元するのに対し，μ=0.47ではθ_s=10°でも転倒しやすく，摩擦係数が小さいほど復元しやすい．一方，凹型接触方式のスクエア・オーバルでは摩擦係数の倒れへの影響は軽微である．

このほか，図示はしていないが，凸型接触方式のスクエア・ダイヤ圧延でロール径比をD/H_m=13.8および43.3の両者ではロール径比が小さいほど復元しやすく，凹型接触方式のスクエア・オーバル圧延においてはロール径比の倒れへの影響は相対的に小さい．三次元剛塑性FEMシミュレーター（CORMILL System）に非対称圧延解析機能を持たせるよう改良し，FEM解析を定常圧延中の倒れのシミュレーションに適用した（**図9.27**参照）．この結果によれば，実験結果と同じようにθ_sが30°を超えると，θ_eも30°以上の倒れ現象が確認された．後述の3方ロール圧延も含め，FEMシミュレーションが今後の有力な倒れ判定のツールになると考えられる．

以上の知見から，**図9.28**に倒れやすさの考え方を示す[2),3)]．Aはフラット圧

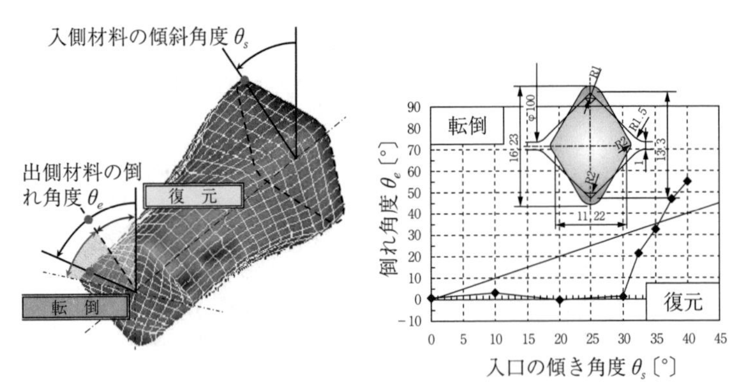

（a） 有限要素法による変形の可視化　　（b） 入口の傾きと倒れの関係

剛塑性有限要素法の“CORMIL System”

図9.27　FEMシミュレーションによる倒れの解析

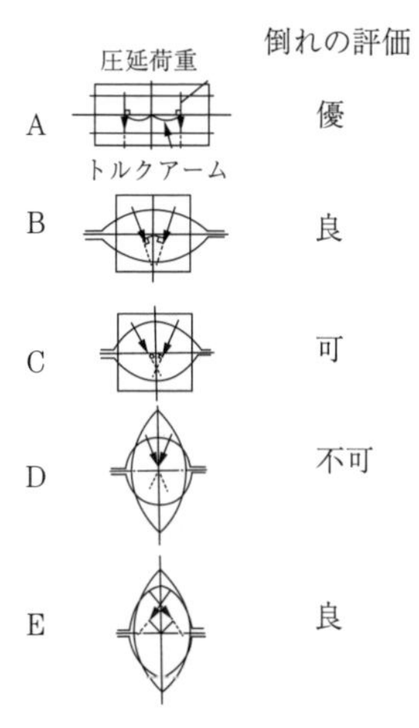

図 9.28 倒れやすさの考え方

延で，倒れはまったく発生しない．これは，中心から左右に分割したときの力へ垂直に下ろした中心からのトルクアームが長いため，左右が非常に安定したモーメントで均衡しているためである．Bのスクエア・オーバルは，Aの状態に近く安定しているが，オーバルがラウンドに近くなるCの場合は力の方向がパス中心に寄り，トルクアームが短くなる．その結果，弱いモーメントで均衡せざるを得ない．例えば断面内の温度むら，スクエアのコーナー曲率の変動などの外乱によるモーメントの変動がたちまち左右の均衡を崩し，倒れを誘発する．Dのオーバル・ラウンドのトルクアームは0，すなわちモーメントのバランスが0，あるいは非常に小さな値で均衡する状態となり，ガイドの支持が必要である．一方，Eのオーバル・スラグ（縦オーバル）のように，左右の力の向きがパス中心を通り越して，たがいに交差するようになれば，再びトルクアーム長さが確保され，安定した圧延が得られる．以上から，倒れを防止するためには，左右のトルクアームを確保する材料・孔型設計が鍵である．また，スタンド間のねじれ剛性が大きければ倒れにくくなるため，スタンド間を極力接近させる対策がきわめて有効である．

9.6 孔型圧延と表面きず[31)~35)]

表面きずには，① ビレットの形状不良および鋼片きずの有無，② 加熱・均熱不良，③ 一次スケール・二次スケールの巻込み，④ 孔型の摩耗・肌あれの有無，⑤ 圧延材の寸法・形状不良，⑥ 冷却不良による材料の過冷，⑦ 誘導装置類の摩耗・取付け不良，⑧ 冷却床・巻取り機での擦りきず・打ちきずの有無などがある．このように，加熱炉や圧延・精整工程のガイドや設備との接触で発生するきずと，孔型圧延中に発生・助長されるきずに分類される．ここでは主として孔型圧延で発生，あるいは助長するきずについて記述する．

9.6.1　鋼片きずと孔型圧延[31),33)]

圧延前に存在する角材鋼片のきずが棒線孔型のどの部位で圧延されたかによって，仕上げ製品のきず深さが異なる．棒鋼圧延において鋼片のコーナーおよび面中央に機械加工で長さ方向にスリットを入れ，これを実操業中に数回かみ止めし，各パスの人工きずの深さを観察した結果を**図 9.29** に示す．右下がりの直線は各パス断面を円に等価換算した際のきず深さ，すなわち外形と相似的にきずが減少する傾きを表している．このラインより上ではきずが相対的に増大し，下にあれば減少・消滅することを意味している．この結果によれば，ダイヤ・スクエア＋スクエア・オーバル＋オーバル・ラウンド系列の一般的な棒鋼圧延方式では，最終ラウンド製品の人工きず深さはコーナにあるきず 1，3 が減少し，スクエア・オーバル圧延の際，自由面に位置したきず 4 が最も深く残る．

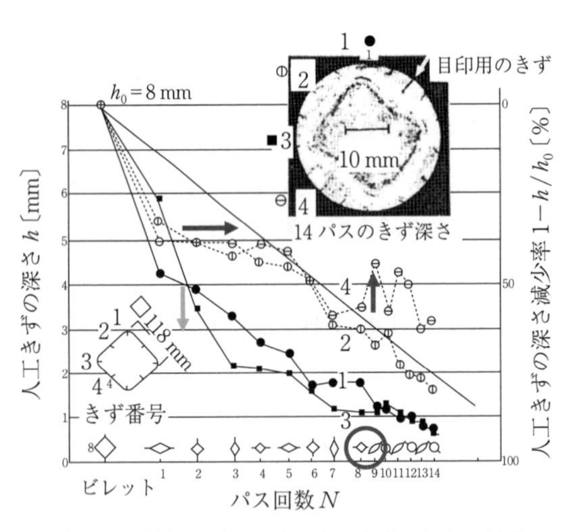

図 9.29　棒鋼圧延における人工きずの深さの推移

図 9.30 は Morgan 式線材圧延のボックス・オーバル・スラグ＋オーバル・スクエア＋オーバル・ラウンド系列の人工きず深さの推移を示す．1 パスの

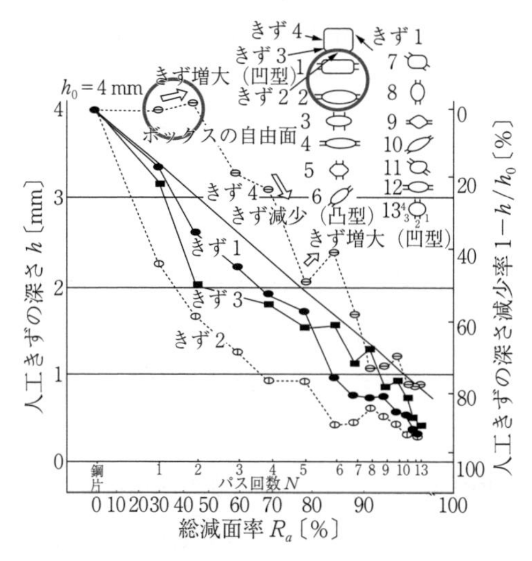

図 9.30 線材圧延における人工きず深さの推移

ボックス，2パスのオーバルにおいて同じ面の圧下が連続するため自由面のきず4が増大し，残存する傾向が観察される．一方，圧下面のきず2およびコーナーのきず1, 3は減少・消滅傾向を示している．

図 9.31 に，材質S45C，40 mm角×150 mm長さの試験片に幅0.5 mm，深さ2〜4 mmのスリット状の人工きずを付し，圧延温度1 000 ℃，ロール径

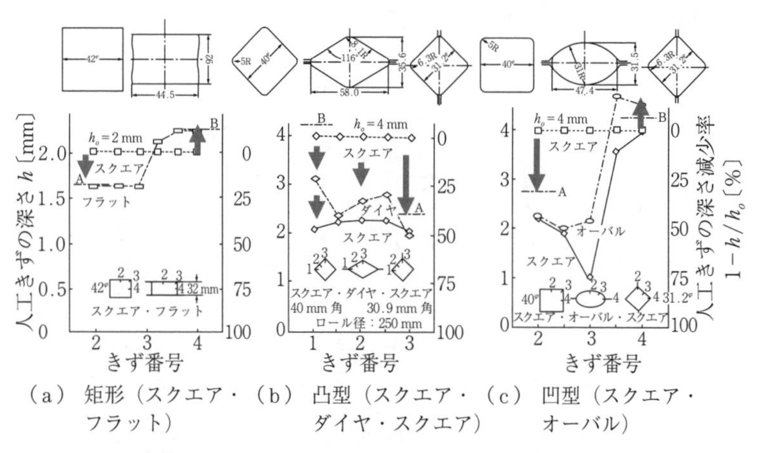

（a） 矩形（スクエア・フラット）　（b） 凸型（スクエア・ダイヤ・スクエア）　（c） 凹型（スクエア・オーバル）

図 9.31 モデル実験による孔型形状と表面きず深さの推移

ϕ 250 mm，ロール回転数 10 rpm でモデル実験した際の孔型形状と表面きず深さの関係を示す．図(a)の矩形接触方式のスクエア・フラット圧延では，圧下面のきず 2 は圧下率相当の A ラインまできず深さは減少する．一方，自由面のきず 4 は幅広がり率に相当して B ラインまで拡大している．図(b)に示すスクエア・ダイヤ・スクエアの凸型接触方式の圧延では，ロール接触面の溝底のきず 3 が圧下率 A ラインよりも減少するため，きずが消失する可能性がある．中央部の大きな延伸でコーナー両サイドが圧延方向に伸び，局所的に幅狭まりが生じた結果，きず 1 も大きく減少し，さらに後続パスではきずが消失する可能性もある．ただし，ロール接触面にあるきず 2 は，圧下率 A ラインよりも上にあるため残存しやすい．図(c)の凹型接触方式の圧延では，ロール接触面のきず 3 は圧下率 B ラインよりも大きく減少し，消失する可能性はある．一方，自由面にあるきず 4 は幅広がり率 B ラインよりも上にあり，きずが大きく残存する欠点がある．

図 9.32 に示すように，低炭素鋼 38 mm 角のコーナー R を 3, 6, 12 mm と変化させスクエア・オーバル・ラウンドにおける途中のオーバル・ラウンドのきず減少の推移を比較した．R を 3 → 6 → 12 mm と大きくするにつれ，オーバルにあるきず 4 が減少する．その結果，ラウンドのきずも減少する．しわきずも含め，倒れに支障のない限り，スクエアのコーナー R は大きくする対策が

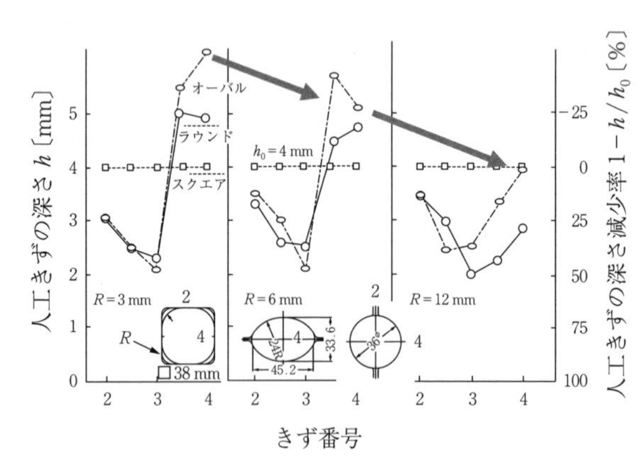

図 9.32　モデル実験によるスクエアのコーナー R の大きさときず深さ推移

望ましい．湯川ら[33]は，板圧延において幅広がりに伴うバルジ変形によって，側面にあった線状きずが板の表面に回り込む現象を**図 9.33** に示している．

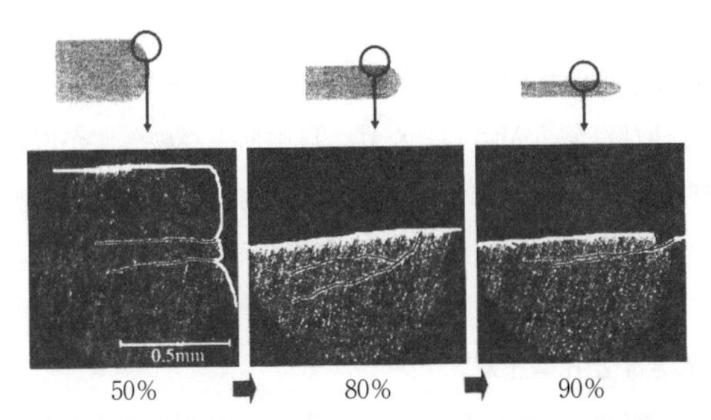

（圧下率は 50, 80, 90%，幅 40 mm，厚さ 10 mmm，長さ 90 mm の純アルミニウム材）

図 9.33 板圧延における線状きずの回り込み現象[33]

図 9.34 に矩形，凸型，凹型の接触方式と幅方向ひずみの変化を示す．図（a）矩形接触では幅方向表層付近のひずみ ε_s は全体の幅広がりのひずみ ε_m

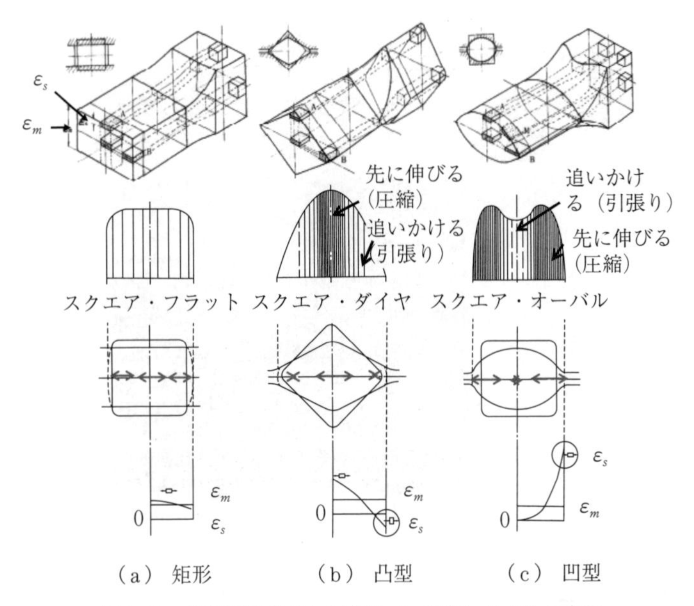

図 9.34 各種接触方式と幅方向（x 方向）ひずみの変化

とほぼ同じで，自由面近傍のきずは全体の形状に比例して増減する．図(b)凸型接触では，溝底の大きな延伸により両サイドが追随して長手方向に延伸するため，自由面近傍のみ幅方向の ε_s は圧縮ひずみとなり，きずは減少・消滅する．図(c)凹型接触では，反対に両フランジ側が強く圧下されるため，幅方向の ε_s は伸びひずみが顕著となり，自由面表層のきずが増大する．このように，孔型圧延では圧延の不均一性を逆に利用して，適切な孔型の組合せにより表面きずを減少・消滅させることが可能である

9.6.2　しわきずと孔型圧延[31),34)~35)]

しわきずを実験室的に発生させるため，38 mm 角の低炭素鋼試験片をポリッシング仕上げを施し，アルゴン雰囲気中で 1 000 ℃まで加熱し，オーバル→ラウンド孔型に挿入してラウンド天地（きず 4）付近のしわきずを観察した結果を**図 9.35** に示す．38 mm 角のコーナー R が 6, 12 mm の場合はまったくしわきずが観察されなかった．一方，幅方向の圧縮ひずみの大きな $R=3$ mm の場

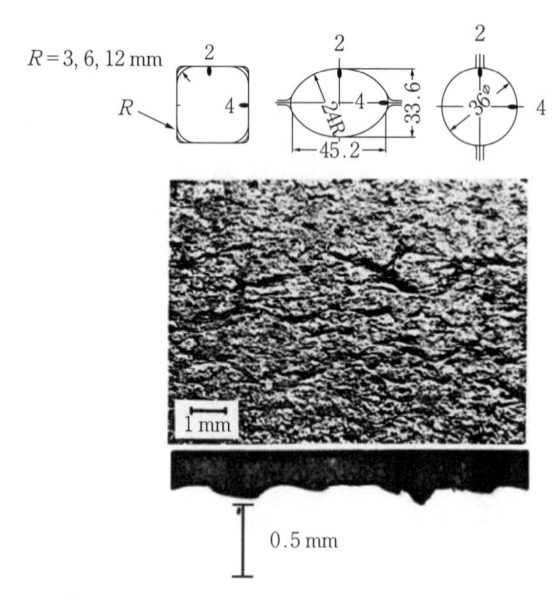

図 9.35　モデル圧延におけるしわきずの再現実験

合のみ，しわ状のきずが観察された．この条件は，スクエア→オーバル圧延の周方向圧縮ひずみが過大すぎ，実際の圧延ではあり得ない．すなわち，しわきずは孔型圧延のみでは発生しにくく，その前のスケール痕などの表層の凹凸が周方向の圧縮ひずみで潰される結果生じるものと考えられる．

図 9.36 には，Morgan 式線材工場で実操業中にかみ止めサンプルを得た表面を観察した結果を示す．1 パスのボックス自由面の粒界に沿った割れ状の凹みが次第に圧延方向に延伸され，10 パスでは典型的なしわきずが観察された．加熱炉出側のデスケーラーにより表層のスケールは除去されるが，一部のスケールが粒界まで食い込み，この割れ状の凹みが延伸され圧延方向に流れるしわ状のきずになっている．

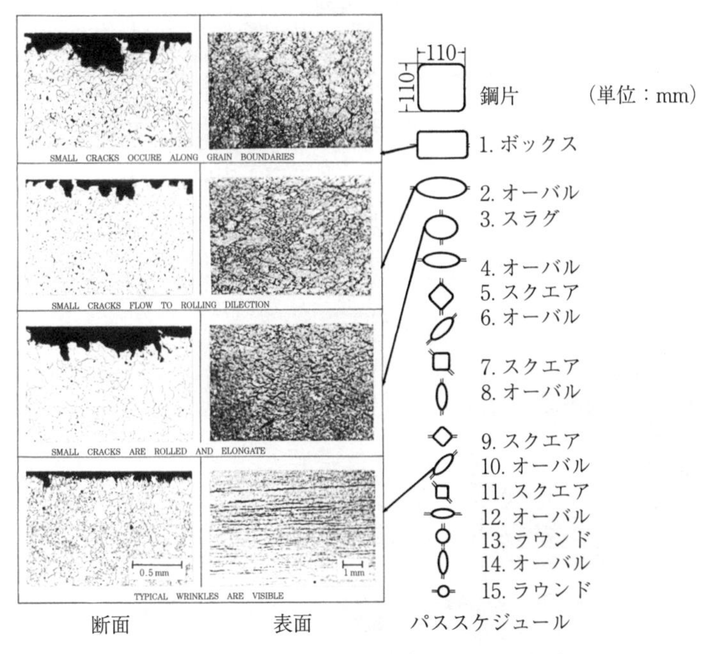

図 9.36 線材圧延における各パスのしわきず

図 9.37 の線材圧延の実ラインの試験でも Cr の高い合金鋼では，加熱後は外層のスケールは圧延前のデスケーラーで除去されるが，その内層にある Cr, Si が濃化したスケール $FeCr_2O_4$，Fe_2SiO_4 などは生成残存したまま，後段のス

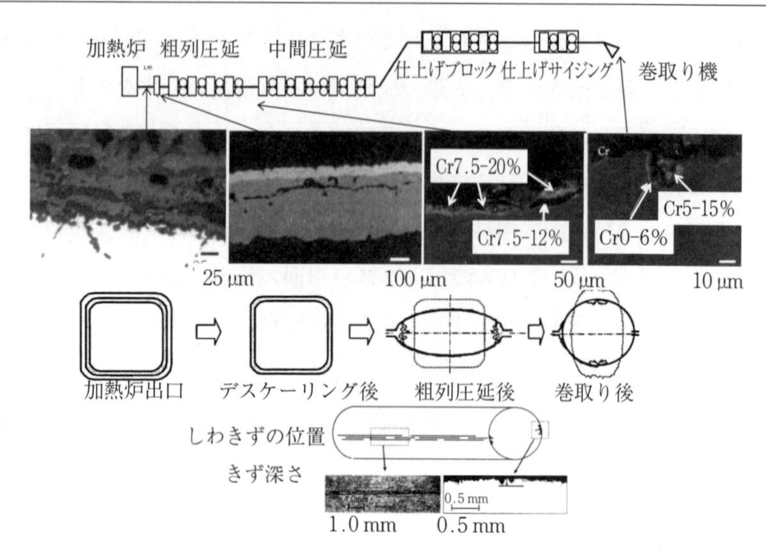

図 9.37　線材圧延で発生するしわきず発生メカニズム[34)]

クエア・オーバル孔型でトラップされ，しわきずになると串田ら[34),35)]が報告している．**図 9.38** のシミュレーションとモデル実験によれば，スクエア・オーバル圧延のカリバーと自由面の境界近傍で大きな周方向圧縮ひずみが生じ，サブスールが巻き込まれやすい．周方向局部圧縮ひずみと表面きず深さには相関があることが示されている．

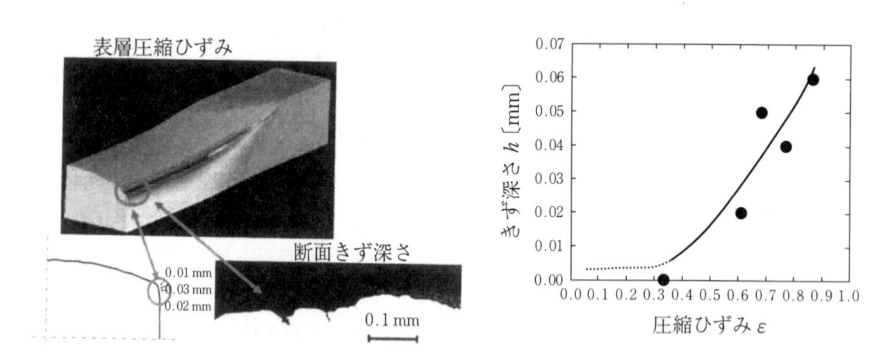

図 9.38　しわきず再現モデル試験[35)]

9.7 連続圧延特性

9.7.1 圧延機の剛性

寸法精度を確保するためには，ミル剛性の強化が必要である．**図 9.39** は，線材粗列圧延機のばねモデルと各圧延部品の剛性測定結果を示す[36]．全体ミル剛性は 1.2 MN/mm であり，板圧延機の 5 MN/mm オーダーの値に比べ，低い剛性である．また低荷重の場合，各部品間の押し潰し・なじみ変形のため，非線形状の低い剛性となっている．したがって，あらかじめ荷重を負荷しておくプリストレス圧延機構造が望まれる．一般的に，棒線圧延では粗列で 1～2.5 MN/mm，中間列では 0.7～1.7 MN/mm，仕上げ列では 0.5～0.7 MN/mm の剛性である．定常荷重状態では，特にロールの曲げ変形による剛性が全体の 60%を占めており，剛性低下の主要因となっている．

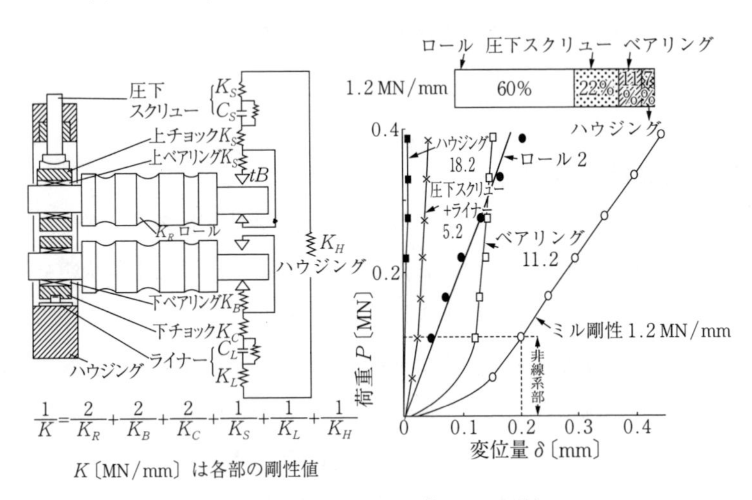

図 9.39 線材粗列圧延機のミル剛性

図 9.40 に示すように，1980 年代以降はミル剛性強化のためロールの胴長をロール径に比べ短くする傾向にあり[37]，2001 年に旧新日鉄・室蘭棒鋼圧延において Danieli 社から導入された CRM (Compact Rolling Mill)[38] は，ハウジング

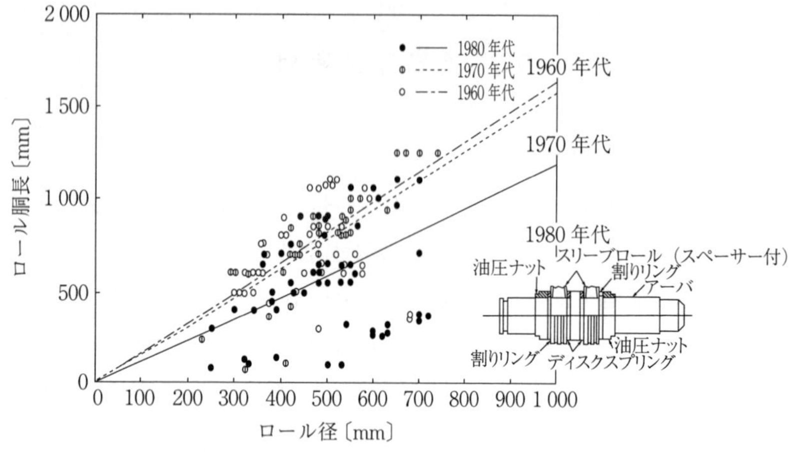

図 9.40　ロールの胴長とロール径[3)]

レス圧延機構造（引張試験機のように 4 本の支柱で圧延荷重を保持）であり，かつロール径 720 mm × 胴長 700 mm のため，ミル剛性は 4.31 MN/mm まで高まっている．最近では，ロール径よりもロール幅の小さいディスク状のロールが使用されるようになっている

9.7.2　連続圧延特性

連続圧延において，特定スタンドの圧延状態の変化が他スタンド間に影響を及ぼす．定常特性の解析の一つに影響係数法がある．一つの定常状態を基準とし，その周辺での影響因子の微小変化に対し，圧延状態がどのように応答するかを線形近似により推定する方法である．圧延形態を記述するのは各スタンドのマスフロー式，幅広がり式，先進式，ゲージメーター式である．製品寸法のおもな影響因子は，各スタンドのロール間隙（圧下率）およびロール回転数である．**図 9.41** にはその一例として，黒川[39)]，野口[40)] らによるブロックミルにおける各スタンドのロール間隙変化が製品幅寸法に与える数値シミュレーション結果を示す．これによれば，2 スタンドから 8 スタンドまでのロール間隙量は仕上げ製品幅変化率（BB 値）にほとんど影響を与えず，入口の 1 スタンド

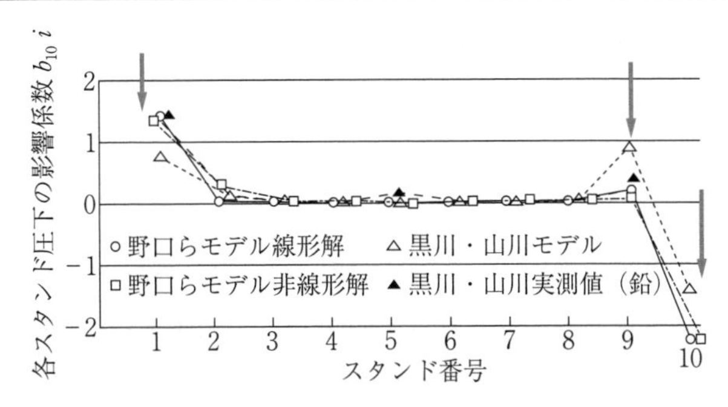

図 9.41　各スタンドのロール間隙変化が製品幅寸法に与える数値シミュレーション結果[39), 40)]

および仕上げ 10 スタンドと 9 のプリスタンドが大きな影響を示しており，鉛の実験結果と傾向が一致し，操業現場の状況をよく表現している．ブロックミル入側の寸法精度も仕上げの幅寸法精度に大きな影響を与えることはいうまでもない．棒線粗列連続圧延中においては，かみ込み・尻抜けが同時に生じている非定常圧延状態が多い．

図 9.42 に棒鋼粗列のスタンド間の張力変化を模式的に示している[41〜42)]．1-2 スタンド間で圧縮力を材料に作用させ，他のスタンド間は無張力状態とした場合，1 スタンドを材料が抜けた瞬間に全スタンド間に張力が伝播する．1V の尻抜けによっての後方圧縮力がなくなるので 2H の先進が低下し，2H からの圧延材の排出速度が遅くなり，2H-3V 間は張力状態となる．後方張力が作

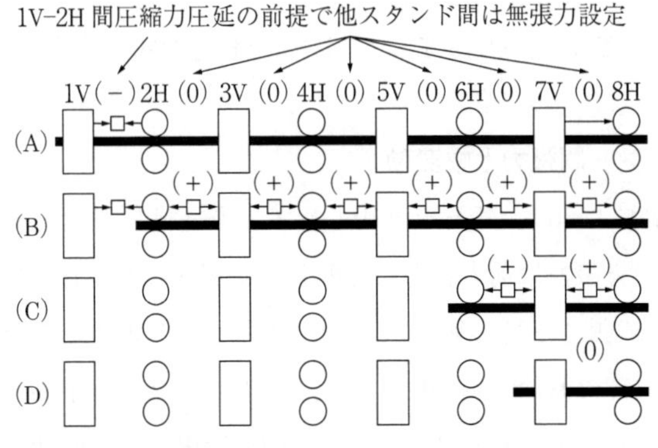

図 9.42　棒鋼粗列のスタンド間の張力変化[41), 42)]

用した3Vは先進が低下し，3Vの材料排出速度が遅くなり，3V-4H間も張力状態となる．この現象が最下流まで連鎖する結果，**図9.43**(a)に示すように8スタンドで出側に設置した幅計によると幅寸法は減少している．1V-2H間の圧縮圧延が，1V尻抜け時に2H～8H全スタンド間に張力をもたらし，8H出側の幅寸法が減少させる．1-2スタンド間で圧縮力にもかかわらず，幅寸法が減少となる興味ある現象が観察される．同図(b)に示すように，5Vスタンドを省略して同時連続圧延されるスタンド数が減少した場合は，張力の伝播が軽減され，幅寸法減少が緩和される．材料が同時に圧延される粗列連続圧延スタンド数を少なくすれば下流スタンドへの影響は少なくなり，圧延は安定化する．同じように，2-3スタンド間において5 MPaの張力が存在するとき，3スタンドを抜けた瞬間に下流のスタンド間に圧縮力が伝搬するシミュレーションが，高橋[43]らによって報告されている．

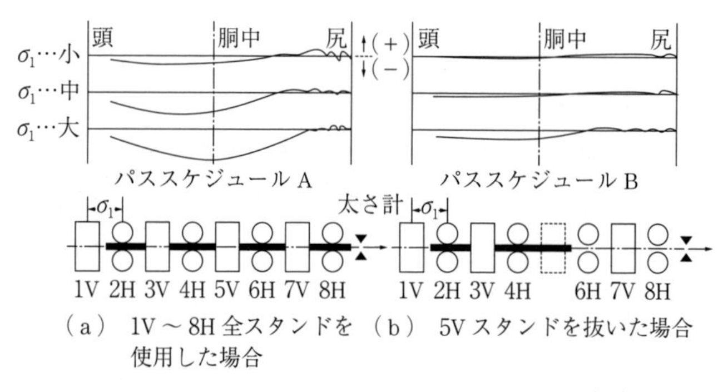

図9.43　連続圧延スタンド間数と幅変動の関係[41),42)]

9.7.3　スタンド間張力と幅変動

図9.44に示すように，鉛材を使用したモデル圧延において実験した結果，スタンド間の後方張力は前方張力に比較し，圧倒的に幅変動を生じやすい[42)]．

図9.45は，無張力圧延の幅寸法変動を緩和し，改善する効果を示す[36)]．鉛材試験片の中央部の断面を切削により減少させ，単スタンドのモデル圧延機で4パスのダイヤ・スクエア圧延により，孔型充満率とパス回数の関係を観察し

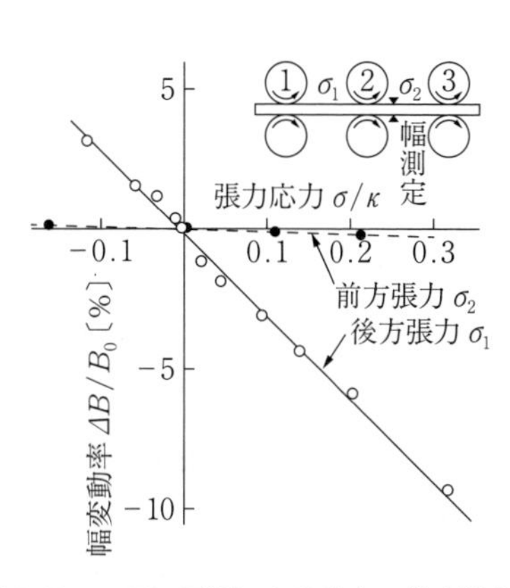

図 9.44 モデル圧延による前方・後方張力の幅変動に与える影響[42)]

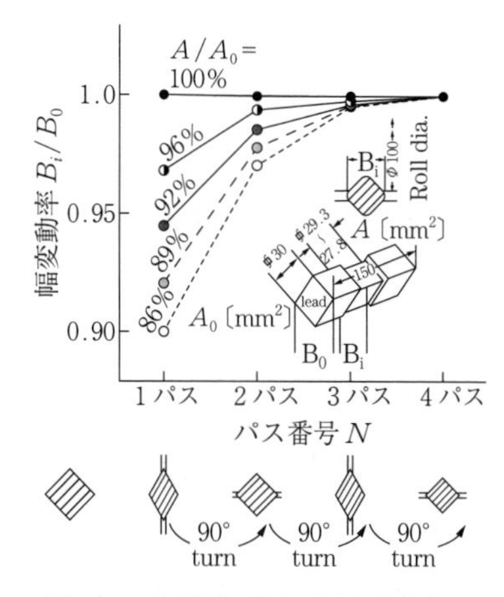

図 9.45 無張力圧延の幅寸法変動への緩和効果[36)]

た．これによれば，素材の断面積が14%近く（30 mm 角→27.8 mm 角）減少しても，その幅変動は1～2パスでは認められるが，4パス目ではその差がまったく見られなくなる．すなわち，最低でも4パス無張力圧延により，通常の幅寸法変動は解消されると考えられる．

図 9.46 は，上段に材料長手方向のスキッドマークによる圧延温度の変動，下段には材料の高さ寸法 H と幅寸法 B を示す．無張力圧延に近いAの場合には，温度変動があっても幅寸法の変動は少ないが，A→B，Cのようにスタンド間張力を負荷すると，スキッドマークの位置に応じて幅寸法 B も変化する現象が見られる．これは，スキッドマーク部①～⑤は低温のため張力による幅寸

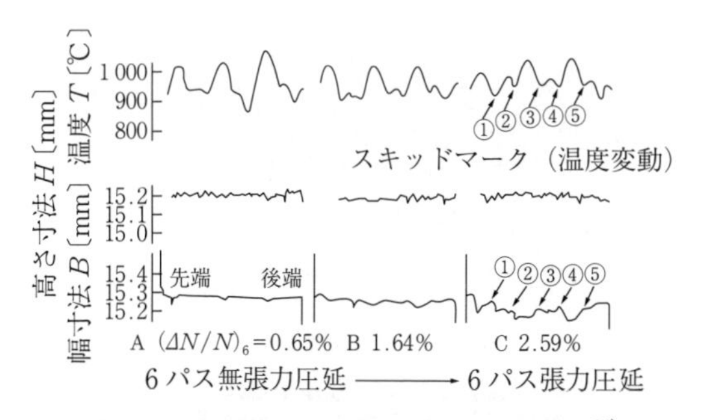

図 9.46 無張力圧延の幅寸法変動緩和効果[36)]

法への影響は少なく，温度の高い部分では張力の影響を受けやすいと考えられる．以上のように，無張力圧延は寸法精度向上や圧延の安定に不可欠である[36]．

9.7.4 スタンド間張力の測定方法

1970 年代には，スタンド間の張力計測技術と回転数の制御法にさまざまな工夫がされている[44]．電流法は，圧延中の張力変化を駆動モーターの電流値の変化から推定して制御する方法[45]である．簡便だが，電流値やトルクがスキッド部の温度むらなどによって大きく変化するので精度的に問題がある．

一方，無張力時の圧延トルク G と荷重 P の比を比較するトルクアーム法がある．この値は，圧延温度や荷重に対し鈍感であることから，トルクアーム一定制御が利用されている．スタンド間張力を 1〜3 MPa に制御は可能であるが，

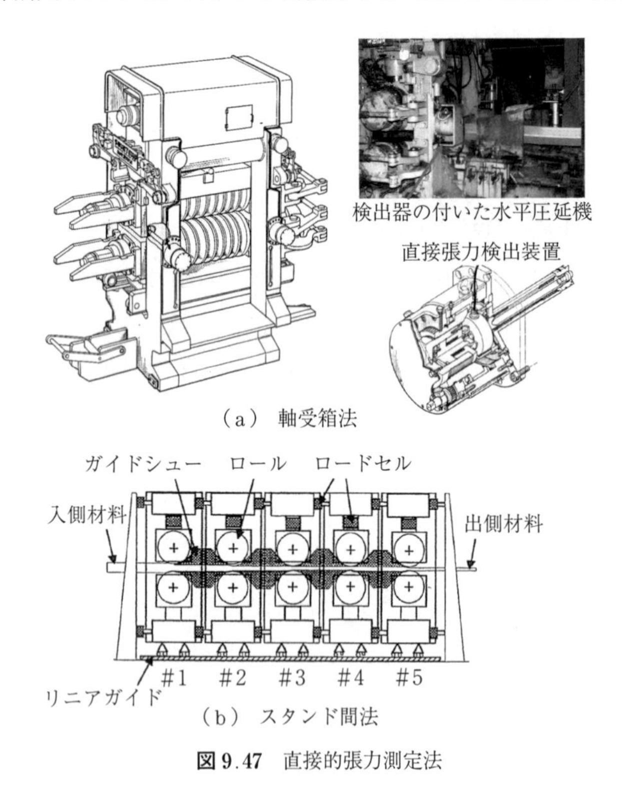

（a） 軸受箱法

（b） スタンド間法

図 9.47 直接的張力測定法

先端の制御に限られるとしている．線材を速度計で計測し，張力を制御する方法も開発されている[55]．1980年代の始めに，直接的に張力を測定する方法が試みられた（**図 9.47** 参照）．軸受箱に作用する水平方向の荷重を計測し，直接張力を測定する方法[41]や，圧延機間にロードセルを組み込み，スタンド間に作用する力を直接測定する方法[46]である．粗列，中間列で多少の高さ・幅変化による断面積変動があっても，仕上げ圧延前の4パスで完全無張力圧延が実現できれば，仕上げ後の寸法変動は格段に向上する．したがって，粗列・中間列での精密な無張力制御よりも，仕上げ圧延機直前の無張力制御あるいは多方ロールなどにより，断面積を一定にする方法がより有効と考えられる．

9.8　精密圧延技術と圧延機[47)〜61)]

9.8.1　精密圧延と多サイズ・多サイクル圧延

1980年代は，棒鋼のピーリング省略を主体に寸法精度 ±0.2 mm を目標とし，スタンド間の直接・間接の張力制御技術が発展した．その後，ミルセットアップ，張力制御に加えて，インラインで自動圧下修正を行うAGC化も検討された[48]．しかし，1990年代は2方，3方，4方ロールによる圧延機のハード技術の進歩により，棒鋼の寸法精度を ±0.1 mm のレベルにまで高めることができるようになった．これにより，引抜き工程の一部省略，切断精度向上とあいまって一部閉そく鍛造時用ブランクの単重の均一化に役立つようになり，二次加工の工程省略に大きく寄与してきた．従来は，丸鋼では ϕ50 mm 以下で1〜2 mm ピッチ，それ以上では5 mm ピッチとしていたが，多サイズ・中間サイズの増加は圧延の生産性の低下を余儀なくされていた．精密圧延機を使用すれば，需要家での伸線省略などに寄与する中間サイズのきめ細かな寸法のニーズに対応でき，精密圧延は寸法精度向上だけではなく，稼働率を維持したまま多サイズ・多サイクル圧延の可能性が開けてきた．その後，精密圧延は需要サイドおよび生産サイドの両者の要望を満たす画期的技術進歩を遂げた．

9.8.2　2 方，3 方，4 方ロールによる精密圧延技術

1980 年代後半から大同特殊鋼・知多の小形圧延でスタンド間を極力接近させブロック化し，ガイドレスで倒れを防いだ圧延方法「てきすんミル」が開発・実用化された[53),54)]．**図 9.48**（a）に示すように，1 モーターによる共通駆動の水平・垂直・水平ロール配置，高剛性のラウンド 3 パスの減面率バランスは概略 10〜5％，5〜2％，1〜0.5％である．±0.1 mm の精密圧延および約 1 mm の範囲でのサイズフリー圧延を可能とした．図（b）には X 型配置の 2 ロール精密圧延装置の外観を示す．前段に 2 段の高圧下パスを連結させ，120 m/s クラスの高速ブロックミルの特長を加えた reducing sizing mill（RSM）が出現し，従来の線材圧延ミルの高速化改造にも適しており，また高剛性により低温圧延も可能であることから，特殊鋼線材ミルを中心に普及した．

（a） 水平・垂直・水平ロール配置

（b） X 型ロール配置

図 9.48　2 ロールサイジングミルの外観[3)]

図 9.49 には，旧 Morgan 社による神戸製鋼所・神戸第 7 線材の高負荷・精密圧延ブロックミルを示す[55)]．ブロックミルは 2 セット配置され，前段は「2

（a） 2 ロール高負荷ブロックミル

（b） 後続の精密ブロックミル

図 9.49　最新の高負荷・精密圧延ブロックミル[3)]

ロール高負荷ブロックミル」で750℃の低温圧延が可能な8スタンド7 000 kWの超高負荷型，最初の2スタンドは247 mmのロール径を採用，ロール間隙調整もサーボモーターによる遠隔操作が可能となっている．後段の「精密ブロックミル」は4スタンド構成のサイジングミルであり，最初2スタンドは高負荷型，後半の2スタンドはロール径・スタンド間距離とも150 mmと小さく，ガイドレス圧延が可能である．両ブロックミル間の張力制御は，レーザードップラー速度計（ビーム領域：5 mm×1 mm，最大速度：120 m/s）で計測し，張力を制御している．3方ロールはプロペルチ（Properzi）社のマイクロミル，管圧延のKocks社製ストレッチレデューサーで使用されていたが，試行錯誤を重ねながら1980年代後半から主として棒鋼太径バーインコイルの仕上げ圧延機として実用化されてきた[56]．カセット状の3方ロールを1台のブロック圧延機で構成するのが一般的である．

図9.50（a）に3本のロールのギャップが非調整なタイプ（PSB：precision sizing block）と図（b）に調整可能なタイプ（RSB：reducing sizing block）の外観・構造を示す．RSBでは入力軸1, 2, 3がハウジング外部からの3軸個別駆

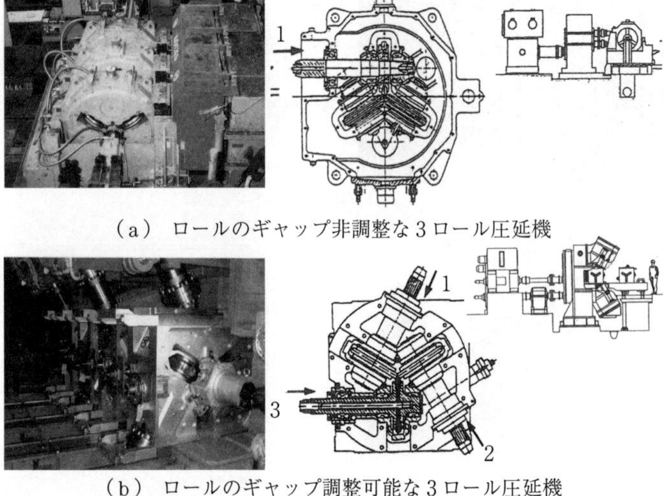

（a）ロールのギャップ非調整な3ロール圧延機

（b）ロールのギャップ調整可能な3ロール圧延機

図9.50　3方ロール圧延機の外観と構造[7]

動方式とし，ハウジング内を簡素な構造として，ミル剛性の向上・圧下調整の容易化・遠隔操作化を図っている．精密圧延のみならず，一つの孔型で多サイズに対応可能なサイズフリーやサイズ替えが容易なチャンスフリー圧延も可能で，稼働率向上やコストダウンに寄与している．

図9.51（a）は，旧川崎製鉄・水島の棒線工場に設置された棒鋼用の4方ロール KSW[57)～59)] (Kawatetsu Sumitomo Wire Rod Mill）で，2スタンドからなり，1パス目の水平ロールはオフセット調整もできる．精密圧延のみならず広いレンジでサイズフリーが可能である．4方ロールの特性を生かして長方形断面の製品化も可能となった．図（b）の線材用4方ロールは3パス構成になっている．3方，4方ロール圧延は，従来の2方ロール法に比較して幅広がりが抑制されるので，精密圧延に適している．また変形効率も高い．理論最大減面率は多方ロールほど減少する傾向にある．しかし，実際には3方以上の多方ロールは，入側材料がロールのフランジに干渉するために理論最大減面率よりははるかに低く，2方ロールで最大減面率が約30%，3方ロールで20%，4方

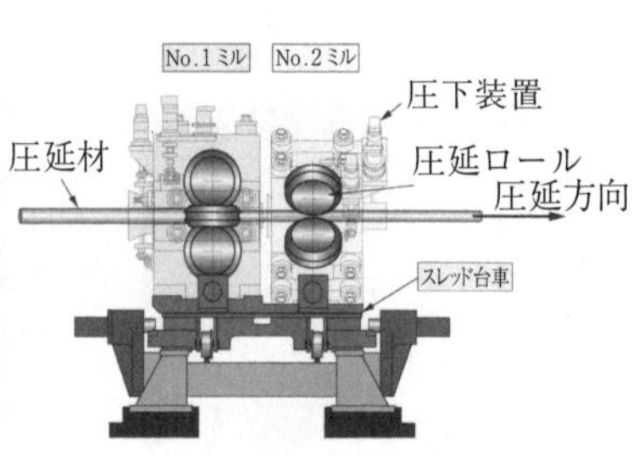

（a） 棒鋼用4方ロール

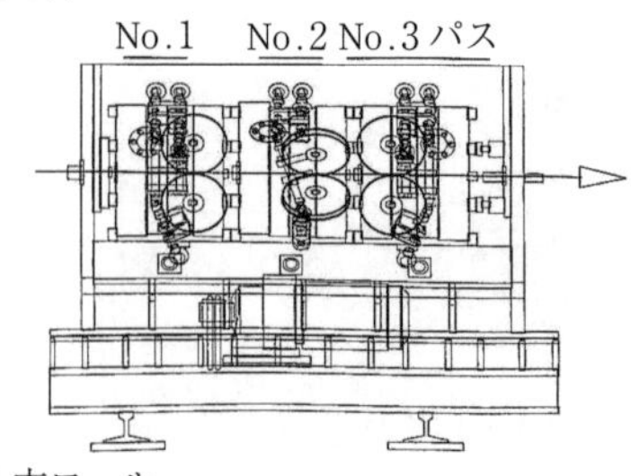

（b） 線材用4方ロール

図9.51　4方ロール KSW の外観・構造[3)]

ロールで10%と考えられる．また，機器の保守の点からも4方ロールが実用性の限界と考えられる．

図9.52 は真円度とロール間隙の関係を示す．2方ロールから多方ロールに移行するほど，同一孔型での許容間隙変化の範囲が大きくなり，多サイズ・多サイクル化に有利となる．

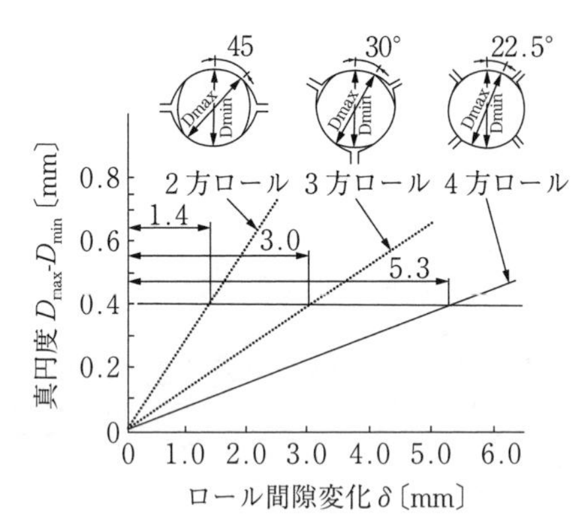

図9.52 真円度とロール間隙の関係[3)]

図9.53 は CORMIL System の FEM シミュレーションによる2方，3方，4方ロールの減面率と幅広がりの関係を示を示す[60)]．2方ロールは幅広がりが大

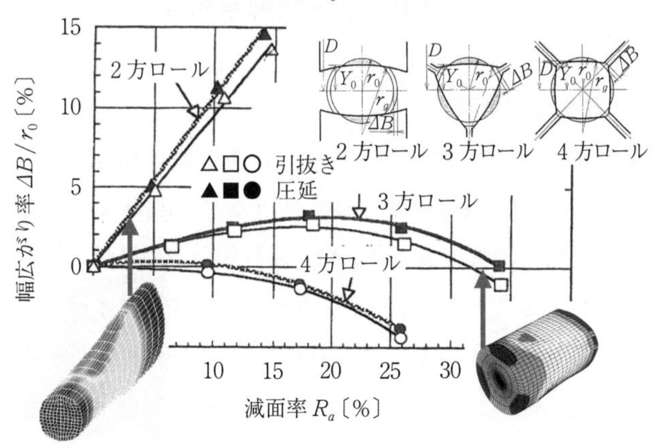

図9.53 FEM シミュレーションによる各多方ロールの減面率と幅広がりの関係[60)]

きく，4方ロールはむしろ幅狭まりとなっており，**図 9.54** の実験的な結果[61]と傾向的に一致している．3方ロールは，両者の中間で減面率が20%以下ではほぼ一定の幅広がりを示している．3方，4方ロールは延伸効率が高く，ロール自由面の変動が少ないため精密圧延には有利であるが，2方ロールに比較して断面内での塑性流動が少なく，材料の均質な鍛錬効果に乏しい点に留意する必要がある．

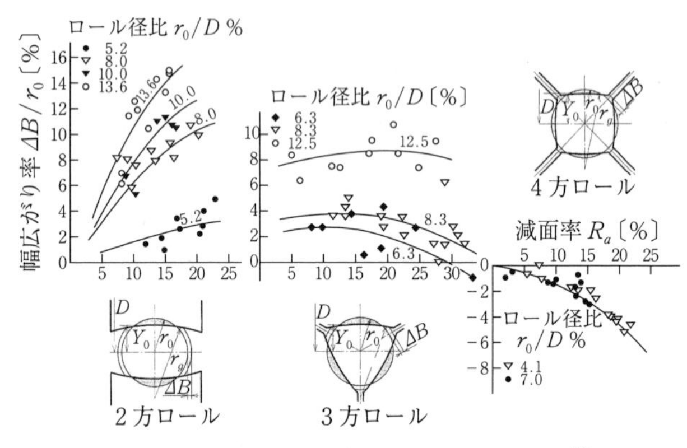

図 9.54 実験による各多方ロールの幅広がり[61]

9.9 制御圧延・制御冷却[62)~71)]

9.9.1 加工熱処理の推移

棒線は，板・管・形材に比較してサイズ数・鋼種とも圧倒的に多い．1960年代までは普通線材や鉄筋棒鋼が主体であったが，1960代後半の自動車産業の発達とともに，冷間鍛造用鋼・快削鋼・肌焼鋼などの構造用炭素鋼・合金鋼および高炭素鋼によるスチールコード・弁ばね・架橋用ワイヤ，さらには軸受鋼・ステンレス鋼・チタン合金などを棒線圧延で生産するようになり，高級化・高付加価値化路線へと次第にシフトした．棒線の制御圧延（加工熱処理），制御冷却（加工後の製品冷却）も古くから試行されてきた．制御冷却は1970

年代後半にベルギーの CRM で「テンプコア法（Tempcore）」による鉄筋棒鋼高強度化の試行が最初である[62]．これは**図 9.55** に示すように圧延後一定時間強冷却し，表層部は Ms 点以下のマルテンサイトに変態するが，冷却後復熱により焼戻しマルテン組織で中心部はフェライト・パーライト組織とする方法である．制御圧延は，1950 年代に欧米で造船材料の靱性改善要求の手段として低温圧延により，γ を細粒化して変態後の α 粒を細かくする技術から始まった[63]．その後の研究は日本に移り，主として厚板分野で二相域圧延法，SHT 法，加速冷却法など各種加工熱処理が開発実用化された．一方，棒線圧延は厚板よりも炭素量のレンジが広く多鋼種で，さらに高速圧延のため棒線独自の加工熱処理が開発されていった．1970 年代に低温圧延により，フェライト粒の微細化による「直接焼ならし DN 鋼（direct normalizing）」，また同じ方法で耐力 80 キロ級の高強度せん断補強筋の実用化に発展した．

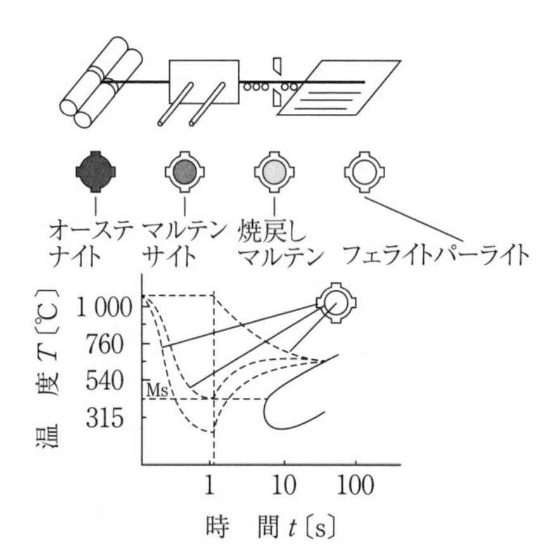

図 9.55　連続冷却線図（CCT）で示した Tempcore プロセスの制御冷却

9.9.2　棒線圧延における制御圧延（加工熱処理）

棒線の加工熱処理技術は，二次，三次加工工程における生産性向上およびプロセス省略を目的に進められてきた．矢田[64]は，棒線圧延と板圧延など他の圧延プロセスを比較し，その特徴を ① プロセス条件のコントロールが正確，② 全連続圧延，③ カリバー圧延，④ 累積大圧下圧延，⑤ 高速圧延で最終段でのパス時間が短い，としている．線材の仕上げ圧延は，高ひずみ速度と短いパス時間が特徴であり，このため，ひずみの累積効果が顕著になり，大ひずみ圧延に近い特徴を示す．特に，仕上げ圧延機列のブロックミルでは，パス間時間が 0.01 s 以下にもなる場合があり，厚板などの数十秒単位のリバース圧延と比較して短い．圧延直後のオーステナイト再結晶粒径は，最終パスのひずみ速度とその出口温度によって推定される．したがって，線材圧延では比較的高温圧延条件下においても動的再結晶を利用した整細粒オーステナイト化が可能であり，厚板圧延の制御圧延による未再結晶オーステナイトのひずみ累積（あるいは転位蓄積）によるものと同等以上の細粒効果がある．なお，線材の高速圧延では，中間圧延で900℃近く降下した鋼材温度が，仕上げ圧延系列で1 000℃を超える顕著な温度上昇をする独特の熱履歴を示す．

一方，棒鋼サイズ（例えば直径20 mm以上）ではほとんど等温圧延か緩やかな降温圧延となる．したがって，材質予測のために圧延材内部および表層部の温度履歴の把握およびコントロールが不可欠である．**表9.5**には棒鋼の制御圧延・制御冷却における焼ならし，焼入れ・焼戻しの事例を通常圧延と比較して示す．1980年頃から，自動車用材料を中心にオフラインでの熱処理省略が可能なフェライト＋パーライト組織・ベイナイト組織・マルテンサイト組織などの非調質鋼が大きく進展した．非調質鋼はNb，Tiを溶解させるための高温加熱，結晶粒度微細化のための低温圧延，目標強度確保のための冷却制御の併用が必要となる．3方ロールを導入当初は，断面内の結晶粒粗大化の問題に悩

表9.5　棒鋼の制御圧延・制御冷却[68]

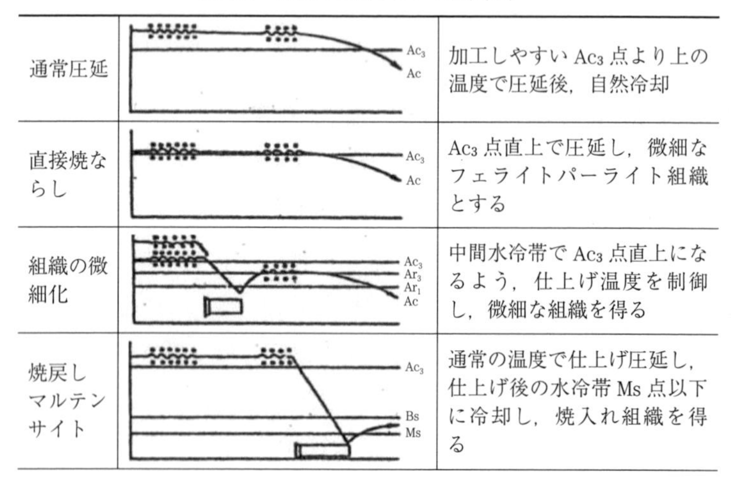

通常圧延	Ac_3, Ac	加工しやすいAc_3点より上の温度で圧延後，自然冷却
直接焼ならし	Ac_3, Ac	Ac_3点直上で圧延し，微細なフェライトパーライト組織とする
組織の微細化	Ac_3, Ar_3, Ar_1, Ac	中間水冷帯でAc_3点直上になるよう，仕上げ温度を制御し，微細な組織を得る
焼戻しマルテンサイト	Ac_3, Bs, Ms	通常の温度で仕上げ圧延し，仕上げ後の水冷帯Ms点以下に冷却し，焼入れ組織を得る

まされた．3方ロールは，幅広がりが少なく延伸効率が高い反面，断面内の鍛錬効果が不足する．すなわち，同一減面率でも付与される相当塑性ひずみが断面内で不均一になりやすく，その後の熱処理で一部結晶粒粗大化を招きやすい．根石[65]らは**表9.6**に示すように，FEMシミュレーションで断面内相当塑性ひずみ分布と直径25 mmの素材（S45C）を950 ℃で圧延した際のマクロ組織を比較した．加工フォーマスター試験により得られた結晶粒粗大化発生領域（相当塑性ひずみ0.06〜0.15）と対応する部分で，マクロ組織の異常（結晶粒の粗大化）となり，実際の現象を再現した．このひずみ域や温度域を避けるように制御圧延すれば，結晶粒の均一化・焼入れ・焼戻しの省略に広く活用できるようになった．

表9.6　3方ロール圧延の相当ひずみ分布と結晶粒の関係[65]

ひずみ分布	マクロ組織	マイクロ組織		
軽減面率：3% 観察点 (a) (b) (c) 0.06 0.10		(a) ひずみ0.1	(b) ひずみ0.04	(c) ひずみ0.03
		粒度番号4.5	粒度番号7.5	粒度番号7.5
重減面率：13% 0.16 0.20 観察点 (c) (b) 0.28 0.20 0.24 (a)		(a) ひずみ0.15	(b) ひずみ0.20	(c) ひずみ0.29
		粒度番号6.0	粒度番号8.0	粒度番号8.0

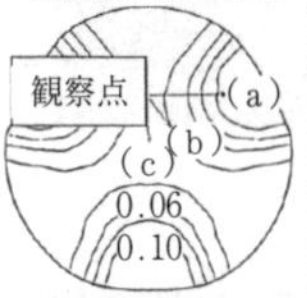

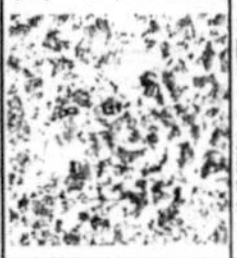

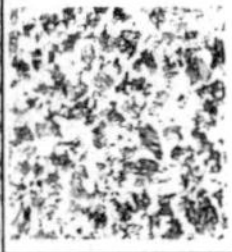

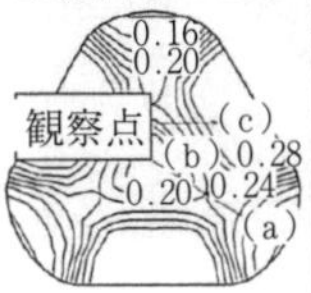

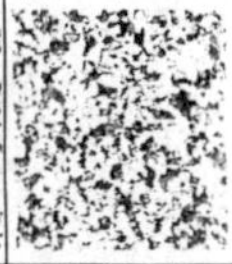

50 μm

9.9.3　圧延における冷却技術

一様に加熱することは容易だが，一様に冷却することは難しい．走行中の棒線を周方向・長手方向にばらつきがなく，目標温度に冷却する設備技術はきわめて重要である．単に表面を冷却するのみならず復熱ゾーンを設け，表層および中心部とも同一温度に冷却する必要がある．

森高[66]らによる線材仕上げラインの前における水冷装置の構造とその外観

を**図 9.56** に示す．仕上げ圧延後，線材は巻き取られる前に水冷されるが，その目的は，① スケール量のコントロール，② 巻取り後のハンドリングの容易化，③ 線材の品質向上などである．最近は巻取り後に製品冷却（直接熱処理）する予備冷却の役割も果している．水冷装置は通常 ϕ5.5 mm の線材の場合に 1 000 ℃から 650～700 ℃まで冷却できる能力を有しており，実際に巻き取られている温度範囲は 700～900 ℃である．組織を均一化するために，水冷ゾーンは多段化，かつ順行ノズルと逆行ノズルを併用して冷却能を高めるとともに，水切り効果により復熱を容易にしている．同時に，材料の中心および表面の温度を正しく予測する総合的なモデルが検討され始めたのは 1980 年代前半である．

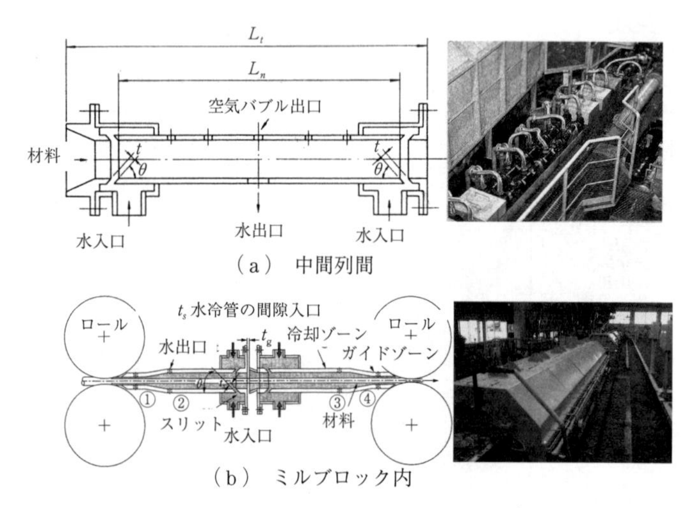

図 9.56　水冷装置の構造とその外観[66]

155 mm 角のビレットから ϕ38 mm の棒鋼圧延ラインにおける冷却温度シミュレーションと制御圧延の効果を**図 9.57** に示す[67]．計算結果の温度推移からスタンド間，冷却帯での冷却過程，冷却後の復熱過程において圧延材の断面内温度分布が著しく変化していることが観察される．水冷帯においては，目標温度に冷却すると同時に全断面および全長にわたり，できるだけ均一な組織とし，通常の圧延工程で材料の表面温度はつねに Ms 点以上に保持しておくことが重要である．

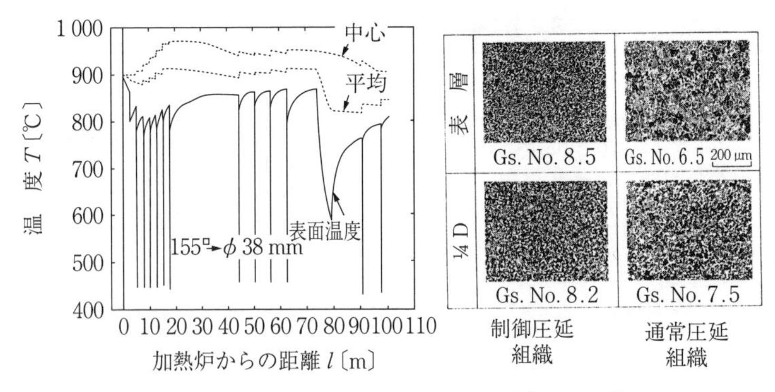

図 9.57　冷却温度シミュレーションと制御圧延の効果

9.9.4　圧延ラインの調整冷却

1970 年代から需要家での熱処理工程省略を目的として，圧延後コイル状に展開した線材をインラインで冷却・保温する圧延ラインの調整冷却が盛んに実施された．調整冷却は目的によって，① LP（lead patenting）に代替し得る微細パーライトとする方法，② 軟化焼なましに代替（簡略）し得る軟質化組織（フェライト，パーライト組織）とする方法，③ 焼入れ・焼戻しに代替し得る高強度高靱性組織とする方法などがある．

調整冷却法の一覧を**表 9.7** に，**表 9.8** にその冷却速度の比較を示す[68]．高炭素鋼線では，伸線前に微細パーライトに調整するためオフラインで再度加熱して「パテンティング熱処理」が必須であった．そこで，線材圧延で保有する熱をそのまま利用した直接熱処理が試行されてきた．当初は巻取りコイルに上から蓋を押し付け，下から内側に高圧空気を送り込み，リングの隙間から外に噴出して冷却したが，組織が不均一でパテンティングの代用にはならなかった．表 9.7(a)のステルモア法は，レーイング式巻取り機の直下部にループコンベヤーを設置して，線材を非同心円状に重ね，下方に設けられたスリットからの衝風により 500 ℃以下になるまで強制冷却後コイル集束装置に集める方法である．これが，Steel Copany of Canada と Morgan Construction Co. とによって開発された「ステルモア（Stelmor）」法である．住友電工は当初線材を 100 ℃の

表 9.7　線材圧延における調整冷却法

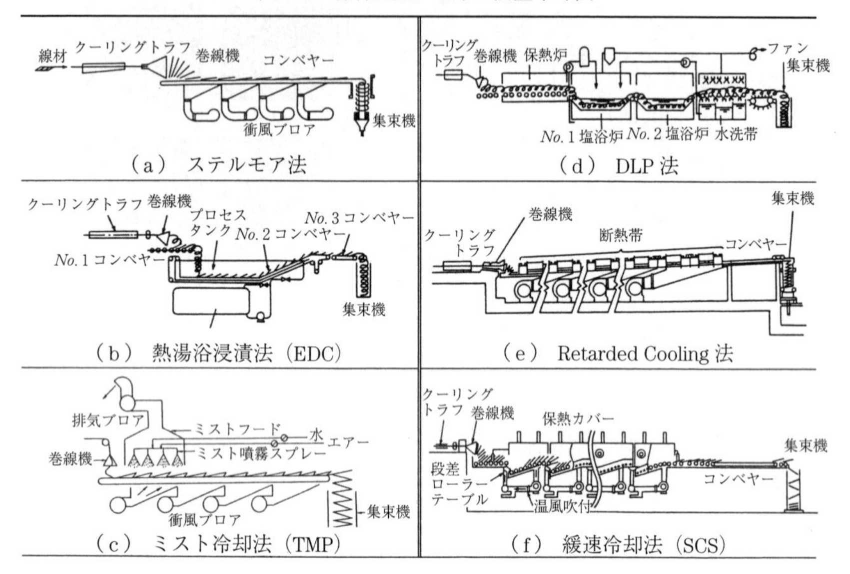

表 9.8　線材圧延における各種調整冷却速度との比較[68)]

冷却	設備	冷却媒体	冷却速度〔℃/s〕 0.1　1.0　10.0　100.0
速	DST (direct solid solution treetment)	冷水	
↑	TMP (mist patenting)	ミスト	
	DLP (direct in-line patenting)	溶融塩	
	EDC (easy drawing conveyor)	熱湯	
	STELMOR	衝風	
↓	STELMOR (retarded)	高温雰囲気	
緩	SCS (slow cool system)	高温雰囲気	

沸騰水の中で巻き取りながら，その表面を蒸気膜で冷却するパテンティング法を開発した[69)]．その後のこれを改良した熱湯浴浸漬法（EDC，easy drawing conveyor）[70),71)] を表 9.7（b）に示す．巻取り機により，リング状に成形された線材をその直下の 100 ℃に設定した温水層に落下させ，線材表面を蒸気膜で覆い，所用の冷却速度を得る方法である．表 9.7（c）の噴霧スプレーによって調

整冷却するミスト冷却法も試行された．表 9.7（d）の DLP 法（direct in-line patenting）は[72]はリング状になった線材を一定温度となった液体の塩浴炉に自然落下させ，流動層内に連続的に投入し，均一冷却する方法である．最近は橋梁用鋼線などにも実用化され始めている．EDC および DLP は，設備の保守などの問題から特殊分野に使用され，ステルモアパテンティング法が主流を占めていった．

以上のパテンティング法により，自動車用タイヤのスチールコードワイヤは，0.98％ C の過共析鋼の伸線加工強化により ϕ0.2 mm において 4 000 MPa を達成しており，4 500 MPa も視野に入り始めている．実用金属中最高強度であり，鉄ウイスカーの 1/3 に迫る勢いである．明石海峡大橋主ケーブルは ϕ5 mm で 1 800 MPa を達成したが，ラメラ間隔の微細化（50 nm）により 2 000 MPa も不可能ではない．逆に，熱処理省略鋼のように圧延後に徐冷（緩冷却）のため，retarded cooling 法のように保温カバーを設けて徐冷する方法がある．さらに，同表 9.7（f）の緩速冷却法（SCS：slow cool system）のようにラジアントヒーターチューブや温風を使用して雰囲気温度を上昇させる方法もある．直接軟化により需要家での球状化焼なましが一部省略されるようになった．このほか，棒鋼圧延においても**図 9.58** のように冷却床に保温カバーを有する設備もある．

図 9.58　棒鋼冷却床の保温設備[3]

9.10　棒線圧延技術のトピックス

いつの時代もものづくりの大きな技術進歩は製造プロセスの革新にある．そこで，筆者の視点から年代を問わず内外の技術を俯瞰（ふかん）しながら，圧延技術のトピックスを紹介してみたい．

〔1〕 小径断面 CC（連続鋳造）

0.2 mm のワイヤも，例えば 300×400 mm の大断面ブルーム CC から延伸加工され，その減面率は 99.999 98％にも達する．40 年以上前に 100〜180 mm 角の小径ビレット CC で高級自動車部品を試行したが失敗，現在も達成できていない．一方，銅やアルミニウムの軽合金では，**図 9.59** に示すように溶解炉からタンディッシュに導き，多ストランド・アップキャスト法で ϕ 10〜20 mm のコイル材および管材を製造している[2)]．最近では，モールド用耐熱材料の開発や鋳込み制御技術の発展により小径ビレットを含め，もう一度小径断面 CC に挑戦することを期待したい．

図 9.59　連続鋳造・コイラー完全連続銅線（管）製造装置

〔2〕 インダクションヒーターによる昇温

海外，特に欧州の鉄筋用ミニミルでは環境問題から**図9.60**のようにインダクションヒーター（IH）→エンドレス圧延→スプール巻取りがセットになりつつある．大同特殊鋼・知多線材工場においても8 000 kW（0.2 m/s，130トン/h）の鋼片IHが2002年に導入された．この装置は70 sで150℃の昇温能力があり，鋼種変わり時の加熱炉昇温時間の短縮・加熱むら防止・スケール対策に活用している．IHは中間列出側にも設置されている．今後，環境対策・制御冷却・脱炭防止・寸法精度向上に有効なツールと期待される．

図9.60　インダクションヒーターによる材料加熱
（8 700 kW，長さ8 m，資料提供：SMS group）

〔3〕 大 圧 下 圧 延

図9.12で示したように，分塊圧延はl/h_0が小さいため，材料中心部まで圧下が浸透しない傾向があり，現場では鋼材表面を冷却しながら圧延するなど多くの苦労を重ねている．1980年代に旧Morgan社ほかは**図9.61**に示すようにRER（round - edged rectangle）法を開発した[73)~75)]．溝形状の孔型は用いず，フラットロールのみで減面し，粗列スタンド間が1 mのコンパクトな圧延機配列のため，スタンド間の押込み力による大圧下が可能で，倒れも軽減できる．最大の圧下率62%，かみ込み角45°，減面率45%まで可能とした．著者らも旧住友金属・小倉棒鋼圧延で，粗角180 mmのビレットによる粗列全スタンド間に強固な4 m長さのトラフを配置してコンパクト圧延を模擬したグルーブレス圧延を試行した．

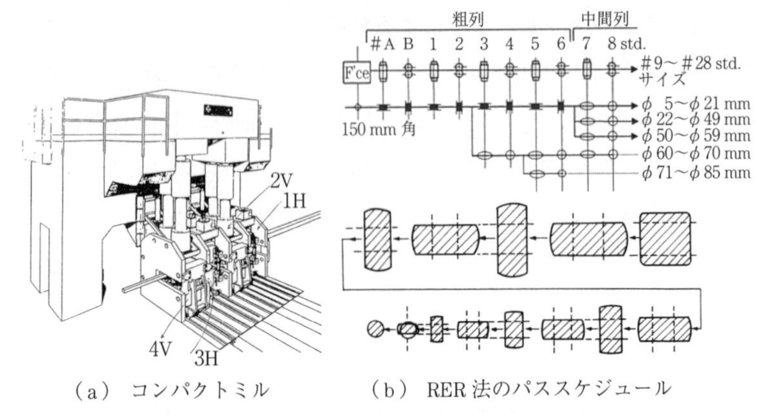

（a） コンパクトミル　　（b） RER 法のパススケジュール

図 9.61　グループレス圧延による大圧下圧延

図 9.62（a）は実機の 1/3 による鉛材圧延の粗列 8 パスの断面形状，**図 9.63** は 8 パス後の長手方向メタルフローとその先端・後端形状を示す．孔型圧延よりもクロップ形状が良好である．高級材のきずや品質が現状と同等以上と確認できれば，ロール本数の削減・ロール原単位の向上など多くの可能性を秘めている．1980 年代は，孔型圧延での大圧下圧延が大きな話題になった[76]．しかし，スタンド間隔は 3 m 以上あり，当時のロール材質では大圧下圧延は技術バリアが高く実用化し得なかった．現在では，粗列圧延機のコンパクト化・ス

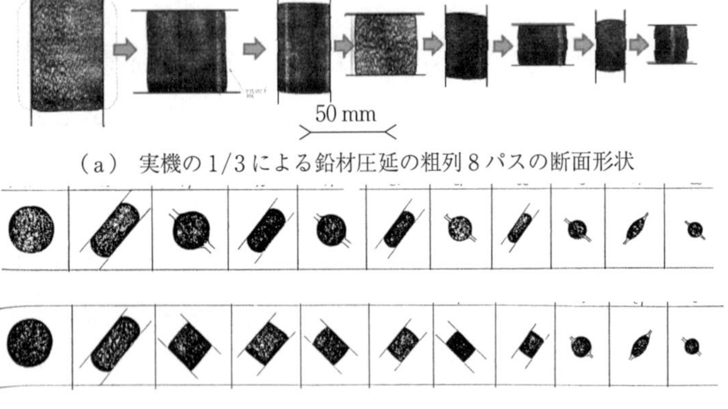

（a） 実機の 1/3 による鉛材圧延の粗列 8 パスの断面形状

（b） 1/1 による鉛材圧延の仕上げ 10 パスの断面形状

図 9.62　グループレス圧延とパススケジュール

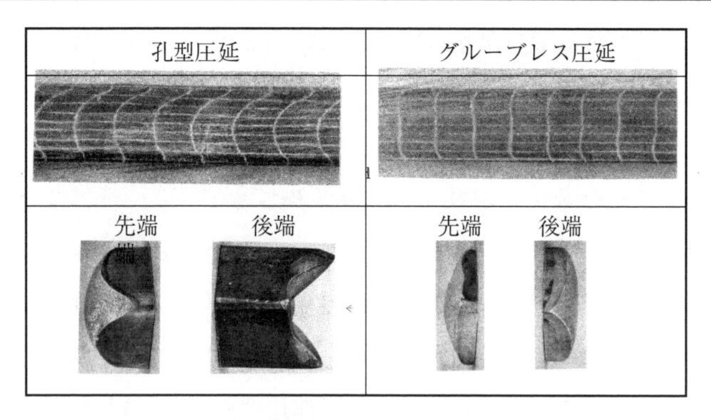

図 9.63　8 パス後の長手方向のメタルフローと先端・後端形状

タンド間距離の短縮化・大圧下が可能になりつつある．柳本ら[77),79),80)]は0.2% 炭素鋼で圧下率70%の変形により，バイモーダル組織（サブミクロンとミクロンサイズ結晶粒の混合組織）が得られ，強度と延性を併せ持つ鋼材を志向している．ロール材質もハイスロール，金属にセラミック繊維を添加したFRM（fiber reinforced metal）など大きく進歩しており[78)]，従来不可能とされてきた

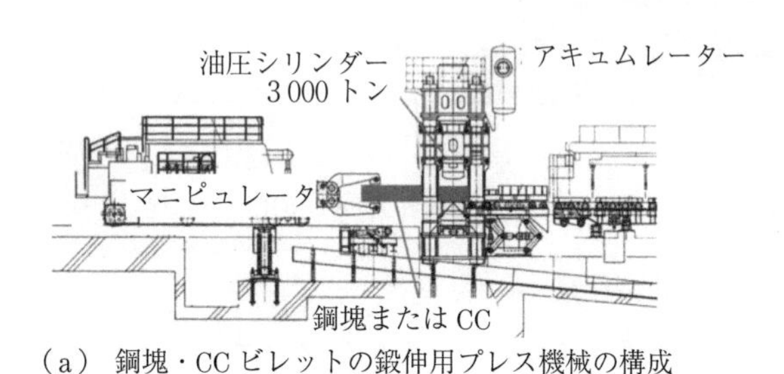

（a）鋼塊・CC ビレットの鍛伸用プレス機械の構成

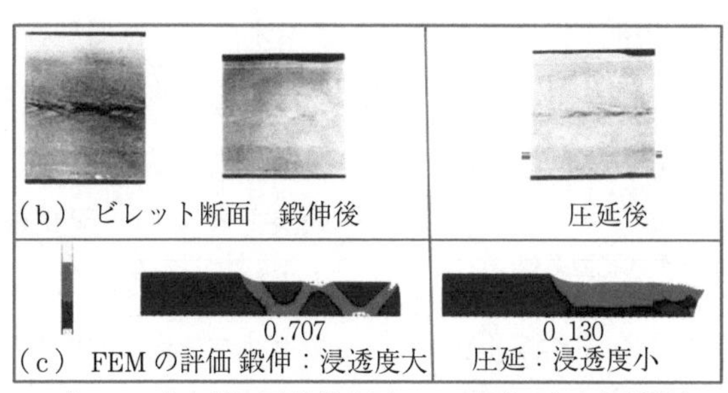

プレス：中心部に圧縮静水圧　　圧延：中心部引張り

図 9.64　鋼塊・CC ビレットの鍛伸用プレス[3)]

諸技術が活用される環境が整ってきたといえる．

1997 年，大同特殊鋼・知多分塊工場は**図 9.64** に示すインラインプレスを導入し，l_d/H_m を大きくした塑性加工法とした．この鍛伸法により，圧下を内部まで浸透させセンターポロシティを低減させている．海外では 2015 年に，Danieli 社がブルーミングミル用大径 2 ロール圧延機（ROTOFORGE）を実用化した（**図 9.65** 参照）．ロール径 ϕ 1 800 mm，大圧下圧延および中心部までの圧下浸透が目的で，最大 ϕ 800 のブルーム CC をリバース圧延方式により ϕ 230〜500 mm のラウンドビレットを延伸比 3〜4 で製造している．

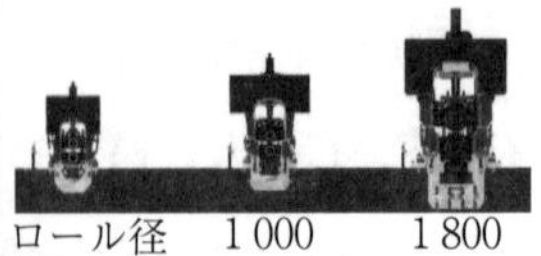

2015 年にブルーミングミル用として実用化．大圧下，中心部までの圧下浸透，組織の細粒化が目的．

ロール径 800（胴長 1 800）〜ロール径 1 800（3 200）．

ϕ 230〜500（鋳造 ϕ 800）のラウンドビレットが製造可能．

（単位：mm）

図 9.65　大径 2 ロール圧延機 ROTOFORGE（資料提供：Danieli 社）

〔4〕 **ゴシック孔型圧延**

角材から丸材を圧延する場合，一般的にスクエア・オーバル孔型系列を使用するが，図 9.39 で説明したようにスクエア・オーバルは凹型接触のため内質のみならず表層にも複雑な流動を誘発し，しわきずの発生や鋼片きずを助長しやすい．**図 9.66**（a）に示すように分塊圧延ではボックス系列＋スクエア-オーバル系列とするパススケジュールが一般的だが，これをゴシック系列（図 9.22（a）参照）

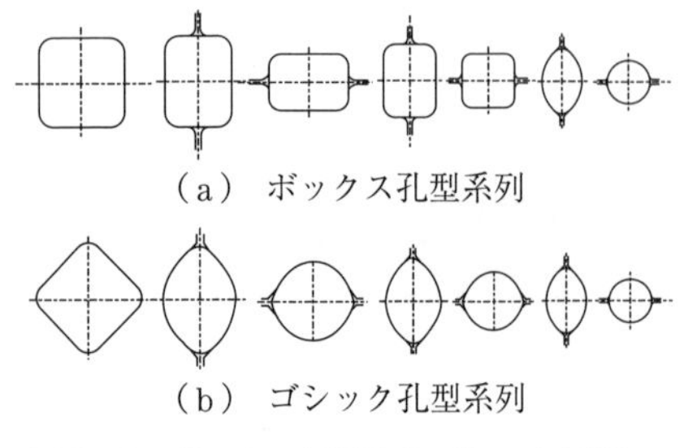

（a）　ボックス孔型系列

（b）　ゴシック孔型系列

図 9.66　ボックス圧延からゴシック圧延へ

に変更した事例を図(b)に示す．角から丸に変形するパスがすべて凸型接触のため，内質・表層部や内質も良好になるばかりでなく，ボックス系列に比較して摩耗後のロール改削しろが減少し，ロール原単位が格段に向上した実績がある．当時は倒れが懸念されたが，9.6節で述べた倒れの理論解析やスタンド間が近接した最近のレイアウトでは，この懸念も少なくなると考えられる．

〔5〕 エンドレス圧延

旧新日鐵・釜石線材圧延では，2001年に**図9.67**に示すようなスチールコード線材の2ストランドの連続圧延を実用化し，接合部の製品化および2トンビレットから2.5トンコイルの製造を可能とした．溶接部もそのままスチールコード線材として使用可能である[81]．鉄筋用途では，鋼片溶接によるエンドレス圧延は海外を含め，すでに多く実施されているが，高級鋼への適用は初めての試みである．

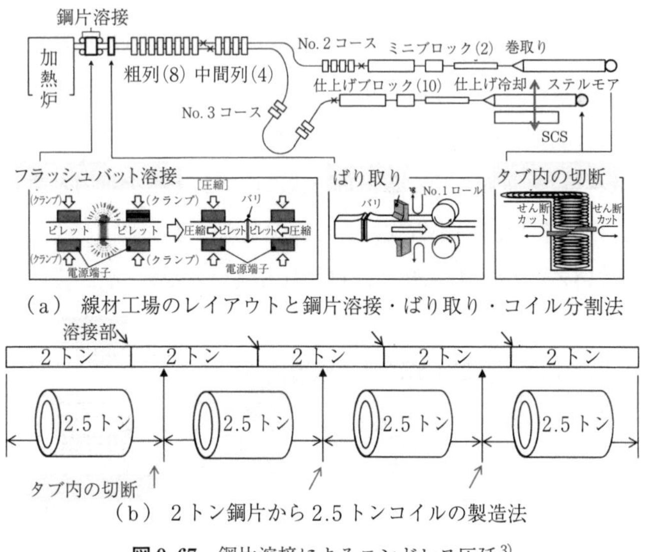

(a) 線材工場のレイアウトと鋼片溶接・ばり取り・コイル分割法

(b) 2トン鋼片から2.5トンコイルの製造法

図9.67 鋼片溶接によるエンドレス圧延[3)]

〔6〕 3方ロール油圧圧下ミル

SMS-MEER社は，**図9.68**(a)に示すように棒線用3方ロール機械構造の簡素化を狙った油圧圧下制御方式を開発・実用化した．油圧圧下により圧延中の

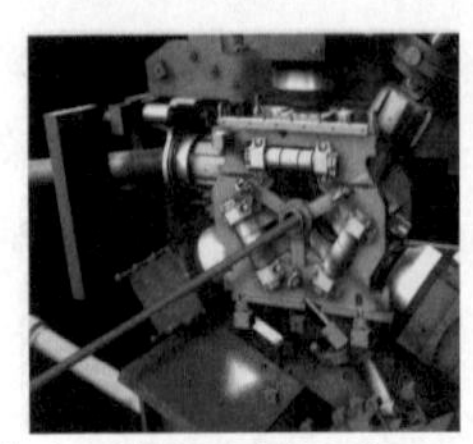

（a） 油圧圧下式 3 方ロール

（b） 4 方向固定レーザー方式の寸法計

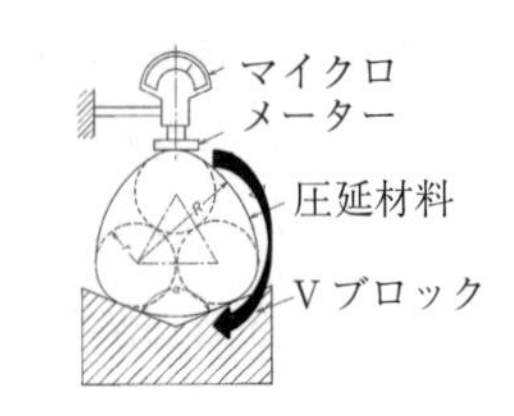

（c） 回転方式による誤認

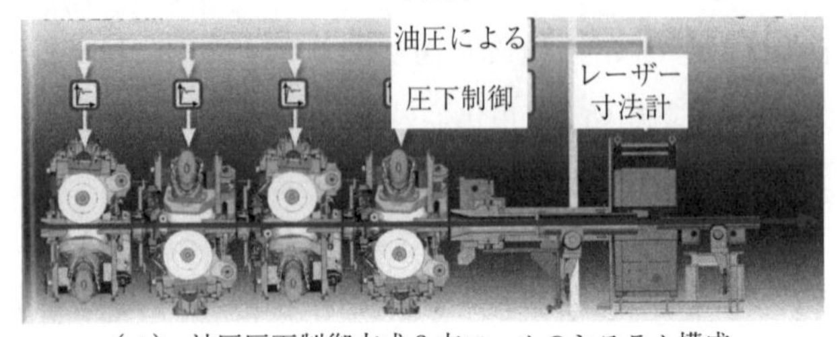

（d） 油圧圧下制御方式 3 方ロールのシステム構成

図 9.68　3 方ロール油圧圧下ミル（資料提供：SMS group）

寸法制御が可能となるのみならず，圧延機の圧下構造が油圧機構により簡素化されるので従来より大きな寸法のサイズフリー効果が期待できるとしている．図（b）は，4 方固定レーザー方式の寸法計を示す．図（c）に示すように，寸法計(あるいは材料)を回転させると三角形状に近い丸形状を真円と誤認してしまう場合がある[36]．そこで，固定方式による画像処理で断面形状と寸法を把握する構成に改めている．また，レーザーは粗さ計も兼ねるため，製品表面の凹凸も測定可能になる．図（d）には，油圧圧下制御方式 3 方ロールのシステム構成を示す．

〔7〕 仕上げブロックミル前の寸法精度向上

図 9.41 で明らかなように，圧延のコモンドライブ仕上げブロックミル内での寸法調整は困難である．したがって，ブロックミル入側ラウンド材の高寸法精度化が必須である．神戸製鋼所・加古川第 8 線材圧延は，1971 年に**図 9.69** に示すように第 2 中間を 4 ストランドの垂直 V 水平 H 配列 1 本通しによる 4 パス無張力圧延（ルーパー制御）を実現した．図 9.45 で示したように 4 パス無張力圧延が実現できれば，前パスの断面積変動による幅寸法変化がほぼ解消されることは実験的にも確認されている．

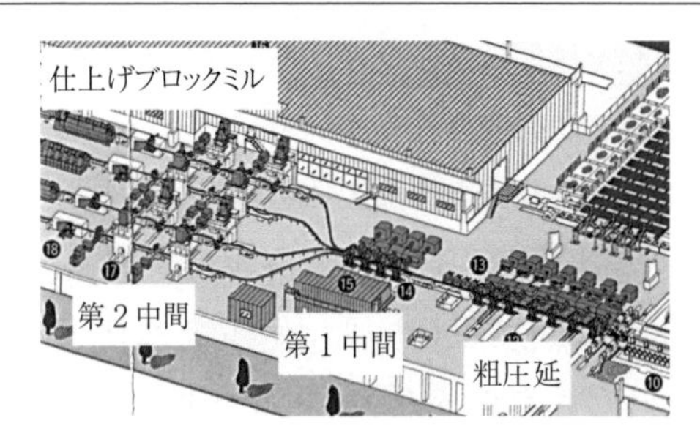

図 9.69　仕上げブロックミル前の VH 配列無張力圧延[3)]

図 9.70 は，2008 年旧新日鐵・君津線材工場で 4 ストランドのブロックミル直前に 3 方ロール圧延機を設置して，寸法精度の向上を図った事例を示す[82),83)]．かつては寸法精度向上のため粗列・中間列の無張力制御が実施されてきたが，これらの事例から粗列・中間列に多ストランドや張力変動の影響による寸法変動があっても，仕上げ圧延直前の寸法精度向上（断面積一定）に注力することがより重要である．

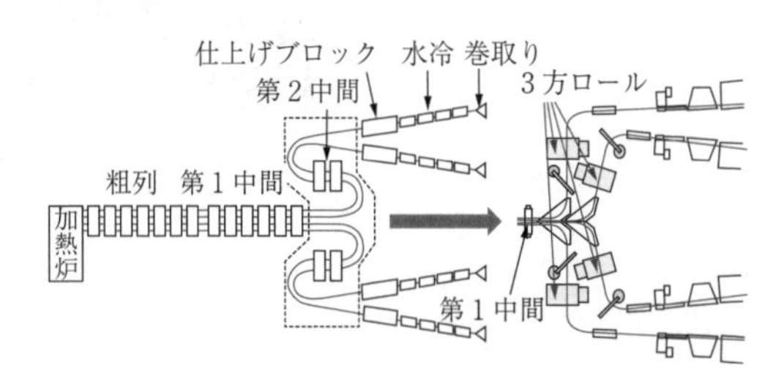

図 9.70　線材ブロックミル前の 3 方ロール圧延機設置[3)]

〔8〕 復熱確保のためのループゾーン

冷却と同時に復熱の確保も重要である．その一例として，ループによる復熱ゾーン設置の海外の事例を**図 9.71** に示す．現状のレイアウトでは冷却はできても復熱まで十分な距離がとれていないため，不均一な組織になる場合がある．そこで，冷却直後にループ

図 9.71　ループによる復熱ゾーン設置（資料提供：SMS group）

ゾーンを設置して復熱を確保できるレイアウトが可能である．ただし，擦りきずには十分な対策を講じる必要がある．

〔9〕 仕上げブロックミルによる加工熱処理の試み

仕上げブロックミルは1s以内に90%以上の減面率が可能で，1 000/s^{-1}のひずみ速度を一挙に付与できる優れた加工機といえる[64]．入側温度600～650℃に制御冷却して，仕上げ速度60 m/sブロックミルで圧延すると，加工発熱により750～900℃に上昇する．例えば，著者らが試行した旧住友金属・小倉線材圧延で，低炭素鋼（0.06C-1.48Mn-0.15Ti）の場合，逆変態効果（低温から高温の際に生じる変態）により，**図9.72**に示すような数μmの微細なオーステナイト粒が得られている．さらに，合金鋼・高炭素鋼・ステンレス線材などへの適用が期待される．

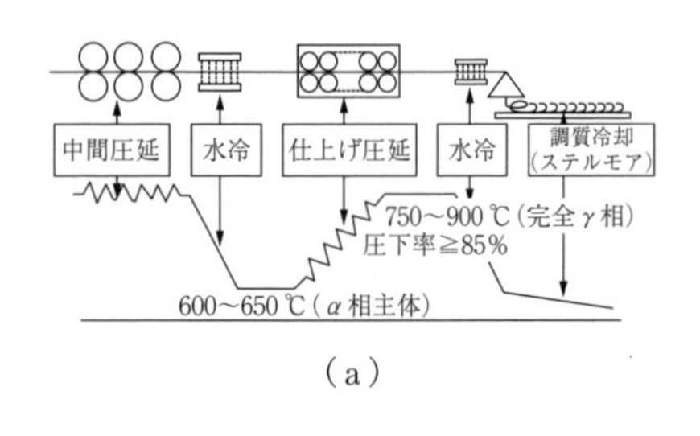

（a）

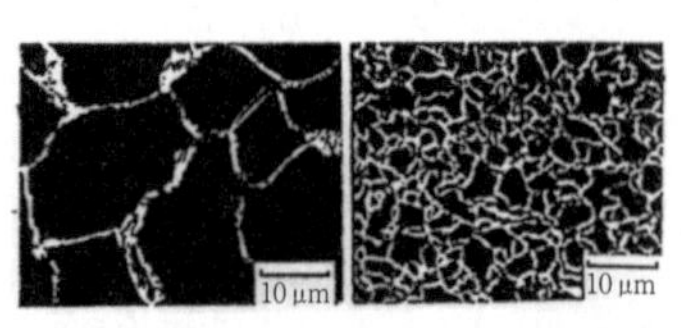

（1） 通常圧延材（2） 逆変態圧延材

（b） 旧住金・小倉線材ミルによる逆変態圧延→放冷後の組織（加工度90%，仕上げ線速60 m/s）

図9.72 仕上げブロックミルによる加工熱処理

〔10〕 スプーラーによる熱間圧延線材巻取り

熱間圧延線材巻取りは，ポーリングリールやレイングヘッドによる方法が主流である．しかし，長年充填率の低下（ポーリング製品30%，レイングヘッド製品10%），客先でのペイオフ性（もつれ，キンクなど）などで深刻な不具合を解消できていない．海外では鉄筋用途として，エンドレス圧延→IH加熱→スプーラー巻きが主流になってきた（**図9.73**参照）．熱間圧延線材をSPOOL（糸巻）により整列に巻き取る法は，ϕ8～52 mmを70%の容積率で，ねじれのないコイル巻取りが可能（**図9.74**参照）なため，ペイオフ性が改善されるだけでなく，その後の伸線・矯正の品質・生産性が向上する．現在は，

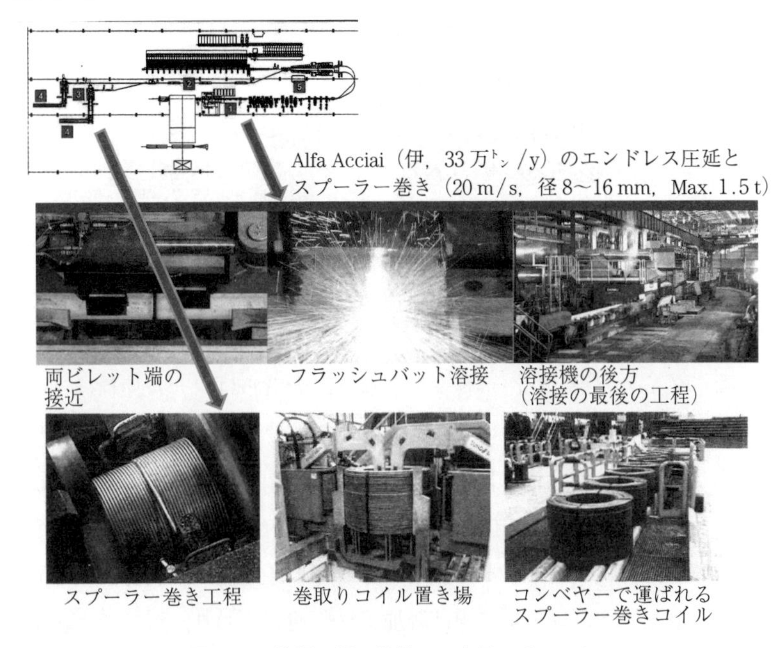

図 9.73　棒鋼工場の鉄筋バー専用レイアウト
（資料提供：Danieli 社）

韓国 Dongkuk Steel Pohang の 1.5 t スプーラー巻きコイル

図 9.74　異形鉄筋の高密度巻取り「コンパクトコイル」
（資料提供：Danieli 社）

鉄筋コイル用途に最大 5 t コイルが実用化されている．将来は，スケール対策，加工熱処理対策などを克服して，特殊鋼の各用途，各鋼種への発展が望まれる．

〔11〕 **ロール伸線の活用**

図 9.75 に示す 3 方ロール伸線（コンティニアス－プロペルチ社製マイクロ

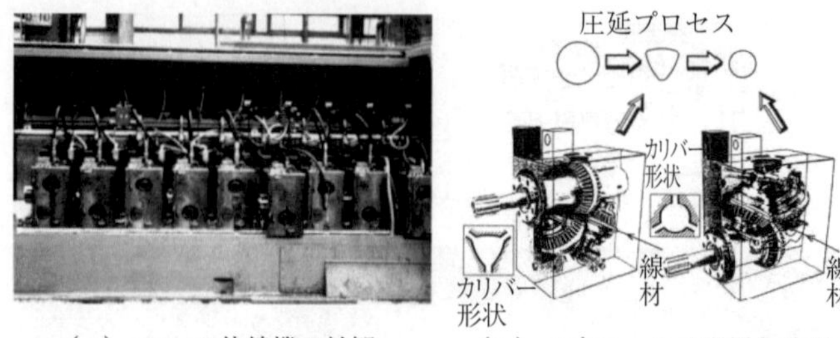

（a） ロール伸線機の外観　　（b） 3方ロールの配置と孔型

図 9.75　ロール伸線機の外観と3方ロール伸線の孔型配置

ミル）は，ダイス伸線に比べ一様変形となる．著者らはロール伸線機（冷間圧延機）で，球状化焼なましされた ϕ5.5 mm の軸受鋼素材を冷間のロール伸線で細径化した[86),87)]．例えば，**図 9.76** に示すように，ダイス伸線に比較して中心部のカッピー破断などの有害欠陥が少なく，かつパス数を縮減できる．また，乳潤滑油（エマルション）を使用できるため，酸洗い・潤滑処理も同時に省略可能となる[84),85)]．ロール伸線は難加工材に適しており，海外では航空宇宙

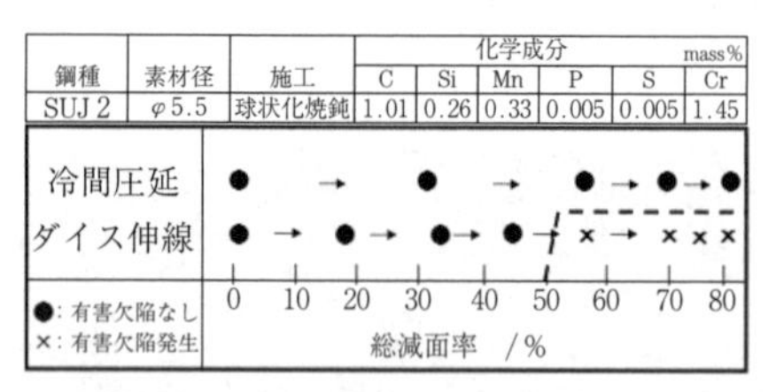

鋼種	素材径	施工	化学成分 mass%					
			C	Si	Mn	P	S	Cr
SUJ 2	φ5.5	球状化焼鈍	1.01	0.26	0.33	0.005	0.005	1.45

（a） ロール伸線（冷間圧延）と
ダイス伸線の欠陥比較

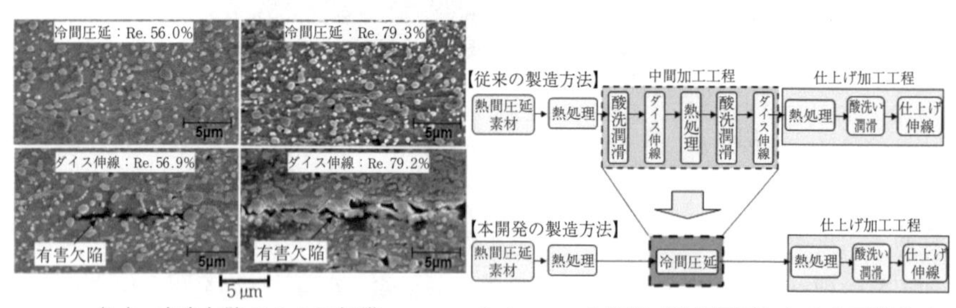

（b） 有害欠陥のミクロ組織　　（c） ロール伸線（冷間圧延）による工程省略

図 9.76　軸受鋼線のダイス伸線とロール伸線の比較

用素材の高合金にも適用されている．さらに，ロール伸線は加工熱処理にも対応可能である．**図 9.77** は，著者らが試行した 0.8% C，ϕ5.5 mm の圧延材を 950 ℃まで加熱し，これを 850 ℃に急冷後オースフォーミングした加工熱処理の事例を示す．軽金属ではすでに ϕ8 mm を ϕ2 mm にロール伸線する際，その加工発熱で材料を 500〜550 ℃に昇温させて焼き戻し，つぎの焼なまし工程を省略している．

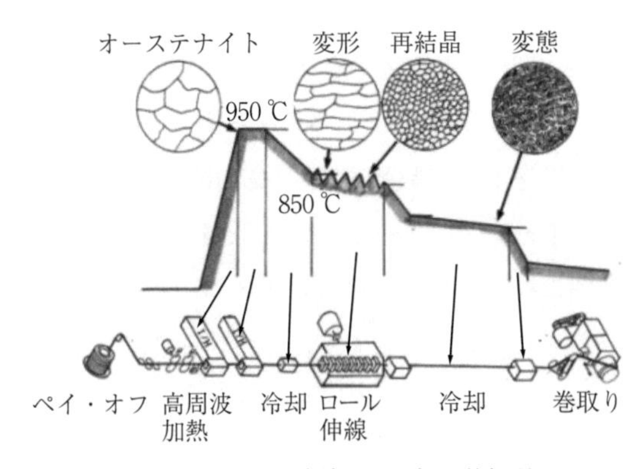

図 9.77　ロール伸線による加工熱処理

〔12〕 熱延材インライン強冷却制御技術

JFE スチールの薄板熱延では，インライン強冷却制御技術により厚さ 1.6 mm の S35C 熱延板をベイナイト化し，オフラインの熱処理でフェライト・パーライト組織に戻して無方向性鋼板（r 値の面内異方性 Δr：0.06）を実現，ファインブランキング技術でトランスミッション歯車を試作したとの報告がある[88]．本技術の鍵は，一様に急速冷却し得る水冷ノズルの開発である．棒線においても，周方向および長手方向を一様に水冷や空冷する冷却装置の地道な研究開発が望ましい．この鋼板は，プレス絞り加工・ファインブランキング・スピニング・ロールフォーミングなどの技術を駆使すれば，棒線部品分野への適用も可能である．特に，板材のファインブランキング，板鍛造（局部薄肉厚肉化技術）は冷間鍛造分野を代替する可能性がある．

〔13〕 **ArcelorMittal 社 Duisburg の最新鋭線材工場**

図 9.78 に製鉄機械メーカー SMS-MEER 社により 2012 年建設された ArcelorMittal 社 Duisburg 線材工場[89]を紹介する．133，155 mm 角のビレットを使用し，ϕ5.5～25 mm の最大 3 t コイルの線材を生産している．Housingless 方式のコンパクト粗列 4 スタンド圧延機および Cantilever 方式の中間圧延機と続く．仕上げブロック圧延への誘導はループゾーンにより，① 高温圧延，② 制御圧延のいずれかにスイッチし，① の場合は最短ループで仕上げブロック圧延，② の場合は十分な冷却・復熱を確保するため水冷のあるループに誘導し，必要な温度に低下してから仕上げの圧延をする．仕上げブロック圧延機は各スタンド独立駆動方式（MEERdrive）で，ギヤ・軸受のメンテナンス負担軽減，トータルのモーター出力低減，パススケジュールの自由度向上，寸法調整範囲の拡大，ロール摩耗によるロール径制約からの解放などの利点を狙っている．調整冷却の LCC（ループクーリングコンベヤー）は全長 104 m，コイルのエッジ部冷却のため通常のファンに加え両エッジ専用の合計

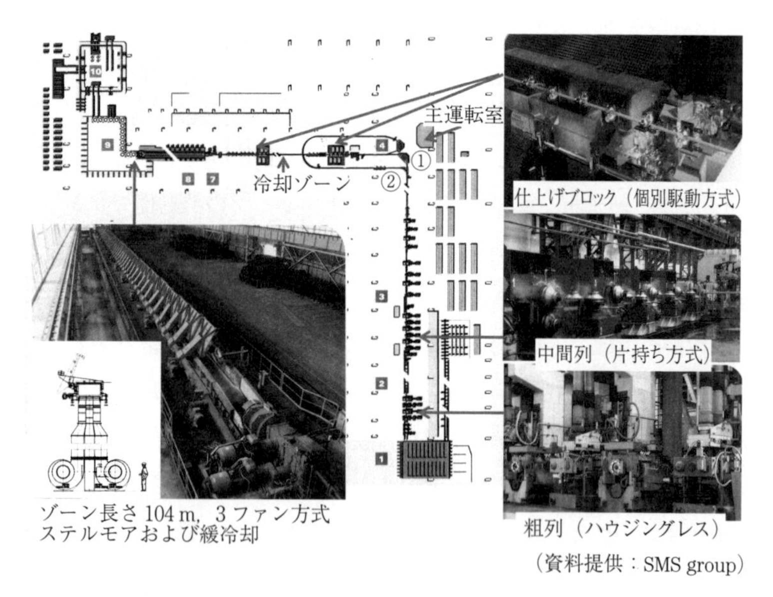

（資料提供：SMS group）

図 9.78　ドイツ・Duisburg 線材工場のレイアウトと設備

3 ファン方式とし，非同心円状に重ねられた線材の温度の均一化を図っている．また，カバー使用により緩冷却も可能になっている．2016 年 4 月に，著者は Duisburg 線材工場見学の機会を得た．主運転室はラインが 90° にターンするコーナー角部にあり，1 階の粗列・中間列および 2 階の冷却ループゾーン・仕上げブロック圧延列・調整冷却が一望に見渡せる位置にある．見学時は ϕ 12 mm の快削鋼を圧延中で，モニターによれば ±0.1 mm 内の寸法精度に収まっていた．

9.11　棒線圧延技術の今後の課題

AI，IoT，Big Data への関心が高まっている．しかし，これらの情報技術はコモディティ化という宿命をかかえているため，差別化の決定打にはならない．このようないまこそ，孔型圧延機と孔型圧延理論を根元から突き詰め，その本質に迫る姿勢が大切であろう．例えば，材料の速度・寸法・温度，ロールを含む圧延機各部の負荷・温度・圧力・摩擦などを精密に計測するセンサーや変位・位置を CCD などの 3D 映像により分析するため，精密な棒線モデル圧延機が必要と考える．これにより，ロールと材料間の相互関係，高寸法精度，スタンド間速度制御，ミル剛性無限大を含む油圧圧下制御，制御圧延・制御冷却による新製品開発など，物理現象に裏打ちされた定量的な知見の取得が可能になる．この取組みは，世界の棒線圧延を特殊鋼製品でリードしてきたわれわれの役割であり，義務でもあるといえよう．**図 9.79** は，著者が 1970 年代後半に装備した実物の 1/3 の熱間連続圧延が可能なモデル条鋼圧延機である．いま考えると稚拙な構成ではあったが，当時の最先端の棒線圧延の知見に取り組むことができたことを感謝している．

図 9.79　実験用モデル条鋼圧延機

9.12　棒線圧延技術の将来に向けて

棒線圧延は1970年代に新設備の導入，1980年代に精密圧延機器の開発により世界をリードする技術力を高めてきた．しかし，現在では30年～50年経過した老朽設備の改良・改善技術に費やされ，日本から発信する技術革新は足踏み状態である．その間に中国・インド・欧米の鉄鋼メーカーが新立地に世界最新鋭の設備技術を導入し始めている．中国が太径棒鋼圧延に油圧圧下の3方ロールを早々と導入した攻めの姿勢は看過できない．米国の鉄鋼業が40年前に衰退し始めたのは，① 新設備投資の減退，② 若い優秀なエンジニア確保の困難の2点にあった．現時点では若いエンジニアが辛うじて日本の鉄鋼業を支えているが，残念ながら彼らの日常業務の大部分が改良・改善である．

そこで若手エンジニアに要望がある．改良・改善業務を従事すると同時に，長期的・抜本的な解決策も密かに考え抜いてほしい．必ず到来する10～20年後の棒線圧延設備の抜本的更新の際に，その引出しの中から，新たなアイデアが絞り出せるだろうと著者は期待している[3]．

謝　　辞

今回の解説記事執筆に当たり，SMS-MEER社，Danieli社，Primetals Technologies社から資料の提供と公開を許可いただきました．旧新日鐵住金株式会社，JFEスチール株式会社，株式会社神戸製鋼所，大同特殊鋼株式会社には資料と助言をいただきました．併せて心より感謝致します．

引用・参考文献

1)　浅川基男：日本塑性加工学会第134回塑性加工学講座（棒線条鋼圧延技術），(2014-1).
2)　浅川基男：ぷらすとす，**1**-2（2018-2），98-104.
3)　浅川基男：第235/236回西山記念技術講座・棒線圧延技術の進歩と今後の展

望 , 日本鉄鋼協会,（2018-10), 3-33.
4) 稲盛宏夫ほか：棒鋼・線材圧延（2001), 日本鉄鋼協会.
5) 日本塑性加工学会編:引抜き, 新塑性加工技術シリーズ 6,（2017), コロナ社.
6) Trinks,W., 二宮力訳：ロール孔型設計（1942), 有象堂.
7) Beynon,R.E., 渡辺和雄訳：Roll Pass Design and Mill Layout,（1956), Association of Iron & Steel Eng.
8) U.S.Steel, 日本鉄鋼協会訳：鉄鋼製造法,（1960).
9) 富岡美都夫：鉄と鋼, **59**-13（1973), 1726-1763.
10) 小田切逸郎：塑性と加工 , **16**-172（1975), 410-419.
11) 五十住公宏ほか：塑性と加工, **16**-172（1975), 420-434.
12) 三宮章博：ふぇらむ, 3（1998-1), 39-47.
13) 村上弘樹：ふぇらむ, 5（2000-6), 397-402.
14) 落合征雄：線材とその製品, **51**-5（2013), 6-7.
15) McGregor：Trans.A.S.M.E, 70（1948), 297-302.
16) 五弓勇雄・斎藤好弘：鉄鋼協会第 9 回西山記念講座,（1967).
17) 斎藤好弘：塑性と加工, **11**-117（1970), 736-748.
18) 浅川基男：ふぇらむ, 7（2002-10), 19-22.
19) 中島浩衛：ふぇらむ, 7（2002-9), 19-28.
20) 柳本左門・青木至：日本機械学会論文集, 33(1967), 826.
21) 篠倉恒樹：鉄と鋼. **67**-15（1981). 2477.
22) 篠倉恒樹：塑性と加工, **34**-384（1993), 18.
23) 齋藤好弘ほか：塑性と加工, **24**-273（1983）1073-1077.
24) 森謙一郎：日本機械学会論文集, **56**-525（1990), 268.
25) 小森和武ほか：日本機械学会論文集, **53**（1987), 488.
26) 柳本潤・木内学ほか：塑性と加工. **34**-384（1993), 75-80.
27) 日本鉄鋼協会：圧延理論部会共同研究会：棒鋼・線材圧延 3 次元解析システムの開発研究会報告書,（1999).
28) 柳本潤・浅川基男ほか：鉄と鋼, **86**（2000-7), 452-457.
29) 柳本潤：塑性と加工. **42**-490（2001), 1106-1111.
30) 植木俊介・浅川基男ほか, 第 55 回塑性加工連合講演会講演論文集,（2004-11), 149-150.
31) 松井利光・浅川基男ほか：住友金属技報, **26**(1974-7), 324-337.
32) Asakawa, M.：Math, Annals of the CIRP, **23**（1974), 57-58.
33) 湯川伸樹ほか：日本鉄鋼協会, 表面疵発生過程予測技術の開発研究会最終報告書，No.9690，(2004)，9-81.
34) 串田仁ほか：神戸製鋼技報，**61**-1（2011-4），29-33.
35) 串田仁ほか：鉄と鋼，**100**（2014-5），33-39.
36) 浅川基男ほか：鉄と鋼，**70**（1974），16-22.
37) 小椋徹也ほか，鉄と鋼，**79**-3（1992），242-249.
38) 関隆一ほか：新日鉄技報，**386**（2007），20-27.
39) 黒川知明ほか：塑性と加工，**22**-242（1981），264-271.
40) 野口幸夫ほか：日本機械学会論文集，**55**-510（1989），343.
41) 浅川基男ほか：塑性と加工，**20**-224（1979），841-849.
42) 浅川基男：塑性と加工，**20**-225（1979），949-956.
43) 高橋洋一ほか：塑性と加工，**30**-338（1989），406-411.
44) 中島浩衛・渡邉和夫：塑性と加工，**16**-172（1975），435-445.
45) 原田利夫・中島浩衛ほか：塑性と加工，**16**-168（1975），60-69.
46) 齋藤好弘・宇都宮裕ほか：塑性と加工，**40**-465（1999），966-970.
47) 緒方俊治：鉄鋼協会第98回西山記念技術講座，(1974-5)，201-245.
48) 野口幸夫：塑性と加工，**38**-384（1993），25-32.
49) 森達也ほか：鉄鋼協会第169回西山記念講座，(1988)，160.
50) 塑性加工学会：第139回塑性加工シンポジウム棒鋼・線材の精密圧延技術と精密鍛造加工の現状，(1991).
51) 日本鉄鋼協会：圧延理論部会100回記念講演・形鋼・棒鋼・線材圧延における最近の設備・技術の進歩，(1994).
52) 日本鉄鋼協会：第129回日本鉄鋼協会講演会・棒鋼・線材の精密・サイズフリー圧延技術と精密二次加工技術，(1995)，398.
53) 佐々木健ほか：鉄と鋼，**79**-3（1993），417-423.
54) 佐々木健ほか：鉄と鋼，**81**-3（1995），753-756.
55) 市田豊ほか：神戸製鋼技報，**50**-1（2000-4），15-20.
56) Ammerling, W. J.：Steel World，**2**（1997），1.
57) 金堂秀範ほか：川崎製鉄技報：(1996) 2，69-75.
58) 桜井智康ほか：CAMP-ISIJ，**12**（1999），313.
59) 桜井智康：塑性と加工，**55**-639（2014），292-296.
60) 小野訓正・柳本潤：塑性と加工，**39**-447（1988），375-379.
61) 藤田米章ほか：第33回塑性加工連合講演会講演論文集，(1982)，151.
62) M.Economopoulos：Metallugical Reports CRM，45（1978），3.
63) R.W.Vanderdreak：Weld.J.，**37**（1958），114.

64) 矢田浩：塑性と加工. **34**-385 (1993-1), 34-39.
65) 根石豊ほか：塑性と加工. **38**-438 (1997), 637-641.
66) 森高満ほか：鉄と鋼, **67**-12 (1981), 1044.
67) 山口喜弘ほか：神戸製鋼技報, **35**-2 (1985), 32.
68) 田中哲三：塑性加工学会第174回シンポジウム, (1997), 9.
69) 大城毅彦ほか：CAMP-ISIJ, 2 (1995), 1968.
70) 武尾敬之助ほか：鉄と鋼, **60** (1974), 2135.
71) 松田常美ほか：鉄と鋼, **68** (1982), 1305.
72) 大羽浩ほか：新日鐵住金技報, (2007), 47-53.
73) 浅川基男：第50回塑性加工連合講演会講演論文集, (1999-10), 467-468.
74) 鍋島康仁：Sanyo Technical Report, (2017-1), 89-94.
75) B.J.Biggar：BHP Technical Bulletin, **20**-1 (1976-4).
76) 青柳幸四郎ほか：塑性と加工, **23**-258 (1982), 682-690.
77) 朴亨原・柳本潤：塑性と加工, **58**-676 (2017), 361-365.
78) 小川茂ほか：新日鉄住金技報, 391 (2011), 94-102.
79) 伊原健滋ほか：JFE技報, **33** (2014-2), 32-36.
80) 森本剛司：神戸製鋼技報, **18**-1 (1998), 52-55.
81) 齋藤圭佑：新日鉄住金技報, 406 (2016), 47-50.
82) 崎山将平ほか：新日鉄住金技報, (2015), 50-58.
83) 舟山貴郎：新日鉄住金技報, 406 (2016), 44-46.
84) 浅川基男ほか：塑性と加工, **38**-440 (1997), 787-793.
85) 小野訓正・柳本潤：塑性と加工, **39**-447 (1998), 85-89.
86) 小野訓正ほか：塑性と加工, **51**-599 (2010), 1135-1139.
87) 浅川基男：ぷらすとす, **1**-2 (2018), 105-110.
88) 藤田毅ほか：JFE技報, **4** (2004), 39-43.
89) Peter Janßen：Wire. J. Int., (2014-4), 60-64.

10 形　圧　延

形圧延は孔型ロールでさまざまな断面形状を成形するため，圧延中に複雑な三次元変形が生じており，圧延理論の適用が困難であった．近年，コンピューターの処理能力向上と有限要素法の発展により，圧延負荷や変形の推定精度が大きく向上し，細部のひずみや応力の情報も得られるようになってきた．しかし，素材から目的の製品に効率良く断面形状を造り込むためには，形圧延特有の変形や負荷の基本特性をよく理解することがきわめて重要である．本章では，板圧延を基礎にした圧延負荷や幅広がり変形の計算方法について概要を述べ，基本的な孔型設計法を説明する．また，形圧延の設備と制御について概説する．

10.1 圧延負荷特性

形圧延において圧延負荷を正しく算定することは，設備の新設・改造における仕様決定を始め，既存設備での品種や鋼種の拡大における圧延可否の検討，ロールの強度や適正材質の検討，寸法精度の確保，形状・寸法制御などを図る点で重要である．本節では圧延荷重と圧延トルクの実用式を述べる．

10.1.1 二重，三重式圧延機による形圧延

形圧延は孔型の特性である側壁による拘束を始め，圧下率・投影接触弧長・ロール速度の幅方向不均一分布を伴う変形のため，荷重やトルクを理論的に正しく求めることは容易でない．そこで通常は，板圧延に近似して矩形換算法を用いる．すなわち，実際の複雑な形状の代わりに**図 10.1** のように，幅と断面積が圧延前後でそれぞれ実際と同一となる矩形断面を仮定する[1),2)]．この場合，

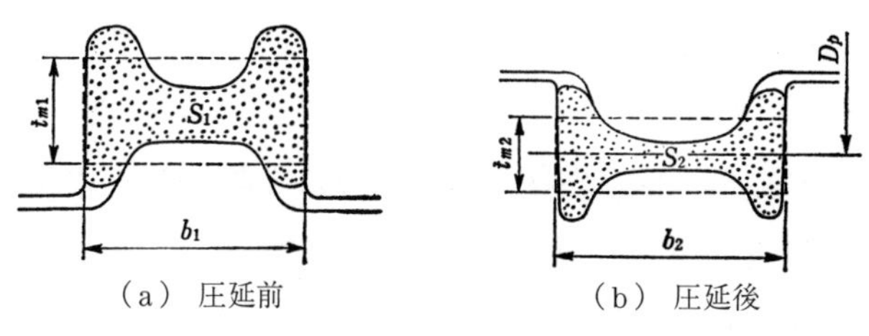

（a） 圧延前　（b） 圧延後

図 10.1　矩形換算法の記号説明図

幾何学値は下記のように定義する．

$$t_{m1}=\frac{S_1}{b_1}$$

$$t_{m2}=\frac{S_2}{b_2}$$

$$t_m=\frac{t_{m1}+t_{m2}}{2}$$

$$b_m=\frac{b_1+2b_2}{3}$$

$$\Delta t=t_{m1}-t_{m2}$$

$$r=\frac{\Delta t}{t_{m1}}$$

$$R_m=\frac{D_p-t_{m2}}{2}$$

$$l_m=\sqrt{R_m\Delta t}$$

ここで，S_1，S_2：入側および出側断面積，b_1，b_2：入側および出側材料幅，D_p：ロールピッチ直径，N：ロール回転数〔rpm〕，R_m：平均ロール半径である．なお，ピッチライン（ロール基準線）は上下ロール軸間の中央に位置し，ロールピッチ直径はピッチライン位置におけるロールの直径である．

ひずみ：$\varepsilon_m=\ln\left(\dfrac{t_{m1}}{t_{m2}}\right)$

ひずみ速度：$\dot{\varepsilon}_m=\dfrac{2\pi N}{60}\sqrt{\dfrac{R_m}{t_{m1}\cdot r}}\varepsilon_m$

圧延荷重 P は，矩形換算法を用いて式(10.1)から求める．

$$P=K_{fm}\cdot F_d\cdot Q_g\cdot Q_k \quad (10.1)$$

ここで，K_{fm}†：平面ひずみ平均変形抵抗（吉本・美坂の式[3]），F_d：投影接触面積$=b_m\cdot l_m\cdot C_d$（C_d：修正係数），Q_g：板圧延荷重係数，Q_k：孔型圧延荷重修正係数（中島らの式[4),5)]）である．

$$Q_g=0.25\left(\frac{l_m}{t_m}\right)+0.21\left(\frac{t_m}{l_m}\right)+0.6$$

$$Q_k=0.484/\left\{r^{0.13}\left(\frac{t_{m2}}{R_m}\right)^{0.58}\right\}$$

圧延トルク G（2軸）は

$$G=2P\psi l_m\psi_k$$

ここで，ψ：板圧延のトルクアーム係数（ニキチンの式[6]），ψ_k：修正係数，$\psi=0.3+0.18\,(t_m/l_m)$である．

なお，圧延負荷の支配因子の一つである投影接触面積 F_d は，**図 10.2** に示すように圧延材料形状と孔型形状を用いて求めることもできる[4),7)]．

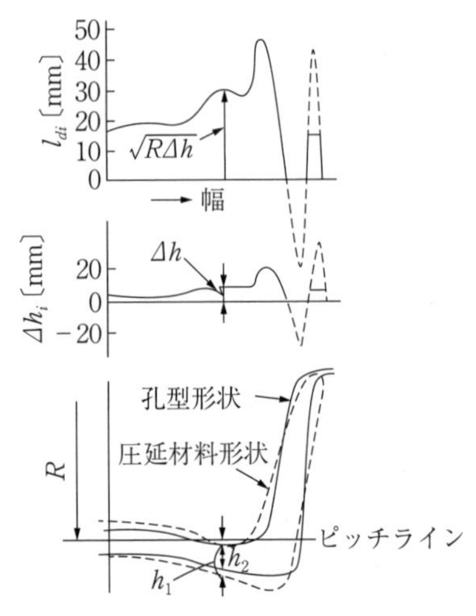

図 10.2　複雑な孔型の投影接触面積の計算法[7)]

また，被圧延材の温度は圧延諸特性（負荷，幅広がり，かみ込み性）や製品の形状寸法・材質に重要な影響を与える因子であるが，特に形材ではその形状が複雑なため，内部の温度分布が不均一となる．被圧延材の温度は，一般に下記の項目を考慮した非定常熱伝導方程式を構成して求める[8)〜10)]．

(1)　熱の伝熱放散（大気への放

---

† $K_{fm}=1.15\exp\left(0.126-1.75C+0.594C^2+\dfrac{2\,851+2\,968C-1\,120C^2}{T_k}\right)\cdot\varepsilon^{0.21}\cdot\dot{\varepsilon}^{0.13}$

ただし，C：圧延材の炭素含有量〔%〕，T_k：圧延材の絶対温度〔K〕である．

射と対流，デスケーラー高圧水やロール冷却水とガイド冷却水による強制対流および沸騰熱伝達，ロールへの接触熱伝達）

(2) 加工発熱（塑性変形による発熱，材料内部の熱伝導）

(3) 摩擦発熱（ロールと被圧延材間の相対すべりによる摩擦熱）

さらに，二相域圧延，冷却時の曲がり変形および残留応力の解析には

(4) 相変態による発熱

の影響も考慮する．

10.1.2 ユニバーサル圧延機による形圧延

水平ロールと竪ロール（あるいは垂直ロール）の組合せによる形材のいわゆるユニバーサル圧延の負荷式は各種提案されているが，ウェブとフランジの変形が相互に影響し合うことを考慮の上，スラブ法により基本式を構成して実績補正を行っているのが一般である[11]．H 形鋼ユニバーサル圧延荷重式の代表例を以下に示す[12]．

圧延荷重式（水平ロール：P_H，竪ロール：P_V）

$$P_H = K_{fm} L_H l_W Q_H + P_V \tan\theta$$

$$P_V = K_{fm} B_m l_F Q_V$$

ここで

$$Q_H = \frac{l_W}{2t_{W2}} + \frac{l_F}{2L_H} - m + 1.0$$

$$Q_V = \left(0.8 + 0.225\,\frac{l_F}{t_{F2}}\right) + \frac{S_{W2}}{S_{F2}}\left(m - \frac{l_W}{2t_{W2}} - \frac{l_W}{2L_H}\right)$$
$$+0.05\,\frac{S_{W2}}{S_{F2}}\left(\frac{l_W}{t_{W2}} + \frac{l_F}{L_H}\right) - 0.275\left\{\frac{S_{W2}}{S_{F2}}\left(\frac{l_W}{t_{W2}} + \frac{l_F}{L_H}\right)\right\}^2 \frac{t_{F2}}{l_F}$$

$$m = \frac{1.5 - n}{\sqrt{3}\sqrt{n^2 + 0.75}}$$

$$n = \left(\frac{6t_{F2}}{L_H} - \frac{S_{F2}}{S_{F2} + S_{W2}}\right) \Bigg/ \left(\frac{2S_{F2}}{S_{F2} + S_{W2}}\right)$$

圧延トルク式（G：2 軸トルク）[13]

$$G=\left(2P_H\phi_H l_W+2\frac{R_H}{R_V}P_V\phi_V l_F\right)$$

$$\phi_H=0.3+\frac{0.18t_{Wm}}{l_W},\quad \phi_V=\frac{2}{3}$$

ここで，幾何学値は**図 10.3** の記号の下に以下のように定義する．

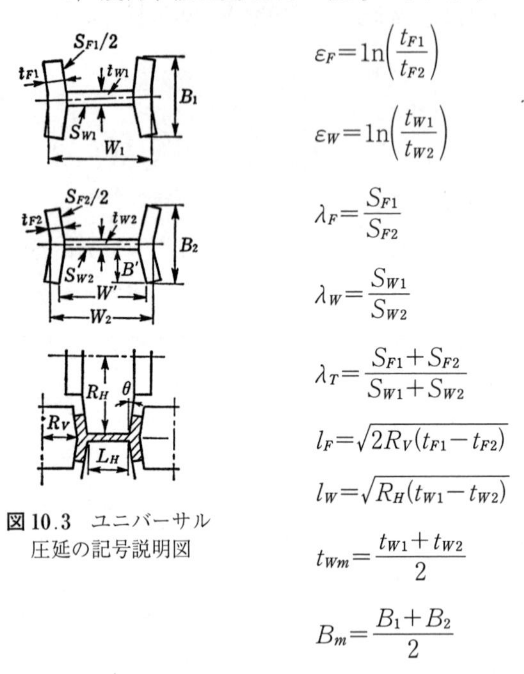

図 10.3　ユニバーサル圧延の記号説明図

$$\varepsilon_F=\ln\left(\frac{t_{F1}}{t_{F2}}\right)$$

$$\varepsilon_W=\ln\left(\frac{t_{W1}}{t_{W2}}\right)$$

$$\lambda_F=\frac{S_{F1}}{S_{F2}}$$

$$\lambda_W=\frac{S_{W1}}{S_{W2}}$$

$$\lambda_T=\frac{S_{F1}+S_{F2}}{S_{W1}+S_{W2}}$$

$$l_F=\sqrt{2R_V(t_{F1}-t_{F2})}$$

$$l_W=\sqrt{R_H(t_{W1}-t_{W2})}$$

$$t_{Wm}=\frac{t_{W1}+t_{W2}}{2}$$

$$B_m=\frac{B_1+B_2}{2}$$

ここで，S_F，S_W：フランジおよびウェブの断面積，t_F，t_W：フランジおよびウェブの厚さ，R_V，R_H：竪および水平ロール半径，添え字 1，2：入側および出側である．

荷重式の精度は，温度や圧下率などの推定精度を含めて実測荷重の ± 20% 以内である．ここで，ユニバーサル圧延時の負荷に対するエッジャー圧延の影響は大きいので，エッジャー圧下によるユニバーサル入側材料の寸法変化を考慮すると，さらに推定精度が上がる[14]．また，荷重推定に関して圧延荷重式の適応制御を実施した場合，その推定精度は ±20% から ±10% へ向上する[15]．

10.2 幅広がり特性

形圧延において幅広がりを正しく算定することは，孔型の詳細設計や製品の寸法を造り込む上で重要であり，幅広がり設計が不適正であると断面量の過多や不足によるかみ出し，幅大や角落ち，幅小により製品不合格を生ずる．

幅広がりを支配するおもな因子は，投影接触面形状（ロール径，圧下パターン）・被圧延材の形状寸法・温度・材質・摩擦係数・圧延速度・引張押込みなどの外力である．形圧延の特徴は断面内の不均一圧下にあり，**図 10.4** に示す平板圧延と部分圧延の幅広がりの比較[16]からもわかるように，一般に平板圧延に比べ幅広がりが大きい．

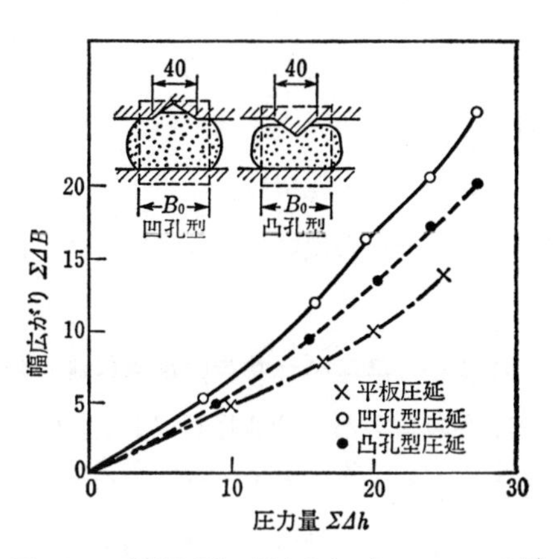

図 10.4　部分圧延の幅広がり（B_0＝60 mm）[16]

以下に形圧延の幅広がりの求め方の実際を述べる．

10.2.1　二重，三重式圧延機による形圧延

孔型内における被圧延材の幅広がりを簡易に計算するため，実験から求めた経験式が用いられる．経験式には，孔型圧延を板圧延に変換の上，板圧延での幅広がり式を適用し，それに孔型形状による補正を行う方法（矩形換算法）と，孔型圧延を孔型形状や，圧延作用などにより基本的ないくつかのパターンに分類し，それぞれの幅広がり特性を直接求める方法とがある．

板圧延の幅広がり式の代表例を以下に示す[3),4)]．

(1)　Geuze の式

$$\Delta b = C_g \Delta t$$

（C_g：軟鋼のとき 0.35，圧延温度により変化）

(2)　Siebel の式

$$\Delta b = \frac{C_s \Delta t l_m}{t_{m1}}$$

(C_s：軟鋼のとき 0.35，圧延温度により変化)

(3)　Tafel-Sedlaczek の式

$$\Delta b = \frac{1}{6} \Delta t \sqrt{\frac{R_m}{t_{m1}}}$$

ここで，Δb：幅広がり量（$\Delta b = b_1 - b_2$）であり，その他の記号は図 10.1 と同じである．

これらの式を孔型設計に適用する場合は，孔型設計者が経験的に実績補正係数を孔型種別に使い分けて精度向上を図っている．

10.2.2　ユニバーサル圧延機による形圧延

H 形のユニバーサル圧延では，ウェブとフランジの相互作用により**図 10.5** のような種々のメタルフローを生じる．これらのメタルフローの中で ③，④，⑤ は，ロールと材料の接触領域が B～C 間になると，フランジよりもウェブの圧下率が大きくなるために生じるものである．

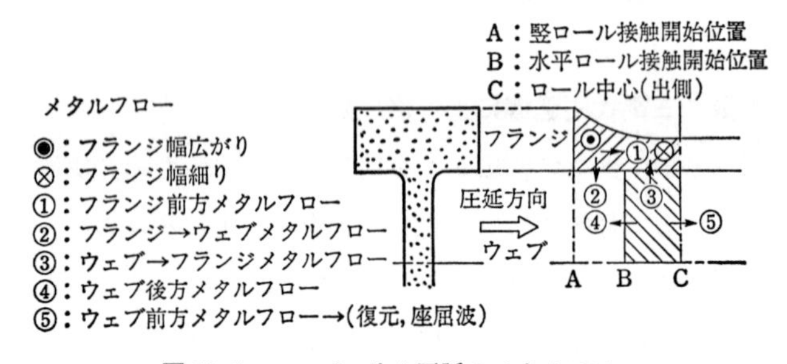

図 10.5　ユニバーサル圧延のメタルフロー

幅広がり式には，上記のメタルフローに着目して構成した式[17)～19)]と，幅広がりを支配する主要因である被圧延材の寸法やウェブとフランジの圧下率差を因子にして構成した式[20)～22)]とがある．

下記はその実用式の一例を示し，推定精度は ±1.5 mm である[21)]．

$$\frac{B_2}{B_1}=\exp[\alpha(\varepsilon_F-\varepsilon_W)-\beta+(\alpha-1)\varepsilon_E]$$

$$\alpha=0.14\left(\frac{W_1}{B_1}\right)-0.0056$$

$$\beta=(0.018B_1-0.88)\times10^{-3}$$

$$\varepsilon_E=\ln\left(\frac{B_1}{B_e}\right)$$

ここで，B_e：エッジャー圧延後の材料のフランジ幅，記号の定義は図 10.3 と同じである．

当式は，エッジング圧延後のユニバーサル圧延時の幅広がり式であるが，$B_1=B_e$ とすればユニバーサル圧延を続けて行うときの推定式となる．

以上の 10.1～10.2 節で述べた形圧延における基本的な孔型圧延特性は，プラスティシンや鉛などのモデル実験材料を用いたシミュレーション実験[4]と，実ミルでの荷重計やロール位置計などの検出端の整備により，解明されたものである．

近年，こうした実験に基づく検討に加えて，形鋼圧延に三次元有限要素解析を適用する研究が進められている．H 形鋼ユニバーサル圧延の剛塑性有限要素解析によって，フランジの幅広がり特性が詳細に調査され，実験と同様の傾向が得られている[23]．また，H 形鋼以外にも T 形鋼[24]や溝形鋼[25]のユニバーサル圧延変形がモデル実験や有限要素解析を用いて調査され，これらの形鋼にも H 形鋼と同様のフランジ幅広がり式が適用できることが明らかになった．さらに，有限要素法と材質予測モデルを連成した高度な解析システムが構築されている[26),27]．有限要素法を用いた形鋼圧延の変形解析は実用的なレベルに達しており[28)～32]，今後さまざまな形で形鋼圧延技術の高度化に寄与していくであろう．

10.3 孔　型　設　計

H形材はもっぱらユニバーサルロールで圧延（通称ユニバーサル圧延法）されるが，その他の形材は一般に二重，三重式の孔型（あながた）ロールで圧延（通称カリバー圧延法）される．孔型の方式を決めて各孔型を設計し，ロールに配置しガイドの設計を行うまでの一連の業務を，通常，孔型設計あるいはロール設計と称し，その一般的な手順を**図10.6**に孔型設計のフロー図として示す[5]．

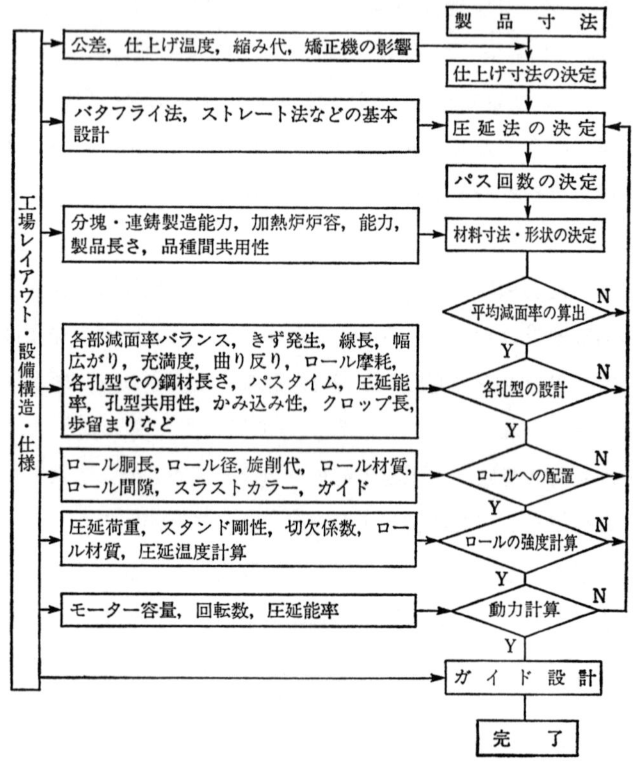

図10.6　孔型設計のフロー図[5]

形圧延において最も重要なことは，工場のレイアウト，圧延機の配列・構造・剛性，ロール仕様，被圧延材の温度・材質，適用素材などの諸条件を総合的に検討して最良の孔型を設計することであり，その良否は圧延技術，操業技術に直接つながるものである[33]．

10.3.1　二重，三重式水平圧延機による形圧延

ロールの孔型はその形や作用により**表 10.1** のように分類できる．また，カリバー圧延では**図 10.7** に示すように，ウェブ部はロールの圧下方向と肉厚減少方向が一致するのに対し，フランジ部は上下ロール側壁の磨砕作用によって圧延される．前者を直働圧下，後者を側働圧下という．

表 10.1　孔型の分類

分類の観点	孔型タイプ	説　明
孔型の作用	延伸孔型 造形孔型	ボックス孔型，ダイヤ孔型など被圧延材の減面を目的とする孔型や製品形状を造るための孔型で，代表例は ① ストレート法：ウェブやフランジを直線のまま圧延する方法 ② ベンディング法：ウェブやフランジを曲げて圧延する方法
孔型の形状	開式孔型 （オープンパス）	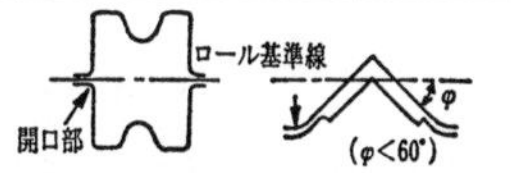 ロール基準線　開口部　φ　(φ<60°) 孔型側壁は材料の剥離容易化とロールの摩耗修復のため傾斜あり
	閉式孔型 （クローズドパス）	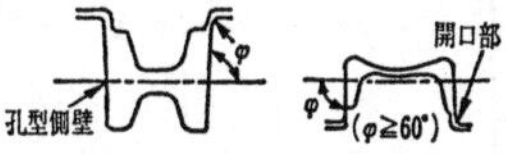 孔型側壁　φ　開口部　(φ≧60°)
ロールへの軸方向作用力（スラスト力）	釣合い孔型	左右対称孔型（スラスト力発生せず） 
	非釣合い孔型	左右非対称孔型（スラスト力発生） 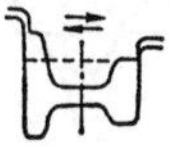
圧延工程	粗造形孔型	割込み孔型などで積極的な不均一圧下を加えて素材の肉の振り分けを行う粗圧延用孔型
	中間造形孔型	大きな圧下率で圧延する，延伸作用を主体とした中間圧延用孔型
	仕上げ成形孔型	所定の製品を得るための仕上げ圧延用孔型
ロール軸	カリバー孔型（平行単軸）	二重，三重式水平圧延機で使われる孔型
	ユニバーサル孔型（交差多軸）	ユニバーサル圧延機で使われる孔型

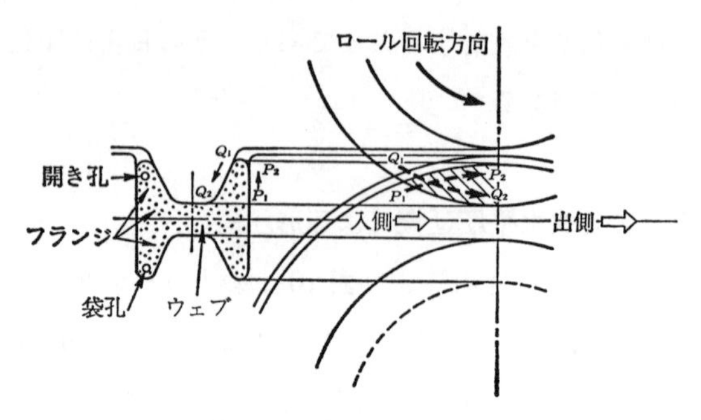

図 10.7　孔型の圧延作用

図 10.7 で磨砕作用により圧延を行う部分を開き孔（live hole），同一ロールの輪郭のみで構成される孔型部分を袋孔（dead hole）という．袋孔ではフランジ先端部の整形・鍛錬が主となるが，孔型の全体延伸作用により若干の肉厚圧減も行われる．

圧延パス回数は 1 パス当りの平均延伸比 λ_m が，対象とする圧延設備の仕様と品種，サイズによって決まる適正範囲になるように定める[34]．

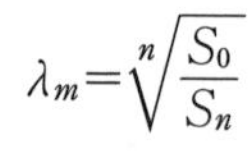

$$\lambda_m=\sqrt[n]{\frac{S_0}{S_n}}$$

ここで，S_0：素材断面積，S_n：製品断面積，n：パス回数である．

被圧延材のロール孔型へのかみ込み性は，**図 10.8** で定義されるかみ込み角 ϕ で判断する．最大許容かみ込み角 $\phi_{\max}$ は[35]

$$\phi_{\max}=\tan^{-1}\mu$$

（μ：ロールと材料間の摩擦係数，一度，かみ込み後にかみ込みを継続する条件は $\phi_{\max}'=2\tan^{-1}\mu$ である）

を基に被圧延材の進入慣性力，内部温度分布を勘案して決めるが，形圧延では孔型形状，被圧延材形状，圧下条件によって大き

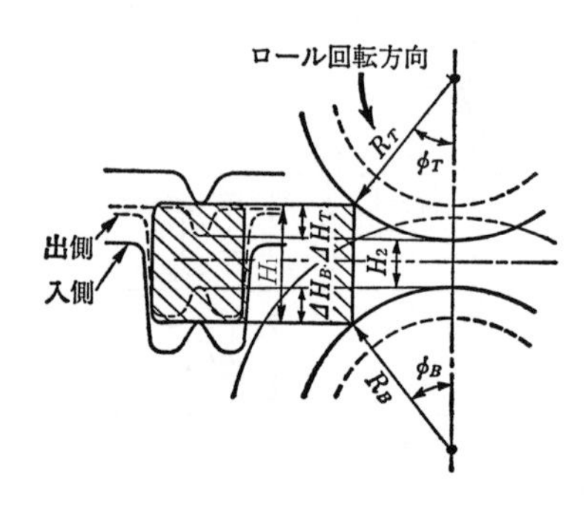

$\phi_{T,B}=\cos^{-1}(1-\Delta H_{T,B}/R_{T,B})$
$R_T=R_B$ のとき
$\phi_T=\phi_B=\phi$
$\Delta H_T=(H_1-H_2)R_E/(2R_T)$
$\Delta H_B=(H_1-H_2)R_E/(2R_B)$
R_E：等価ロール半径
$R_E=2R_TR_B/(R_T+R_B)$

図 10.8　形圧延のかみ込み角

く異なる．かみ込み性が問題となりやすい粗造形の割込みパスについて，その実績例を**表 10.2** に示す[5)]．

表 10.2　形鋼圧延の初期パスにおけるかみ込み角度[5)]

工　場		A-1	A-2	A-3	B	C	D
孔型	H 〔mm〕	235	185	328	220	142	200
	h_2 〔mm〕	133.5	75	238	100	98	92
	ラッギングまたはナーリングの有無	あり	なし	あり	あり	あり	あり
素材	h_1 〔mm〕	260	169	350	200	170	150**
	b 〔mm〕	240	210	240	240	127	195
ロール	廃棄時 ピッチ径 〔mm〕	760	765	730	550	465	495
	廃棄時 h_2 部径 〔mm〕	584	684	492	450	363	385
	回転数 〔mm〕	(DC)	(DC)	26.2	27.3	80	10.3
* かみ込み角（廃棄径）〔dcg〕		38.5	31.2	39.5	38.9	36.7	31.9
製品サイズ 〔mm×mm〕		[300×900	H 175×90	H 200×200	[200×100	[150×75	[200×100

〔注〕 *　材料助走による慣性力の活用を前提としたかみ込み角
　　　**　粗形素材ウェブ厚

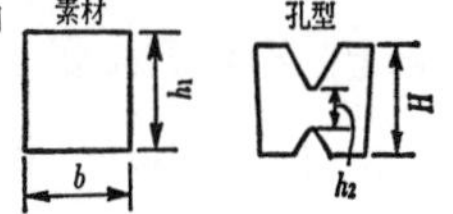

ピッチライン（pitch line，P.L.）に対する孔型の最適位置は被圧延材のロールとの接触部の上ロール側と下ロール側の平均走出速度が等しくなる位置で，孔型上のこの位置を中立線（neutral line，N.L.）という．ロールとの接触面の圧力分布と摩擦係数が均一であると仮定すると，この中立線は孔型面積の上下二等分線となり，**図 10.9** から求めることができる．図において平均上ロール母線 $\overline{AA}$ と平均下ロール母線 $\overline{BB}$ を

$$h_T=\frac{S_T}{b_2}$$

$$h_B=\frac{S_B}{b_2}$$

となるように配置する．$\overline{AA}$ と $\overline{BB}$ 間の二分割線が中立線である[1)]．

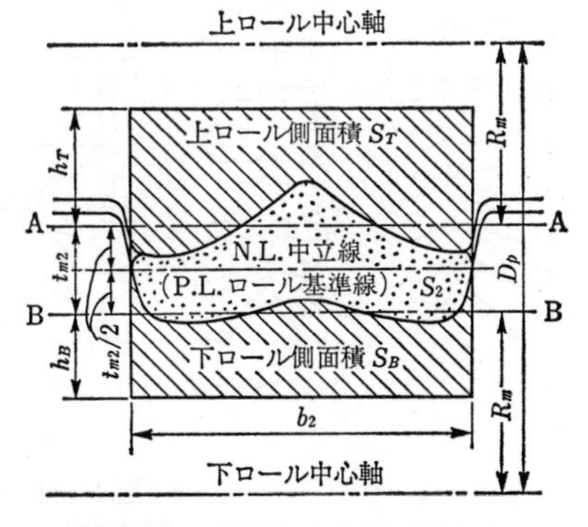

図 10.9　孔型の中立線の決め方

なお，図 10.9 において R_m は平均ロール半径であり

$$R_m = R_{TM} = R_{BM} = \frac{D_P - t_{m2}}{2}$$

となる．

一般に，中立線はこの面積等分位置もしくは孔型の図心位置に設定されるが，極端な変則圧下を加える場合は孔型内の圧力分布差が大きくなるため，**図 10.10**（a）のように圧力の主体となる部分を考慮して中立線を決めている[5]．また，図 10.10（b）のようにロール掘込みの深い孔型は，ロール強度あるいはロール最大径の制約から圧延作業上の支障のない範囲で中立線を，それぞれ ① あるいは ② のように最適位置からずらすこともある．さらに，材料の出方を上または下へ強制的にコントロールするために中立線の位置をずらすこともある．

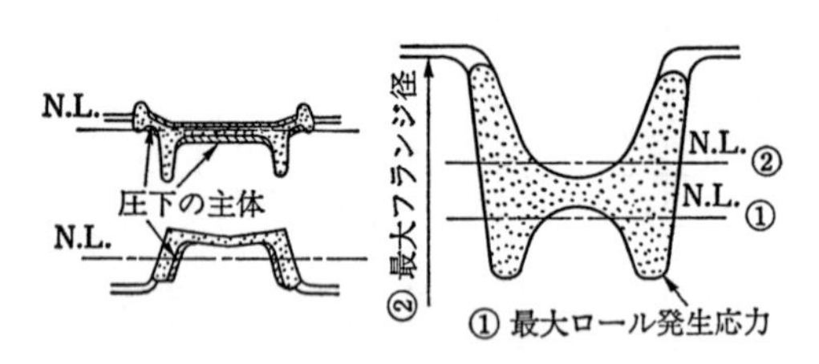

（a）変則圧下　　（b）ロール径制約

図 10.10　孔型の中立線の採り方

孔型の中立線が不適正であると，圧延作業性（材料反り，ロール巻付き，通材性），製品品質（メタルフロー変動，すりきず，曲がり），ロール摩耗，エネ

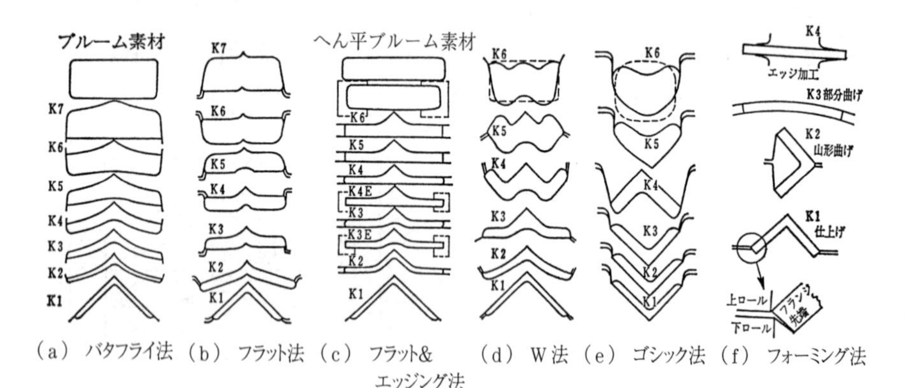

（a）バタフライ法（b）フラット法（c）フラット&エッジング法（d）W 法（e）ゴシック法（f）フォーミング法

図 10.11　山形の孔型系列

ルギーロスが問題となる．

孔型設計に関する専門書は種々あるが[36)~38)]，ほとんどカリバー圧延に関するもので，ユニバーサル圧延に関する記述はわずかである．代表的な孔型系列（pass sequence）のいくつかを山形，溝形，鋼矢板，軌条およびその他の異形複雑形材についておのおの**図 10.11**，**図 10.12**，**図 10.13**，**図 10.14**，**図 10.15** に示す．孔型

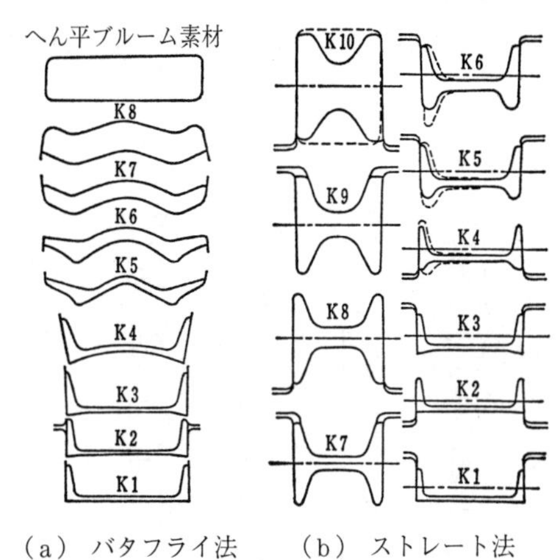

（a）バタフライ法　（b）ストレート法

図 10.12　溝形の孔型系列

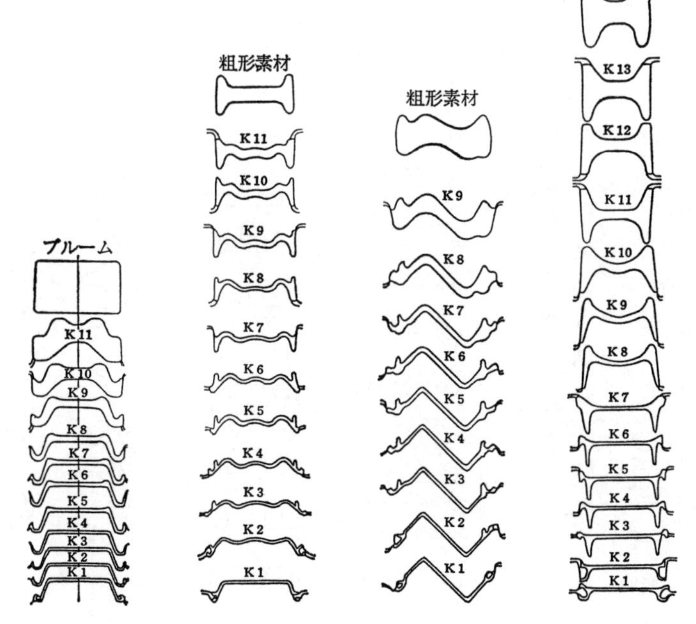

（a）U形鋼矢板（片爪型）　（b）U形鋼矢板（両爪型）　（c）Z形鋼矢板　（d）直線形鋼矢板

図 10.13　鋼矢板の孔型系列

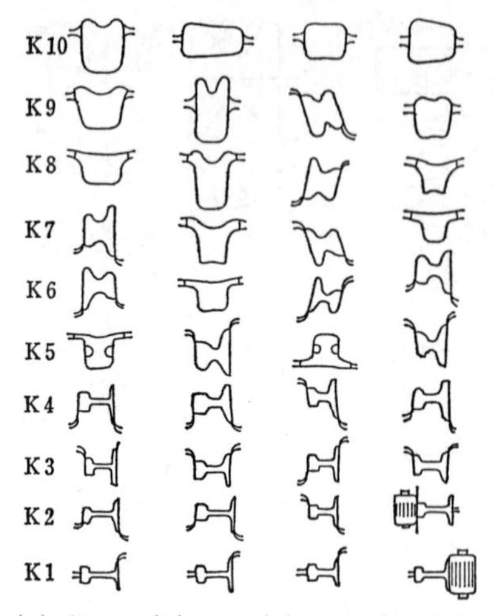

図 10.14　軌条の孔型系列

の呼称は仕上げ孔型を K1（K：Kaliber）とし，上流孔型に向けて順に番号を付加する．ただし，粗造形段階では便宜的に初期孔型から下流孔型に向けて順に G1，G2，…と呼ぶこともある．孔型設計の基本的な考え方は既述のとおりおのおの共通であるが，孔型系列は製品や設備条件，操業条件によって多岐に分かれる．しかし個々の工場では，できるだけ孔型系列を集約し，標準化しているのが一般である．

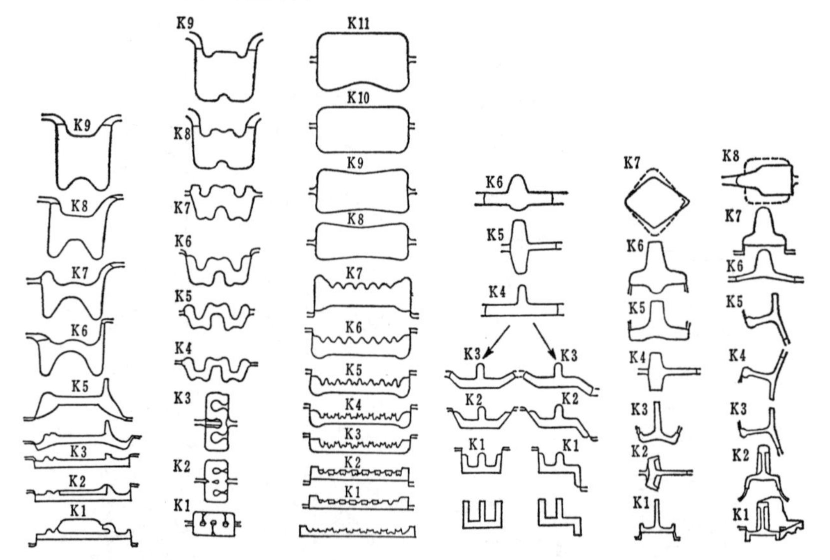

図 10.15　異形複雑形材の孔型系列

10.3.2 ユニバーサル圧延機による形圧延

ユニバーサル圧延法は，水平ロールと竪ロールにより上下左右から同時にウェブとフランジの圧延を行うので，既述のカリバー圧延法に対し，以下の長所がある．

(1) 竪ロールで左右方向からも直接圧下を加えることにより，高さ方向の幅（フランジ幅）の確保が容易で，平行肉厚（パラレルフランジ）が可能となる．

(2) 圧延の進行に伴うフランジ幅の減少が生じにくいので，粗造形段階のフランジ幅を小さくできる．その結果，粗形鋼片が不要となり，かつ比較的に小鋼片から造形できるので，粗圧延段階のパス回数が減少する．また，ユニバーサル圧延段階でもフランジ部を直接圧下できるので，大延伸が可能となり総パス回数が減少する．

(3) 簡単なパススケジュールの変更により，厚さ違いの製品が圧延できる．またエッジャーとの組合せにより，フランジの幅や形状をコントロールできる．

(4) 孔型特有のロール径差による周速度差が少なくなり，ロールの摩耗が減少しかつ均一となる．また，ユニバーサルロールは形状が単純なので，スリーブ式組立てロールと高耐摩耗ロールが導入しやすいこととあいまって，ロール原単位が飛躍的に向上する．ロールの旋削も容易である．

(5) 全圧延工程を通じて対称的な圧下を加えることができるので，均質な変形となる．また，有害な表面きずが発生せず，製品の表面が滑らかである．

(6) 磨砕作用による圧延が少ないので，動力損失が少ない．

〔1〕 H形材のユニバーサル圧延

ユニバーサル圧延によるH形材の代表的な孔型系列の例を**図 10.16** に示す．素材はブレークダウンミルでH形の粗形に圧延され，つぎに粗ユニバーサルとエッジャーの両ミルでリバース圧延される．ユニバーサルミルではフランジとウェブの肉厚圧下を，エッジャーミルではフランジ先端の鍛錬，整形と幅の

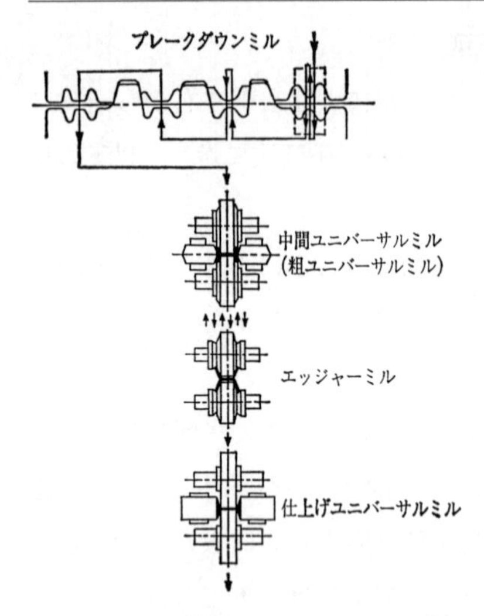

図 10.16　H 形材のユニバーサル圧延法

調整を行う．続く仕上げユニバーサルミルで所要形状寸法の H 形材に仕上げ圧延する．**図 10.17** と**表 10.3** にブレークダウンミル最終断面から製品に至るまでの断面変形の推移とパススケジュールの例を示す[39]．

ユニバーサル圧延工程ではウェブとフランジの圧下バランスがきわめて重要であり，圧下配分を誤ると製品の形状寸法不良のみならずウェブの座屈（ウェブ波）やウェブ未充満によるミスロールを引き起こす．ウェブ座屈・ウェブ未充満限界の判定法を**表 10.4** に示す[40), 41)]．具体的なパススケジュールの計算法は**図 10.18** のとおりである．

ユニバーサル圧延工程のパススケジュールはさらに 10.2.2 項で述べたフランジ幅広がり式により各パスのフランジ幅を算出し，適正エッジング量を加算

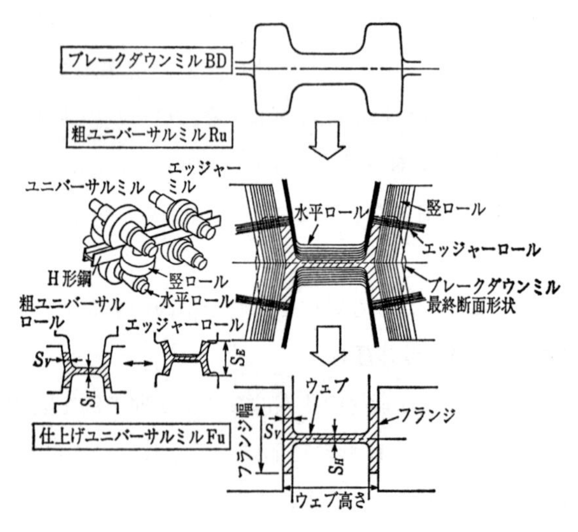

図 10.17　ユニバーサル圧延機における H 形の断面変化

表 10.3　H10/15×300×300 パススケジュール[39)]

パス	水平ロール		竪ロール		エッジャーロール	
	ロール間隙 S_H	圧下量	ロール間隙 S_V	圧下量	ロール間隙 S_E	圧下量
B. D.	30	—	70	—	329	—
U-R1	25	5	57	13	315	14
R2	20	5	41	16	—	—
R3	15	5	26	15	305	10
R4	12	3	19	7	—	—
R5	11	1	17	2	301	4
R6	10.5	0.5	16	1	—	—
R7	10.5	0	16	0	300	1
F	10	0.5	15	1	—	—

〔注〕 B. D.：ブレークダウン，U：ユニバーサル　〔単位：mm〕

表 10.4　ウェブ座屈・ウェブ未充満限界の判定法[40)]

	$S \leqq 6$	$S > 6$
座屈限界	$N \geqq \left[\dfrac{1}{S-0.116}\right] -0.005$	$N \geqq 0.165$
未充満限界	$N \leqq 0.2-\dfrac{0.6}{S}$	$N \leqq 0.1$
備考	$N=\dfrac{\ln\lambda_F-\ln\lambda_W}{\ln\lambda_T}$ $S=\dfrac{B'\sqrt{W'B'}}{S_{F2}+S_{W2}}$ (記号は図 10.3 参照)	

して造り上げる．全体の設計フローは図 10.6 の孔型設計フローと同じである．

ところで，図 10.16 では素材は矩形鋼片となっているが，シニア H 形鋼工場では設備と造形上の制約から当初やむなく複数の分塊粗

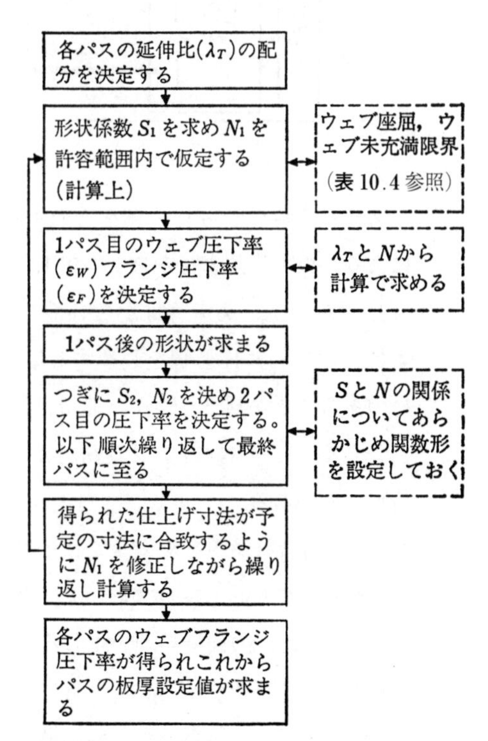

図 10.18　H 形のユニバーサル圧延のパススケジュールの計算フロー図[40)]

形鋼片（beam blank）を使用していた．しかし，板用スラブあるいは1サイズのビームブランクやブルームから1ヒートで多サイズの製品を造り分ける粗造形技術の開発が進み，分塊工程を省略するとともに連鋳比率がほぼ100％の水準に引き上げられた[11),42),43)]．**図10.19**はH形鋼用素材の製造プロセスの概念図である[42)]．以下に連鋳素材からの粗圧延工程用の各種粗造形技術を説明する．

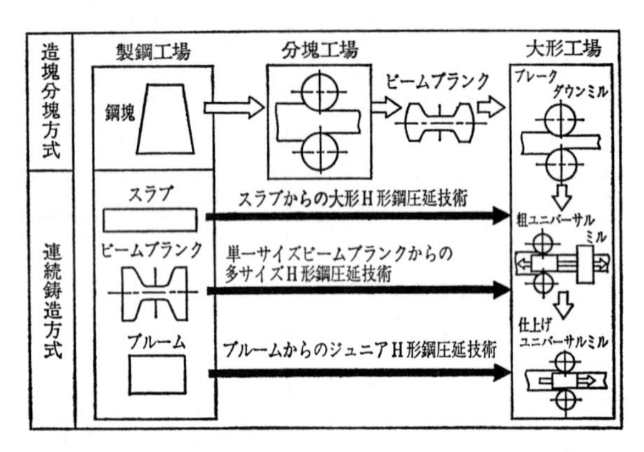

図10.19　H形鋼用素材の製造プロセスの概念図[42)]

(1)　スラブ連鋳材からH形鋼を造形する技術を**表10.5**に示す[44)]．この技術により，板用連鋳素材からシニアH形鋼が製造できるようになった．

(2)　ビームブランク連鋳材から各種H形鋼を造形する方法を**表10.6**に示す[45),46)]．シニアH形鋼を製造する場合，製品種別のビームブランク連鋳材のあることが望ましいが，連鋳工程からすると困難である．このため，1サイズのビームブランク連鋳材から多サイズのH形鋼を造り分ける粗造形技術がある．

しかし，連鋳素材適用を支えるこれらの造形圧延技術では，従来の分塊作業を製品工場である大形工場のブレークダウンミルが肩代わりすることとなり，品質，歩留り，能率の面で無理を生じる点が多い．そこで，形鋼の高品質化，低コスト化，および多サイズ小ロット生産化（ロール共用，造り分け技術）を追求していく中で，連鋳素材からの形鋼製造にマッチした効率的新粗造形技術を開発する必要がある．そこで，スラブ連鋳材をエッジング圧延するための専

表 10.5　スラブ連鋳材から H 形鋼を造形する技術

造　形　法	特　　　徴
エッジング圧延によるドッグボーン方式	へん平スラブを幅方向に圧下する（エッジング圧延）とひずみはスラブ中央まで浸透せず両端部に集中してドッグボーン形状となる． ドッグボーン方式はエッジング圧延の繰返しによりへん平比の大きなスラブから粗形断面を造形するもので，薄手の広幅スラブからの比較的にフランジ幅の大きな H 形鋼の製造に用いる． スラブの倒れと中央部の座屈防止のためエッジング孔型の幅と圧下量に適正なバランスをもたせる技術や，孔型の中央に凸部をもたせて幅広がりを効果的に得るためのウェッジ付きカリバー法やエッジング時のスラブの安定性を良くするベリー付きカリバー法などが用いられる．
スラブ中央割込み方式	平姿勢のスラブ中央部に直接割込みを入れてウェブ部の内法を拡大し粗形断面を造形するもので，比較的厚手のスラブからフランジ幅の小きな H 形鋼を製造する場合に用いる． フランジ部分の幅がウェブ圧下により減少するため，所要スラブ厚は粗形鋼片の必要フラソジ帽の 1.4〜1.5 倍となる．

表 10.6　ビームブランク連鋳材から各種 H 形鋼を造形する技術

造　形　法	特　　　徴
ウェブ高さ拡大方式	素材のウェブを広げ，ウェブ高さの高い H 形鋼の製造に用いる．孔型により押し広げる作用とウェブ圧下により高さ広がりの作用をバランス良く行う．この圧延では材料のセンタリングが重要で不適正な孔型では材料の左右非対称や曲がりによるミスロールを生じる．
ウェブ高さ縮小方式	エッジング圧延によってフランジ幅に規制を加えながらウェブを縮小させ，ウェブ高さの異なる H 形鋼を造る．圧下量が大きいとウェブ座屈やフランジきずが発生する．このため造形孔型を使い途中で形を整えて再度エッジング圧延を行う．
フランジ幅残留方式	素材のウェブのみを圧延することによりフランジ幅の減少を最小限度に抑える方式（ウェブ単独圧延法）で，比較的フランジ幅の大きい H 形鋼に用いる．長さ方向の伸びが微小なのでフランジ断面積の減少はきわめて少ない．
フランジ幅縮小方式	素材のフランジ幅を減少させて，フランジ幅の異なる H 形鋼を造る．フランジの幅のみ単独圧下する方法と，フランジ部とウェブ部を同時圧下する方法とがある．

用の圧延機を用いる技術が開発されている[47]．また，大断面のビームブランクを分塊圧延で準備する代わりに，直接連鋳して供給できるようになった[48)~50]．ニアネットシェイプ連鋳材から圧延するため，ブレークダウンミルの負荷を大幅に低減できる．

またユニバーサル圧延工程についても，フリーサイズ化のための技術が開発，実用化された．**図 10.20** はその一例で，軸が圧延方向に傾斜した二対のロールでウェブを幅方向に引き延ばしつつウェブの両端に付与した与肉部を部分圧下することによりウェブの内幅を仕上げ圧延段階で造り分ける技術である[47),51]．

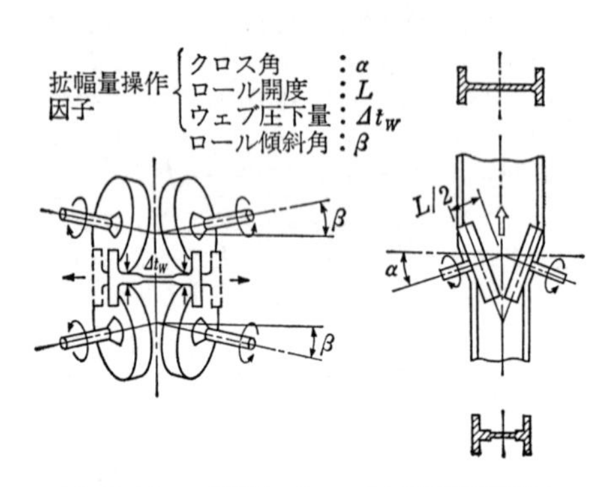

図 10.20　H 形鋼のウェブ内幅拡幅圧延法

その他に，機械的にウェブ内幅を拡大する技術[52]や仕上げ圧延でウェブ高さを縮小する圧延法[53),54]が開発され，外法一定 H 形鋼の生産に供用されている．また，外法一定 H 形鋼にはフランジとウェブの温度を制御する水冷技術が適用され，製品断面性能の高い高板厚比の H 形鋼が製造可能となった[47),51),52),55]．

また，ライン長さの短縮や生産性向上のために，中間と仕上げのユニバーサル圧延機を連続配置した工場（X-H 圧延）も実用化されている[49),56]．

〔2〕　一般形鋼のユニバーサル圧延

ユニバーサル圧延は，従来もっぱら H 形鋼の製造に適用されていたが，10.3.2 項の冒頭で述べた特徴があることから，軌条，鋼矢板，溝形，山形などへの適用拡大の研究開発[57]が図られて広く実用化されている．**図 10.21**，**図 10.22**，**図 10.23**，**図 10.24**，**図 10.25** はそれらの実例である．いずれも中間～仕上げ圧延部に適用した例であるが，粗造形部に適用した例を**図 10.26** に示す．

現在，軌条の製造にはユニバーサル圧延法が世界的に普及している[74)~76]．

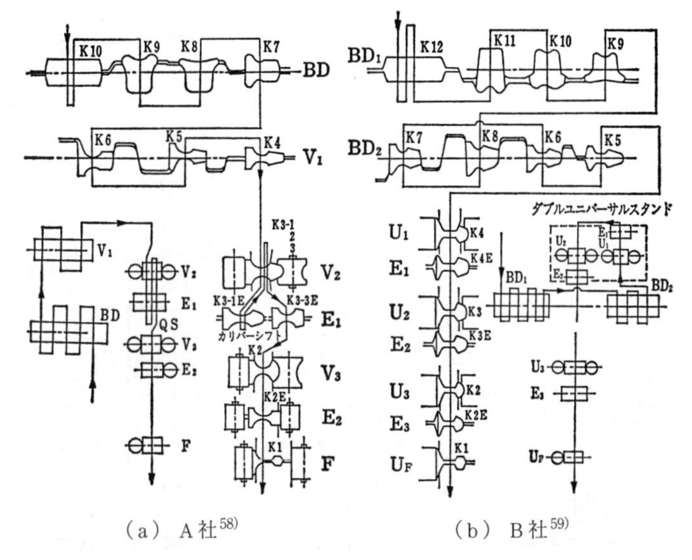

（a） A社[58]　　（b） B社[59]

図 10.21　軌条のユニバーサル圧延法

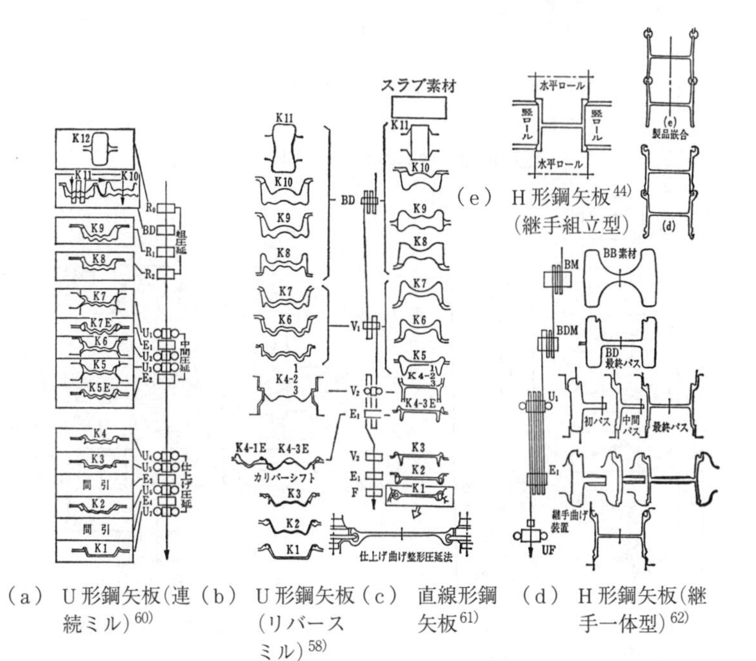

（e） H形鋼矢板[44]（継手組立型）

（a） U形鋼矢板（連続ミル）[60]　（b） U形鋼矢板（リバースミル）[58]　（c） 直線形鋼矢板[61]　（d） H形鋼矢板（継手一体型）[62]

図 10.22　鋼矢板のユニバーサル圧延法

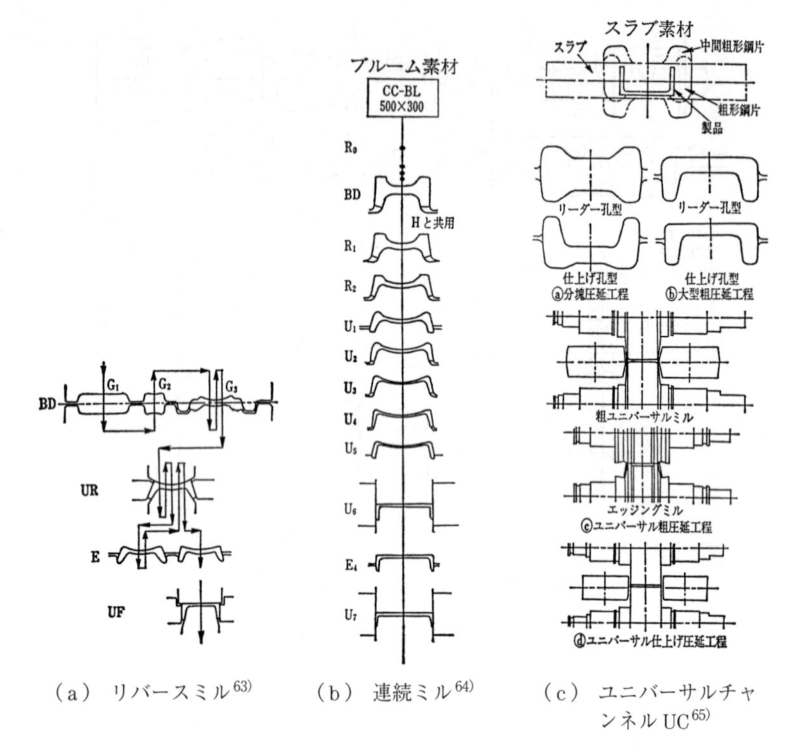

（a） リバースミル[63)]　（b） 連続ミル[64)]　（c） ユニバーサルチャンネルUC[65)]

図 10.23　溝形のユニバーサル圧延法

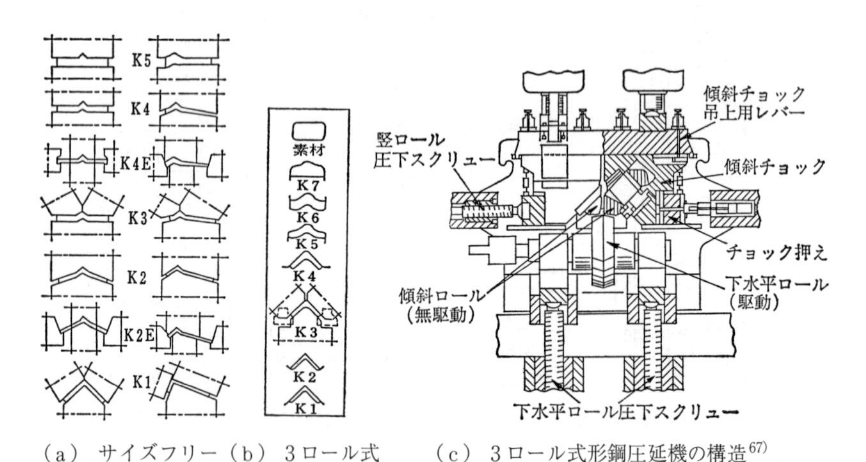

（a） サイズフリー圧延法[66)]　（b） 3ロール式圧延法[67)]　（c） 3ロール式形鋼圧延機の構造[67)]

図 10.24　山形のユニバーサル圧延法と3ロール式形鋼圧延機の構造

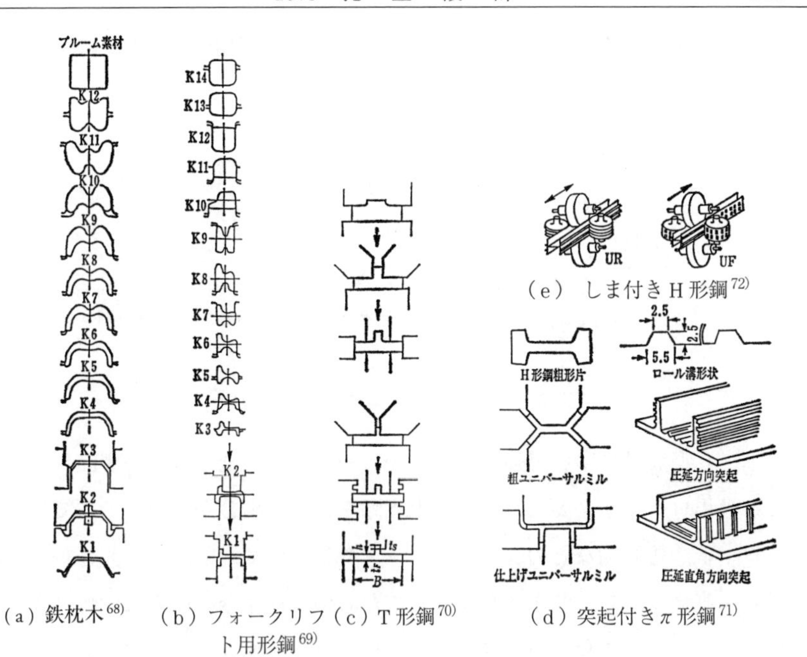

（a）鉄枕木[68]　（b）フォークリフト用形鋼[69]　（c）T形鋼[70]　（d）突起付きπ形鋼[71]　（e）しま付きH形鋼[72]

図 10.25　その他形鋼のユニバーサル圧延法

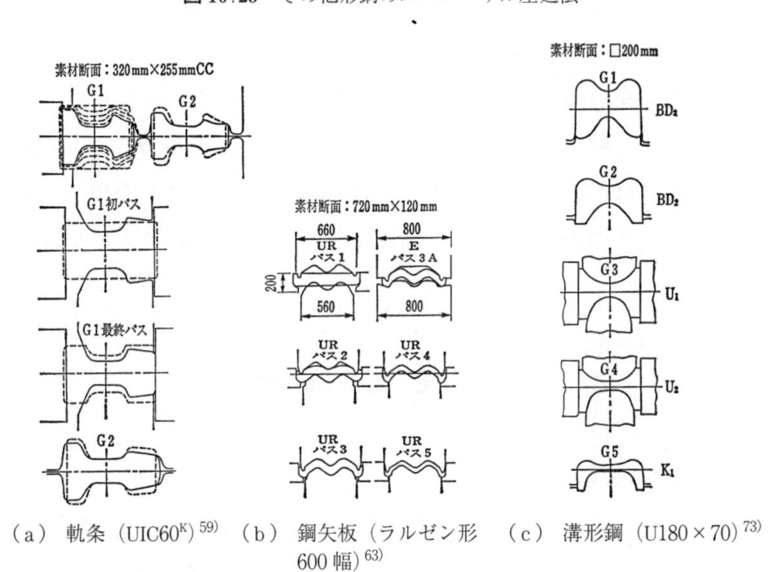

（a） 軌条（UIC60K）[59]　（b） 鋼矢板（ラルゼン形600幅）[63]　（c） 溝形鋼（U180×70）[73]

図 10.26　粗造形部のユニバーサル圧延法

また近年，**図 10.27** に示す T 形鋼のユニバーサル圧延技術が新たに開発された[77]．

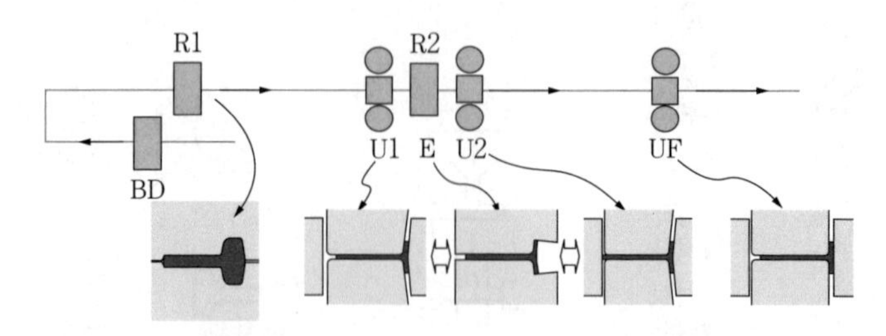

図 10.27　T 形鋼のユニバーサル圧延法[77]

以上，孔型設計について述べてきたが，一般に形圧延ではその製品シリーズごとに専用ロールが必要なため生産上支障をきたす場合が多い．そこで多サイズ小ロット，短納期などのユーザーニーズの多様化に対応すべく，さらなる省ロール・高精度フリーサイズ形鋼製造のための技術開発（例えば胴幅可変ロール化，マルチロール化，整形補助ガイドローラーの導入）が必要である．

また，孔型設計は従来，経験則やモデル実験を基に行われてきたが，現在，有限要素法を用いた圧延変形解析が孔型設計に多用されている[28)〜32)]．解析による断面変形の事前調査やこれに基づく孔型形状適正化により，従来は不可欠であったモデル実験や実機テストを大幅に削減でき，新製品製造技術の開発期間短縮，さらには形圧延技術の高度化に大きく貢献している．今後は，データサイエンスや人工知能を活用した，高度な自動孔型設計システムの開発が期待される．

10.4　圧　延　設　備

10.4.1　圧延設備レイアウト

形鋼圧延設備では，H 形鋼，I 形鋼，山形鋼，溝形鋼，平形鋼，軌条など多種多様な製品が生産されるが，設備的には一般に大形形鋼，中形形鋼，小形形鋼圧延設備に分類され，それぞれ設備レイアウト，圧延機仕様が大きく異なる．

形鋼の大形，中形，小形の区分については製品サイズによる分類，仕上げミルのロールサイズによる分類，または製品の単位重量による分類など，種々提唱されているが，当然のことながら設備分類と製品分類が完全には合致せず，また時代とともに生産される製品サイズも異なってきており，厳密な区分そのものが特に重要ではないので一般概念的に製品単重が5～100 kg/m 程度のものが中形形鋼圧延設備で生産され，その上下限に大きくラップしてそれ以下のものを小形形鋼，それ以上のものを大形形鋼とする説が理解しやすい．

〔1〕 **大形形鋼圧延設備**

大形形鋼は，一般にリバース圧延方式が採用されている．**図 10.28** は年産 60 万トンクラスの代表レイアウトであるが，ブレークダウンミル 1 基，粗ユニバーサルミルおよび 2Hi エッジングミルによる粗ミルグループと，同一サイズの仕上げユニバーサルミルにより構成されている．

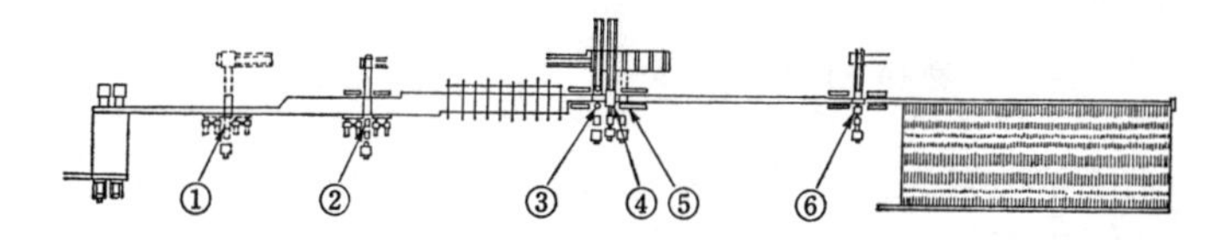

① No. 2 ブレークダウンミル（将来）
② No. 1 ブレークダウンミル
③ No. 1 粗ユニバーサルミル
④ エッジングミル
⑤ No. 2 粗ユニバーサルミル（将来）
⑥ 仕上げユニバーサルミル

製品：H 200～600 mm
H 150～350 mm
⊏ 250～380 mm
T. P.～18″

図 10.28 60 万トン/年 大形形鋼圧延設備

ブレークダウンミルでは最大 15 回，粗ミルグループでは最大 11 回のリバース圧延が行われ，仕上げミルでは 1 パスの仕上げ圧延が行われる．

一般形鋼圧延時には，エッジングミルが 2Hi ミルとして粗ユニバーサルミルの位置に置換され，仕上げユニバーサルミルはロール組替えにより 2Hi ミルとして使用される．素材ブルームサイズは 400×200 mm，ビームブランクは 400×510 mm および 370×460 mm の 2 種類のものが使用されている．また，仕上げ圧延速度は最大 7 m/s である．

〔2〕 中形形鋼圧延設備

中形形鋼圧延設備では形鋼のみならず丸棒，角棒などが生産されるが，最近のものは生産性，製品精度，省力化などを考慮し，半連続または複数ミルでのリバース圧延が一般に採用されている．**図 10.29** は年産 85 万トンクラスの例であるが，粗ミルで最大 5 回のリバース圧延を行い，それ以降はすべて 1 パスの非可逆圧延で仕上げられる．中間粗ミルは 2 基の 2Hi ミルで，おのおの単独に 1 パス圧延を行う．

① 粗ミル
② No. 1 中間粗ミル
③ No. 2 中間粗ミル
④ 2Hi ミル
⑤ ユニバーサルミル
⑥ チルティングミル

製品：H 80～220 mm
　　　⊏ 50～100 mm
　　　∠ 50～150 mm
　　　□ 70～150 mm

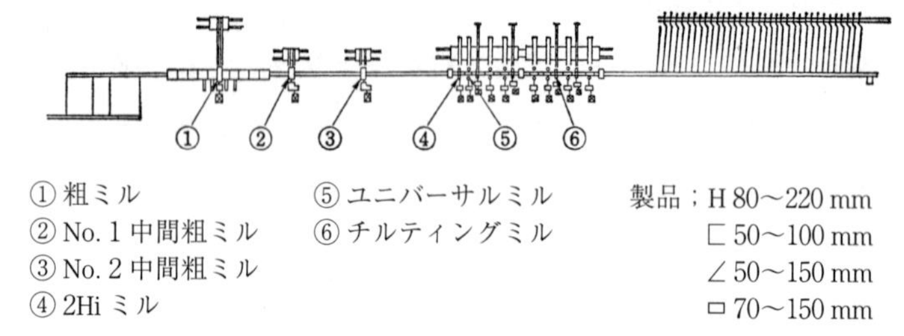

図 10.29　85 万トン/年　中形形鋼圧延設備

連続仕上げミル群は 2Hi ミル 1 基，ユニバーサルミル 7 基，チルティングミル 4 基で構成され，一般形鋼圧延時には 7 基のユニバーサルミルは 2Hi ミルと置換され，チルティングミル 4 基はすべてライン外に撤去されるが，平形鋼圧延時には竪形ミルとしてエッジングパスに使用される．素材ビレットサイズは ϕ 140～200 mm，および 250×200 mm のものが使用されており，素材重量は最大 4 000 kg である．また，仕上げ速度は最大 9 m/s である．

〔3〕 小形形鋼圧延設備

小形形鋼圧延設備ではきわめて広範囲の製品が生産されるが，丸棒，角棒，の生産比率が高いことも特徴の一つである．最近では高生産性，高品質が要求されるため，連続圧延のみならず 2 ストランド圧延やサイズ替え時間の短縮のために，マルチラインと呼ばれる複列配置のレイアウトも採用されてきている．

図 10.30 は，年産 30 万～40 万トンクラスのシングルライン圧延の例である

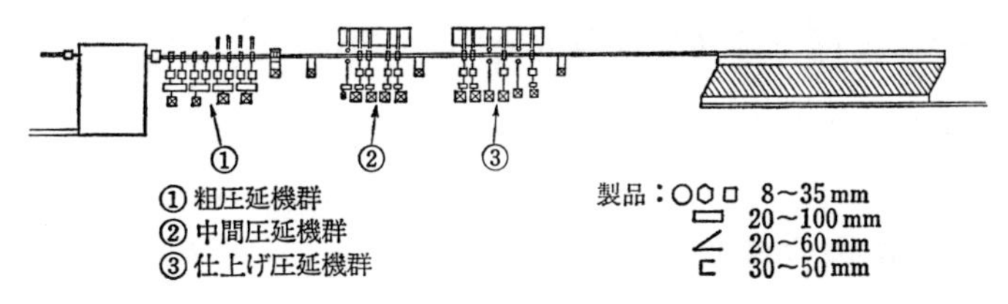

図 10.30 30 万～40 万トン/年 小形形鋼圧延設備（シングルライン）

が，リバース圧延はなく，すべて連続圧延で仕上げられる．粗圧延機群は 2Hi ミル 8 基から構成され，中間圧延機群は竪形ミル 1 基，2Hi ミル 4 基，さらに仕上げ圧延機群は 2Hi ミル 4 基，竪形ミル 2 基によって構成されている．素材ビレットサイズは ϕ80 mm のものが使用されており，仕上げ圧延速度は最大 12 m/s である．

図 10.31 はいわゆるマルチラインと呼ばれるミルレイアウトであり，年産 60 万トンの能力を有する圧延設備である．中間圧延機群と仕上げ圧延機群をおのおの 2 系列配置することにより，小形サイズの 2 ストランド圧延の実現と，1 ストランド圧延に対しては 2 系列の中間，仕上げ圧延機群を交互に使用することによるサイズ替え時間の大幅短縮により，生産性を著しく向上させている．

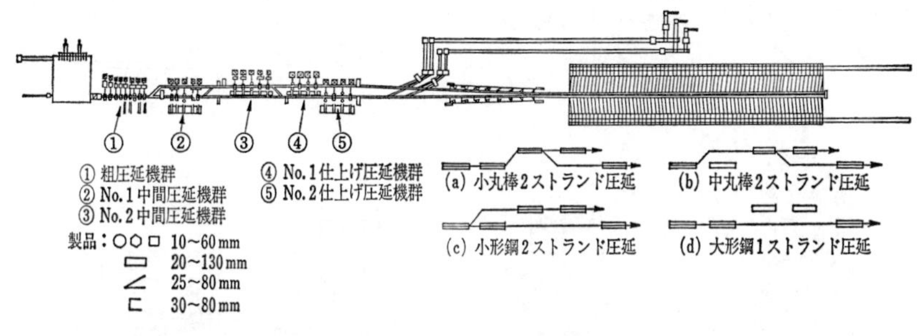

図 10.31 60 万トン/年 小形形鋼圧延設備（マルチライン）

この例では，粗圧延機群は 2Hi ミル 8 基，竪形ミル 1 基で構成され，中間圧延機群は 2 系列ともおのおの 2Hi ミル 4 基と竪形ミル 1 基で構成されている．また，仕上げ圧延機群はおのおの 2Hi ミル 2 基，竪形スタンド 2 基から構成されており，仕上げ圧延速度は最大 20 m/s に達する．素材ビレットは ϕ 130 mm のものが使用されている．

10.4.2 圧延機の種類

圧延機の形式は，設備レイアウト，製品の種類，サイズなどにより決定される．形鋼圧延ではサイズ替えが頻繁に行われるため，交換時間の短縮を図ることが特に重要であり，ロール交換方式やスタンド交換方式の採用がなされており，ロールチョック間へのスツール挿入の無人化，ガイド位置調整の遠隔操作化が行われ，ロールチョック付きガイド一括交換方式も出現し，交換時間の短縮化，さらには交換頻度の縮小化が検討され続けている．

図 10.32 は 2Hi ミルの例であるが，使用目的に合わせ，多種類のスタンドが

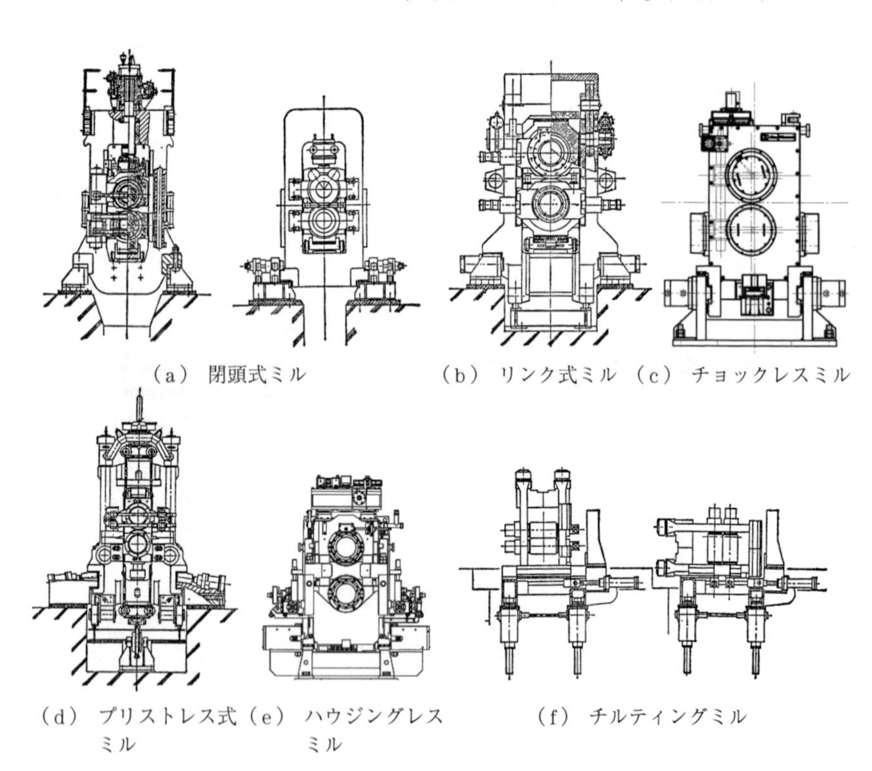

（a） 閉頭式ミル　（b） リンク式ミル　（c） チョックレスミル

（d） プリストレス式ミル　（e） ハウジングレスミル　（f） チルティングミル

図 10.32　2Hi ミル

使用されている.

図(a)は一体形ハウジングの閉頭式ミルであり，上部に設置された圧下装置を用いて上ロールを上下させている．圧下装置は，スクリューを用いた電動圧下方式のものと油圧シリンダーを用いた油圧圧下方式のものがある．ロール交換は，操作側から上下ロール同時に引き出して行われる.

また，圧下装置がミルウィンドウ内部に設置されているものもあり，これは比較的小形サイズの圧延に使用されるものである.

図(b)は，連続圧延専用ミルでロールは偏心軸により，リンクを介して上下動かされるリンク式ミルである．ロール交換は油圧シリンダーによりリンク連結ピンをはずし，クレーンにより上方から行われる.

図(c)は，チョックレスミルでロールチョックがなく，ハウジングに取り付けられた偏心スリーブを回転・偏心させることによりロールを上下させるものである．ロール交換はハウジングを左右に分割し，クレーンにより上方から行われる.

図(d)はプリストレス式ミルで，ハウジングは上下に分割されており，テンションロッドによりプリストレスをかけて締結されている.

図(e)はハウジングレスミルで，上下ロールチョックを圧下スクリューシャフトで連結し，ハウジングをなくしたものである．圧下スクリューシャフトを回転させることにより，ロールの上下を行うものである．ロール交換はロールチョックを分離することにより行われる.

図(f)はチルティングミルと呼ばれるタイプのもので，連続圧延で竪形／水平兼用ミルとして使用されるものである.

図 10.33 はH形鋼圧延に使用されるユニバーサルミルの例であり，水平ロール，竪形ロール4本が組み込まれたミルである．また，必要に応じてロール組替えにより 2Hi ミルとして，一般形鋼圧延時に使用できるものもある.

図(a)は閉頭形オープンヨーク式ミルで，竪ロール用ヨークが油圧シリンダーで開閉できる構造になっており，水平および竪ロールが操作側から同時に

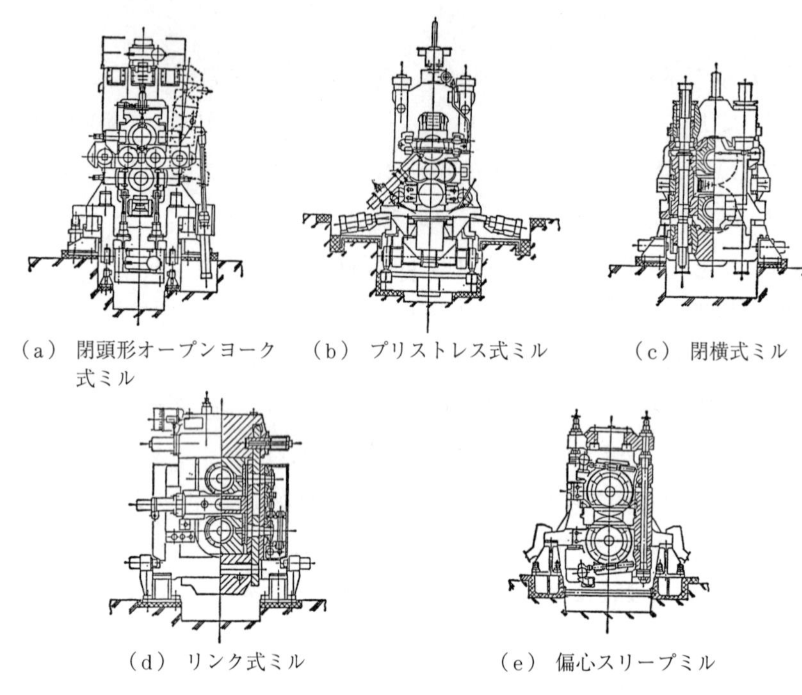

（a） 閉頭形オープンヨーク式ミル　（b） プリストレス式ミル　（c） 閉横式ミル

（d） リンク式ミル　（e） 偏心スリーブミル

図 10.33　ユニバーサルミル

セットで交換される形式のものである．圧下装置は各水平ロール，竪ロール用に単独に設置されており，スクリューを用いた電動圧下方式のものと油圧シリンダーを用いた油圧圧下方式のものがある．また，圧延サイズに応じてミルスタンドの上下調整が遠隔操作可能となっているものもある．**図 10.34** に閉頭形オープンヨーク式ミルの例を示す．

（a） 連続圧延の例

（b） リバース圧延の例

図 10.34　閉頭形オープンヨーク式ミルの例

図 10.33（b）はハウジングが分割されており，テンションロッドでプリストレスをかけて締結されている形式のものである．左右の竪ロールは共通軸で連結されており，同時駆動される．

図（c）は閉横式ミルで，上下ビームが共通のスクリューシャフトにより同時に上下動される形式であり，ロール交換はクレーンによりスタンド上方から行われる．

図（d）のリンク式ミルは偏心軸により，リンクを介してロールが上下動されるもので連続圧延に使用される．

図（e）も同様に連続圧延に使用されるもので，ロールの上下動は偏心スリーブによって行われる．

最近のユニバーサルミルでは，2Hi ミルの例図（e）で示したハウジングレスタイプのユニバーサルミルや，ハウジングを分割可動化し，生産サイズに合わせたハウジングポスト間設定が行え，交換時間の短縮を図ったものも開発され，実用化されている．

10.4.3 ガイド装置

圧延トラブルがなく，かつ高品質で良好な寸法精度を持つ製品を生産するためには，圧延材をロール間隙（カリバー）に正しく誘導し，また出側でも適切に導き出すことがきわめて重要である．ガイドやストリッパーガイドは用途に応じて種々の構造のものが使用されているが，サイズ替え時の交換時間が短いことも大切な要素の一つである．

図 10.35（a）は，ハウジングに取り付けられたレストバー上にガイド装置が設置されている例であり，サイズ替えには基本的に時間がかかる．図（b）はレストバーがロールチョックに取り付けられている例で，ガイド装置はロールとともに交換されるため比較的短時間で交換できる．図（c）はガイド装置が分割されているもので，チョック付きガイド装置とケース内に収納されたミル付きガイド装置から構成されている．図（d）は電動式ガイドで，ミルロールの上下動に連動して電動モーターにて位置調整されるもので，上下のガイド装

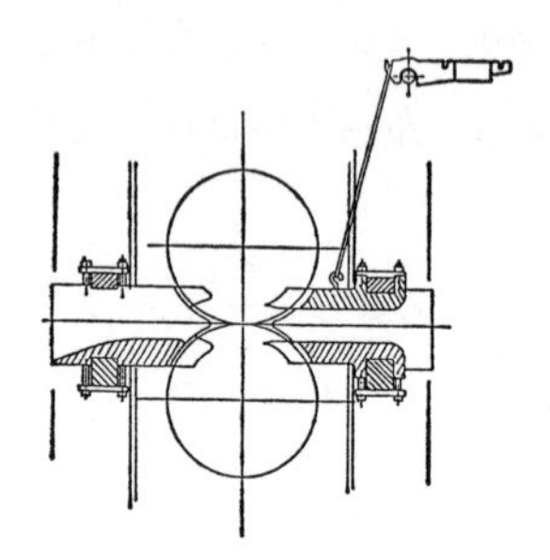
（a）ハウジング付きレストバーガイド

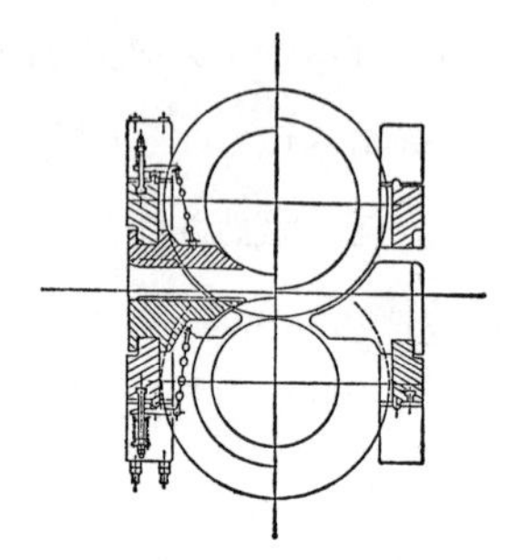
（b）チョック付きレストバーガイド

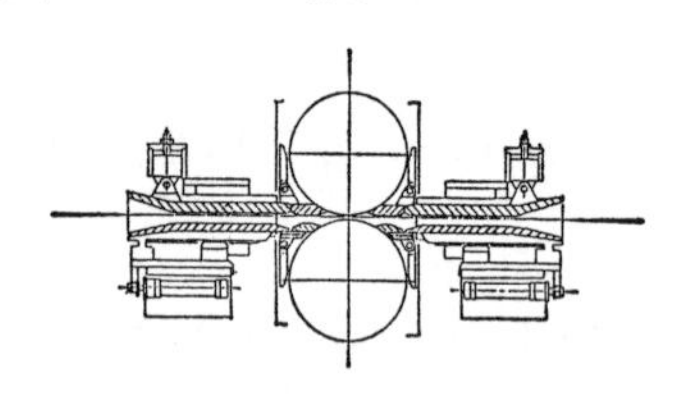
（c）分割形ガイド

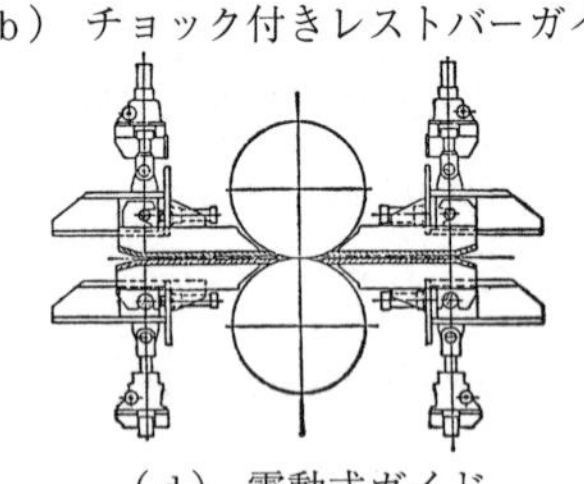
（d）電動式ガイド

図 10.35　ガイド装置

置は並行を保持して作動するのが特徴である.

H 形鋼圧延に使用されるユニバーサルミル用ガイドでは，ガイド幅を可変化し，交換時間の短縮を図ったものも実用化されている.

10.5 形状寸法制御

10.5.1 形材ミル計算機制御

形材の製品寸法制御は．圧延中の変形機構が複雑で圧延理論の体系化が不十分なこと，形材の形状が複雑で，形状寸法検出端開発が困難であることなどから，当初はロール圧下設定，ガイド開度設定，圧延速度（加減速含む）設定，各ミル間およびローラーテーブル間の速度同調設定，デスケーラーおよびカリバーオイル制御などを CPC（card programming control）あるいは SPC（stored programming control）と呼ばれる一種のプリセット方式で行うのが一般であった.

しかし，現在ではH形鋼のユニバーサル圧延を中心に圧延スケジュール計算，温度計算，ミル自動設定から圧延ライン全体のコンピューター管理まで行われるようになった[15),58),78)〜80)]．また，一部のミルでは仕上げラインへのAGCの適用も行われ，パス間およびパス内のダイナミックコントロールにより寸法精度が著しく向上している[81),82)]．

図10.36はH形鋼を対象とした圧下制御モデルの構成を示す[58)]．本方式によりパス間およびスタンド間において被圧延材の各部温度，各部厚さ，左右フランジ幅を検出し，圧延材質や狙い寸法などに応じてロール設定値をダイナミックに変化させ，製品の形状寸法をきわめて高い精度で制御する．

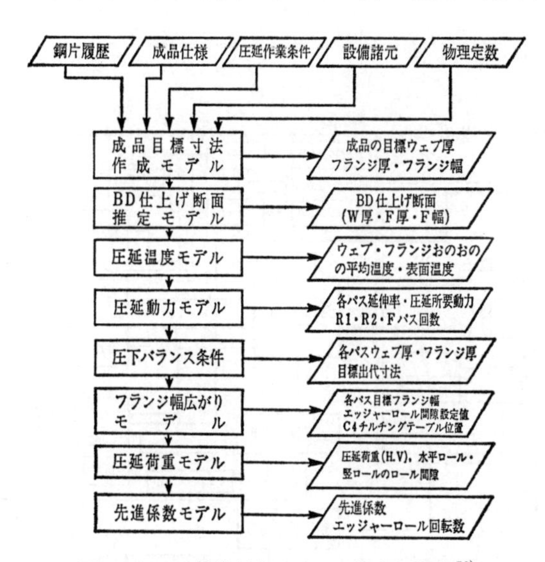

図10.36 計算機制御モデルの構成と機能[58)]

形鋼の製造工程におけるおもな管理項目と計測・検査機器は，**表10.7**に示すとおりである[83)]．H形鋼の幅のオンライン検出計の構成を**図10.37**に示す．

最近はレーザーを利用したオンライン熱間寸法測定器も実用化されている[84)]．

測定結果は圧下スケジュールの変更やロール調整のデータとして使用される．またロールのセットアップ用として，差動トランスや静電容量によるロール位置検出計が開発されている．さらに，被圧延材の温度分布測定用のみなら

表 10.7 形鋼の製造工程におけるおもな管理項目と計測・検査機器[83)]

工　程	品質特性	管理項目	計測・検査機器（一般的なものは除く）
加　熱		加熱温度 在炉時間	フランジ幅計（H 形鋼） 厚さ計
圧　延	製品寸法	パススケジュール 圧下量，伸び長さ 圧延温度	ロール位置検出計 サンプル形状測定装置 〈熱間きず検出器〉
鋸断・冷却	製品長さ	鋸断時製品温度	圧延仕上げ長さ測定計
矯　正	製品曲がり	製品温度 矯正圧下量	〈曲がり測定装置〉
検　査	表面きず 内　質 形状・各部寸法	表面きず 形状（曲がりほか）	渦流探傷装置（軌条） 超音波探傷装置（軌条） 全幅計（鋼矢板） 製品形状測定装置
機械試験	機械的性質	降伏点，引張強さ，伸び，ほか	
出　荷			

〔注〕〈　〉は開発中のもの

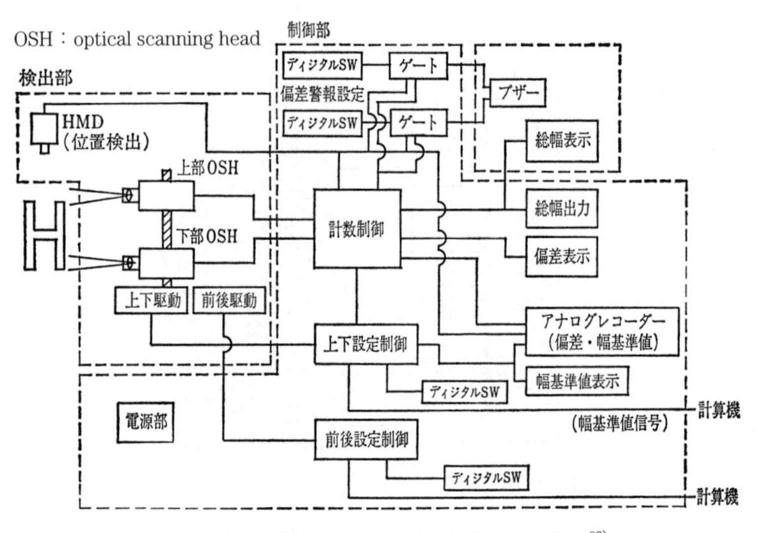

図 10.37 H 形鋼の幅のオンライン検出計の構成[83)]

ず熱間きず検出装置としてサーモグラフ，ITV カメラも導入されている．最近では，複数の高速カメラ画像により全表面の欠陥を検出する熱間インライン表面検査装置や[85)]，レーザーを用いて熱間で複雑な断面形状を測定できるセンサー[86)]が開発された．製品の曲がり測定装置の開発実用化も進められている．

さて，H 形鋼ミルへの AGC の適用は，BISRA 方式の形鋼圧延モデルをウェブとフランジの等価な鋼板圧延モデルと仮定して構築し，これに 2 方向からの同時圧延時のそれぞれの圧延荷重の変化がたがいに影響を及ぼさないように非干渉制御理論を導入して行っている[81]．ほかに，エッジャー圧延時にマイクロコンピューターで油圧圧下機構を制御することにより，長手方向のフランジ幅の変動を抑制している例もある[87]．

形鋼の AGC 化は，その複雑さと適用メリットの点から実用化が遅れていたが，ユーザーの寸法精度向上に対する要求や小ロット多サイズ下での高歩留り化の追求とあいまって今後の発展が期待される．

また，材質造り込みやウェブ波，曲がり，H 形直角度，U 形全幅などの形状制御のための冷却技術の実用化も，今後さらに進展するであろう[56),88)~90]．

10.5.2 連続圧延張力制御

形材の連続圧延化は，生産性と寸法精度の向上が期待できるが，実用化のためにはスタンド間の張力制御技術が重要である．中小形形材のタンデム圧延張力制御では，一般にループコントロール方式が使われる．この方式はスタンド間で被圧延材にループを形成し，そのループ量を検出してミル速度を制御するものであるが，フランジ幅が大きくなるとループができにくく，また大形 H 形鋼で強引にループを形成してもウェブ偏りなど製品形状が悪化する．

そこで，大形形鋼では，電流記憶方式による連続スタンド間の自動張力制御システム（AMTC：automatic minimum tension control）が使われている[91]．このシステムは，ミルモーターの電流値を計測し，張力値を電流値の変化で検出することにより，ミル速度を制御する方式である．

スタンド間張力とミルモーター電流変化 $\varDelta I$ の間には式 (10.2) が成り立つ[57]．

$$\varDelta I=\beta\cdot R_w\cdot\left(\frac{1}{\lambda\cdot T_b}-T_f\right) \tag{10.2}$$

ここで，β：モーターによる定数，T_f，T_b：前方・後方張力，λ；材料の延伸，R_w：ロール作動半径である．

$R_w = R_m$ (平均ロール半径)・f (先進係数)

ここで，先進係数 f は実測先進係数 f_{obs} として式(10.3)が知られている[57].

$$f_{obs} = 1 + 0.1(\lambda - 1)^{1/3} \tag{10.3}$$

単位速度アンバランス当りの発生張力には圧延温度の影響が大きく，温度を考慮した制御定数が必要である．現在，大形ミルではH形鋼と鋼矢板が連続圧延化されているが[57]，その他一般の形鋼の連続圧延のためには，最初の速度設定に必要な各孔型の先進係数（作動半径）を正確に求めることが必要である．なお，ミルモーター電流変化 ΔI の原因として張力以外に圧延荷重の変動（温度変動などによる）があり，この成分が大きい場合は電流記憶方式の精度が悪くなる．

ほかの張力制御法としては，ロールチョックとハウジング間に設置した圧力検出器によりスタンド間張力を直接測定して行う方法がある．また，圧延荷重 P と圧延トルク G を基本情報として張力を間接的に演算する方法（トルクアーム方式：トルクアーム $l = G/2P$ がほぼ一定であるという現象を利用）もある．

引用・参考文献

1) Geleji, A. 著・五弓勇雄訳：金属塑性加工の計算（上），(1964)，180-188，コロナ社.
2) 日本塑性加工学会編：最新塑性加工要覧 第2版，(2000)，43-46，コロナ社.
3) 日本鉄鋼協会圧延理論部会編：板圧延の理論と実際（改訂版），(2010)，72-75，195-196，日本鉄鋼協会.
4) 中島浩衛：形鋼圧延技術，(1999)，130-183，197-229，地人書館.
5) 日本鉄鋼協会編：鉄鋼便覧 第3版，Ⅲ(2)，条鋼・鋼管・圧延設備共通，(1980)，754-760，丸善.
6) Nikitin, G.S., Zhuchin, V.N., Sinel'nikov, Yu.I., Shvartsbart, Ya.S. & Rostov, G.N.：Stal in English，(1969), 298-300.
7) 中島浩衛・渡辺和夫：塑性と加工，**13**-141（1972），751-760.
8) 平松洋之・江頭達彦・油田耕一・中俣伸一：鉄と鋼，**56**-14（1970），1891-1898.

9) 日下部俊・三原豊：鉄と鋼，**65**-9（1979），1375-1382.
10) 吉田博・佐々木徹・近藤信行・田中智夫・奥村寛：鉄と鋼，**69**-14（1983），1623-1629.
11) 平沢猛志：日本鉄鋼協会圧延理論部会30周年記念シンポジウム 圧延技術発展の歴史と最近の進歩，（1985），369-392，日本鉄鋼協会.
12) 須藤忠三・中山勝一・三沢隆信：第32回塑性加工連合講演会講演論文集，（1981），37-40.
13) 中島浩衛・渡辺和夫・山本洋春：昭和47年度塑性加工春季講演会講演論文集，（1972），137-140.
14) 林宏之・片岡健二・斉藤晋三・長山栄之・高橋一成：CAMP-ISIJ，**1**（1988），503.
15) 美坂佳助・牧野義・三沢隆信：第28回塑性加工連合講演会講演論文集，（1977），64-66.
16) 中島浩衛・渡辺和夫：第41回塑性加工シンポジウムテキスト，（1972），41-50.
17) 中島浩衛・渡辺和夫・加茂川喜郎・土屋孝男・柳本左門・三木武司：製鉄研究，275（1972），42-67.
18) 原田利夫・中島浩衛・岸川官一・中俣伸一・渡辺和夫・山本洋春：昭和49年度塑性加工春季講演会講演論文集，（1974），343-346.
19) 中川吉左衛門・比良隆明・阿部英夫・金成昌平・林宏之：川崎製鉄技報，**11**-4（1979），17-29.
20) 黒川知明・中山勝一・三沢隆信：昭和52年度塑性加工春季講演会講演論文集，（1977），97-100.
21) 中内一郎・平沢猛志・市之瀬弘之：日本鉄鋼協会第64回圧延理論部会，**64**-21（1979）.
22) 平沢猛志・中内一郎・市之瀬弘之：鉄と鋼，**66**-4（1980），15.
23) Takashima, Y. & Yanagimoto, J.：Steel Research Int.，**82**-10（2011），1240-1247.
24) 高嶋由紀雄：材料とプロセス，**27**（2014），587-590.
25) Takashima, Y. & Hiruta, T.：ISIJ Int.，**53**-4（2013），690-697.
26) 柳本潤・劉金山：平成13年度塑性加工春季講演会講演論文集，（2001），191-192.
27) Takashima, Y. & Kopp, R.：Proc. 7th ICTP，1（2002），595-600.
28) 柳本潤：材料とプロセス，**13**（2000），276-279.

29) 角村義幸・武藤毅・井上健一・柳本潤：材料とプロセス，**13**（2000），290-293.

30) Yanagimoto, J., Kadomura, Y., Muto, T. & Inoue, K.：Steel Research Int., **73** (2002), 526-530.

31) Pera, J., Villanueva, R.：Proc. Steel Rolling 2006,（2006），CD-ROM.

32) Kang, Y., Zhu, G. & He, B.：Proc. Rolling 2013,（2013），CD-ROM.

33) 渡辺和夫：塑性と加工，**43**-497（2002），473-477.

34) ケスタース, F. 著・中村貞治訳：形鋼と棒鋼用の圧延機，1（1974），1-10, 76-99，日本鉄鋼協会.

35) 鈴木弘：圧延百話，（2000），179-187，養賢堂.

36) Brayshaw, E.：Rolls and Rolling,（1958），Blaw-Knox Company.

37) Beynon, R.：Roll Design and Mill Layout,（1956），Association of Iron & Steel Engineers.

38) US Steel Co.：Roll Pass Design, (1960), Percylund Humphries Co. Ltd.

39) 日本鉄鋼協会編：鉄鋼製造法，2- 加工 (1),（1972），340，丸善.

40) 岡本豊彦・須藤忠三・中山勝一：昭和 52 年度塑性加工春季講演会講演論文集，（1977），101-104.

41) 日本塑性加工学会 編：塑性加工便覧，（2006），104-107，コロナ社.

42) 吉原正典：日本鉄鋼協会第 98・99 回西山記念技術講座，（1984），161-196，日本鉄鋼協会.

43) 柳沢忠昭・田中輝昭・山下政志・中西輝行・草場隆・阿久根俊幸：塑性と加工，**21**-235（1980），696-705.

44) 平井信恒・田中輝昭・山下政志・草場隆：塑性と加工，**24**-273（1983），1028-1032.

45) 田中輝昭・永広尚志・山下政志・人見潔・阿久根俊幸・草場隆：川崎製鉄技報，10（1978），348-357.

46) 田中稔・平沢猛志・永橋新一・森岡清孝：日本鋼管技報，103（1984），1-10.

47) 佐伯英二・松田勝也：新日鉄住金技報，401（2015），59-63.

48) 鳥谷良則・Bell, J.・荒木泰治・高瀬孔平・坂田裕・川上隆・辻田公三郎：材料とプロセス，**7**（1994），327.

49) Cygler, M., Meurer, H. & Schultz, U.：Iron and Steel Engineer，**72**-1（1995），32-38.

50) Fonner, E.：AISE Steel Technology，**79**-11/12（2002），27-35.

51) 稲垣彰・安河内醇・板橋義則・青柳幸四郎・藤本武・山本洋春・川田勇：新

日鉄技報，343（1992），9-17.

52) 古川遵・槇ノ原操・森実亨・松田正義・藤掛政久・有泉孝：NKK 技報，146（1994），1-8.

53) 林宏之・鑓田征雄・斎藤晋三・藤本洋二・河村有秀・竹林克浩：川崎製鉄技報，**23**-1（1991），16-22.

54) 草場芳昭・鹿野裕・藤本邦治：住友金属，**43**-7（1991），86-91.

55) 吉田博・近藤信行・三浦啓徳・奥井隆徳・橋本隆文・河野幹夫：川崎製鉄技報，**23**-1（1991），23-28.

56) 山中栄輔：日本鉄鋼協会第 157・158 回西山記念技術講座，（1995），23-57，日本鉄鋼協会.

57) 中島浩衛・五十住公宏・渡辺和夫・児玉牧夫・京井勲：製鉄研究，299（1979），78-91.

58) 新日本製鉄：製鉄研究，310（1982），88-98.

59) Desvallees, J., Faessel, A., Gouth, G. & Mennel, G.：Iron and Steel Engineer, **64**-3（1987），25-31.

60) 雨川哲也・立石信之・沼田裕三・矢ヶ部昌彬・佐々木靖人・桑原利範：鉄と鋼，**67**-4（1981），290.

61) 安江彰治・西野胤治・中辻治市・縄田博夫・横田泰一・佐々木靖人：鉄と鋼，**68**-5（1982），69.

62) 平井信恒・田中輝昭・山下政志・永廣尚志・山中栄輔・栗山則行：鉄と鋼，**69**-13（1983），39.

63) Feldmann, H., Engel, G. & Kosak, D.：Der Kalibreur，47（1987），25-32.

64) 田中和成・西野胤治・佐々木靖人・玉川良彦：鉄と鋼，**71**-12（1985），339.

65) 知野英三・塔本展夫・帽田浩司・野口政雄・水沢六男・久保弘：鉄と鋼，**67**-9（1981），57-60.

66) 中内一郎・平沢猛志・井出哲成・鈴木義久：材料とプロセス，**1**（1988），505.

67) 寺田孝雄・西野胤冶・永添清一・渡辺和夫：鉄と鋼，**68**-12（1982），108.

68) 恩田怜・木村次郎・石田喜久男・田中茂：鉄と鋼，**70**-13（1984），119.

69) 恩田怜・山下政志・石田喜久男・高田亘・近藤信行：鉄と鋼，**73**-4（1987），292.

70) 中内一郎・平沢猛志・森岡清孝・鈴木義久：鉄と鋼，**73**-12（1987），376.

71) 松室知視・木村次郎・石渡正夫：鉄と鋼，**66**-11（1980），341.

72) 中山勝一・野口修二・大竹章夫・草場芳昭：鉄と鋼，**71**-5（1985），89.

73) Brueck, J.：Der Kalibreur, 45 (1986), 33-44.
74) Pfeiler, H., Koeck, N., Schroeder, J. & Maestrutti, L.：MPT Int., 6 (2003), 40-44.
75) Svejkovsky, U. & Nerzak, T.：MPT Int., 2 (2006), 74-80.
76) Maestrutti, L. & Gori, L.：Proc. AISTech 2011, 2 (2011), 155-164.
77) 高嶋由紀雄・山口陽一郎・髙橋英樹・堀田知夫・中塚敏郎：塑性と加工, **58**-672 (2017), 53-59.
78) 土屋健治・加茂川喜郎・土屋孝男・塩田敏彦：鉄と鋼, **62**-6 (1976), 696-704.
79) 逆瀬川浩次・田中稔・義之鷹雄・太田正矩・蒲田正誠・倉石達夫：日本鋼管技報, 68 (1976), 67-78.
80) 森川欣則・吉原正典：川崎製鉄技報, **4**-4 (1972), 546-560.
81) 田中実・高田努・遠山一郎・川口忠雄・臼杵正好・福谷和彦・平松洋之・野呂弘幸：製鉄研究, 317 (1985), 48-58.
82) Mauk, P. J., Overhagen, C. & Stellmacher, U.：Stahl und Eisen, **130**-6 (2010), 24-39.
83) 吉武弘樹・牧野由明・馬場園浩二・岩永健：塑性と加工, **28**-320 (1987), 912-915.
84) 松本実・福高善己・上村正樹・小林寛：材料とプロセス, **17** (2004), 967.
85) Libralesso, E. & Guerra E.：Proc. AISTech. 2014, (2014), 2715-2723.
86) Niel, A. & Trappmann, C. H.：Proc. Rolling 2016, (2016), USB Memory.
87) 中内一郎・平沢猛志・森岡清孝・脇本信行：鉄と鋼, **71**-12 (1985), 336.
88) Svejkovsky, U.：AISE Steel Technology, **79**-2 (2002), 33-39.
89) Hoffmann, J. & Donnay, B.：Proc. TMP '2004, (2004), 459-466.
90) 鹿野裕・一戸康生・大西晶・中村浩史・岩井彫生：材料とプロセス, **20** (2007), 361.
91) 原田利夫・中島浩衛・岸川官一・中俣伸一・渡辺和夫・山本洋春：塑性と加工, **16**-168 (1975), 60-69.

11 管 圧 延

管は，その製造方法の違いから溶接管と継目なし管に大別される．本書で対象とする管圧延は，継目なし管の製造過程で使用される製造技術であり，大きく分類して棒状の素材に穴をあけるせん孔工程，せん孔された素管の肉厚を減じて延ばす延伸工程，径と肉厚を整える定径工程に分けられる．ここでは，継目なし管として広く使用されている鋼管の圧延技術を中心に説明する．

11.1 継目なし鋼管製造方法の分類

継目なし鋼管製造方法の分類を**図 11.1** に示す．素材は，一般に鋳造された丸い鋼片が使用されるが，合金鋼などの素材によっては圧延された鋼片を用いることもある．せん孔方法としては，太鼓状の上下ロールを互いに傾斜させた傾斜せん孔（マンネスマンせん孔）法とプレスロールせん孔法があるが，ここでは傾斜せん孔法を取り上げて 11.2 節で詳しく述べる．延伸圧延法としては，マンドレルミル，プラグミル，アッセルミル，ピルガーミルなどがある．また，延伸が十分にとれない場合，せん孔と延伸圧延の間に中間圧延として，エロンゲーターと呼ばれる工程を入れる．この工程では，傾斜ロール圧延の 2 ロールエロンゲーター

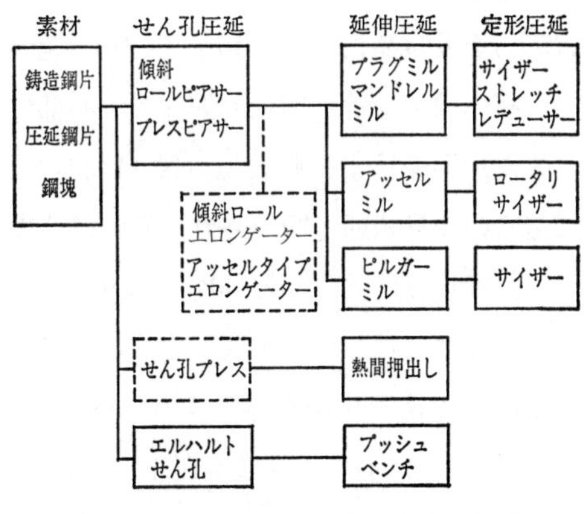

図 11.1 継目なし鋼管製造方法の分類

や3ロールアッセルミルなどが用いられている．ここでは，11.3節でこれら圧延方法について解説する．定径圧延工程では，サイザー，ストレッチレデューサーやロータリーサイザーが用いられてきた．定径圧延については，11.4節で説明する．

11.2 せん孔圧延

11.2.1 せん孔圧延の基本的現象

■ 傾斜せん孔法（マンネスマンせん孔法）の基本的現象

（a） 傾斜せん孔法の基本原理　1880年頃，ドイツのMannesmann家の工場では，やすりのほかに浸炭鋼でボルト，シャフト，ピストンロッドなどを製造していた．型打ち鍛造製品では均一な浸炭層を得るのが困難であったので，Mannesmann兄弟は傾斜圧延によってボルトやシャフトを圧延することを考えた．しかし，中心部に亀裂が発生し，これを除去することができなかった．この欠陥は，回転鍛造によって製造される丸鋼にも見られた．そこで，Mannesmann兄弟はこの欠陥を逆に利用して中空管を製造することを考案した．わが国への導入は1912年頃であり，その後，継目なし鋼管製造法の主力として採用されている[1)~3)]．

回転鍛造効果については，古くは，素管外表面のねじれによって中央部が引張応力を受けるために開口するという考え方もあったが[4)]，その後の研究により，横圧縮を受ける回転丸鋼片の中心部に引張応力の働くことが示された[5)]．

また，回転圧縮試験装置（**図11.2**参照）を用いて，実験的に炭素鋼の回転鍛造時の変形状態も調査され，回転鍛造後の断面内の硬さ分布（**図11.3**参照）から，転造では軸芯部と外周の両方にひずみが集積すること，および大きなひずみを受けた軸芯部に破壊が生じることが明らかになっている．また，断面内の結晶粒の楕円化の形態によりすべり線を推定すると，回転鍛造による破壊は，**図11.4**に示すように高圧下率ではα- 方向に，低圧下率ではβ- 方向に優先的に生じる．

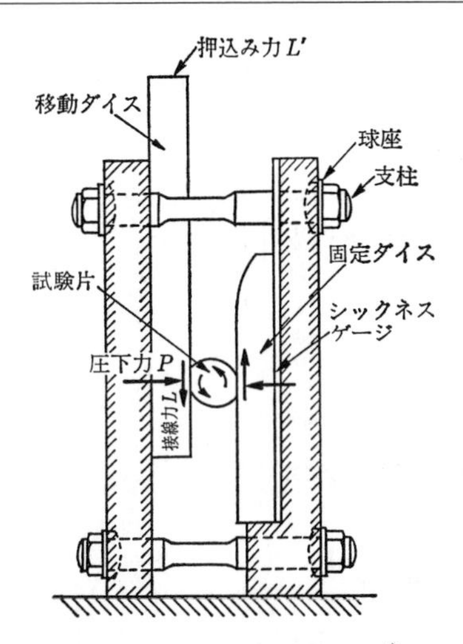

図 11.2　回転圧縮試験装置[7)]

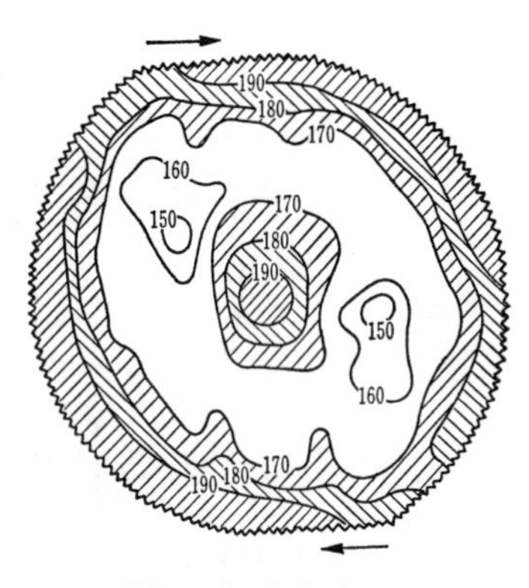

（$r=5\%$，$\theta=0.73$，材料 S10C）

図 11.3　拘束回転圧縮試験における断面内硬さ（HV）分布[7)]

（b）傾斜せん孔法における材料の変形　傾斜せん孔法で最もよく用いられるせん孔機の構造および設定状態を**図 11.5** に示す．2 個のバレル形ロールの回転軸をそれぞれ角度 θ だけたがいに反対方向に傾けて同一方向に回転させる．この傾斜の角度 θ を傾斜角と呼んでいる．せん孔プラグはマンドレルで水平に支持され，ロール直下に位置する．圧延開始時，丸鋼片は図 11.5 の左の方から入ってきて，その先端がロールの入側面角の部分に当たると同時にロール表面との間の摩擦力により回

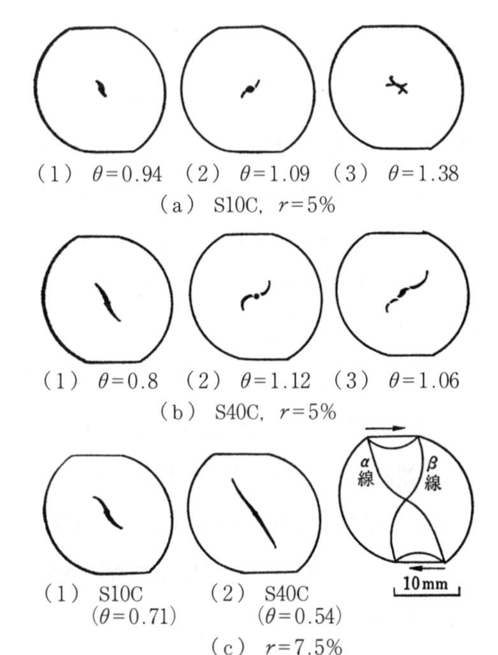

図 11.4　断面における成長したマンネスマン破壊[7)]

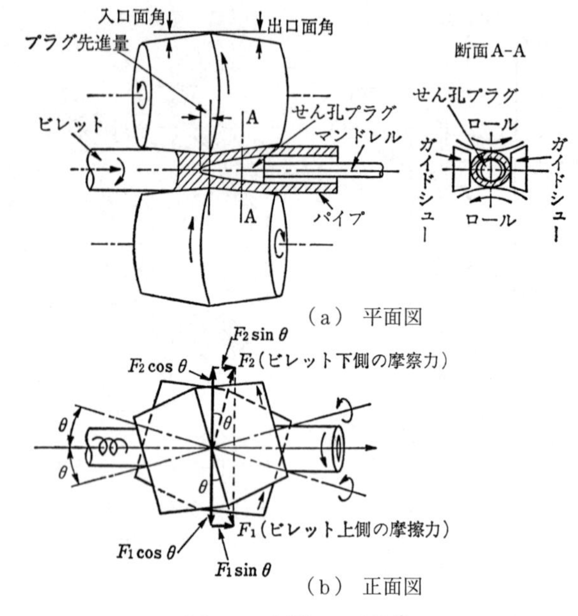

図 11.5　傾斜せん孔法[6)]

転および前進を始める．この摩擦力の回転および前進成分は，図 11.5 に示したように，それぞれ $F_1 \cos\theta$，$F_2 \cos\theta$ および $F_1 \sin\theta$，$F_2 \sin\theta$ である．鋼片はロール間隔が最小となるゴージ部まで圧縮されながら回転，前進し，プラグに押し当てられてせん孔される．このせん孔される鋼片の中心部は，プラグに当たる前に回転鍛造効果によって内部崩壊しかかった状態になっているので，比較的容易にせん孔される．

せん孔後は 2 個のロールと 1 個のプラグとによって管の内外面から圧延され，ゴージ部から後方ではプラグとロールに沿って広がる．このとき，鋼片が 2 個の傾斜ロールから飛び出さないようにロールの直角方向から 2 個のガイドシューで押さえられているが，これは管の直径を所定の値に仕上げる作用を持っている．なお，プラグは通常素管内面との摩擦力によって従動的に素管と一緒に回転する．

以上のような傾斜せん孔法における丸鋼片の塑性変形は，中実体から中空体になるための外面形状の変化（平行変形）と付加的せん断変形が重ね合わさったものである[6]．この付加的せん断変形については，プラスチシンを用いた実験結果から明らかにされ[8),9)]，**図 11.6** に示すように，表面ねじれ，長手方向せん断，円周方向せん断がある．これらの付加的せん断変形，およびせん孔後の素管の寸法形状は，傾斜角，およびそのほかのせん孔条件に依存するが，この影響は**表 11.1** にまとめられている[6]．

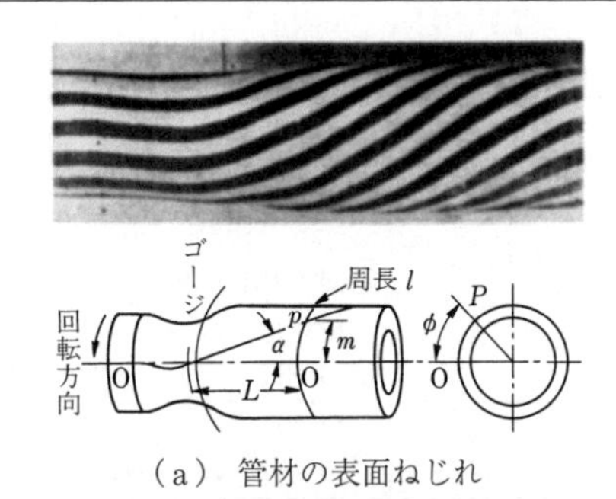

（a） 管材の表面ねじれ

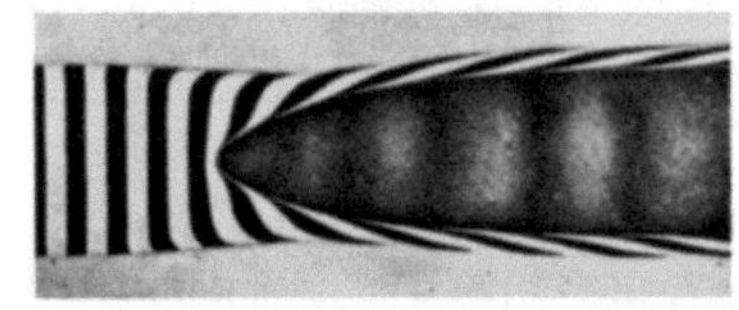

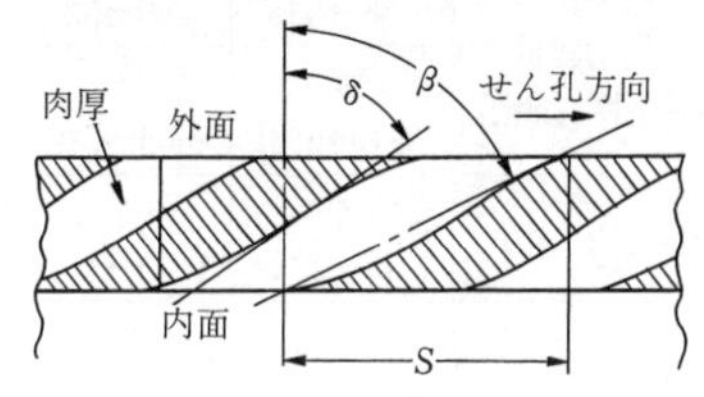

（b） 管材の長手方向断変形

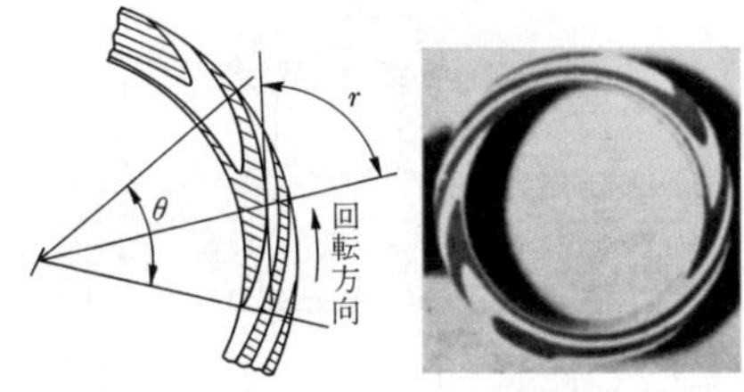

（c） 管材の円周方向せん断変形

図 11.6　傾斜せん孔法における管材の変形[9)]

11.2.2　2 ロール傾斜せん孔法（マンネスマンせん孔法）

〔1〕 概　　要

図 11.7 および**図 11.8** に傾斜せん孔機の全体図および圧延機本体の断面図を示す[10)]．図 11.7 の左からプッシャーで押し込まれた鋼片は本体でせん孔され素管となった後，ドラグアウトローラーによって引き出した後ガイドおよびカバーを開いて横に蹴り出す．図 11.5 に示した傾斜角 θ は，図 11.8（a）内ではロール軸を紙面に対して角度 θ だけ傾けることを意味する．この傾斜角の調整は，図 11.8（b）に示すクレードルを回転することによって行う．また，ロール間隙もこのクレードルの平行移動によって調整する．

図 11.8 に示す例では 2 個のロールを左右に配置し，上下方向の案内は固定式のガイドシューを用いる横形せん孔機となっている．これに対して**図**

表 11.1　各種せん孔条件のせん孔特性に対する影響[6)]

変化項目	傾斜角	ロール間隔	ガイド間隔	プラグ径	プラグ先進	ビレット径
変　化　範　囲	6°→12°	37→39 mm	47→57 mm	27→33 mm	5→25 mm	40→45 mm
ねじれ角〔α°〕	小 26.3→20.9	小 29.6→24.8	大 26.0→56.1	大 0.4→26.0	小 34.3→26.0	小 47.7→14.0
長手方向変形〔β°〕	やや大 84.3→85.0	小 85.4→83.8	やや小 84.5→84.0	大 78.7→84.5	大 78.7→84.5	大 82.4→85.0
横断方向変形〔γ°〕	やや大 79→80	小 83→74	大 79→86	大 59→79	大 80→84.5	大 82.4→85
周長変化率〔%〕	やや小 15→14	小 16→13	大 15→26	大 7→15	小 18→15	小 19→12
外径拡大率〔%〕	やや大 10.5→11.1	小 11.1→9.6	大 11.1→23.1	大 3.3→11.1	小 14.0→11.1	小 17.7→8.2
減　面　率〔%〕	やや小 58→56	小 60→52	やや小 56→55	大 44→56	大 42→56	やや大 55→58
素管肉厚〔mm〕	大 4.8→5.2	大 4.4→5.3	小 5.0→4.7	小 7.4→5.0	小 6.5→5.0	大 4.5→4.7
楕　円　率	やや小 1.17→1.19	小 1.25→1.14	大 1.19→1.43	大 1.08→1.19	小 1.30→1.19	大 1.22→1.33
外径／肉厚	小 10.4→9.6	小 11.4→9.3	大 10.0→11.8	大 6.3→10.0	大 7.9→10.0	やや小 10.7→10.4

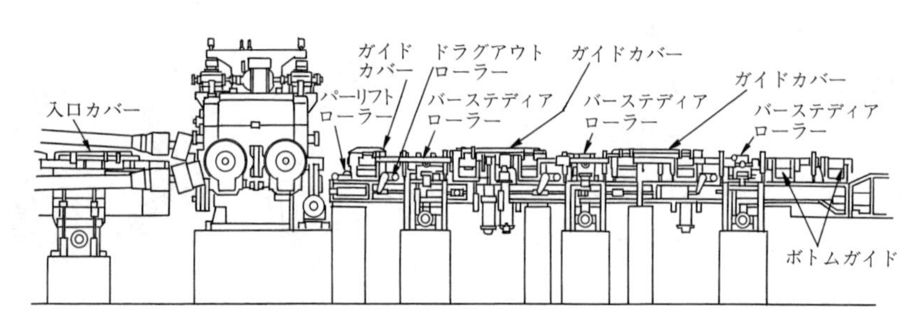

図 11.7　傾斜せん孔機の全体図[10)]

11.9(c)に示すようにロールを上下に，ガイドシューを左右に配置した竪形せん孔機も開発された[11),12)]．さらに，図 11.9(b)，(d)に示すようにガイドシューの代わりにディスクシューを用いる例もある[12)]．

〔2〕 せん孔条件の設定[10),13)]

傾斜圧延では鋼片に直接接触する工具，すなわちロール，ガイドシュー，プ

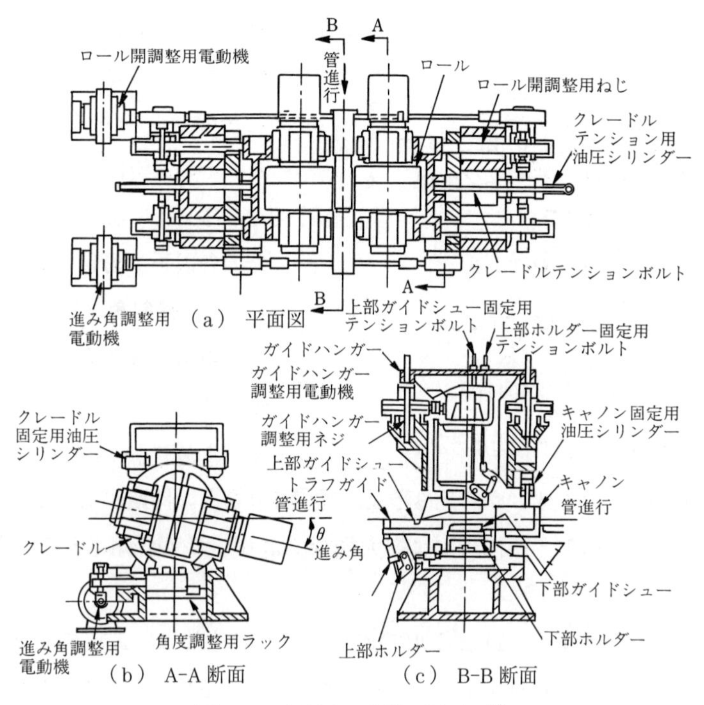

図 11.8 傾斜せん孔機の断面図[10)]

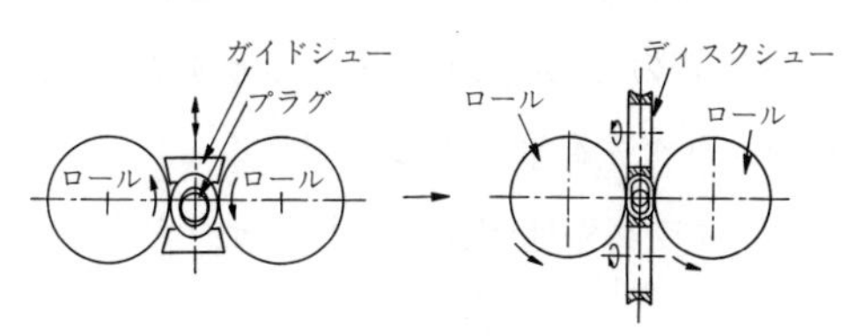

（a） 横形せん孔機（従来タイプ）（b） 横形せん孔機（ディスクシュータイプ）

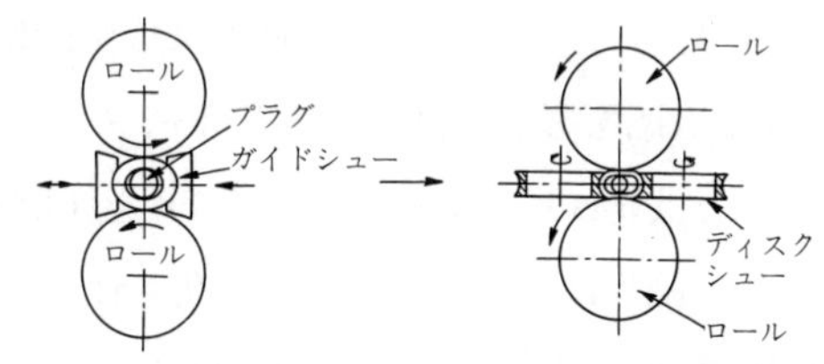

（c） 竪形せん孔機　（d） 竪形せん孔機（ディスクシュータイプ）

図 11.9 傾斜せん孔機のロールとシューの配置の変遷[12)]

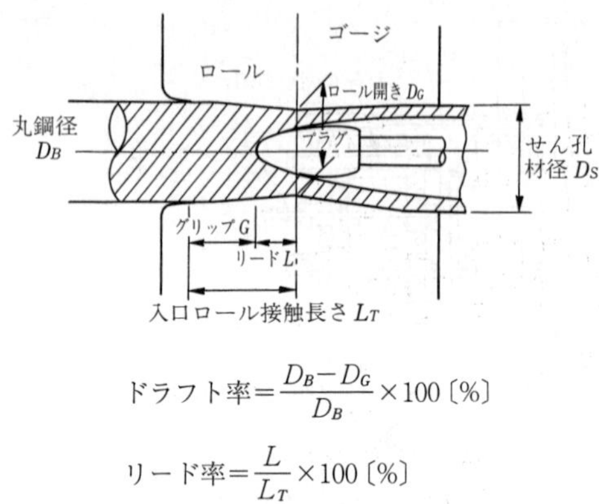

$$ドラフト率=\frac{D_B-D_G}{D_B}\times 100\,[\%]$$

$$リード率=\frac{L}{L_T}\times 100\,[\%]$$

図 11.10　傾斜せん孔条件設定用のパラメーター[13)]

ラグのそれぞれの形状やこれらの相対位置の設定によってせん孔後の素管の寸法が決定される．その設定は一般につぎのような考え方でなされている．設定の各因子は**図 11.10**[10)] に示す．

（a）　傾斜角（図 11.5 参照）

傾斜角を大きくすると管の前進速度が上がり能率は高くなる．しかし，鋼片のきずの成長，内面のラップきず，かみ込み不良，尻づまりなどの問題が生じる．小径の薄肉管では 6°～15°，厚肉管および大径管では 6°～8° が採用されることが多い．

（b）　ドラフト率　　11.2.1 項で述べた回転鍛造効果によってプラグ先端でのせん孔に対する抵抗を小さくするためには，ある程度ドラフトが大きい方がよい．しかし，逆に内部崩壊による内面きずの発生につながる．薄肉管のせん孔では 10～15%，厚肉管のせん孔では 8～10% とすることが多い．ただし，鋼片の材質，傾斜角，プラグ先進量によって変わる．

（c）　プラグ先進　　プラグ先進が大きいとドラフトが小さくなる．リードともいう．

（d）　外径拡管率　　外径拡管率はガイドシュー間隔，ロール間隔，せん孔肉厚で決まる．拡管率を大きくすると，せん孔材のねじれが増大して内面きずを発生しやすく，偏肉にも悪影響を及ぼす．通常 3～7% であるが，厚肉管では 0（パラレルパス），または負（レデューシングパス）を採用することもある．

（e）　パスデザイン　　鋼片はプラグ先端でせん孔された後，半回転ごとにロールとプラグの間で圧下を受けるが，毎回の伸びを均一にすることによって滑らかな圧延を実現する．このような考え方で定めたロールとプラグの間のプロフィルを geometrical pass と呼んでいる．すなわち，**図 11.11** において，以

下のように符号を定義して

θ：傾斜角，α：ロール面角，G：ロールの開き，d：プラグ径，L：ロールセンターとパスセンターの距離，F：素管の断面積，x：軸方向の距離，V：素管の前進速度，t：時間，添え字1，3：それぞれプラグの先端・後端を表す．ただし $t_1=0$ とする．

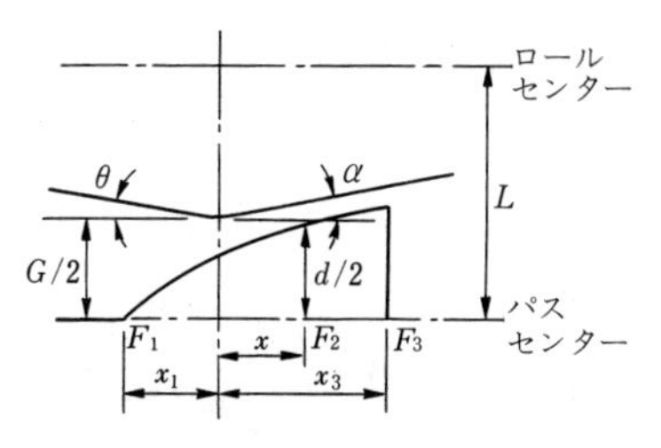

図 11.11 傾斜せん孔法のパスデザイン[10)]

連立方程式

$$\begin{cases} F\cdot V=K \ \ (=\text{const}) \\ \dfrac{dV}{dt}=\dfrac{d^2x}{dt^2}(=\text{const}) \end{cases} \tag{11.1}$$

を解いてプラグのプロフィルを求める．この解はつぎのようになる．

$$x=\frac{K\cdot(F_1{}^2-F_3{}^2)}{4\cdot F_1{}^2\cdot F_3{}^2\cdot(x_3-x_1)}\cdot t^2+\frac{K}{F_1}\cdot t+x_1$$

$$\frac{d^2}{4}=\left\{\sqrt{L^2+x^2\cdot\tan^2\alpha}-L+\frac{G}{2}+\frac{H}{\cos\theta}\right\}^2$$

$$-\frac{1}{\pi}\cdot\left\{\frac{K\cdot(F_1{}^2-F_3{}^2)\cdot t}{2\cdot F_1{}^2\cdot F_3{}^2\cdot(x_3-x_1)}+\frac{1}{F_1}\right\}^{-1} \tag{11.2}$$

ただし，$x\geqq 0$ のとき $H=x\cdot\tan\beta$

$x<0$ のとき $H=-x\cdot\tan\alpha$

なお，毎回の圧下による伸びを一定とする上記の geometrical pass の考え方より，毎回の圧下による肉厚の圧下率を一定とする方が合理的であるとの指摘もなされている[6)]．

〔3〕 偏 肉 精 度

せん孔圧延時に生じた偏肉は，下流の各圧延機で減少はするものの最終製品にまで残存する．したがって，この発生要因を把握し，対策を講じることは品質管理上重要な課題となる．この偏肉の発生原因および対策については工場やモデルミルの実験で，つぎのことが明らかになっている[13)~15)]．

(1) 偏肉の原因としては，鋼片の偏熱，プラグの摩耗，プラグ軸とマンドレル軸のずれ，鋼片のきず取り後の変形などの影響が大きい．

(2) 管端部の異常偏肉に対しては，鋼片先端面にあらかじめセンターホールをあけてプラグを鋼片中心に導くことが効果があるが，このセンターホールの偏心はかなり悪影響を及ぼす．

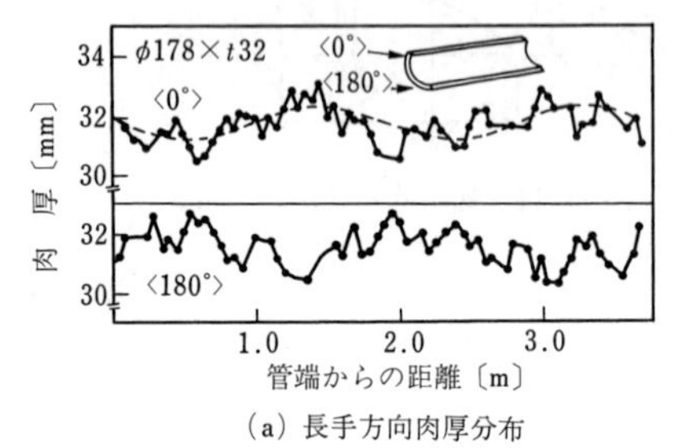

（a）長手方向肉厚分布

（b）同偏肉率分布

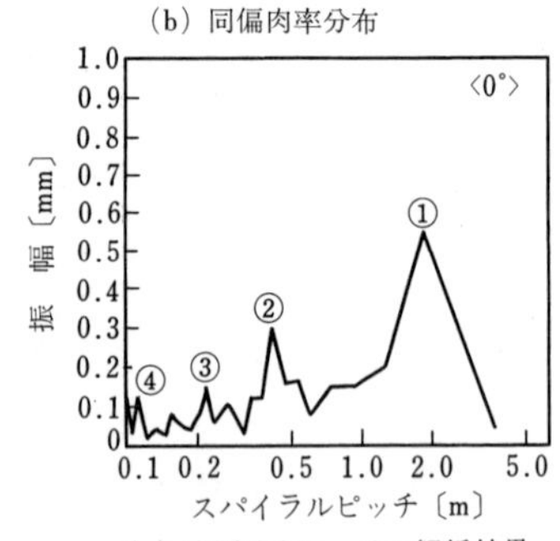

（c）肉厚分布フーリエ解析結果

図 11.12　肉厚分布のフーリエ解析例[16)]

(3) せん孔機の設定条件による影響は複雑で，一貫した傾向がつかめていないが，ガイドシュー間隔を小さくすることによる偏肉減少効果は大きい．

(4) 素管の振動も偏肉の原因となるので，バーステディアローラー[†]でこれを防止している．

せん孔時に発生する偏心性偏肉の原因は**図 11.12** に示すように，素管の軸方向の肉厚分布をフーリエ展開することによって，肉厚分布の周期性から推定できる．すなわち，管軸方向（x 方向）の長さ l の間の肉厚分布 $f(x)$ を式(11.3)のように展開する．

$$f(x)=A_0+\sum_{k=1}^{\infty}\left\{A_k\cdot\cos\left(2k\pi\cdot\frac{x}{l}\right)+B_k\cdot\sin\left(2k\pi\cdot\frac{x}{l}\right)\right\} \tag{11.3}$$

これから求めた合成振幅 $C_k=\sqrt{A_k{}^2+B_k{}^2}$ の周期 $1/k$ に対する分布を示したのが図 11.12（c）である．図中の ① ～ ④ のピークの周期に対応する偏肉原

† プラグを支持するバーを保持するローラー．三つのロールでバーを抱え込み，せん孔材が通過する際はバーの軸芯からせん孔材の半径以上に離れる．

因はつぎのとおりである.

① 鋼片の偏熱：素管の表面ねじれと同周期

② プラグ軸のずれ：周期は素管内面とプラグの周速差に対応

③ プラグ真円度：②の1/2の周期

④ プラグのリーリング不足：素管の半回転周期

〔4〕 発生する代表的なきず

せん孔時には，管材は大きな加工を受け，またねじれや複雑なせん断変形を生じるのできずが発生しやすい.

せん孔時に発生する外面きずのおもなものは**図 11.13**[13] に示すように，線へげおよび山へげと呼ばれるものであり，前者は管軸に対して傾斜した線状に，また後者は山状にかぶさったきずである．また内面にもへげきずを発生する．これらのきずは，管材に非金属介在物，偏析および外面きずなどの欠陥がある場合に生じやすく，また，加熱などのせん孔条件の不適によって助長されるとされている.

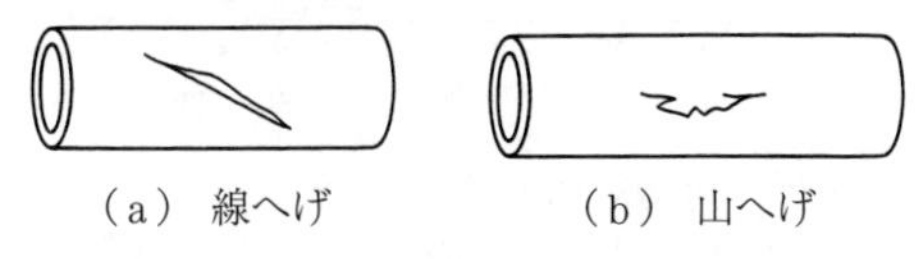

（a） 線へげ　（b） 山へげ

図 11.13　代表的な外面きずの例[13]

特に内面きずは，前述の回転鍛造効果による中心破壊が重要な原因であり，内面きずを防止するには**図 11.14** に示すように管材の中心に，クラックが発生しようとする点にプラグの先端をセットすることが望ましい.

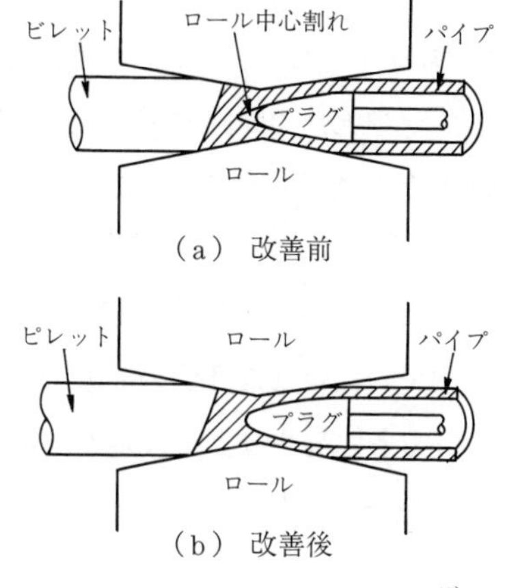

（a） 改善前

（b） 改善後

図 11.14　傾斜せん孔法の良否[17]

〔5〕 工具材および潤滑剤

素管の品質に重要な影響を及ぼすせん孔用工具については，実用面での検討が続けられているほかに近年，基礎的な研究も行われるようになった.

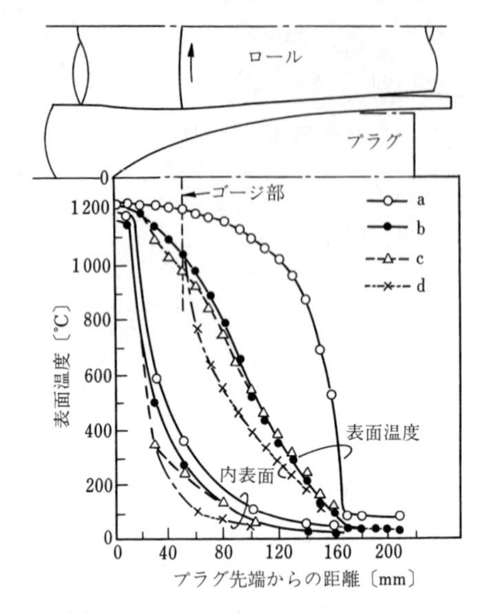

ⓐ スケール皮膜のない金属プラグ
ⓑ 100 μm のスケール皮膜が表面に付いた金属プラグ
ⓒ スケール皮膜が付き，かつ内面水冷したプラグ（厚さ 20 mm）
ⓓ ⓒと同一（厚さ 30 mm）

図 11.15 傾斜せん孔機のプラグ表面の温度[18)]

せん孔プラグのせん孔時のプラグ各部の温度変化および表層挙動を，計算および実測して，**図 11.15** に示すように，プラグの最表面温度は 1 200 ℃以上に上昇するが，黒皮スケール皮膜によって皮膜下の温度上昇が抑制され保護されること，さらにこのスケール皮膜潤滑を助長するためにSi系潤滑剤の供給が有効であることを示唆した．

また，スケール皮膜の熱拡散率を考慮した有限要素法伝熱モデルによるせん孔圧延中のプラグ温度解析も行われ，スケール皮膜の断熱効果を定量的に評価することが可能になった[19)]．

11.2.3 3ロールせん孔法

従来の傾斜せん孔法の回転鍛造効果によるきず発生などの問題を解決する方法の一つとして，3ロールせん孔法がある[20)]．

図 11.16[20)] に示すように，従来の2ロール法では，管材の軸芯部に圧縮と引張応力が繰り返し作用するのに対して，3ロール法では，軸芯部に主とし

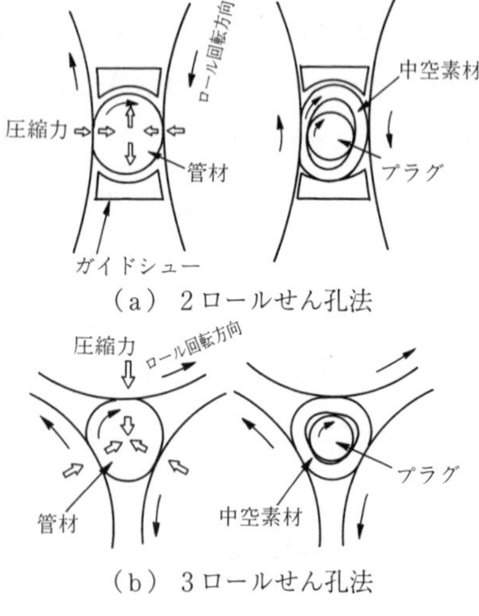

図 11.16 2ロールせん孔法と3ロールせん孔法の比較[20)]

て圧縮応力が働くため内面へげきずが防止できるので，加工性の良くない鋼種およびCC材へのせん孔圧延法の適用が可能になるなどの利点が考えられる．

一方，3ロール法ではせん孔後の素管の後端の形状不良が生じやすいとされているが，この抑制法については，3ロールエロンゲーターに関する研究[21]で明らかにされている．

11.2.4　交叉角せん孔法

高合金鋼などの難加工性材料への傾斜せん孔圧延法の適用拡大の方法として，交叉角せん孔法が国内で開発され，1983年に実機として導入された[22]．マンネスマンせん孔法では通常樽形ロールを用いるが，**図11.17**に示すように，交叉角せん孔法ではコーン形ロールを用い，ロール軸を平行面内に保って与えられる傾斜角θに加えて，ロール軸をたがいに交叉させるように交叉角γ

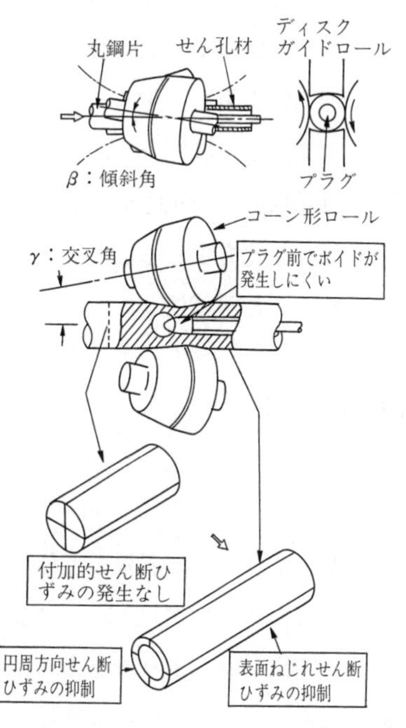

図11.17　交叉角せん孔法[22]

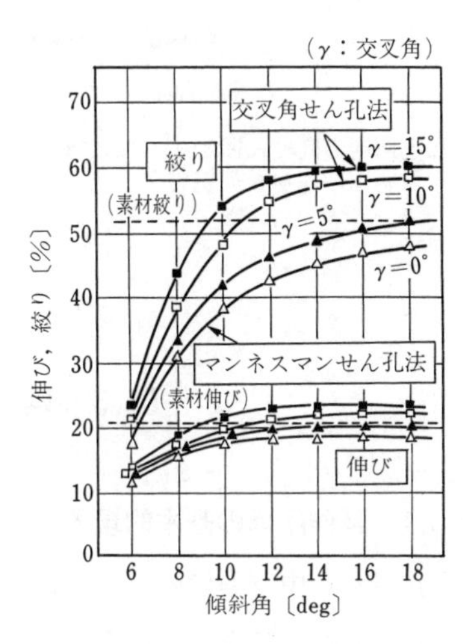

圧延鋼種：2.3%　Cr-1.0%Mo鋼
加熱温度：1 200℃
外径圧下率：9.2%

図11.18　回転鍛造効果に及ぼす傾斜角および交叉角の影響[22]

が与えられる．この傾斜角 θ および交叉角 γ を大きくすることによって，マンネスマンせん孔法では不可避とされていた，回転鍛造効果やせん断変形を抑制することができる．

図 11.18[22] に示すように，管材をプラグを用いずに傾斜圧延した後の材料の延性は，マンネスマンせん孔法では劣化するのに対して交叉角せん孔法では改善される．また，**図 11.19**[22] に示すように，円周方向せん断変形も高交叉角にすることによって著しく抑制できる．

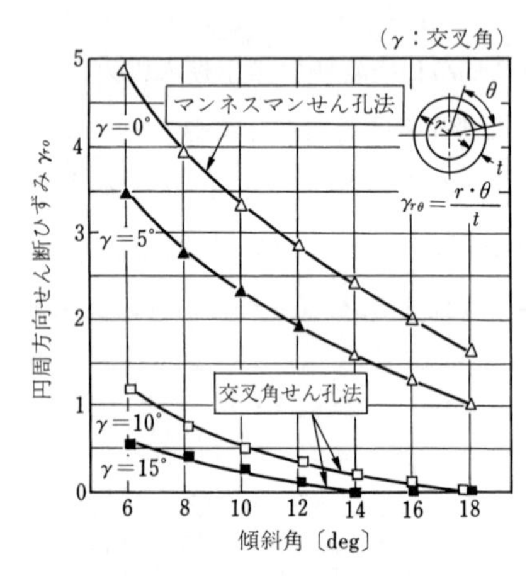

図 11.19　円周方向せん断ひずみに及ぼす傾斜角および交叉角の影響[22]

また，せん孔圧延中の材料速度の測定[23] および有限要素法による材料変形解析[24] によって，ひずみの抑制に及ぼす交叉角の効果が明らかにされている．

したがって，高合金鋼のような加工性の著しく劣る材料も，またセンターポロシティーを有する CC 管材も，内面きずやラミネーション化を生じることなくせん孔することが可能となった．

11.3 延 伸 圧 延

11.3.1 延伸圧延の基本的現象

せん孔された中空素管の肉厚をほぼ製品肉厚まで加工する圧延を延伸圧延と総称する．延伸圧延機は，孔型ロールとプラグまたはマンドレルバーにより管を長手方向に圧延するタイプと，傾斜ロールと内面工具により管をスパイラル状に圧延しつつ肉厚を減じるタイプに大別される．

以下の各項では**図 11.20** に示した延伸圧延機のうち，おもに現在の主流となっているマンドレルミルを中心に解説を加えるが，本項ではその理解を助けるために延伸圧延に共通する基本現象や技術的課題について概略を説明する．

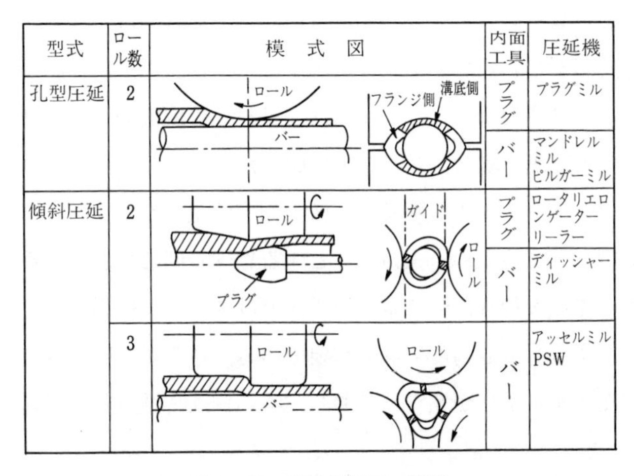

型式	ロール数	模式図	内面工具	圧延機
孔型圧延	2	ロール　バー　フランジ側　溝底側	プラグ	プラグミル
			バー	マンドレルミル ピルガーミル
傾斜圧延	2	ロール　プラグ　ガイド　ロール	プラグ	ロータリエロンゲーター リーラー
			バー	ディッシャーミル
	3	ロール　バー　ロール	バー	アッセルミル PSW

図 11.20 延伸圧延機の種類

〔1〕 孔型ロールを用いる延伸圧延の基本的現象

プラグミル，マンドレルミル，ピルガーミルなどがこの圧延方式に属し，円形の孔型ロールと内面工具の間で肉厚を圧下する．この圧延では，ロールフランジ部で肉厚を圧下しようとするときずが生じるので，ロールの孔型は通常二つの円弧で構成し，フランジ側を逃がした形状とする．このため，フランジ側で材料が内面工具と接触しない部分ができ，肉厚を周方向一定とするためには，2 ロールの場合は交互に 90° 異なる方向から圧下する必要がある．

プラグミルの場合は 2 パスを要し，延伸率が大きいマンドレルミルの場合は 7～8 スタンドが用いられる．また，フランジ側の材料は内面工具に接触せず，ロール溝底と内面工具により肉厚を圧下される溝底側部分の延伸による引張りと，円周方向の圧縮の複雑な応力下で変形することになる．

フランジ側では，材料が上下のロールフランジからかみ出すオーバーフィル，孔型に未充満となり，同時にフランジの肉厚が所定の肉厚より薄くなるアンダーフィルなどの問題も生じやすい．このような現象が生じた場合，90° の交互圧延であるため，次圧延パス溝底部の圧下が大幅に狂うこととなり，さらに圧延状況を悪化させる．この現象は，ロール数の多い孔型圧延でもフランジ部変形をコントロールする必要がある点において同様である．

孔型圧延時の変形に影響する主要な因子は，単スタンド圧延の場合，素管と孔型形状，プラグまたはマンドレルの径，材料と管内面側工具の摩擦状況などが，多スタンド圧延の場合，スタンド間張力が挙げられる．多スタンド圧延の代表であるマンドレルミル圧延では，スタンド間張力がフランジ部変形に対して大きな影響を与えるため，張力を0とするロール回転数設定が重要となる．

また，管の先端・後端部の非定常圧延部ではスタンド間張力が変動し，この過渡状態に対する対策も精度確保上重要である．さらに，圧延材料によっても変形状態が変化することが知られており，特に難加工性材料の圧延では注意を要する．

他方，経済性の点から工具寿命も検討され，潤滑剤，潤滑剤の供給方法，工具材質の改善も行われている．

〔2〕 傾斜ロールを用いる延伸圧延の基本的現象

傾斜ロールせん孔と同じく，ロールを圧延される管の軸に対しておのおの逆方向に10°前後傾け（以下，傾斜角），管を圧延する方法を傾斜圧延という．傾斜角が存在するので，ロールの回転は管に円周方向の分力と，圧延方向の分力を与える．管は回転しつつ，軸方向に前進し，ロールと内面工具によって肉厚を加工される．管のある要素に着目するとスパイラル状に運動し，2ロールの場合は半回転ごとにロールとプラグまたはバーの間で肉厚を減じられる．

回転と前進の比率は，主としてロールの傾斜角によって支配されるが，通常ロール入口から出口までで数回の圧下を受ける．また2ロールの場合，管をロール間に保持し，かつロールの圧下による変形を軸方向の伸びに変換するためにガイドシューが用いられる．

この傾斜圧延は三つの段階に分けられる．入側から外径のみを圧下する部分，つぎに肉厚を加工する圧延部，そして最後に外径を真円に定形するための外径調整部である．傾斜圧延では，管が回転しつつ圧延されるため，スパイラル状に外径，肉厚変化が生じる．また，管とロールとの接触面積は円周方向に短く軸方向に長い形となるので，肉厚圧下を受けると円周方向に伸びる変形が支配的となる．

2ロール圧延ではこれをガイドで抑え長手方向に延伸し，3ロール圧延ではロール形状に工夫をして長手方向に伸ばすようにする．しかし，いずれにおいても圧延の原理から薄肉圧延に難点があり，特に3ロールではロール間隙に材料がはみ出し，管後端が三角形状となるフレアリングのため制限を受ける．

以上のような観点から圧延条件，ロール形状，ガイド形状，プラグ形状の最適化が行われる．また，傾斜ロール圧延では，ロール開度や内面に用いる工具の外径を変更することで圧延外径や肉厚を変更することができ，孔型圧延のように外径ごとにロールを変える必要がない．しかし，上記のように薄肉の圧延に難点があり，またスパイラルマークの問題があるので，製造ラインにおいては他の圧延機と組み合わせて用いられることが多い．

11.3.2 孔型ロールを用いる延伸圧延

〔1〕 マンドレルミル圧延

マンドレルミルは，小・中径マンネスマン製造ラインの主延伸圧延機として用いられる熱間タンデム孔型圧延機である．**図11.21**に示すように，中空シェルはマンドレルバーを挿入された状態で，交互に90°傾けた6～8スタンドの孔型ロール圧延機で延伸圧延される．最近では，1スタンドに3ロールを配する圧延機も多く建設されており[25]，この場合はロール軸が前後するスタンドで60°傾けられた配置となる．

近代的なマンドレルミルは1960年代に建設が開始され5" 以下の小径サイズ

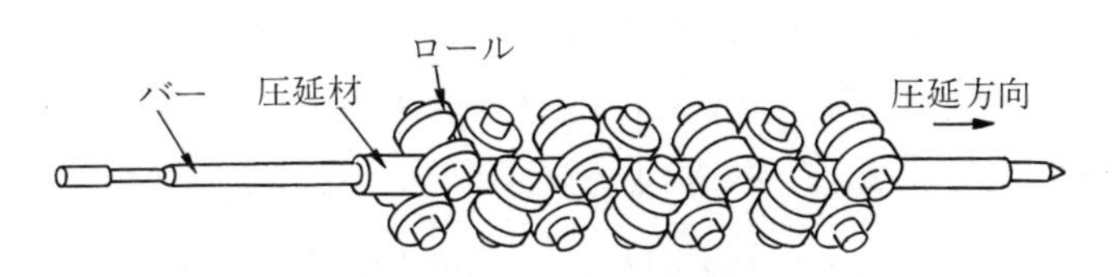

図11.21 マンドレルミル圧延の模式図

に用いられていたが，近年はリテインド方式のマンドレルミルを用いた大型化により 20″ ミルの建設が行われ，大量生産方式のラインは小径から大径まですべてこの方式が採用される趨勢にある．

マンドレルミルは多スタンドタンデム圧延機であり，延伸率 4.0〜6.0 と加工度を大きくとれるため，内面性状と寸法精度が良い．また，圧延長さが圧延後 20〜40 m と長く，圧延速度も高速（3〜6 m/s）であり，高能率の大量生産に適した圧延法であるが，大型モーターなど周辺設備を含め，圧延ライン全体の設備費が高くなること，10〜20 数 m のマンドレルバーを多数保有する必要があるといったデメリットもある．さらにタンデム圧延であり，しかも圧延材内部にマンドレルバーが貫通しているために圧延現象が複雑である．

その圧延現象を複雑にしている要因の一つに，マンドレルバーの操作方法がある．フルフロート法では，マンドレルバーには外力を加えず自由にミルを通過させ，圧延後にバーをストリッパーにより管から引き抜く．バーに対する熱負荷が小さいことからこの方法が最初に実用化されたが，過渡状態でのバー速度変動に起因した寸法変動が発生する．

この過渡状態を最小化したリテインドマンドレルミルでは，入側に配置したバーリテイナーによりバーの後端をつかんで圧延中バーの速度を一定に制御する．設備技術，バー操作制御法，工具潤滑などの進歩により 1978 年の 5″ 実用機以後，建設されたミルはすべてこの方式を採用し大型化につながっている．

リテインド方式は，さらにリトラクト方式とセミフロート方式の二つに分類される．リトラクトマンドレルミルは，圧延の最後までバーを拘束して圧延材はマンドレルミル出側に配置した 3〜4 スタンドの外径のみを圧下するエキストラクターによりバーから引き抜かれる．バーは圧延後ミル入側に引き戻される．そのため，圧延完了後ただちに管がバーから引き抜かれるという利点はあるが，バーが圧延後ミルの中を後退するためサイクルタイムが長くなるので，中・大径管に用いられる．また，セミフロートマンドレルミルでは，圧延の最終段階でバーをリテイナーから解放し，圧延終了後バーはフルフロートマンドレルミルと同様にストリッパーにより引き抜かれる．能率を重視する小径管に用いられる.

以上のマンドレルミルにおけるバーの操作法による圧延中のバー速度と材料速度の関係を**図 11.22** に示す.

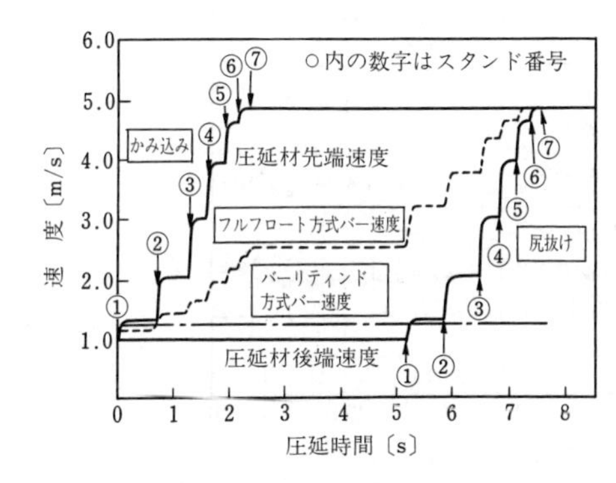

図 11.22 バー速度と材料速度の関係

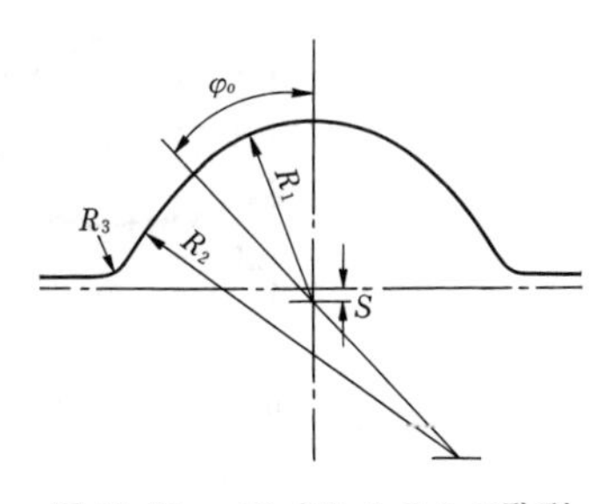

図 11.23 マンドレルミルの孔型

マンドレルミルの孔型は,**図 11.23** に示すように第 1R,R_1 と第 2R,R_2 との通常二つの円弧から構成され,前半のスタンドでは肉厚圧下を大きくとるために R_1 を孔型中心からオフセットさせて用いる.後半のスタンドでは,管の円周方向に均一の肉厚を得るためにオフセットは小さく,孔型の楕円(だえん)率も小さくなる.

このような孔型を用いたマンドレルミルでは,**図 11.24** における鉛を圧延材とした圧延実験結果に示すように,素管で 0°,180° の位置は No.1,3 スタンド,90°,270° の位置は No.2,4 スタンドと交互に圧下されながら肉厚が均一になる.このときの No.1 スタンドでのひずみ分布の実測値を**図 11.25** に示す.この測定値は,素管にあらかじめ描かれたけがき線の間隔の変化を圧延前後で測定することにより得た.同図より,溝底では肉厚の圧下により肉厚ひずみ φ_r は負の値となること,円周方向のひずみ φ_θ は溝底中央では正の値となり,ちょうど φ_r を逆にしたような形となり,肉厚圧下により周方向への材料流れが生じていることがわかる.溝底側でも,図中矢印で示したバーと離れる点に近いところでは φ_θ は負となっている.

一方,フランジ側では溝底側の延伸により引っ張られて変形するので,$\varphi_\theta <$

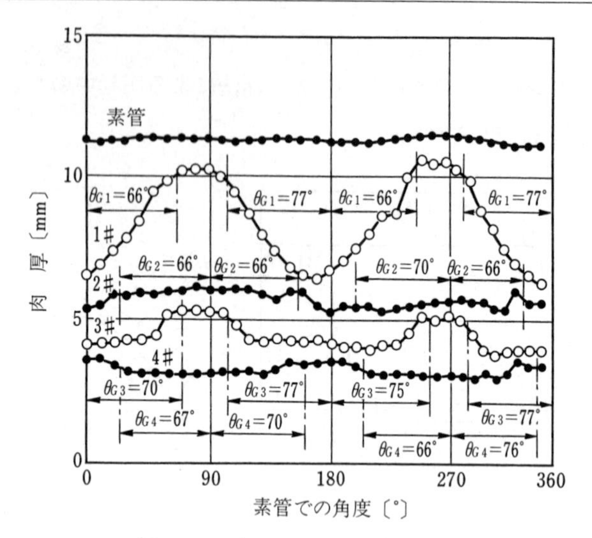

図 11.24　各スタンドでの肉厚分布

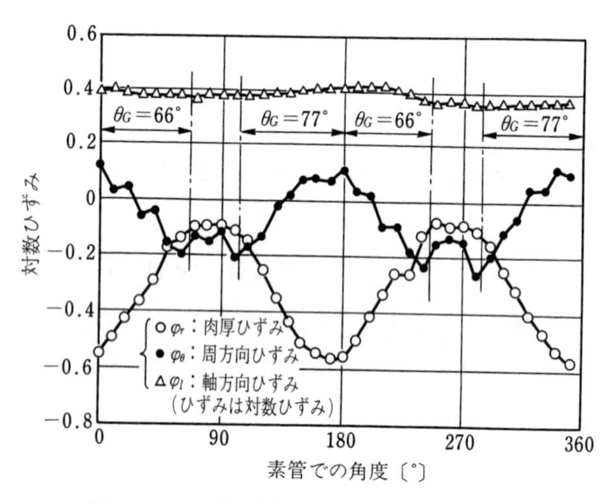

図 11.25　ひずみ分布の実測例（No.1 スタンド）

0 の幅狭まりを生じて肉厚も $\varphi_r<0$ と減肉している．長手方向の伸び φ_l は溝底，フランジともにほぼ一定となる，複雑な変形を示す．

バーの速度と材料の相対的速度はマンドレルの各スタンドごとにも異なり，フルフロート方式とリテインド方式でもバー速度に差があることから，バーの速度が圧延現象に与える影響が検討されている[26]．特に，荷重やトルクに対してはバー速度とロール速度の関係による中立点の位置により，これらが大きく変化することが認められた[26),27]．ただし，バー速度が変化しても材料の変形には影響を及ぼさないことが実験的に確認されている．

一方，マンドレルミルは連続スタンドで圧延するため，管の変形は圧延中のマンドレルバーの速度変動およびスタンド間の張力の影響を受ける．

マンドレルバーの速度変動に起因する寸法変動は，フルフロートマンドレルミルにおける管のかみ込み・尻抜けに伴って生ずる．

これは，管が全スタンドにかみ込んでいる間はバーの速度が一定であるが，管がミルにかみ込んでいくときと尻抜けしていくときにはバーの速度が加速されるためである．このようなバー速度の変動は各スタンドの速度先進率を変え，スタンド間の圧縮力を発生させる．このため，フルフロートマンドレルミルでは，特に管後端部に「ストマック」と呼ばれる外径，肉厚の増大した部分が生じる．その抑制には，**図 11.26** に示すようにリテインドマンドレルミルとして実用化している，バーの速度を一定に保つこと，あるいは圧延の過渡状態において生じる張力分布を回転数の制御で消去する方法が有効である．

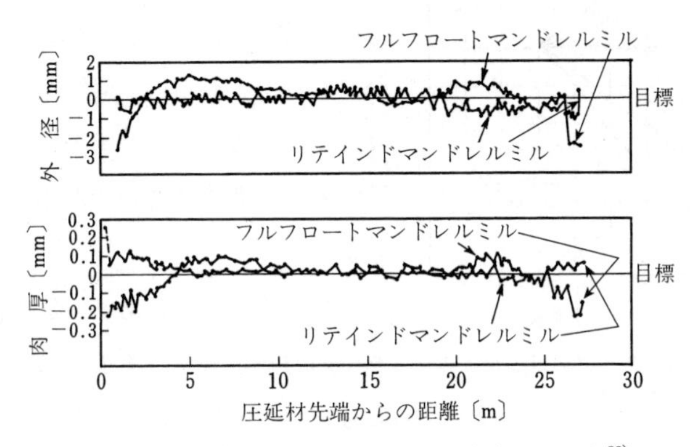

図 11.26　マンドレルミル圧延材の軸方向寸法分布[28]

しかしながら，バー速度が一定のリテインドマンドレルミルでも各スタンド回転数の設定いかんではスタンド間張力が発生し，スタンド間張力が存在すると管先後端部は異なった張力の下で圧延されるため，長手方向に寸法分布が生じる．また，スタンド間に過剰な張力が存在すると穴あきの原因となったり，圧縮力が存在するとかみ出しの原因となるため，張力は0に設定するのが基本である．

このようにマンドレルミルによる圧延は複雑であり，各スタンドの孔型設計，回転数設定が製品の欠陥発生，操業トラブルの発生に直結する．よって現象の理解，トラブル防止のため理論的取扱いによる操業条件最適化を志向して1970年代から塑性理論解析が開始され，全ひずみ理論を用いたスラブ法による方法[29),30)]，ひずみ増分理論によるもの[31),32)]，一般化平面ひずみによる連続スタンド解析[33)]，最近では有限要素法[34)~37)]による数値解析が行われ，変形モデルの精度の向上が図られている．また，経験則も加えて目標寸法を得るためのモデル提案なども行われている[38)]．また，3ロール対応の実験も行われた[39)]．

解析結果の一例として，全ひずみ理論を用いたスラブ法によるひずみ分布の計算例を**図11.27**に示す．同図において溝底側の周方向ひずみ φ_θ が正，フランジ側の φ_θ' が負であり，溝底では幅広がり，フランジでは幅狭まりが生じていることが認められる．また，フランジ部の肉厚方向ひずみ φ_r' も圧縮，すなわち減肉に働いており，これらは実験結果と定性的に一致していることから，実際の圧延現象を理解する上で非常に有効であることが推察できよう．

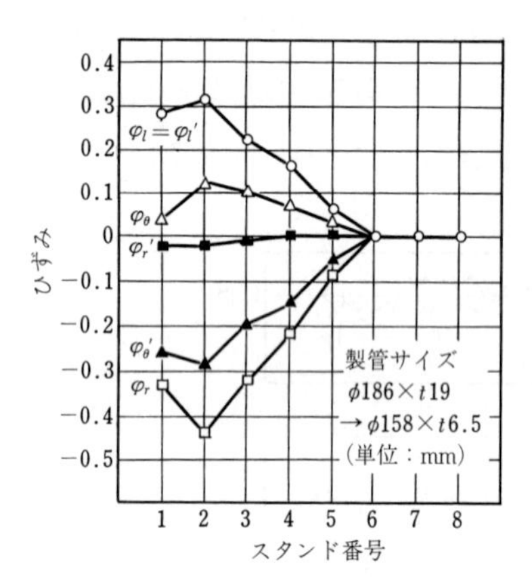

図11.27　各スタンドにおけるひずみ分布の計算例[29),30)]

さて，このようにある圧延条件でのひずみや応力が求められるようになり，少なくとも定常状態における変形はある程度理解できるようになった．そこで，残る重要な技術課題であるロール回転数の設定法について概略を述べる．回転数の設定によってスタンド間に過度な張力や圧縮力が付与されるおそれがあるため，この設定に塑性変形理論が応用されている[30)]．

上述のひずみを理論的に求め，これらから工具との接触面積を計算し，またバーとの中立点から力の釣合い式を得ることなどを行うことで，管がミルの全スタンドにかみ込んでいる状態で張力を0とする設定を得られる．しかしながら，フルフロート方式では過渡状態が多く存在するため，所定の回転数では張力が変動することになるが，これも釣合い式を解くことによって計算でき，肉厚を得ることも可能となる[30]．リテインド方式では，このような現象は生じないとされるが，実際にはかみ込みによりロール速度の低下が一時的に起こり，タンデム圧延において変動が生ずることもあるとされている[40]．

図 11.28 の μ_a は管内面摩擦係数を示すが，これから理解できるように潤滑は寸法にも大きく影響する．管内面に配されるマンドレルバーはSKD6，SKD61などが用いられ，硬さはHS＝50〜60で，熱間潤滑剤を表面に塗布して圧延に使用し，圧延後は冷却，潤滑を施して再び圧延に供する．潤滑剤にはおもに付着性と潤滑性能が優れた有機系バインダーに黒鉛を混合したものが用いられる．ステンレス鋼など浸炭により，材質特性が劣化するものに対しては非黒鉛系潤滑剤が用いられることがある．またさらに潤滑性を向上させるため，ホウ砂の活用なども検討されている[41]．このようなバーとの圧延特性についても，数値解析の適用による負荷推定[42]（**図 11.29** 参照）や摩擦係数測定[43]が進められ

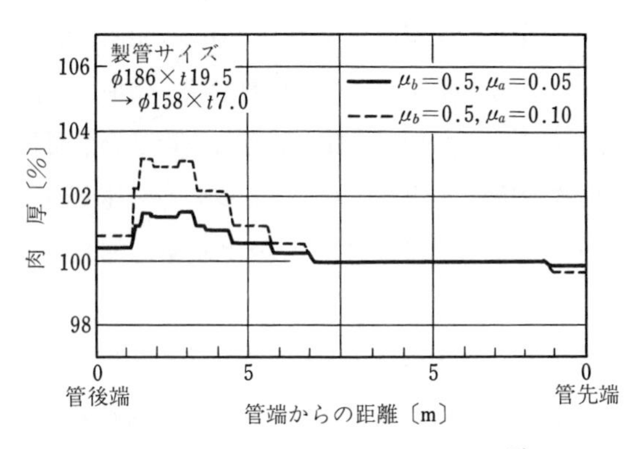

図 11.28 管内面摩擦係数と肉厚変動[30]

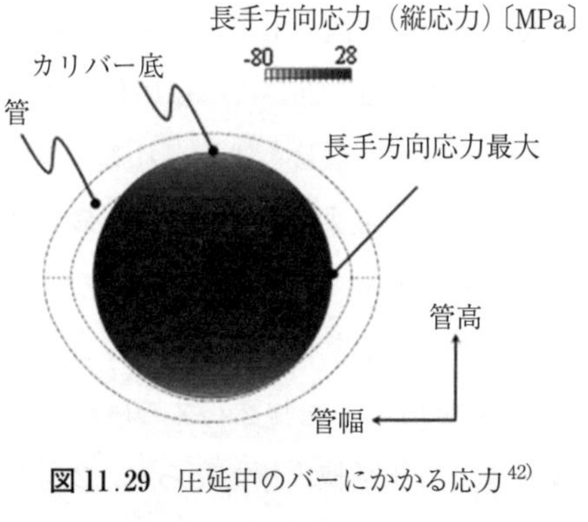

長手方向応力（縦応力）〔MPa〕
-80 28
カリバー底
管
長手方向応力最大
管高
管幅

図 11.29 圧延中のバーにかかる応力[42]

ている．

ロールについては水冷を行うのみで一般に潤滑せずに用いるが，焼付きの生じやすい合金鋼の圧延には部分的に熱間圧延油の使用も試みられている．ロール材質はアダマイト，合金グレンなどが用いられ，硬さはHS＝50〜60程度である．

実際の圧延においては，制御技術も重要な役割を担う．近年の計測技術の大幅な進歩によりオンラインでの圧延材の寸法の測定なども行えるようになり，これらのプロセスデータが制御に用いられるようになっている．マンドレルミルの寸法制御は，管1本ごとの圧延長さを一定にそろえる伸ばし長さ一定制御と，管全長の肉厚を均一化する肉厚一定制御が行われており，圧延材温度，ビレット重量，前工程での圧延材形状，循環して使用するマンドレルバーの平均径などを用いて伸ばし長さに与える影響を予測し，仕上げ圧延が行われる．肉厚一定制御は，上述したマンドレルバー速度の保持方式による影響を考慮した過渡現象，すなわちストマック現象を相殺する回転数制御も含めて行われる[30),44)]．

さらに，次工程のストレッチレデューサーでの管端厚肉化現象をマンドレルミルにおいて両管端部をテーパー状に成形することによって相殺し，クロップ切捨て量を減少させる管端薄肉化も一般に行われ，ミル後段で油圧圧下制御が導入されている[45)]．

〔2〕 プラグミル圧延

プラグミルはマンドレルミルと並ぶ主要な延伸圧延機である．主として製品外径6"〜16"の中径継目なし鋼管工場において，製品に近い肉厚に圧延する単スタンドの圧延機として使用されているが，近年では新しく建設されるミルにはマンドレルミルが用いられるようになっている．最大延伸比は2.5，最大延ばし長さ18 m程度であり，圧延速度は3〜5 m/s程度である．

図11.30に示すように，上下一対のほぼ半円状孔型を有する主ロールとプラグの間で主として肉厚を減じるが，同じ孔型を用いて通常2パスの圧延を行う．圧延材は各パスごとに戻し，ロールによって圧延機入側へ送られ，2パス

目の圧延前には入側テーブル上で90°回転される．プラグは各パスごとに交換され，2パス目のプラグ外径を1パス目と変更することもある．そして，いずれの場合でも一般に1パス目の上下ロール間隙を2パス目よりも大きく設定し，2パス目の溝底側の孔型がプラグミルでの圧延後外径を形成するように設定する．

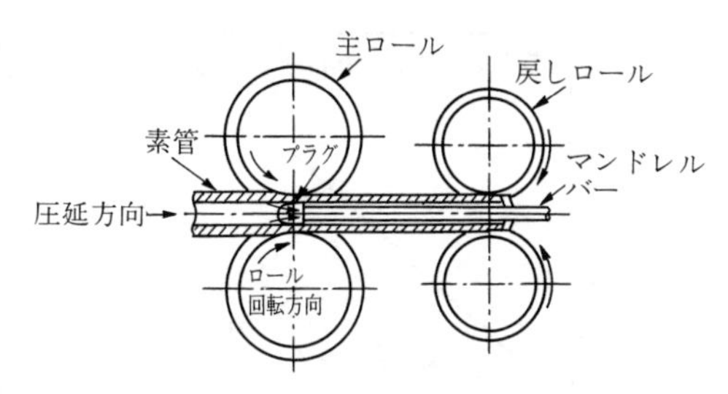

図11.30　プラグミル圧延の概要

このためロール孔型は，溝底側で圧延の管外径と等しくなるよう円弧を設定し，フランジ側は管壁の上下ロール間へのかみ出しを防止するために溝底側孔型径（第1半径）の約2倍の径（第2半径）をとるように滑らかに接続される．プラグは，圧延材のかみ込みを考慮して径が徐々に増大するかみ込み部と圧延後の内径を決定する一定外径の平行部から構成される．**図11.31**にロール孔型とプラグの形状例を示す．

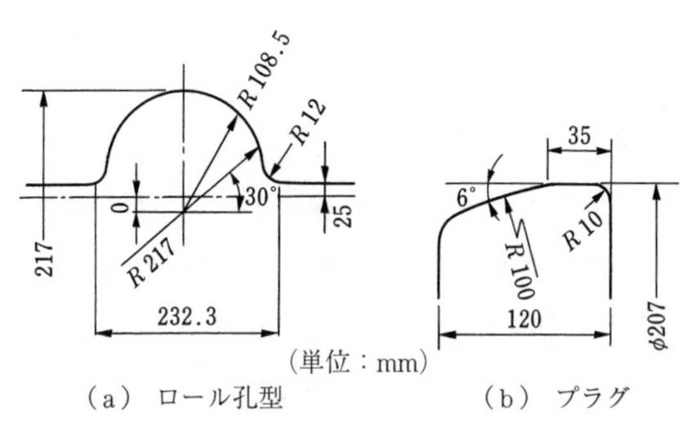

図11.31　ロール孔型とプラグの形状寸法の例

孔型形状の影響については，**図11.32**[46)]に示すように，溝底側の圧下率が大きいほど肉厚圧下部の軸方向への延伸に引きずられてフランジ側も延伸するため，フランジ側の減肉が顕著である．またここでは，θ_1で表される第1半径が形成する円弧の中心角が大きい，すなわち，真円に近い孔型ほど減肉が大とさ

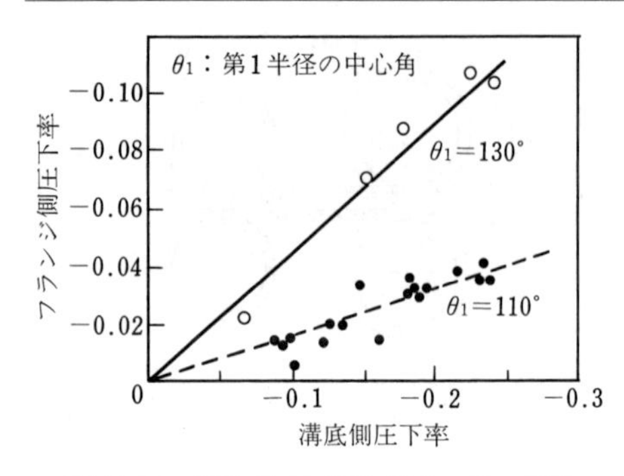

図 11.32　溝底側の圧下に伴うフランジ側肉厚の減少[46]

れている．このような変形特性を明確にするため，数値解析を適用する例も報告されており[47),48)]，このような変形に基づき2パス後の偏肉を最小化するための肉厚圧下配分設定と制御モデルの構築も行われている[46]．

ただし，外径圧下率および肉厚圧下率を過大とするとかみ出しの発生やかみ込みの悪化を招くばかりか，管内面にプラグとの焼付ききず（内面筋）を発生するので両者の値は最大でもおのおの8%および50%に抑える必要があるとされる．

このようなプラグミルの圧延荷重計算には古くはGelejiの方法[49]が，またスラブ法を拡張した板圧延換算法[46]も提案されている．この板圧延換算法は，圧延荷重が平均変形抵抗，投影接触面積，圧下力関数および孔型形状係数の積で表されると考え，それぞれに理論的な仮定をおいて求める手法であり，予測値は実績値に比較して ±20%の範囲に収まるとしている．

これら肉厚圧下配分，荷重予測を用いることでプラグミルにおける制御モデルが構築され，伸ばし長さ制御または肉厚一定制御が行われ，精度向上が図られている[50]．さらには，プラグミルでの長手方向肉厚分布を均一化するため，圧延材の温度分布，圧延中の工具の熱膨張を考慮するように，圧延中にロール圧下位置を修正する方法が実用化されている[51]．

工具・潤滑については，マンドレルミルと若干の相違がある．ロールには耐摩耗性およびかみ込み性の観点から合金グレンやダクタイルが一般的に使用されるが，一部には管外表面性状向上のためにチルドロールを使用する例もある．他方，プラグには耐摩耗性，および熱亀裂発生防止の観点からマンドレルバーとは異なり，Cr-Ni-W系，Cr-Ni系の鋳鋼が使用されている．また，プラグミルでは特にプラグと圧延材内面が著しい摩擦状態となるため，事前に黒鉛または黒鉛に食塩などを混合した粉体を圧延材内面に噴射する方法がとられることがある．

〔3〕 そのほかの孔型を用いた延伸圧延

マンドレルミル，プラグミルは量産に適した製造方法であるが，これら以外にも孔型による延伸圧延方法がある．国内では冷間加工に用いられ海外では中欧などで熱間圧延も行われているピルガーミル，およびロールは非駆動のため厳密には圧延とはいい難いが，孔型により管形状を造り込むプッシュベンチ[52]である．

ピルガー圧延は冷間引抜きに比べて生産能率が低く設備費も高いが，適用鋼種にほとんど制限がなく，1パス当りの加工度も肉厚圧下率で60%，外径圧下率で50%と高くとれるので，製品外径100 mm以下のステンレス，鋼高合金などの難加工材に適用されている．マンドレルミルやプラグミルの孔型とは異なり，円周に沿って幅と深さが変化する孔型が設けられた上下一対のロールとテーパー状のマンドレルバーを用いて圧延が行われる．上下ロールは所定のストロークで管長手方向に往復しながら回転し，この往復のサイクル間に圧延材は所定の送り量と通常60°の回転角を与えられるため，非定常かつ非対称の複雑な変形が行われ，加工中のひずみも複雑になっている[53]．このような複雑な変形を明らかにするため，解析も行われている[54]．

圧延特性の点では，前出の孔型圧延同様，オーバーフィルなどの成形不良や工具寿命を考慮する必要がある．変形や荷重特性[55)~58]，きず防止[57]に加え，国内では冷間で多用されるため，材料の集合組織も考慮しなければならない．その冷間圧延では耐焼付き性，および耐摩耗性を考慮してロールにはSKS鋼やSUJ鋼，マンドレルにはSKD11などが使用され，潤滑は一般に30%程度の塩素系極圧添加材を含む鉱物油を圧延中に管内外面に直接噴射する方法がとられる．

11.3.3　傾斜ロールを用いる延伸圧延

〔1〕　2ロールエロンゲーター圧延

2ロールエロンゲーターはプラグミルラインではプラグミルの前工程に位置し，せん孔機に対して第2せん孔機とも呼ばれる（二重せん孔方式）．圧延機は**図 11.33** に示すようにピアサーと同様の構造で，2本の主ロール，2個のガイドシューおよびパスライン上にマンドレル（芯金）によって支持されたプラグからなる．主ロール軸芯がパスラインに対して6°～12°の角度だけ傾いた状態で回転駆動されるので，圧延材はスパイラル運動しながら主ロールとプラグとの間で半回転ごとに肉厚を減じられる．肉厚圧下による延伸圧延のほかに，偏肉矯正および圧延材外径の拡大（拡管圧延）による製造可能範囲の拡大を機能として有し，延伸比は1.5～3.0，拡管比は1.1～1.2程度が一般的である．

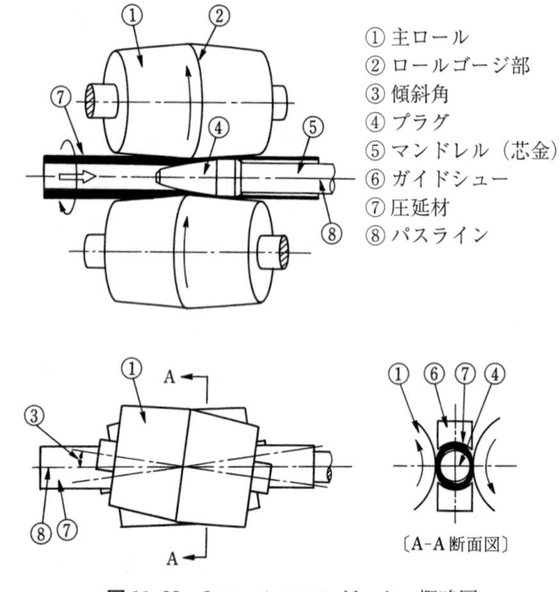

図 11.33　2ロールエロンゲーター概略図

2ロールエロンゲーターに使用される工具形状の例を**図 11.34** に示す．主ロールはその胴長付近にロールゴージ部と呼ばれる最大径部を有し，これから圧延機入側および出側に向かって，2°から4°の面角で緩やかに外径が減少す

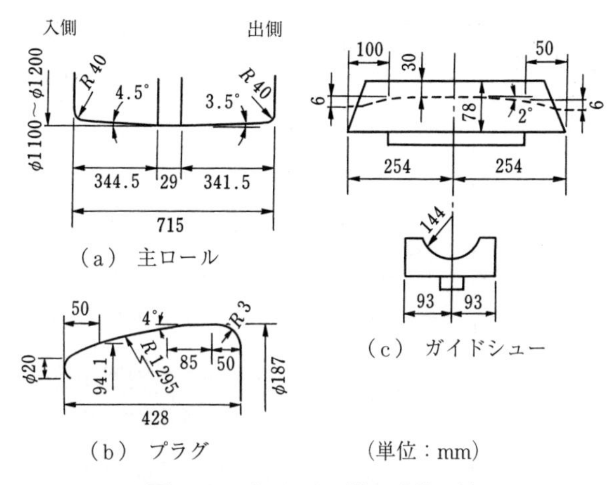

図 11.34 使用工具形状・寸法の例

る樽形の形状をしている．プラグは，圧延機入側へ向かう砲弾形状で入側から順に積極的な肉厚加工を行う圧延部，主ロールとの間で肉厚を均一化させるリーリング部および逃げ部から構成される．ガイドシューは，圧延材管壁を支持するためのほぼ円弧状断面の溝が形成され，入側および出側に逃げ部を有している．

なお，摩擦や焼付きの激しいガイドシューに代わり，回転しながら圧延材を支持するディスクシュー[59]やローラーシュー[60]が採用され効果を上げているが，ガイドシューに比べ圧延材支持の安定性にやや劣るため設定に注意を要する．

エロンゲーター入側から挿入された素管は，まず主ロールにかみ込まれ空もみされた後プラグに到達し，半回転ごとに主ロールとプラグの間隙で肉厚を減じられる．リーリング部で肉厚をほぼ一定とし，後は主としてロールにより円形断面に整えられ出側に排出される．肉厚加工を受けた圧延材は軸方向だけでなく円周方向にも伸長するため，その途中断面は傾斜圧延特有の形態となる．**図 11.35** に本圧延法による圧延中の管寸法の変化の一例を示す．このような変形形態に基づき，パス設計は偏肉およびきず発生の抑制に重点を置き，工具形状および設定条件が決定される．

初期設定のモデル化に当たっては，目標寸法を得るためのロール間隔，ガイ

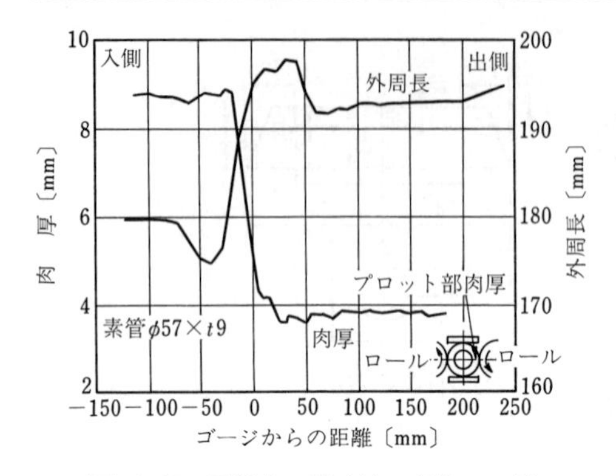

図 11.35　圧延中の管寸法の変化の一例

ドシュー間隔に加え，あらかじめ実験によって調査した安定圧延条件を考慮してロール，ガイドシュー間隔，およびプラグ位置の設定値を決定する[50]．さらに，制御精度を向上させるために工具の熱膨張，工具の摩耗量などを考慮した学習制御も導入している．

圧延中の偏肉率の変化過程を**図 11.36**[61]に示すが，圧延初期の空もみ部とリーリング部において偏肉矯正効果が見られる．偏肉矯正効果は，厚肉素管を用いてガイドシュー拘束を大きくするとより高まるが，過度の拘束は不要な増肉現象を生じるので注意を要する．また，リーリング部の半回転ごとの圧延の回数（リーリング回数）を増加することも有効[62]である．

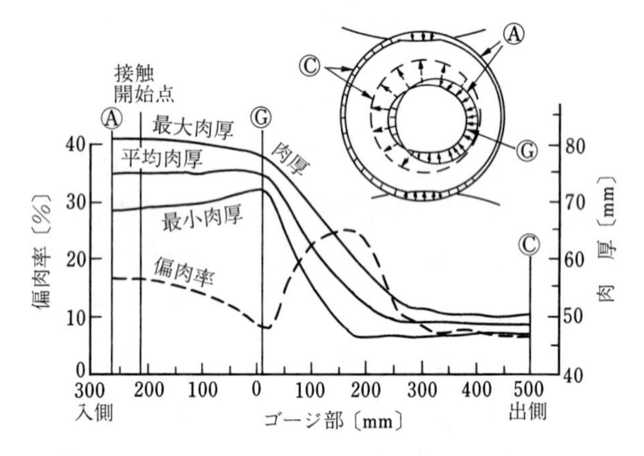

（ϕ296×t74（偏肉率：17%）→ϕ296×t47.4（偏肉率：2%）

図 11.36　2 ロールエロンゲーター圧延における肉厚と偏肉率の変化過程[61]

きず発生は工具損耗によるものと過酷な材料変形によるものとがあり，前者のうち，プラグには台形パターン圧下率のプラグ設計法[63]が，またガイドシューについてはより広い面積で圧延材を支持できる形状設計を行うことが摩耗や焼付きの抑制に効果がある．後者には，ロール胴長を最大限に活用して緩やかな加工を実施するパス設計が有効である．

工具材質はせん孔機とほぼ同じであり，主ロールにはCr-Mo系特殊鋳鋼，プラグには3Cr-1Ni鋳鋼，ガイドシューには高Cr-Ni系鋳鋼が使用される．また，ガイドシュー表面に溶接材料[64]やサーメット[65]を肉盛りする方法が開発され，一部実用化している．また，潤滑剤には黒鉛や食塩をガイドシューに供給して焼付きを防止したり，プラグ先端から黒鉛を圧延材内面に噴出して内面性状を向上する方法がある．

〔2〕 アッセルミル圧延

アッセルミルは**図11.37**[66]に示すような内面工具としてマンドレルバーを用いる3ロール傾斜延伸圧延機である．アッセルミルは，プラグを用いる2ロールエロンゲーターに比べ偏肉が小さく内面性状が良いが，薄肉圧延の場合に，管後端にフレアリング[67]と呼ばれる三角張り現象が発生し，薄肉の圧延限界が狭い．この薄肉限界は外径/肉厚が25程度であるといわれるが，圧延材後端を圧延する際に，ロール傾斜角を減少させるか，ロール開度を開いて肉厚圧下量を軽減する技術の適用やロール交叉角γを$\gamma<0$とすることで，外径/肉厚=40まで圧延できるとの報告がある[68]．

アッセルミルのバー操作法には，圧延中マンドレルバーを拘束しないフルフ

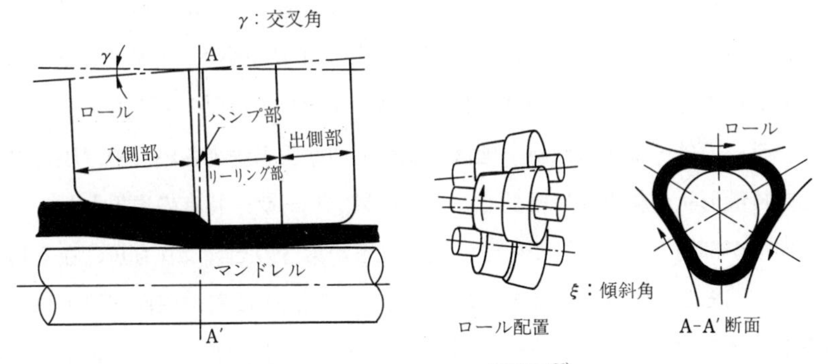

図11.37　アッセルミル概要図[66]

ロート法と，圧延中バーを圧延方向と逆方向に一定速度で引き抜くリトラクト法がある．リトラクト法は，マンドレルバー後端を保持して圧延を行うため，圧延中のバーの振動が小さく偏肉が小さいといった利点がある．

アッセルミルのロールには，図 11.37 のようにハンプと呼ばれる急激な肉厚加工部が設けられ，ハンプ部で肉厚を一気に圧下することで軸方向の接触長を短くし，円周方向の接触長を長くする．この結果，材料の周方向の伸びの比率が小さく，軸方向伸びの比率が大きくなり，フレアリングが生じにくくなると考えられる．リーリング部では肉厚加工はしないで肉厚が均一に整えられるが，リーリング終了位置でも三角形状が残るため，ロール出側部で断面形状を矯正し丸くする．変形特性として，フレアリングの発生限界に及ぼすロール形状，バーの操作法の影響が調査[67]されている．また，偏肉の矯正効果も空もみ圧延の途中止め材を用いて調べられており[66]，その効果が外径圧下が大きいほど，また肉厚ほど大きいのは 2 ロールの場合と同様である．

ロール材質は合金グレンなどが用いられ，マンドレルバー材質は SCM435 相当のものが使用される．

〔3〕 その他の傾斜延伸圧延

比較的多く用いられるのがリーラー圧延である．これはプラグミルラインにおいて，特にプラグミルで発生しやすい内面筋を消去すると同時に肉厚を均一にし，かつ管内外面を平滑に仕上げる役割を果たし摩管機とも呼ばれる．構造および圧延方法は 2 ロールエロンゲーターとほぼ同様であるが，種々の形式が採用されている[69]．傾斜角は低めに設定され，肉厚圧下量が小さいためガイドシューの拘束も小さくてすみ，その溝形状は単純で完全な平坦面のものもある．

リーラーでは，ほかの傾斜圧延機に比べて肉厚圧下が小さいため，圧延材と工具の接触形状が軸方向に細長く，この結果，リーラー特有の現象として軸方向の伸びが抑制されて拡管が生じ，圧延長さが素管のそれよりも短くなる場合もある[70]．また，肉厚圧下量を大きくすることは偏肉改善や内面筋消去に効果がある[71]が，スパイラルマークの発生を助長する可能性があり，なだらかな圧延とする．

リーラーは圧延材の内外面性状を仕上げる役割を有するため，ロールには耐摩耗性を考慮してチルドロールが使用される．プラグおよびガイドシューは，耐摩耗性と耐焼付き性の観点から鋳鉄が使用され，潤滑には黒鉛が用いられる．

なお，近年ではミル全体が公転する遊星型の傾斜圧延機の適用や開発の事例が報告されており[72),73)]，傾斜圧延の弱点であるスパイラルマークの抑制につながる効果を有する反面，設備の大型化が難しいという課題もある．

11.4 定 径 圧 延

11.4.1 定径圧延の基本的現象

これまでに説明されたように継目なし管圧延工程は，大きく分類して，① せん孔，② 延伸，③ 定径になる．

管圧延は板圧延と異なり，圧延製品サイズの変更に対してロール間隔の変更だけでは対応できず，各工程において管の寸法に合った工具（ロール，プラグなど）が必要とされる．このため，多くの寸法の工具が必要とされるとともに，工具組替え回数も多くなることから，製品寸法への造り分けはなるべく最終に近い工程で行い，少数の母管から多サイズの製品に造り分けができるプロセスを構築してきた．現在稼働中の継目なし管製造設備では，せん孔，延伸工程でサイズを集約し，延伸圧延工程で肉厚を，定径工程で外径を加工し，できるだけ少ない原管サイズから多種類の製品寸法に仕上げている．例えば，マンドレル圧延方式では，数十種の製品サイズに対し，せん孔母材のサイズは通常 2～3 種類である．このような理由から，延伸圧延では圧下率を大幅に変えられることが，定径圧延では外径圧下率を大幅に変えられることが重要な設備上の機能となっている．

この節で取り扱う定径は上記のような役割を持っており，外径の圧下が基本的な変形形態となっている．しかしながら，外径圧下を行うと肉厚の増加が伴う．それゆえ，外径圧下に伴う肉厚の変化を考慮した圧延条件の設定，制御が必要となっている．また近年，特に寸法精度に対する要求は高く，外径・肉厚寸法精度を規定の許容範囲に収めるため，ミル剛性・素材温度・圧延荷重・スタンド間の張力制御などを含んだ制御システムが適用されている.

定径圧延としては，多スタンドのサイザー，ストレッチレデューサーが主であるが，一部単スタンドのロータリーサイザーが使用されている．これら圧延法の特徴を**表 11.2** に示す.

表 11.2　各定径圧延の特徴

定形方式	スタンド数	ロール形式	偏　肉	歩留り	外径圧下率〔%〕	問題点
レデューサー	20 スタンド前後	3 ロール（2 ロール）	○～△	△	15～70	管端増肉 内面角ばり
サイザー	10 スタンド以下	2 ロール	○～△	○	2～25	内面角ばり
ロータリーサイザー	1 スタンド	傾斜 2 ロール	○	○	0	三角形断面

〔注〕 ○：大きな問題なし，△：多少問題あり

以下に，代表的定径圧延法であるストレッチレデューサー，サイザーについて説明を加える.

11.4.2　ストレッチレデューサー圧延

〔1〕 概　　要

ストレッチレデューサーは，小径寸法の管を製品外径にまで高能率に仕上げる連続圧延機であり，古くは 2 ロール形式が，近年では 3 ロール形式がおもに用いられている．この圧延機は，通常 20 スタンド以上のスタンドを有し，大きなスタンド間張力を付加させながら，中空管の外径，肉厚を所定の寸法に仕上げるもので，製品の外径，肉厚により，使用するスタンド数，スタンド間張力を調整し，同一外径の素管から高能率に製品寸法にまで仕上げることができるのが大きな特徴である.

これらの利点により，ストレッチレデューサーは小径継目なし鋼管の最終圧延工程として，不動の地位を得ている.

図 11.38 にストレッチレデューサー圧延の概略図を示す．前述のように，近

年のレデューサーは3ロールが主流であるが，この形式では構造が複雑となり，古くは設備製造上に問題のあったこと，ロール間隙の変更による外径の制御が困難であることなどの欠点のため，採用されることが少なかった．

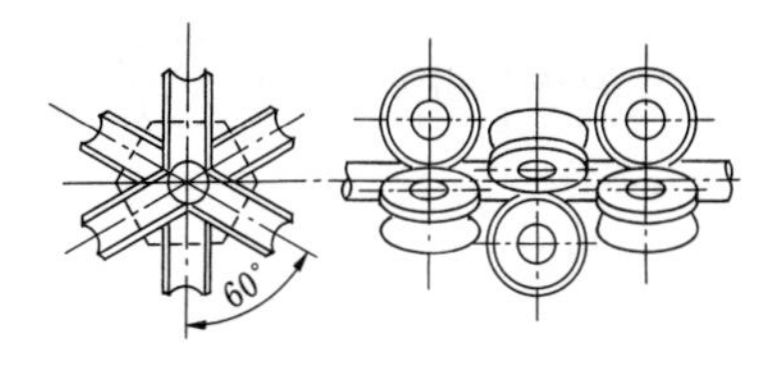

図 11.38 ストレッチレデューサー圧延の概略図

しかし，2ロールに比べ3ロール形式は製品の真円度が良いこと，スタンド間隔を短くでき，圧延の非定常部を少なくできること，外径圧下を大きく取れるためスタンド間張力を大きくとれることなどの利点を有しており，設備技術上の問題が解決されるとともに，この形式のレデューサーが広く用いられるようになった．

〔2〕 圧延負荷特性

レデューサー圧延における変形は三次元であり，その負荷特性を求めるには大胆な仮定を置く必要があった．例えば，A. Geleji[74] は，圧延を中空円筒の外圧問題に置き換え，圧延荷重，動力を求めている．

図 11.39 に示すように，幾何学的に圧延機の入側母管の外周が，ロール底部の円に交わる点Aから管とロールの接触が開始し，上下ロールの間隙が最小となる点Bまでの間で管が圧延されると仮定した．また，このAB間では円周に均等な外圧が作用すると考え，ロールにかかる荷重を求めた．管を塑性変形させるために必要な外圧を p，AB間の平均外径を D_{am}，AB間の投影接触弧長を l_d とすれば，ロール荷重 P_w は式(11.4)となる．

$$P_w = p_m D_{am} l_d \qquad (11.4)$$

ただし，t：管の平均肉厚，D_i：管の入側外径，D_0：管の出側外径，k_f：管の変形抵抗，R：ロール底半径としたとき

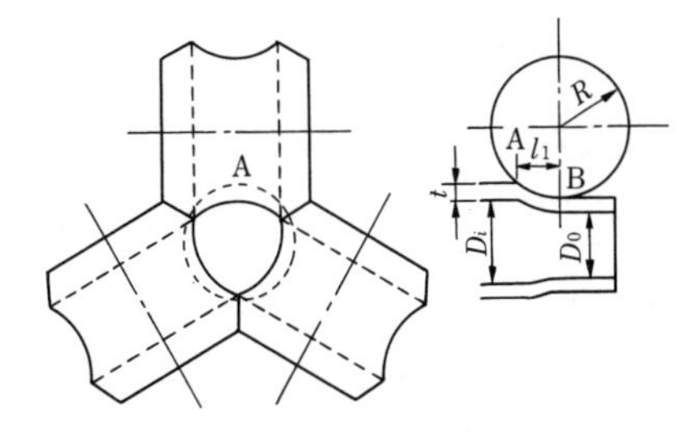

図 11.39 ストレッチレデューサー圧延時の変形

$$
\left.\begin{aligned}
p_m &= 2l_d k_f\left[D_i\cdot\left(1-\frac{D_i^2-D_0^2}{D_i^2}\right)\right]\\
D_{am} &= \frac{D_i+D_0}{2}\\
l_d &= \sqrt{R(D_i-D_0)}
\end{aligned}\right\} \qquad (11.5)
$$

である．

また，スタンド間張力の影響は，前方張力 σ_f，後方張力 σ_b とした場合，式(11.5)において，k_f を k_f' に置き換えればよい．

$$
k_f'=k_f\cdot\left\{1-\frac{\sigma_f+\sigma_b}{2k_f}\right\} \qquad (11.6)
$$

また，一般的にフリクションヒルなどの影響を考慮するため，圧延荷重を算出するには式(11.4)に定数を掛けて用いている．

$$
P_w'=\mathrm{const}\cdot P_w \qquad (11.7)
$$

しかし，上記のような解析では圧延をシミュレートできず，変形も解析できない．そこで，岡本ら[75]はNeumann，Hanckeらの理論を発展させ，数値解として圧延荷重，変形を求める手法を提案している．

さらに，森ら[76]，は剛塑性有限要素法により，荷重とともに複雑な三次元変形をも解析できる手法を導き，レデューサー圧延時の変形，負荷を求めている．これら努力の結果，初めてストレッチレデューサー圧延時の解析が十分な精度で実施されるようになった．

〔3〕 肉　厚　制　御

レデューサー圧延においては，製品の外径は最終スタンドのロール形状により決定されるのに対し，製品の肉厚は管外径圧下により肉厚が増加するとともに，管に働く張力により逆に肉厚が減少するため，両者のバランスで最終肉厚が決定される．そのため，目標肉厚を得るための適正なスタンド間張力を圧延理論から求め，その張力が働くように各スタンドのロール回転数が決定される．

Neumann，Hanckeの理論から計算された張力と減肉の関係一例を**図 11.40**に示す[77]．この図から，目標とする肉厚を得るために必要なスタンド間張力が

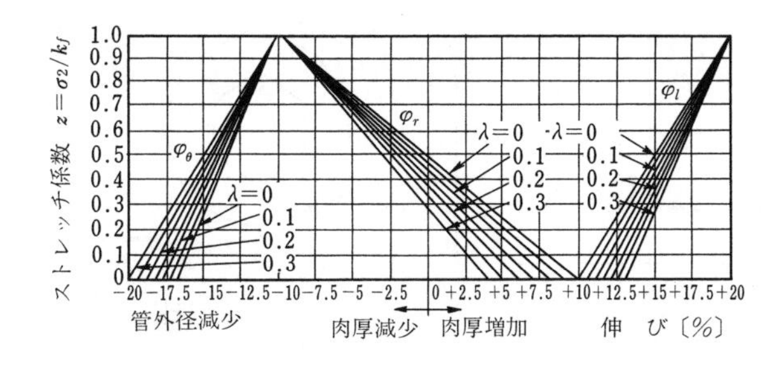

（図中 λ は肉厚／外径の比）

図 11.40 Neumann, Hancke の理論から計算された張力と減肉の関係[77]

求められる．つぎに，ロールと管の速度の中立線位置を知る必要があるが，中立線は板圧延のように単純な直線とはならず，円弧状となる．

三瀬ら[78]はこの中立線が円の一部で近似できることを示している．この近似と，管軸方向の力の釣合い式(11.8)を考慮することにより，ロールの中立線が求められ，基準のロール回転数が計算される．なお，スタンド間での管速度は入側管速度とスタンド間での目標外径，肉厚から容易に計算できる．

$$\sigma_b+F_R=\mu P_m'(S_b-S_f)+\sigma_f \tag{11.8}$$

ただし，F_R：圧延圧力の管軸方向成分，μ：ロールと管の摩擦係数，S_b：後方すべり領域面積，S_f：前方すべり領域面積である．

〔4〕 ストレッチレデューサーにおける基本的問題点

レデューサー圧延においては，内面側が自由な状態で圧延されるため，**図 11.41**，**図 11.42** に示すように，管の前後端部に肉厚部分が現れたり，断面内で内面が角張るといった，特徴的な形状不良が発生する[79]．従来より，これらを防止するための研究が進められ，その発生要因が明らかにされるとともに，制御方式についても改善がなされてきた．

（a） 管 端 増 肉　前述のように，ストレッチレデューサー圧延においては，大きなスタンド間張力を付加しながら圧延される．しかしながら，管の前後端部には張力が働かず，この部分の伸び長さが少なくなり，肉厚が中央部分と比較して厚くなる．図 11.41 に示すように，その値は数十％にも及び，ま

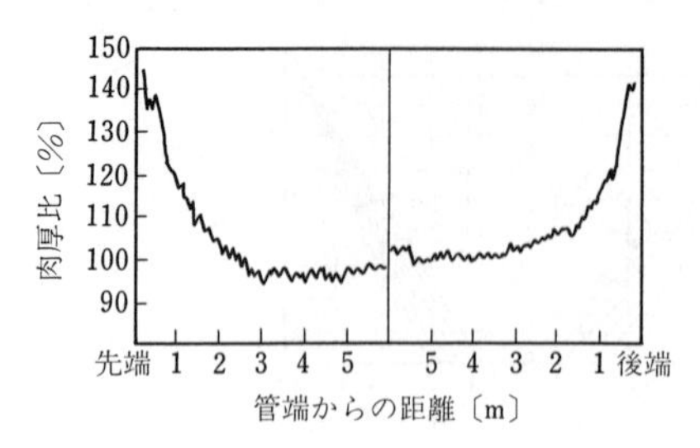

図 11.41　ストレッチレデューサー圧延における管端部増肉状況と張力制御による効果

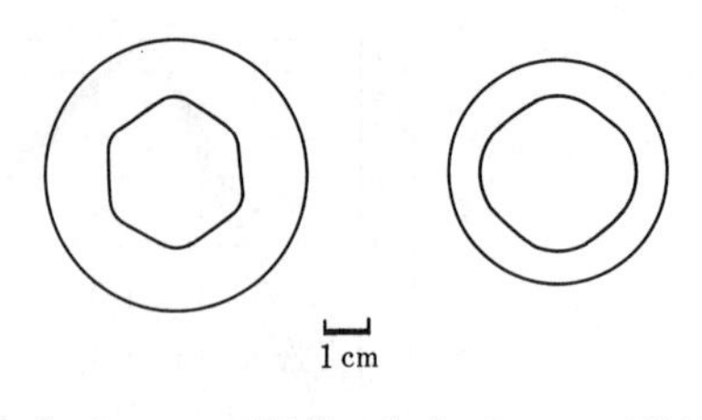

図 11.42　ストレッチレデューサー圧延における内面角張り発生状況

た，その影響は管端から数mにも及ぶ．肉厚が肉厚公差を満足しない部分は肉厚制度不良となり，スクラップとして切り捨てられるため，管端部の増肉現象の予測が重要である．

この現象を定量的に解析するために山田ら[80)]は，管端がスタンドを通過するたびに変化するスタンド間張力を求め，その張力分布が変形に与える影響を解析し，管端増肉量を計算により求める方法を開発している．張力変動の例を**図 11.43** に，肉厚分布の例を**図 11.44** に示す．

さらに，この増肉発生を抑えるため管端部がスタンドを通過するごとにロール回転数を制御し，中間部に比べ管端近傍に大きな張力を働かせて増肉を減少させる方式が確立されている．**図 11.45** にその効果の一例を示す．図に示すように，当方式においても効果のあることがわかる．しかしながら，原理的にも管端部には張力を発生させることはできず，その効果にも限界があった．

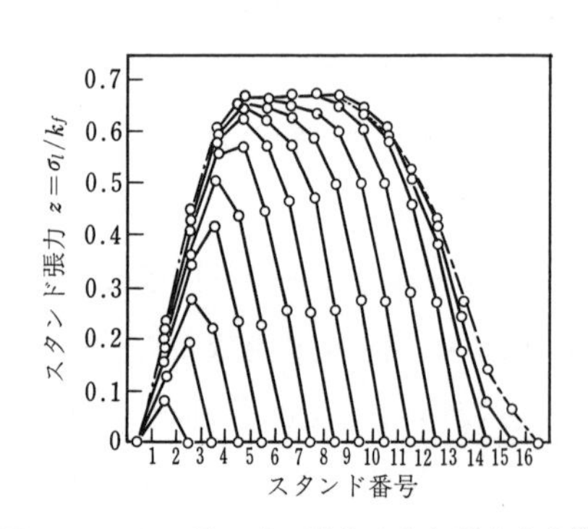

図 11.43　かみ込み時の張力分布と張力変化[81)]

上記の点を考えて基本的に肉厚変動を防止する方法として，ストレッチレデューサーの前工程であるマンドレル圧延において，前もって管端部を薄肉に圧延し，管端増肉を相殺する方式も開発されている[81)]．**図**

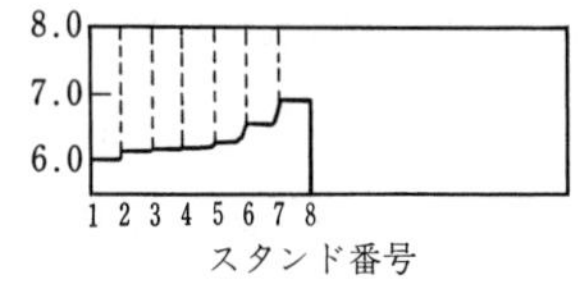

(a) 8スタンドまでかみ込み時の肉厚分布

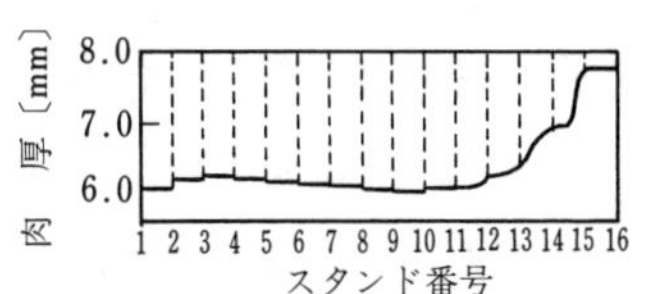

(b) 16スタンドまでかみ込み時の肉厚分布

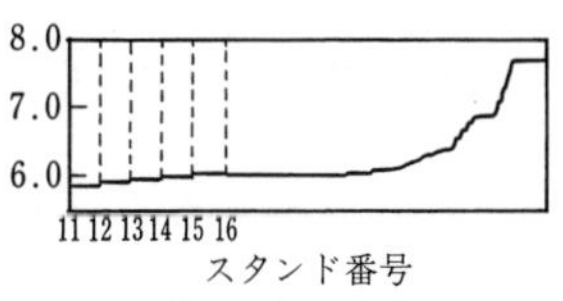

(c) 先端が最後段を抜けてからの肉厚分布

図 11.44　先端かみ込み時の肉厚分布変化[81)]

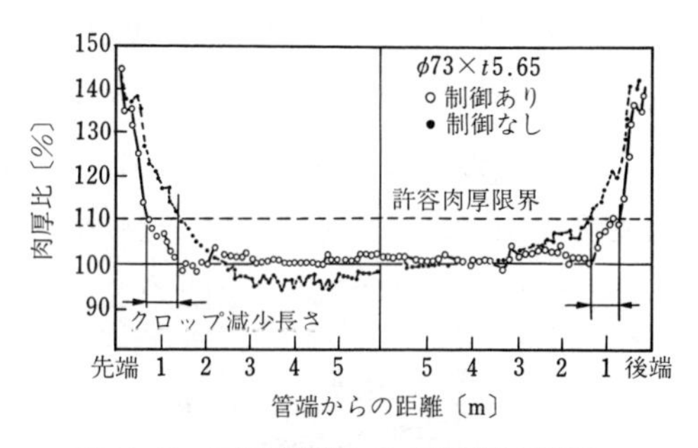

図 11.45　回転数制御による管端肉厚制御の効果の一例[81)]

11.46 にその結果を示す．ロール回転数制御に比べ，効果が高く管端増肉の基本的な改善策として期待されている．

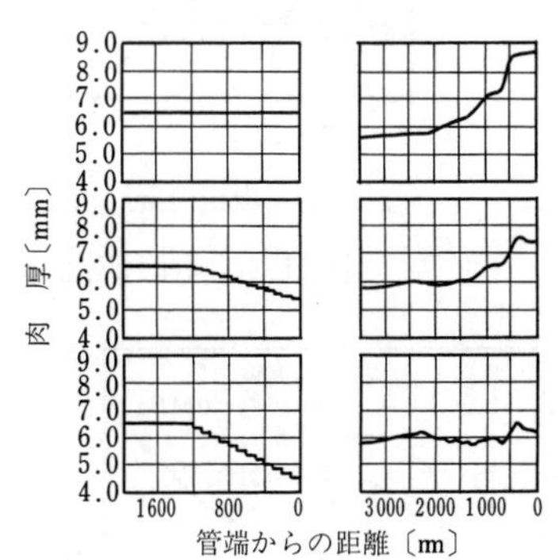

図 11.46　マンドレル圧延において管端部を薄肉圧延した場合の，レデューサー圧延肉厚分布均一化に与える影響[81)]

(b)　内面角張り現象　肉厚が大きく，外径圧下の大きい場合，3ロールのレデューサーでは六角形に，2ロールのレデューサーでは四角形に内面が角張ることが知られていた．図 11.42 にその例を示す．

しかし，その発生要因についての検討は，岡本ら[75)]の定性的な解析があるのみで，ロールバイト中の応力，ひずみ分布を考慮した検討，並びに正確な実験による検討はなされてこなかった．ただ，その防止法として，経験的にではあるが外径圧下量を小さくする，スタンド間張力を増す，カリバー形状を真円化するなどが知られていた．

近年，剛塑性有限要素法を用いた定量的解析や[76),82)]，単スタンド圧延による精度の高い実験[83),84)]により，内面角張りの発生要因や対策が明確になりつつある．

3ロールストレッチレデューサー圧延時の内面角張り変形を，剛塑性有限要素法により解析した例を**図11.47**，**図11.48**に示す．図11.47に要素分割の例を示す．圧延は120°ごとの3本のロールによりなされるため，計算では対称性を考慮して60°の間を対象としている．図11.48に真円孔型ロールにより圧延した場合の肉厚分布を示す．図に見られるように，張力の大小にかかわらずフランジ側がロール底部より厚肉となる．

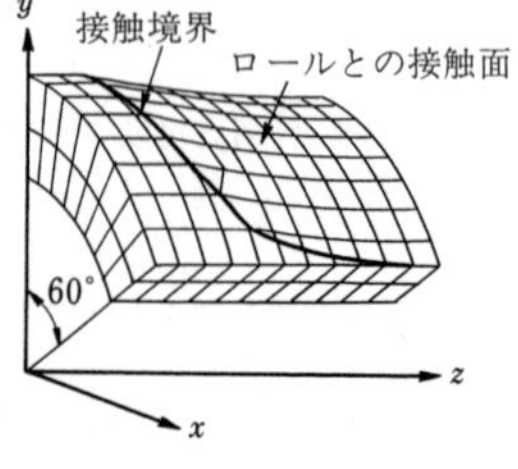

（a） 初期仮定の接触状況

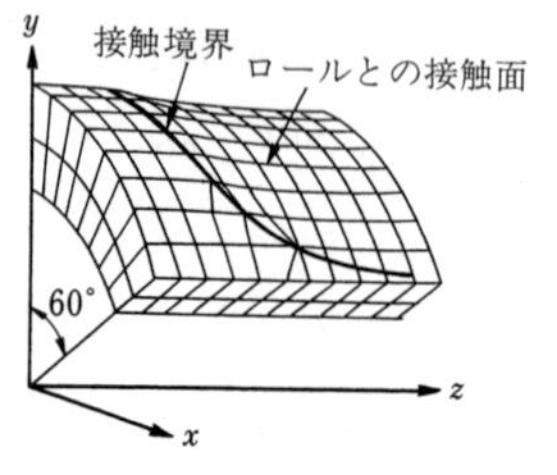

（b） 収束計算後の接触状況

図11.47　有限要素法解析に用いられた要素分割[76)]

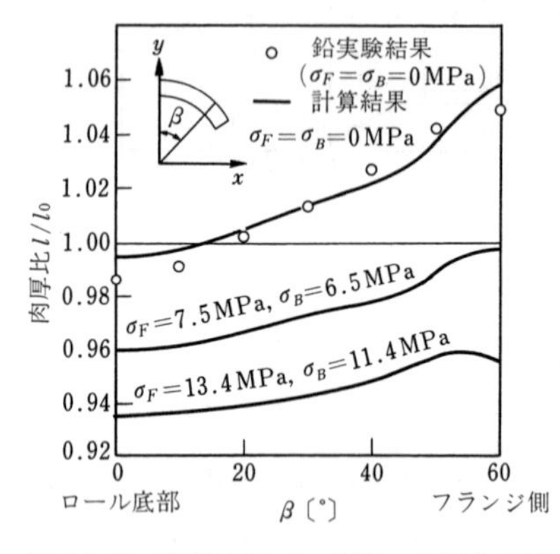

図11.48　真円カリバーを用いた場合の円周方向肉厚分布，計算結果と鉛圧延実験結果の比較[76)]

後述する鉛圧延実験において，楕円孔形でも確認されているが，これまで一般に認められてきた岡本ら[75)]の2ロール圧延の結果（張力の大小により肉厚分布の逆転する）と相反するものとなっている．この結果は，2ロールと3ロール圧延の差とも考えられるが，古い解析ではロール接触内での応力・ひずみ分布が考慮できなかったことによるものと考えられ，今後検討が進められるであろう．

実験的にも内面角張りに対する研究がなされ[81)~83)]，鉛管の単スタンド圧延実験の結果では，**図 11.49** に示すような角張りの発生することが確かめられている．なお，図 11.48 に FEM 計算と同一条件での実験結果を示すが，両者の結果はよく一致しており，計算結果の妥当性を裏付ける結果となっている．

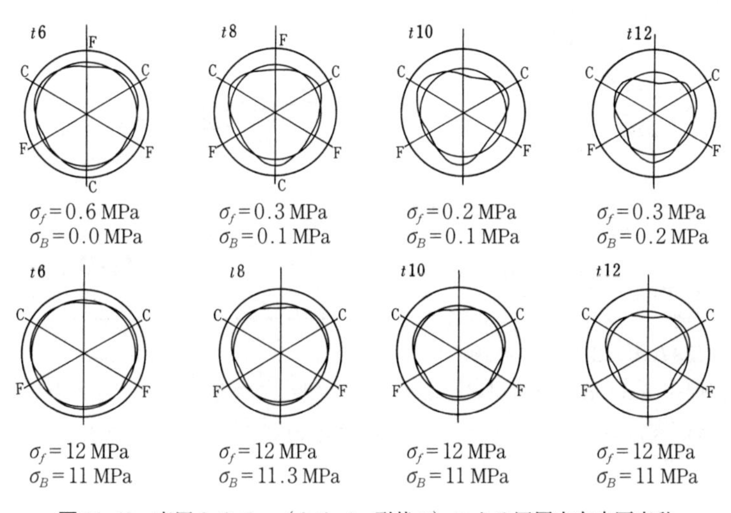

図 11.49　真円カリバー（カリバー形状 C）による円周方向肉厚変動

図 11.50 に肉厚分布に与える張力，初期肉厚の影響を示す．初期肉厚が大きい場合，角張り量も大きくなるが，角張り率で整理すればこの影響がないこと，および張力の増大とともに肉厚分布が減少することがわかる．

また，実験および FEM 計算による詳細な材料変形解析によって内面角張り現象に及ぼす孔型特性や張力の影響が明らかにされている[84)~86)]．

今後も，このような詳細な解析と実験が積み重ねられ，ストレッチレデューサー圧延の変形解明が進み，形状精度の向上や肉厚製造限界の拡大が実現できるものと期待されている．

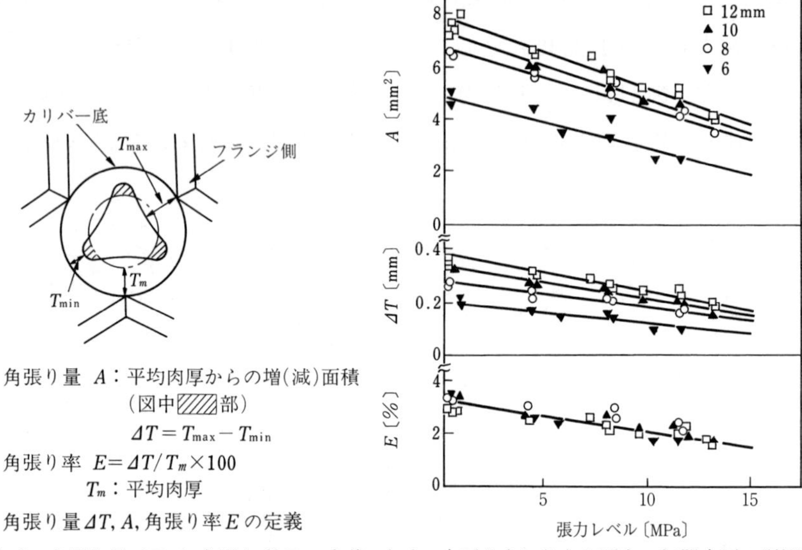

（a） 角張り量$\varDelta T$, A, 角張り率Eの定義　（b） 肉厚分布に与える張力・初期肉厚の影響

図 11.50　角張り量，角張り率に与える張力・初期肉厚の影響[83]（真円カリバー圧延）[83]

11.4.3　サイザー圧延

〔1〕 概　　要

サイザーは，中径寸法以上のプラグミル，リストレインドマンドレルミルの後段に置かれ，最終工程としては製品の外径寸法を造り込む圧延機である．通常円形の孔型を持つ上下2ロールの圧延機で，10スタンド以下の圧延機列により構成される．各スタンドはロール軸の位置をたがいに90°ずつ交叉させ，ロールギャップ部の影響をなくしている．また，ロール軸は水平面に対して45°ずつ傾斜しているのが一般的である．**図 11.51** にその概略図を示す．

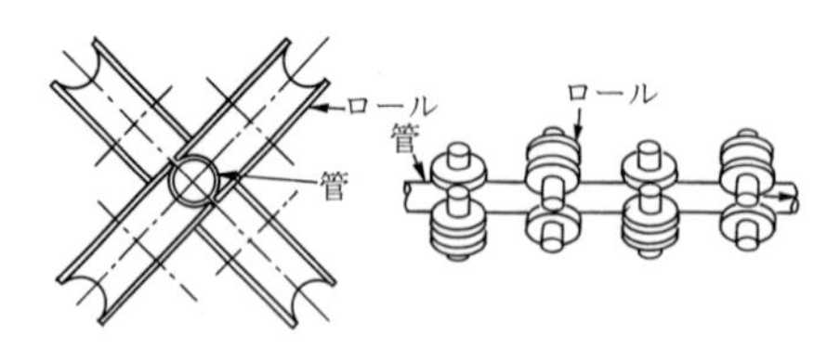

図 11.51　サイザー圧延の概略図

サイザーはストレッチレデューサーとは異なり，スタンド間の張力を作用させず外径のみを圧下するため，肉厚が増大するが，増肉量を積極的に制御する手段はなく，増肉量

の予測，元肉厚の精度が製品精度上重要な点となっている．この欠点を補うため，また厚肉圧延を有利にするため，近年設置されたミルは，多少の張力をかけることができる構造となっている．

2ロール圧延の最大の利点は，ロール間隙の変更が容易で，その変更範囲が比較的大きく外径制御に利用できることである．半面，ロール孔型の深いことからロールフランジ部にすりきずが発生しやすい．これを避けるために，ロール孔型の楕円度を大きくすることも考えられるが，鋼管の真円度を損ねるため，これらの兼合いから外径圧下を大きくとることができない欠点がある．

〔2〕 圧延負荷特性

サイザー圧延における圧延荷重の見積りは解析的に求めることは困難であり，ストレッチレデューサーの場合と同様，大胆な仮定の下に計算式が導かれている．W. Rodder[87]，A. Geleji[74]は，この圧延を基本的には外圧を受ける円筒と考え，近似的に荷重を求めている．

図11.52にサイザー圧延時の変形の概略図を示す．上下ロールから働く圧力pにより円筒が降伏状態にあるとすれば，平均面圧p_mは式(11.9)で与えられる．

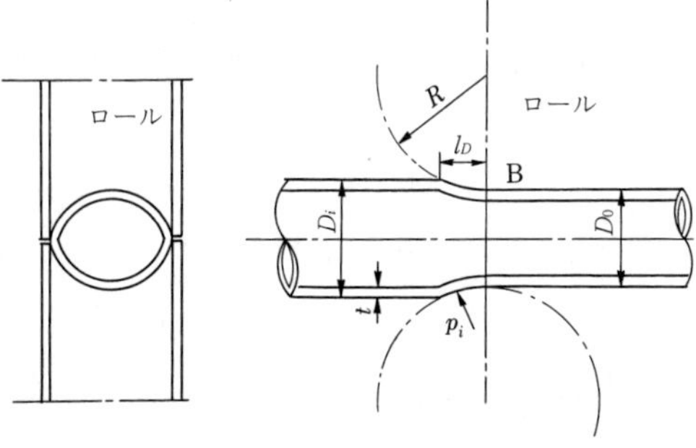

図11.52　サイザー圧延時の変形の概略図

$$p_m=\frac{2t\cdot k_f}{D_{am}} \tag{11.9}$$

ロール荷重P_wは式(11.12)で求められる．

$$P_w=\int_0^{l_d} p_m D_{am} dl=\int_0^{l_d} 2t\cdot k_f dl \tag{11.10}$$

いま，肉厚t，変形抵抗k_fは一定で長手方向の平均値t_m，k_{fm}を用いれば式(11.11)となる．

$$P_w \fallingdotseq 2t_m k_{fm}\sqrt{R(D_i-D_0)} \tag{11.11}$$

ただし，k_f：変形抵抗，k_{fm}：平均変形抵抗，D_i：入側外径，D_0：出側外径，D_{am}：平均外径，t_m：平均肉厚，R：ロール径である．

実際の圧延では摩擦による影響，変形の影響などがあり，式(11.12)により与えている．

$$P_w = C \cdot t_m k_{fm} \sqrt{R(D_i - D_0)} \tag{11.12}$$

ここに，Cは一定値であり

W. Rodder らによれば　$C=1.5$

A. Geleji によれば　　$C=2.0\times D_i/D_0$

としている．

圧延トルクTは圧延荷重と接線力を用いる2方法により求められる．圧延荷重から求められるトルクは

$$T = 2 \cdot \left(\frac{P_w \cdot l_d}{2} \right) = P_w l_d \tag{11.13}$$

で与えられる．これから求められる動力は式(11.14)で与えられる．

$$N = \frac{2\pi \cdot n \cdot P_w \cdot l_d}{360} \text{ [W]} \tag{11.14}$$

ただし，TがN·m，nがrpmのときNはkWで計算される．

また，圧延トルクはロールに作用する接線力からも求められる．A. Geleji はこの方法により動力として式(11.15)を与えている．

$$N = \left\{ \pi \left(\frac{D_i}{D_0} \right) t_m k_{fm} \left(\frac{D_i}{D_0} \right) \left(\frac{A_i}{A_0} \right) V_0 + 2 \cdot P_w \cdot 0.35 (V_F - V_C) \right\} \tag{11.15}$$

ただし，n：回転数，V_0：管出側速度，V_F：ロールフランジ部速度，V_C：ロール溝底部速度，A_i：管入側断面積，A_0：管出側断面積である．

〔3〕 寸　法　制　御

サイザーは圧延プロセス最終のミルとして，製品の形状（外径，肉厚）を整える重要な役割を持つ．特に外径精度については，この工程での制御が可能であり，オンラインでの制御が行われている．しかしながら，肉厚については積極的に制御することができないため，入側肉厚精度の確保および外径圧下時に

生ずる肉厚増加量の予測，スタンド間の無張力制御が最終製品の肉厚精度確保上重要な因子となる．

一般に，サイザー入側での管の温度は，管の肉厚，外径により大幅に異なる．高温の管は冷却時に収縮するため，その温度を予測し，冷却時の収縮を考慮した冷却後の外径を見積もる必要がある．

一方，圧延時には圧延荷重により，スタンドが弾性変形するためロール間隙が開くが，圧延荷重は素管形状，外径圧下量と，変形抵抗の影響を大きく受ける．それゆえ，ロール間隙の開きを正確に求めるには，精度の高い圧延荷重モデルとともに変形抵抗に影響の大きい温度変動を正確に知る必要がある．

また，スタンド間における張力はストレッチレデューサーの項で述べたとおり，肉厚を変化させる．そのため，スタンド間の張力を0または一定とするロール回転数設定が必要となる．その基本設定は，スタンド入・出側の形状から管の速度を求めるとともに，管軸方向の力の釣合いと中立線の形を仮定することにより求めている．

つぎに，外径圧下による増加量Δtについては，一般にばらつきが大きく，式(11.16)，(11.17)のような予測式が提案されている．

$$\frac{\Delta t}{t}=0.6\cdot\frac{\Delta D}{D}-2.0\,[\%] \tag{11.16}$$

$$\frac{\Delta t}{t}=0.5\cdot\frac{\Delta D}{D} \tag{11.17}$$

ただし，t：入側肉厚，ΔD：外径圧下量，D：入側外径である．

外径修正においては，特にフランジ側外径の予測が問題となるが，ロール間隙とフランジ側外径の関係を式(11.19)を用いて予測する方法[88]が取られている．

$$D_{\mathrm{I}}=a_{\mathrm{I}}+\sum b_{\mathrm{I}}G_i \tag{11.18}$$

$$D_{\mathrm{II}}=a_{\mathrm{II}}+\sum b_{\mathrm{II}}G_i \tag{11.19}$$

ここに，D_{I}，D_{II}：おのおのロール底，フランジ方向の外径，a，b：定数，G_i：スタンドにおけるロール間隙である．

引用・参考文献

1) 加藤健三：塑性と加工，**8**-80（1967），455.
2) 三谷裕康：鉄鋼界，昭和 63 年 1 月号および同 2 月号.
3) Peiffer, G.: Proc. The 3rd International Conference On Steel Rolling,（1985），19.
4) Gruber, K.：Stahl u. Eisen，**39**（1919），1067.
5) Siebel, E.：ibid.，**47**（1927），1685.
6) 加藤健三：鉄と鋼，**56**-7（1970），915.
7) 加藤健三ほか：塑性と加工，**17**-191（1976），958.
8) 加藤健三ほか：日本鋼管技報，**27**（1963），13.
9) 加藤健三ほか：塑性と加工，**5**-42（1964），485.
10) 鋼管部会：鉄と鋼，**50**-7（1964），1011-1067.
11) 安藤次雄ほか：川崎製鉄技報，**11**-2（1979），228.
12) 望月達也：第 112・113 回西山記念技術講座，（1986），147.
13) 日本鉄鋼協会：わが国における最近の鋼管製造技術の進歩，（1974）.
14) 生嶋栄次ほか：日本鋼管技報，**39**（1967），31.
15) 馬場善禄：塑性と加工，**4**-27（1963），247.
16) 三原豊ほか：第 34 回塑性加工連合講演会講演論文集，（1983），225.
17) 加藤健三：塑性と加工，**13**-135（1972），278.
18) 浜鍋修一ほか：鉄と鋼，**72**-3（1986），450.
19) 下田一宗・安樂敏朗・山田将之・永瀬豊・奥山耕：ピアサプラグの温度予測技術の開発，CAMP-ISIJ，**9**-284（1996），350.
20) 小島浩：第 23・25 回西山記念技術講座，（1973），65.
21) 三原豊ほか：昭和 59 年度塑性加工春季講演会講演論文集，（1984），65.
22) Hayashi, C., et al.: Proc. The 3rd International Conference On Steel Rolling,（1985），174.
23) 井上祐二・下田一宗・山根康嗣：ピアサにおける穿孔圧延中の材料と工具の速度解析，CAMP-ISIJ，**25**-1053（2012），199.
24) 山根康嗣・下田一宗・井上祐二：穿孔圧延の三次元変形解析，CAMP-ISIJ，**25**-1054（2012），200.
25) Palma, V., Bandini, S., Pehle, H.J. & Thieven, P.：Tube Int.，**19**-106（2000），253-258.
26) 今江敏夫ほか：川崎製鉄技報，**18**-3（1986），18.
27) 今江敏夫ほか：昭和 59 年度塑性加工春季講演会講演論文集，（1984），545.
28) 田中孝秀ほか：住友金属，**36**-1（1984），41-56.

29) 岡本豊彦ほか：住友金属，**23**-4（1971），59.
30) 林千博ほか：塑性と加工，**24**-273（1983），1078.
31) 平川智之ほか：塑性と加工，**24**-273（1983），1063.
32) 水沼晋ほか：第 33 回塑性加工連合講演会講演論文集，（1982），445.
33) 山田将之ほか：第 40 回塑性加工連合講演会講演論文集，（1989），385.
34) Akiyama, M., et al.：Proc. 3rd Intern. Conf. Steel Rolling Tech. Pipe & Tube,（1985），367.
35) 山田健二ほか：昭和 63 年度塑性加工春季講演会講演論文集，（1988），463.
36) YU Hui, DU Feng-shan & XU Zhi-qiang：J. Iron Steel Res. Intl.，**18**-2（2011），31-37.
37) 岡本辰憲・山根明仁：CAMP-ISIJ，**163**（2012），373.
38) 今江敏夫・山本健一・岡弘：塑性と加工，**34**-390（1993），806-811.
39) 今江敏夫・山本健一：塑性と加工，**36**-408（1995），23-28.
40) 小田龍春・梶山冬彦・有泉孝・勝村龍郎：日本鉄鋼協会管工学フォーラム第 4 回シンポジウム，（1997），90-93.
41) 飯田純生・日高康善：鉄と鋼，**96**-9（2010），550-556.
42) 佐々木俊輔・舘亮佑・松本昌士・勝村龍郎・加藤康：CAMP-ISIJ，169（2015），217.
43) ZHAO Zhi-yi, XIE Jian-xin, HE Xiao-ming, DONG Kai, YU Yong & PAN Feng：J. Iron Steel Res. Intl.，**16**-2（2009），45-49.
44) 山田建夫ほか：鉄と鋼，**70**-13（1984），S 1153.
45) Hayashi, C., et al.：Trans. ISIJ，**28**（1988），440.
46) 阿部英夫ほか：昭和 56 年度塑性加工春季講演会講演論文集，（1981），233.
47) Katsumura, T., Ishikawa, K., Matsumoto, A., Sasaki, S., Kato, Y. & Yanagimoto, J.：Key Eng. Mat.，**622-623**（2014），899-904.
48) 藤村和樹・佐々木俊輔・勝村龍郎・太田裕樹：CAMP-ISIJ，**173**（2017），302.
49) Geleji, A・五弓勇雄訳：金属塑性加工の計算（上），（1964），282，コロナ社.
50) 佐山泰夫ほか：川崎製鉄技報，**13**-1（1981），1.
51) 平岡宣昭ほか：住友金属，**38**-4（1986），72.
52) Ďurčík, R. & Parilák, L'.：Proc. Metal 2012,（2012），423-427. https://www.confer.cz/metal/2012
53) Yoshida, H., et al.：Annals CIRP，**24**-1（1975），191.
54) Furugen, M., et al.：J. Mech. Work. Tech.，**10**（1985），273.
55) Monkawa, M., et al.：Proc. 3rd Intern. Conf. Steel Rolling Tech. Pipe & Tube,（1984），351.
56) Lienhart, A.：Arch. Eisenhüttenwes，**45**-7（1974），449-455.
57) Bembenek, Z., et al.：Proc. 3rd Japan-Czechoslovakia Joint Sym.，（1981），

152.

58) Schemel, J.H.：Zirconium in Nuclear Application, ASTM, **STP551** (1974), 169.
59) 時田秀紀ほか：昭和 60 年度塑性加工春季講演会講演論文集, (1985), 89.
60) 金成昌平ほか：鉄と鋼, **72**-12 (1986), 344.
61) 吉原征四郎ほか：塑性と加工, **26**-299 (1985), 1175.
62) 富樫房夫ほか：鉄と鋼, **69**-13 (1983), 154.
63) 吉原征四郎ほか：鉄と鋼, **67**-4 (1981), 310.
64) 吉本尚由ほか：昭和 59 年度溶接学会全国大会講演概要, (1984), 222.
65) 野田勝利ほか：材料とプロセス, **1**-5 (1988), 1559.
66) 三原豊ほか：日本鋼管技報, **106** (1985), 21.
67) 三原豊ほか：昭和 59 年度塑性加工春季講演会講演論文集, (1984), 521.
68) Voswinckel, G.：Metallugical Plant & Technology, (1987.2), 68.
69) 日本鉄鋼協会編：鉄鋼便覧 III(2), (1980), 963, 丸善.
70) 桜田和之ほか：昭和 59 年度塑性加工春季講演会講演論文集, (1984), 537.
71) 富樫房夫ほか：鉄と鋼, **65**-4 (1979), 256.
72) Erich, B.：MPT. Metall. plant technol., **6**-6 (1983), 44, 46, 48-49.
73) Awiszus, B., Binotsch, C. & Willems, S.：9th Intl. conf. technol. Plast., (2008), 1579-1584.
74) Geleji, A.・五弓勇雄訳：金属塑性加工の計算（上), (1964), コロナ社.
75) 岡本豊彦：住友金属, **17**-2 (1965), 34.
76) 森謙一郎ほか：塑性と加工, **28**-321 (1987), 1054.
77) 日本鉄鋼協会：第 23, 25 回西山記念技術講座「鋼管製造技術の最近の進歩」, (1973), 99.
78) 三瀬真作ほか：住友金属, **17**-4 (1965), 381.
79) 広瀬五男ほか：塑性と加工, **10**-101 (1969), 412.
80) Yamada. T., et al.: Metals Technology, 4 (1977), 199.
81) Hayashi, C., et al.: Proc. 1st. Intern. Conf. Tech. Plasiticity, Tokyo Vol. II (1984), 1254.
82) Akiyama, M., et al.: Proc. 3rd. Intern. Conf. Steel Rolling, (1985), 367.
83) Mihara, Y., et al.: Proc. 2nd. Intern. Conf. Tech. Plasticity, Stuttgart, 795.
84) 山田建夫・山田將之・松倉節夫：塑性と加工, **34**-392 (1993), 1022.
85) 山田建夫・山田將之・松倉節夫：塑性と加工, **34**-395 (1993), 1326.
86) 奥井達也・山田將之・山田建夫：塑性と加工, **38**-432 (1997), 76.
87) Rodder, W.: Iron Steel Eng., (1949.5), 82.
88) 安田武生ほか：材料とプロセス, **5**-1 (1988), 1578.

12 非鉄金属の圧延

非鉄金属の板圧延では，圧延機自体の構造は鉄鋼材料の圧延装置と大差はない．しかしながら，おもに構造材料に用いられる鉄鋼材料に対して，機能性が要求される非鉄金属では，材料ごとに鉄鋼材料とは異なる圧延特性が要求される．別の観点として，その生産量が上げられる．鉄鋼材料の熱延薄板の生産量は約6 100万トン[1]（2023年）であるのに対して，アルミニウム板は約100万トン[2]（2020年），銅材（線・棒・管を含む）は約64万トン[3]（2023年），チタン展伸材は1.4万トン[5]（2023年），マグネシウム板は約0.07万トン[4]（2022年）と大幅に少ない．このため，鉄鋼材料では大量生産に対応した大規模・連続化設備であるのに対して，非鉄金属では小規模な製造ラインとなっている．鉄鋼材料に比べて，アルミニウム板は無塗装で使用される場合が多く，銅板は電子部品などに用いられるため，表面性状に関する高い品質が要求される．表面品質のために，アルミニウムであれば熱延のブラシロールの使用や，冷延の圧延油の調整が重要であり，銅板ではロール径，圧延油の適正化が求められる．チタンは活性な金属であり，熱間圧延時の圧延設備との接触や冷間圧延での圧延ロールとの焼付きなどによるきず発生防止の操業上の注意が必要である．特にマグネシウムは冷間延性の観点から最終圧延が熱間圧延となり，圧延機の構造も大幅に異なる．以下の節では，これらの各材料での圧延の詳細について述べる．

12.1 アルミニウム（合金）の圧延

アルミニウムは，軽量でリサイクル性にも優れた素材として，さまざまな用途で利用されている．アルミニウム板製品としては，LNGタンク用の厚板材，飲料容器用の薄板材，コンデンサー用の箔材，熱交換器用のブレージングシートなどの幅広い製品群を圧延加工により生産している．また，アルミニウム板には高い表面品質が求められており，その要求を満たすためアルミニウム圧延特有の取組みが実施されている．

12.1.1 アルミニウム熱間圧延

アルミニウムでは，鉄鋼のような連続鋳造から熱間圧延へ直送する製造工程ではなく，DC 鋳造工程で製造されたスラブはいったん冷却され，その後上下側面を面削し，加熱炉で 400～600 ℃，4～24 時間程度の均熱・加熱処理を経て熱延ラインへと供給される[6]．熱間圧延で用いるスラブ厚は，400～600 mm と比較的厚く，鉄鋼の場合と比べて初期の圧延形状比（投影接触弧長/平均板厚）が小さいため，粗圧延時の板幅端部形状はダブルバルジ変形が顕著に出現する．さらに圧延パスが進行していくと，板幅端部のダブルバルジが潰れ，重なる不良部位（ラミネーション）が生じるため，製品歩留りロスの一因となる．アルミニウム圧延の特徴として，圧延ロール表面にアルミニウムおよびその酸化物と圧延油からなるロールコーティングと呼ばれる層が生成される．ロールコーティングの成長過程を**図 12.1**[7] に示す．ロールコーティングは，過剰に厚くなると圧延材表面へ脱落し，ピックアップと呼ばれる表面欠陥を引き起こす．逆に薄すぎると，ロールと材料が直接接触するため焼付きが生じやすく，かつロールバイトへのかみ込み性が悪くなる要因となる．特に，ロールコーティングが顕著に出現する熱間圧延では，コーティング状態を適度に保つことが重要であり，圧延機内に備わるブラシロールをワークロールへ押し当てた状態で圧延が行われている[6]．**図 12.2** にブラシロールを示す．ブラシ素材は，

（a） 接触回数：1 回　（b） 接触回数：80 回　（c） 接触回数：401 回

図 12.1 熱間ラボ圧延におけるロールコーティングの成長過程[7]

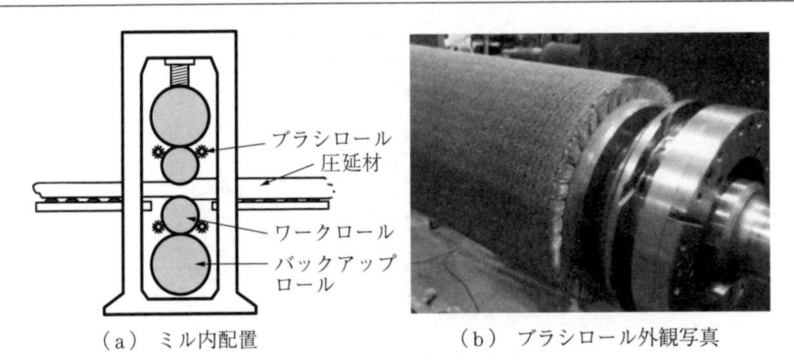

（a）ミル内配置　　（b）ブラシロール外観写真

図 12.2　ブラシロール（資料提供：株式会社ホタニ）

金属ワイヤ，あるいは砥粒入りのナイロンが選定されており，ブラシの線径，押付け力，回転数あるいはナイロンブラシ内の砥粒選択でロールコーティングの除去能力が調整される．

12.1.2　アルミニウム冷間圧延

冷間圧延は，ほぼ最終製品を造り込むプロセスであり，板厚や形状の寸法精度と並んで板表面品質の確保が重要となる．冷間圧延油としておもにニート油が用いられる場合が多く，エマルションで課題となる板表面光沢の確保とホワイトステイン問題を避けるためである[8)]．また，所望の板表面光沢材を得るために，ワークロールの表面粗度の選択と圧延条件（速度，入射角，温度など）の調整が実施される．

12.1.3　アルミニウム箔圧延

冷間圧延したアルミニウム板（0.2～0.3 mm）を箔地として，箔圧延では最小で 4 μm 程度の薄箔に加工する．アルミニウム箔圧延で用いる圧延機は，**図 12.3** に示すようにベーシックな 4 段非可逆式圧延機と同構成であり，特に箔厚が薄い仕上げ圧延前では，2 枚の箔を重ねて圧延する重合（ダブリング）圧延が行われる．この重合圧延によって箔表面は 2 種類となり，ロールと接触する面は光沢面（つや面），合せ面はマット面（つや消し面）と呼ばれる．

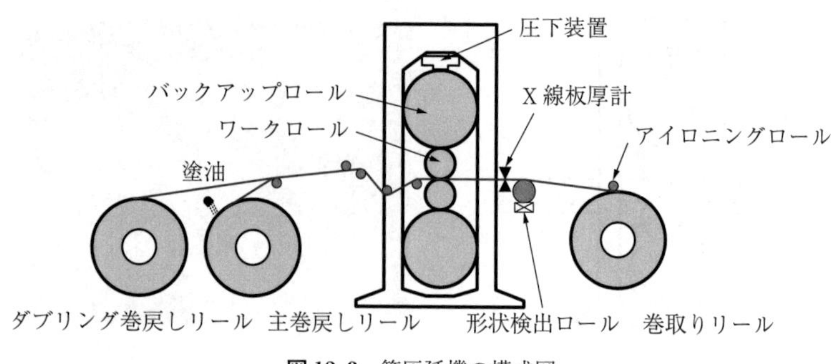

図 12.3　箔圧延機の模式図

また箔厚が薄い領域では，上下ワークロールが接触してしまうキスロール状態での圧延となり，この状態では圧下量を変更しても箔厚へはほとんど影響しなくなるため，張力制御や速度制御による箔厚制御が主流となる[6),9)].

12.1.4　クラッド圧延

クラッド材は，単一合金だけでは得られない複数の機能性を有する材料であり，熱交換器用のブレージングシートは，アルミニウム合金プレートを積層して，熱間粗圧延にて接合圧延して製造される．これらのクラッド材は，2層，3層の組合せが一般的だが，用途により5層材などの多層材も存在する．クラッド圧延で用いる母材は，一般的には芯材に鋳造スラブを配置してその両側に熱延済みの皮材を結束や溶接で固定して作られ，その状態のまま加熱して熱延ラインに供給される．粗圧延では，まず圧着を目的としたボンディングパスとして，圧下量，速度，圧延方向を慎重に選択し良好な接合状態を確保し，接合後は生産性を重視した圧下パスを重ねて，狙い板厚へと仕上げられる．クラッド材は，目的に応じて合金構成や板厚構成が上下で非対称になることもあり，板反りなどの圧延トラブルへの対策が必要となる場合がある[6),10)].

12.2　銅　の　圧　延

エレクトロニクス関連製品や自動車などの生産量の増加に伴って，電気・熱伝導性に優れる伸銅品の生産量も増加している．このような生産量の増加と高強度化ならびに製品板厚の薄肉化に対応するために，伸銅用圧延機も大型化と高速化が図られている[11)~13)]．また，伸銅品の板厚精度や平坦形状に対する要求はきわめて高くなっており，さらにリードフレームや端子・コネクター用材料を中心に表面粗度，光沢度，変色防止などの表面性状に高い品質が要求されている[14)]．

12.2.1 銅の熱間圧延

銅および銅合金の熱延板は，竪形の連続あるいは半連続鋳造機で鋳造した厚さ 150~250 mm，幅 500~1 200 mm の鋳塊を，800~900 ℃程度に再熱した後にワークロール径 ϕ600~900 mm，最高圧延速度 100~200 m/min のシングルスタンドリバース式2段あるいは4段圧延機を用いて十数パスで板厚 10 mm 程度にまで圧延して製造されている．圧延スタンド入側には，板の幅広がりコントロール，かみ込み性向上，耳割れ防止などのためにエッジャーロールが設置されている．

〔1〕 板 厚 制 御

銅の熱延板は，再熱および圧延中に発生した酸化スケールや鋳肌を取り除くために，次工程の面削工程で上下面と両端面を 0.3~0.8 mm 程度ずつ切削・除去される．このために，熱延板の板厚精度が最終製品の板厚精度に影響を及ぼすことはなく，厚さ計や自動板厚制御機能を備えた熱間圧延機は見られない．

〔2〕 板クラウン制御

銅の熱間圧延では，熱延板の板厚が厚いために平坦形状が問題になる事例は少ない．しかし，圧延ロールのサーマルクラウンや摩耗の影響による板クラウンによって，板幅方向に均一な面削量が得られず部分的に欠陥が残存したり，これを除去するための面削が歩留り低下の原因の一つになることがある．クーラント流量の適量化や，圧延ロールへの適正なメカニカルクラウンの付与などが対策として有効である．

12.2.2　銅の冷間圧延

銅の冷間圧延は，板厚10 mm程度の面削上がり材を1～3 mm程度にまで圧延する中延（粗）圧延と，それ以降に焼なまし工程を入れながら製品板厚に圧延する仕上げ圧延に大別される．

〔1〕　中延（粗）圧延

中延圧延機には，1パス当りの圧下量が大きく，かつ良好な形状を得るために，ワークロール径 ϕ350～450 mmの比較的大径の4段あるいは6段圧延機が使用されている．また，生産性の向上や省力化のために2タンデム圧延機が用いられている例がある．

〔2〕　仕上げ圧延

銅合金は，熱処理後の引張強さが240 MPa程度の純銅から1 000 MPaを超えるコルソン合金など多種多様である．また，製品板厚が3 mmを超える厚板や，モバイル機器用コネクターに使用される製品板厚50 μm程度の薄板など広範囲な板厚の製品が製造されている．このような多種多様な銅合金の仕上げ圧延には，**表12.1**に示すようにロールベンダー，ロールシフトあるいはバックアップロールのクラウン調整など，高機能な形状制御機構を備えたさまざまな型式の圧延機が用いられており，自動形状制御も行われている[15)～17)]．

表12.1　伸銅業で用いられている圧延機

型　式	2段	4段	6段		12段		20段
			クラスター	HC・UC	KT	CR	
ロール配置	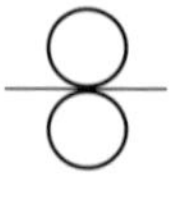	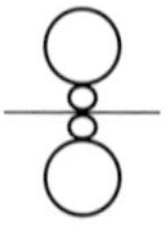	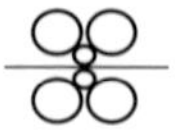	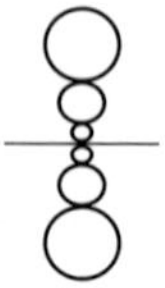	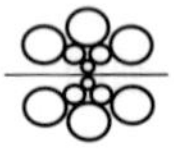	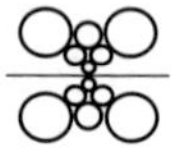	
ワークロール径〔mm〕	600～900	中延圧延 350～450 仕上げ圧延 120～250	120～150		40～80		～42～
おもな用途	熱間圧延 スキンパス圧延	熱間圧延 中延圧延 仕上げ圧延	中～高強度材仕上げ圧延				高強度材 仕上げ圧延

併せて，X線厚さ計と高応答な自動板厚制御機構を組み合わせて高精度板厚製品が製造されており，また製品板厚の薄肉化に伴って最高圧延速度1 000 mpmの高速仕上げ圧延機が稼働している．

12.2.3 圧延潤滑[18),19)]

銅の熱間圧延に用いられる潤滑剤には，冷却性とかみ込み性が良好な水または1～2%程度に希釈したエマルション油が用いられている．中延圧延も冷却性とかみ込み性を重視して4～5%に希釈した粒径が比較的タイトなエマルション油が用いられている．伸銅品には表面粗度，光沢度などに高い品質が要求されており，併せて薄肉化が進んでいるために，冷却性向上とオイルピットの発生抑制のために，仕上圧延にはエステルや高級アルコールを添加した動粘度4～10 mm^2/s（@40℃）程度の比較的低粘度の鉱物油が用いられている．また，圧延油中の銅粉は圧延油を酸化劣化させる触媒になるために，圧延油に合わせたフィルター装置が用いられている．

12.3 チタンの圧延

チタン（チタニウム）は，鉄，コバルト，ニッケルなどの第一系列遷移金属の一つであり，その比重は4.54 g/cm^3であることから実用金属ではマグネシウムやアルミニウムに次いで軽量な金属元素として知られる．鉄と同じく同素変態を示す金属でもあり，885℃より低温では結晶構造はマグネシウム，亜鉛やジルコニウムと同じ六方最密充塡構造（あるいは稠密（ちゅうみつ）六方晶とも称する，hcp構造）となり，c/aの軸比も1.588と理想値よりも小さい．885℃より高温ではフェライト鉄と同じく体心立方構造（bcc構造）をとる．チタンとその合金は高強度であり，良好な耐食性や低い熱伝導性を示すので，純チタンとチタン合金の板材は屋根や外装材など建材，化学プラントの熱交換器や反応器，火力発電所・原子力発電所の復水器配管や，チタンクラッド鋼材は鋼構造物の防食工法材などに使用される．その一方で，ヤング率は普通鋼の半分以下であり，化学的に活性であるため容易に酸素と結合して酸化皮膜を形成する特性を持つ．チタン合金には，六方最密充填構造をとる純チタンや α 型チタン合金，体心立方構造をとる β 型チタン合金と，α 相と β 相の複相合金となる $\alpha+\beta$ 型チタン合金がある．

12.3.1　純チタンの圧延

チタンの圧延材は，不活性ガス雰囲気下あるいは真空にて溶解鋳造により製造されたインゴットからの分塊圧延もしくは鍛造によりスラブやビレットが作られ，熱間圧延や冷間圧延を経て，熱延コイル，熱延厚板，冷延板や冷延コイルなどに製造される[26),27)]．

1960 年頃までは，シングルスタンドの銅合金用圧延機を流用して所定の厚さになるまで圧延を繰り返し，板材長さを切断する手法が用いられていた．その後，純チタンの生産量増大に対応するため，純チタンの熱間圧延は大型化した純チタンインゴットを出発材とする連続熱間圧延に移行した経緯がある[29)]．熱延コイル圧延では，スラブを粗圧延機により所定の厚さ（25～40 mm）にした後に，仕上げ圧延として鉄鋼用の連続熱間圧延設備を用いて厚さ 3～6 mm のストリップに加工される．純チタンスラブの加熱時における過剰なスラブ表面の酸化と水素吸蔵を抑制することを目的に，800～900 ℃の温度範囲で加熱され，変態温度以下で圧延される．純チタンの熱間圧延では普通鋼の熱間圧延で行われるデスケールの工程がないため，表面きずの防止策としてガイドや板搬送ローラーなどの圧延設備とチタン圧延材との接触を避けるように設備管理が重視される[27),28)]．純チタンの熱延厚板は，4 段可逆圧延機により板厚下限値 4～5 mm に仕上げ圧延された後に，ホットレベラーによる熱間矯正，熱処理，切断，ショットプラスト・酸洗いなどの表面処理が施される[30)]．また，熱間圧延によりチタンクラッド鋼材も製造される．

チタンはヤング率が小さく，高い冷間変形抵抗を示し，塑性異方性が強いのみならず，ロールなどの加工工具との焼付きが生じやすいという特徴を有する．そのため，圧延効率や製造可能範囲が普通鋼やステンレス鋼に比べて異なり，冷間圧延ではいくつかの対応が必要となる．純チタンでは，圧延加工による集合組織強化（texture hardening）により大きな塑性異方性を示すため，冷間圧延における張力は普通鋼では変形抵抗の50%であるのに対して，純チタンでは圧延加工中の板の破断を避けるため，付加される張力は20%以下にとどまる[28)]．また，普通鋼よりも冷間変形抵抗が高いことから，圧延機には，ステンレス鋼圧延のようにワークロール径が小さく，剛性の高いクラスター圧延機やチタン以外の材料も対応可能なワークロール径が150～400 mmほどの逆式6段圧延機[28)]が使用される．純チタンは広幅薄板圧延中に端伸びや中伸びの発生によるロールバイトへのかみ込み不良が生じやすく，圧延速度や1パス当りの圧下率が制限される．圧延時には加工発熱によるロールとの焼付きや摩耗粉が発生し，圧延距離の増加に伴ってロールコーティング量が増大するため，ワークロールや圧延材の表面性状の劣化や光沢度の減少が生じる[31)]．それゆえ，純チタンの冷間圧延潤滑には冷却性や潤滑性を考慮して水溶性潤滑剤，ロールコーティングの均一化や摩耗粉の均一分散を目的にニート油が使用される[32)]．冷延コイル材は，潤滑剤などの表面の不純物をアルカリ洗浄した後に真空あるいは不活性ガス雰囲気下でのバッチ焼なましや，大気中で連続焼なまし後に溶融塩浴でのデスケールと酸洗い処理に供される．これらの熱処理や表面処理後に，冷延コイル材には圧下率1～2%の調質圧延により形状矯正のほか，ブライト仕上げあるいはダル仕上げなどの表面性状が付与される．純チタン箔材は板厚0.3～0.4 mmの冷延コイル材を出発材としてクラスター圧延機にて製造される．

金属板材の成形性は結晶方位分布に依存するが，チタンの熱間圧延では最密面である(0001)が圧延板面に平行に配列する(0001)底面集合組織を形成するほか，c軸が板幅方向と平行に配列する集合組織を形成することが知られている．さらに，冷間圧延加工により集合組織は(0001)極が板幅方向に向かって約 ±20°～40°の位置に分離するTD-split型の(0001)底面集合組織[33)]を形成する．一般的に純チタン圧延材は集合組織の発達により高い塑性ひずみ比（r値）を示すが，良好な深絞り性を付与するには加工熱処理により適度な集合組織制御が不可欠となる.

12.3.2 チタン合金の圧延

添加元素を含む高合金 α 型チタン合金と $\alpha+\beta$ 型チタン合金は，圧延時の耳割れや塑性異方性による延性低下により冷間圧延が困難であったため，特に $\alpha+\beta$ 型チタン合金では鋼材でチタン合金素材を包んだ熱間圧延（パック圧延，pack-rolling）により薄板製造が行われてきた．近年では $\alpha+\beta$ 型チタン合金の冷延コイルが製造されるようになった．他方，β 型チタン合金は結晶構造が体心立方構造であるので，加工性が良く，冷間圧延加工が容易である．

チタン合金板材も鉄鋼材料や他の非鉄金属材料と同じく，加工熱処理によって結晶配向の制御や微視組織の造り込みがなされる．結晶構造が六方最密充填構造となるチタンとチタン合金の集合組織として(0001)底面集合組織が発達するが，β 型チタン合金では｛001｝〈110〉を主成分とする圧延集合組織[34]が発達する．組織制御によるチタン合金の高強度化として，β 型チタン合金に冷間圧延と溶体化処理を繰り返した後に時効析出する方法[35),36]があり，近年では，$\alpha+\beta$ 型チタン合金をマルテンサイト変態させたものを出発材として冷間圧延あるいは熱間圧延し，高強度・高延性を示す微細粒組織圧延材の造り込み[37]が報告されている．また，チタン合金は生体適合性に優れることから，医療用チタン合金の低ヤング率化を冷間圧延と熱処理の組合せで実現する[38),39]などの試みがなされている．

12.4 マグネシウムの圧延

マグネシウムは，比重 1.74 と実用金属の中では最も軽量で，比強度，比剛性が高く，耐デント性に優れている．また，高い電磁シールド性を示すことから，輸送用機器の軽量化のみならず電子機器の筐体（きょうたい）として利用されることが多い．構造材料としてのマグネシウムは単体で用いられることは少なく，機械的性質や耐食性を改善するため，アルミニウム，亜鉛，ジルコニウムなどを添加した合金が広く用いられている[20]．マグネシウム合金は，大部分がダイキャスト，チクソモールディングといった鋳造によって成形されており，電子機器の筐体のように薄肉化が望まれる場合でも，展伸材の利用はかなり限られていた．マグネシウム合金展伸材がこれまでに多用されなかったのは，結晶構造が稠密六方晶で，かつ室温から200℃付近までの温度範囲では，底面すべりしか起こらず，加工性が著しく低く室温での塑性加工が困難であるためである．展伸材のさらなる利用の促進のためには，薄板を安価に安定的に供給することが望まれ，そのためには圧延による板材の製造が不可欠である．

マグネシウム合金は冷間圧延では1パスで5%程度の圧下率しか得られず，これによる板材の製造は不可能であるから，熱間圧延によらざるを得ない．熱間圧延に供する素材としては，鋳造によるスラブ，ストリップキャストされた板，押出し材が用いられる．熱間圧延はおおむね200〜400℃の温度範囲で[21]，縁割れや材料の破断を防止するため，低圧下率（10〜30%）の多パス圧延が行われる[22]．マグネシウム合金は，熱容量が小さいので炉外で容易に温度が低下する．また，ロールに接触することで熱を奪われて温度が低下する．このような温度低下は，縁割れの発生や破断につながるため，パス間焼なましを行うなど圧延中の温度管理に留意しなければならない．必要に応じてロール加熱が行われることもある．長尺のコイル材の圧延では，可逆式圧延機の両側にコイル保温用設備を備えたステッケルミルが使用される．また，薄板の圧延ではワークロール径が小さいクラスターミルを用いることもある．

マグネシウム合金は外装材として用いられることも多く，良好な表面状態が要求されるが，高温では容易に酸化するためスケールきずが生じやすい．したがって，熱間圧延中の表面管理や圧延後の表面処理にも留意しなければならない．また，熱間圧延時，特に加熱ロールを使用している場合にロールへの焼付きが生じやすいので潤滑剤を使用することが望ましいが，活性な金属を高温で加工しているため潤滑条件としてはかなり厳しく，適正な潤滑剤の選定は困難である．

多くの金属材料では，圧延温度や圧下配分を工夫して板材の製造と同時に組織制御を行い，機械的性質を始めとする種々の特性の向上が図られている．しかし，マグネシウム合金では1パス当りの圧下率を広範囲に変化させられないこと，再結晶温度以上での圧延が必須であることから，材料内部にひずみエネルギーが蓄積されにくく，通常の圧延による組織制御は困難である．組織制御や圧延加工性向上のための特殊な圧延の適用例として，異周速圧延による結晶粒微細化[23]や集合組織制御[24]，高速圧延による室温での大圧下圧延[25]などが試みられているが，生産プロセスへの適用には至っていない．

引用・参考文献

1) 日本鉄鋼連盟：暦年全国鉄鋼生産高/全国鋼材生産高
https://www.jisf.or.jp/data/seisan/index.html（2024年8月現在）
2) 日本アルミニウム協会：アルミの基礎知識
https://www.aluminum.or.jp/basic/japanindustry.html（2024年8月現在）
3) JCBA日本伸銅協会：伸銅品のデータベース
http://www.copper-brass.gr.jp/databases/statistics（2024年8月現在）
4) 日本マグネシウム協会　統計資料
http://magnesium.or.jp/statistical-data/
5) チタン学会 編：チタン，**72**-2（2024），74.
6) 日本アルミニウム協会編：現場で生かす金属材料シリーズ　アルミニウム，（2007），195-204，工業調査会.
7) 村松将邦：研究部会報告書No.59アルミニウム板の圧延トライボロジーの研究，（2013），140-160.
8) 岡本隆彦：塑性と加工，**56**-658（2015），920-924.
9) 軽金属協会編：新版／アルミニウム技術便覧，（1996），589-601，カロス出版.
10) 軽金属協会編：新版／アルミニウム技術便覧，（1996），447-451，カロス出版.
11) 北里敬輔：塑性と加工，**32**-363（1991），434-440.
12) 別府紘一・西森邦彦・市川幹雄：神戸製鋼技報，**33**-2（1983），31-34.
13) 日本伸銅協会編：銅及び銅合金の基礎と工業技術，（1988），126-146.
14) 久世孝：第121回塑性加工シンポジウム，（1989），1-6.
15) 中山勝巳・口誠寛・小川宗・松澤司・佐藤一幸：IHI技報，**52**-2（2012），44-50.

16） 北川聡一・井上哲雄・上杉憲一：神戸製鋼技報，**48**-1（1998），43-46.
17） 中野恒夫：鉄と鋼，**79**-3（1993），312-317.
18） 加賀見正行・八木政太郎：潤滑，**24**-2（1979），83-88.
19） 杉井秀夫：トライボロジスト，**55**-12（2010），860-866.
20） 日本マグネシウム協会のホームページ
http://magnesium.or.jp/（2024年8月現在）.
21） 佐藤雅彦：軽金属，**49**-9（2009），521-531.
22） Friedrich, H.E. & Mordike, B.L., eds.：Magnesium Technology —Design, Data, Applications—，（2006），274，Springer.
23） 中浦祐典・渡部晶・大堀紘一：軽金属，**57**-2（2007），67-73.
24） Utsunomiya, H., Sakai, T., Kaneko, S. & Tanaka, K.：Magnesium Technology in the Global Age，Pekguleryuz, M.O. ed.，CIM（2006），421-430.
25） 左海哲夫・宇都宮裕・吉田典弘：特許第4734578号.
26） 草道英武・井関順吉：日本のチタン産業とその新技術，(1996)，127-135.
27） 日本塑性加工学会編：チタンの基礎と加工，(2008)，69-82，コロナ社.
28） 福田正人・井端治廣・樽本慎一・澤田護：神戸製鋼技報，**49**-3（1999），30-34.
29） 伊藤喜昌：国立科学博物館技術の系統化調査報告，**13**（2009），242-244.
30） 日本チタン協会編：現場で生かす金属材料シリーズ　チタン，(2011)，188-191，丸善出版.
31） Utsunomiya, H., Abe, K. & Matsumoto, R.：Procedia Engineering，**207**（2014），1367-1372.
32） 岡本隆彦：塑性と加工，**58**-5（2017），385-389.
33） 井上博史：金属，**69**-1（1999），30-38.
34） 戸部裕史，金熙榮，宮崎修一：日本金属学会誌，**72**-12（2008），965-969.
35） 大内千秋：まてりあ，**36**-7（1997），680-684.
36） 牧正志：まてりあ，**37**-1（1998），31-34.
37） 松本洋明・千葉晶彦：塑性と加工，**53**-10（2012），900-905.
38） 花田修治：まてりあ，**47**-5（2008），242-248.
39） 新家光雄：まてりあ，**58**-4（2019），193-200.

13 特　殊　圧　延

例えば，等径，等速で圧延方向に回転する一対のワークロールでの圧延を普通圧延とすれば，特殊圧延の定義は，圧延機の構成，被圧延材などの組合せにより，その種類は多いが，特徴や目的によって以下のように大別される．

(1)　材料の変形機構が特殊な圧延

(2)　素材の形態が粉末や溶融状態など特殊な圧延

(3)　高温・低温など特殊な温度やガス・真空など特殊な雰囲気での圧延

これらの方法は，いずれもほかの方法にない魅力があり，特殊な製品を得るのに威力を発揮する．しかし同時に欠点を含んでいたり，有効性を示す範囲が狭かったり，圧延条件が厳しかったりで利用が容易でないために，方法が提案されただけでほとんど利用されていないものもある．

逆に，開発当時はその圧延の周辺技術である制御法や計測法などに適当なものがなかったり，その圧延法の威力が発揮できる製品を必要としなかったりで利用されていなかったものが，それらに対する環境が変化したことで，その魅力が再認識されたものもある．

いずれにしても特殊圧延とは方法が特殊なので，普通材の多量生産に利用するものではなく，特殊な形状や材質を持った素材や製品の少量生産に利用するものと考えるべきである．

13.1　変形機構の特殊な圧延

構造の特殊な圧延機は多くある．その中には圧延板の形状を制御するための機構を持った圧延機があるが，ワークロールと材料の関係は普通圧延とほぼ同じなので特殊圧延とはいいがたい．ここで取り上げる特殊圧延は，ロール接触弧内の変形が特異で，特殊な製品を得るのに適したものとする．

13.1.1 非対称圧延

非対称圧延は，上下ワークロールの圧延条件が異なる場合をいう．大別すると，異周速圧延と異径圧延がある．

〔1〕 異周速圧延

異周速圧延は上下ワークロールの周速が異なり，そのため**図 13.1** のように材料速度とロール速度が一致する中立点の位置が両ロールで異なり，高速ロールの方がより出口側にある．この両中立点に挟まれた領域は摩擦の方向が上下ロールで逆になる．このことが，ロール接触弧内の変形状態や応力状態に影響する．すなわち，材料は厚さ方向全体にせん断変形（クロスシヤー変形）を受ける．また，摩擦による圧延圧力の増加がなく，さらに厚さ中心部にもせん断応力が作用して材料が変形しやすくなるので，**図 13.2** のような圧延圧力分布になる．したがって，異周速圧延は圧延荷重の低い圧延法として，変形抵抗の高い材料や薄板の圧延に適している．しかし，高速ロール側のロールトルクが普通圧延より大きいこと，クロスシヤー変形によって圧延板がカールしやすいこと，ロールとのすべりが大きいので板の表面性状が悪くなることなどの欠点にも注意しなければならない．

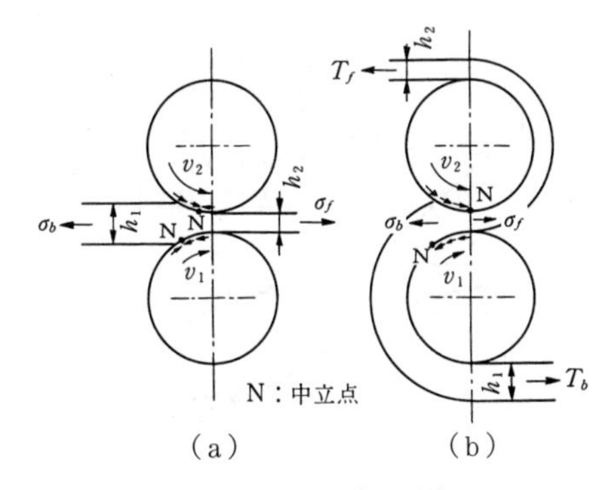

図 13.1 異周速圧延法

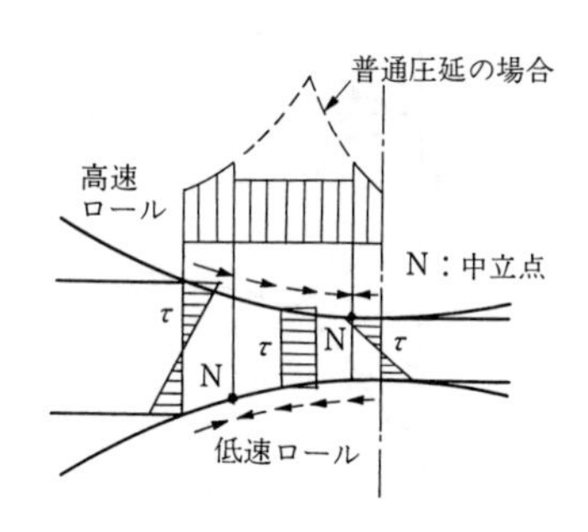

図 13.2 異周速圧延での圧力分布

単純に両ロールの速度比（異速比）を変えて圧延すると，高速ロール側の中立点はたちまち接触弧外に出て，圧延は不安定になる．中立点を接触弧出口に保つためには前方張力が必要である．その張力条件としては，ロールと板との摩擦係数は上下で同じとして，式（13.1）になる．

$$\sigma_f - \sigma_b = k_{fm} \ln \frac{h_1}{h_2} \tag{13.1}$$

ここで，h_1：入側板厚，h_2：出側板厚，k_{fm}：平均変形抵抗である．

したがって，異周速圧延には前方張力は不可欠と考えてよい．高速ロール側の摩擦係数を大きくしても，その摩擦力が材料を引き出すように作用するので，ある程度の異速比までなら中立点を出口に保つことができる．

異周速圧延の特徴を最大限に発揮するのは高速ロール側の中立点が出口，低速ロール側の中立点が入口にあるときで，すなわち材料は低速ロールと同じ速度で入り，高速ロールと同じ速度で出ていくときである．この条件は，材料を上下ロールに巻き付けることで容易に達成できる（図 13.1（b）参照）．この圧延条件を満足する圧延を PV 圧延と呼んでいる．

クロスシヤー変形によって幅広がりが影響を受ける（**図 13.3** 参照）[1]．中立点が接触弧内にある場合は普通圧延より幅広がりは小さく，接触弧外に出ると大きくなる．同じくロールベンディングの効果の程度にも影響する（**図 13.4** 参照）[2]．中立点が接触弧外に出る（先進率が負）と，ベンディング力による

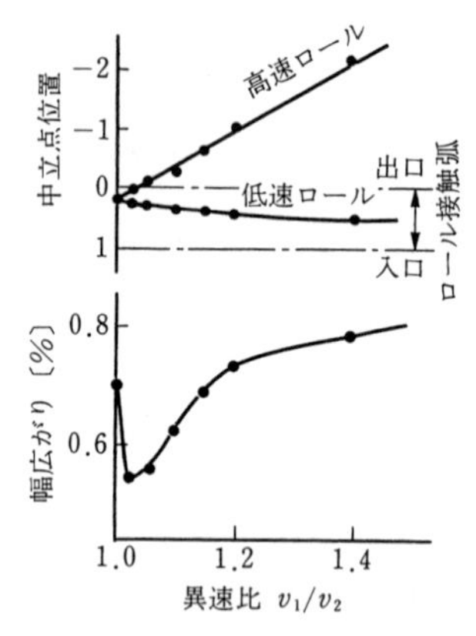

図 13.3　中立点位置による幅広がりの変化（板厚：2.25 mm，板幅：25 mm，圧下率：20%）[1]

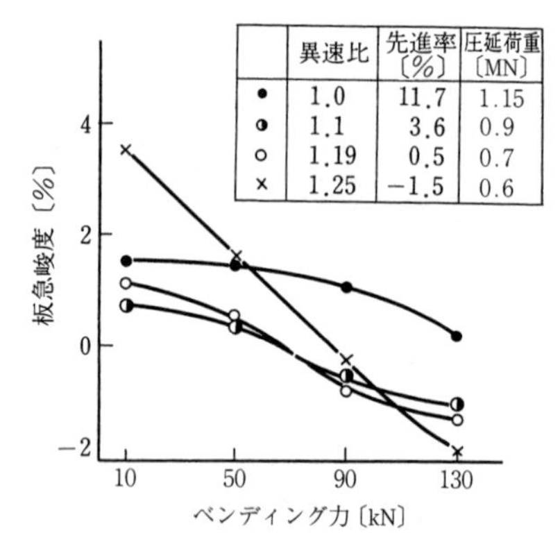

図 13.4　圧延板の形状に及ぼす先進率の影響（入側板厚：0.245 mm，板幅：200 mm，圧下率：30%，張力　入側：125 MPa，出側：125 MPa）[2]

板形状（急峻度）の変化が大きい．このように，クロスシヤー変形は異周速圧延での変形特性に影響するが，異周速圧延による圧延材の機械的性質は普通圧延の場合とほとんど同じである[3)]．

〔2〕 異 径 圧 延

異径圧延は上下のワークロールの径が異なるもので，異周速圧延と等速圧延に分けられる．普通圧延での等径ロールの一方の径を変えると，大径側が高速の異径異周速圧延になる．ワークロールを異径にする理由の一つに，圧延荷重を低くする目的がある．ロールを小径化すれば，投影接触弧長が短くなり圧延荷重は低くできるが，ロールの剛性が低くなるので，バックアップロールが必要となり多段ロールになる．そこで，一方のワークロールは大径のままにして，他方のワークロールを小径にして多段ロールにする．結果として異径圧延になる（**図 13.5** 参照）[4)]．

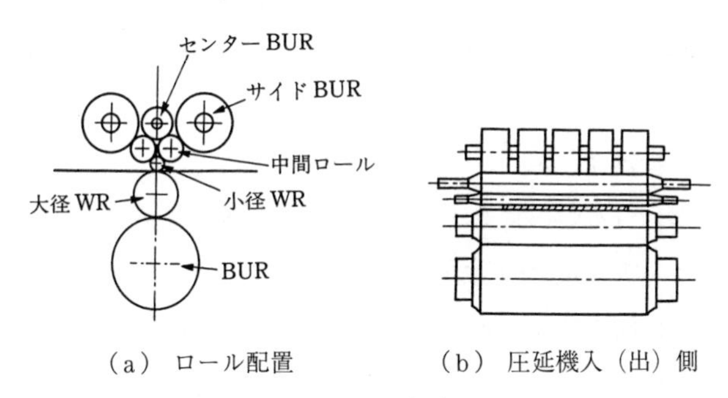

（a） ロール配置　　（b） 圧延機入（出）側

図 13.5 異径クラスター圧延法（WR：ワークロール，BUR：バックアップロール）[4)]

異径における接触弧内の変形の特徴は，投影接触弧長が大径側と小径側で異なることである．圧下力は上下ロールで同じなので，小径側は投影接触弧長が短いぶんだけ圧下されやすい．さらに，ロール入口における付加的せん断変形も小径側で大きいので，小径側の方が大きなひずみを受ける．

13.1.2 遊 星 圧 延[5),6)]

上下の大径ロールに遊星ロールが一重または二重に取り付けられる．二重の遊星ロールが付いた圧延機は（**図 13.6** 参照），バックアップビームの周りに中間ロールとワークロールがある．それらのロールはケージで支持され，ケージの駆動によって回転する．材料は出口まで遊星ロールによって多数回の圧延を受けて，90％以上の圧下も可能である．圧延材は，小径ロールによる多数回の圧延のため板厚方向のひずみは不均一になる．

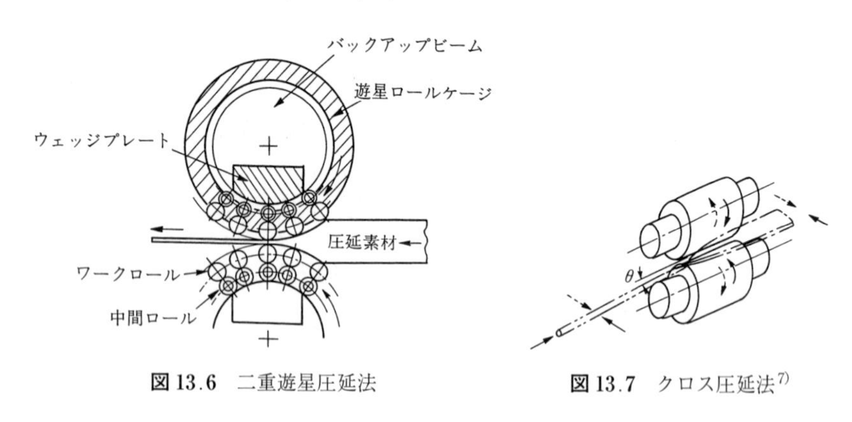

図 13.6　二重遊星圧延法　　　　**図 13.7**　クロス圧延法[7)]

13.1.3　クロス圧延[7)]

線材から帯板を得るのに普通圧延を行うと，平面ひずみ変形のため幅出しができないことと，板縁付近の張力が大きくなって側面に割れが発生する．この問題を解決する目的で開発されたのが**図 13.7** のクロス圧延法である．

揺動する円錐形のロールの間に線材を軸芯に沿って挿入すると，平行運動しながら前進する．線材は幅方向へ伸ばされながらロール軸芯に沿って出口から出ていく．材料の変形が普通圧延と違い幅方向なので，圧延材の性質は普通圧延に比べて，その方向性が 90° 異なる．

13.2　素材の形態が特殊な圧延

圧延素材は普通圧延では帯板である．それと異なる粉末状態，溶融状態，半溶融状態，2 枚以上の板を重ねた状態などは特殊圧延になる．これらの圧延では，ロール接触弧内の変形挙動が特殊なので圧延を健全に行うには，作業条件を厳しく制御する必要がある．また圧延材の性質も特殊である．

13.2.1 接 合 圧 延

クラッド板は2枚以上の板を重ね圧延して製造される．接合圧延は素材の加熱の有無によって熱間接合圧延と冷間接合圧延に分けられる．

〔1〕 熱間接合圧延

材料の加熱は金属原子の運動を活発にして接合を容易にする．したがって，接合圧延のほとんどが熱間で行われている．

一般的な方法は，**図13.8**のようなサンドイッチ方式またはオープンサンドイッチ方式で素材を溶接して組み立て，その内部を真空にした後加熱して圧延する．接合は数パスで達成され，その後目的の板厚まで圧延が繰り返される．界面が清浄であれば数%の圧下率でも接合する．

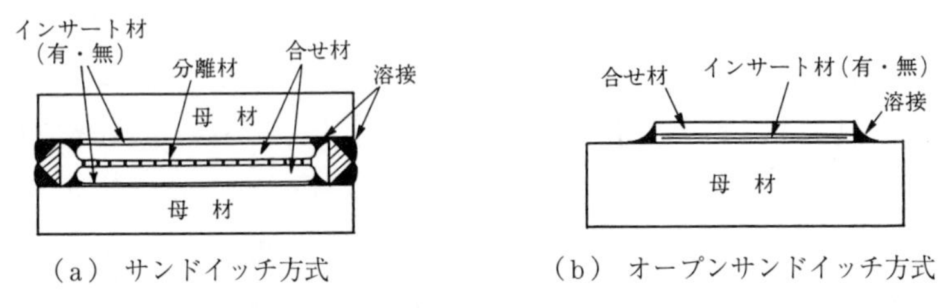

図13.8 熱間接合圧延における組立てスラブ

接合される材料が，アルミニウム，チタンなど活性であると，界面に脆弱な金属間化合物が生成される．また，組立てスラブの長さに制限があるので，非定常圧延部の割合が大きく歩留りが問題である．

〔2〕 冷間接合圧延

熱間に比べて接合は困難である．加熱による接合面の酸化がないので，酸化防止を目的とした前処理は必要ない．また，高温による金属間化合物の生成がないので，広範囲の異種材の組合せが可能である．

一般的には，接合圧延の前に接合面の油脂分の除去と酸化膜の除去を目的とした処理が必要である．それら処理した素材を重ね合わせて圧延するだけで接合は完了する．圧下率は70%以上必要である．前処理と接合圧延は連続にできるので，コイル状の素材が使用できる．冷間接合は拡散の効果が期待できないので，完全な接合を得ることは困難で，接合後に拡散熱処理が行われることが多い．また，冷間接合が困難な材料の組合せに対しては，数百℃に加熱してから圧延することもある．

接合に有効な界面すべりを利用した接合法として，巻付け異周速圧延による接合法がある（**図 13.9** 参照）[8]．硬材（1 材）は高速ロールにのみ巻き付け，軟材（2 材）は低速ロールおよび 1 材を介して高速ロールに巻き付ける．高速ロールに巻き付けたクラッド板に前方引張力 T_f を，低速ロールに巻き付いた 2 材に後方引張力 T_b をかける．理想とする圧延状態は，板が両ロールの巻付け部ですべることなく圧延されることである．そうすると，中立点は低速ロール側では入口，高速ロール側では出口にある．その状態では 1 材，2 材の圧下率とも設定できる．

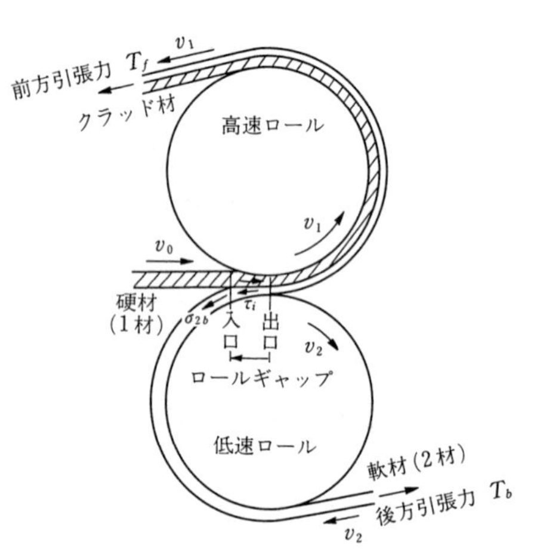

図 13.9　異周速圧延によるすべりを利用した接合法[8]

接触弧入口には 1 材の方が 2〜3 倍早い速度で入り，2 材との界面がすべって活性になる．2 材には大きな張力 σ_{2b} が作用しているので，2 材のみが変形して速度を増し，1 材との速度差が小さくなる．接触弧内部に進むにつれて，界面すべりによるせん断応力 τ_i によって，2 材の張力は減少し，逆に 1 材には張力が発生して，両材の変形しやすさの差が小さくなる．ついには 1 材も変形する．この状態では両材はすべることなく一緒に変形する．そして，界面に圧延圧力が作用して接合し，接触弧外に出ていく．異速比 v_1/v_2 を大きくすることによって，クラッド板の接合強度は高くできる．

13.2.2 粉 末 圧 延

溶融法ではできない合金材料や複合材などを構成する材料粉末を混合して，**図 13.10** のようにホッパーから直接，水平に並べた２本のロールに装入して，ギャップ内で圧密することにより帯板状にする．その際，異周速圧延を用いると密度を高くできる[9]．

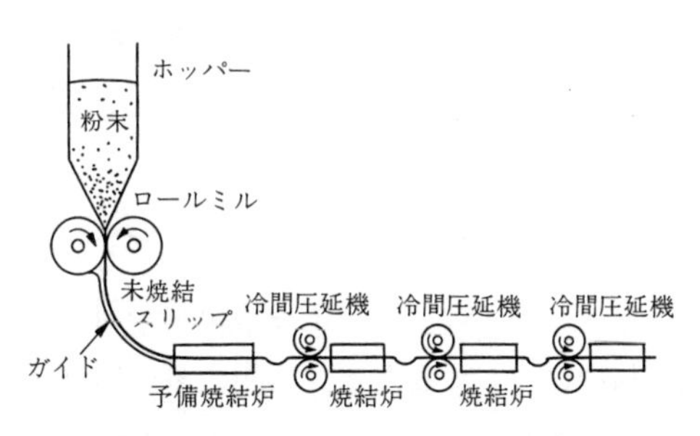

図 13.10　粉末圧延による帯板の製造法

この圧延はロール間隙から粉末が落下しやすいこと，粉末のかみ込みのためロール径を大きくしなければならないことなどから，厚さに制限があり，薄板のみに適用できる．圧粉性に劣る粉末では結合材を加えたり，連続圧延には粉末を一定量ずつ供給するなどの工夫が必要である．

粉末圧延に引き続いて，予備焼結炉を通って冷間圧延が行われ，熱処理炉，圧延と数回繰り返されて帯状に仕上げられる．ステンレス鋼，ニッケル，超硬などで試みられている．

13.2.3 溶融・半溶融圧延

溶融金属から直接薄板に圧延することを直接圧延とも呼び，回転している冷却圧延ロール間隙に注湯して，凝固させると同時にその凝固過程中の可塑性状態で変形を与えて，溶湯から直接薄板を製造する．

溶湯をロールギャップに導くのに湯流れが良いこと，供給量を一定にすること，幅方向に均一であることなどが必要である．ギャップ内では入口付近で，ロールに接した付近がまず凝固し，内部に進むにつれて凝固割合が大きくなって，出口付近で完全に凝回した後，固相での変形を受ける[10]．少なくとも，出口に達するまでに完全に凝固しなければならない．出口に達しても中心部に液相が残っていると，製品の板厚を均一にできない．したがって，溶湯の冷却速度とロール速度のバランスが重要である．ロールの冷却と真空雰囲気が必要で，凝固温度範囲が広い材料ほど作業が容易である．

本圧延法は固相状態では圧延が困難な場合に有効である．また冷却速度が早いので結晶を微細にでき，アモルファス化することもできる．したがって，アモルファス箔の製造に利用されている（双ロール法）．

一方，溶解法ではできない強化複合材料や固相状態では加工ができない材料の板材を得るには，スラリー状態で行う半溶融圧延が適している．圧延における取扱いは半溶融の状態によって異なる．液相の多い場合は溶融圧延に近い取扱いになる．一方，仮焼結した材料を加熱したような固相の多い場合は熱間圧延に近い取扱いになる．母材板の上に粉末を乗せ，加熱して半溶融状態にして圧延し，クラッド板にする方法がある[11]．固相間の接合より液相との方が反応が活発なので接合が容易である．

半溶融状態の材料は液相の方が流動しやすいので，圧延中液相のみが流動して絞り出される危険がある．特に，固相に対して液相のぬれの悪い場合はその傾向が強く，健全な製品を得ることは困難である．また，高温状態での加工なので，固液相間の反応によって化合物を生ずることもある．接触弧の出口において液相がまだ残っていると，液相が移動して空孔を生ずる．

13.3　特殊な温度・雰囲気での圧延

13.3.1　温　　度

冷間圧延または熱間圧延が一般である．通常の熱間圧延より低い温度によって高強度の材料を得る制御圧延は，一般化された特殊圧延といえる[12]．液体窒素の極低温下で面心立方金属を圧延すると強さ，n 値，伸びの大きな材料になる[13]など，特定の温度で圧延すると特殊な特性を有する材料が得られる．その開発には，その特定の温度での変形による材質変化の理解がまず必要である．

13.3.2 雰 囲 気

材料や潤滑剤と反応して有効な特性を有する表面にするガスの利用も将来は考えられるが，現在まで雰囲気は真空と不活性ガスである．これらの雰囲気の効果を発揮するのは熱間圧延である．大気中の熱間加工では高温のため表面が酸化する．その酸化の防止が最大の目的である．

〔1〕 真 空 圧 延[14)]

（a） 基本的な構造　真空圧延といっても圧延機は普通圧延と同じであり，真空中で熱間圧延するために必要な装置，すなわち圧延室，加熱室，素材準備室，圧延材取出し室，真空ポンプなどが付属している（**図 13.11** 参照）．真空にする必要があるのは材料が高温状態にあるところで，おもには加熱室と圧延室であるが，それに連なる素材準備室と圧延材の取出し室も真空にする必要がある．圧延室，加熱室と準備室，取出し室をバルブで遮断すると作業性が良くなる．

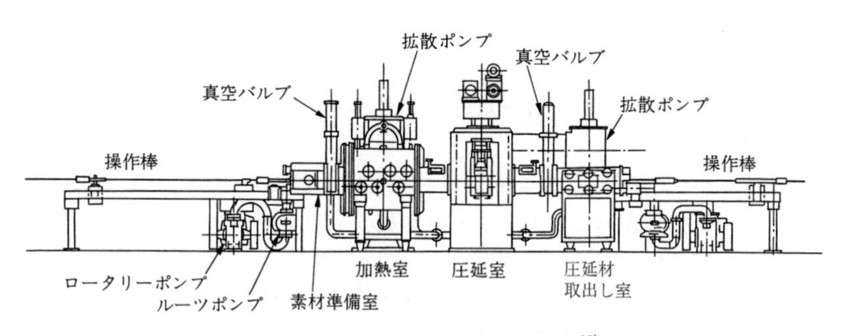

図 13.11 真空熱間圧延の設備配置[15)]

圧延室は，圧延機全体を真空にするロールスタンド封止形とロール部分だけを真空にするロール封止形に分けられる．後者の方が真空室の容積が小さく，軸受，圧下装置などが外に出るので作業がしやすく，より実用的である．

（b） 適用分野と問題点　高温における表面の酸化を防げることから以下

のような目的で使用される.

(1)　チタンのような活性金属の表面酸化の防止（1.33 Pa以下で効果が出る）

(2)　熱間接合圧延（0.133 Pa以下で効果が出る）

しかし，素材表面の付着物や潤滑剤の気化による真空度の低下，ロールの冷却の困難さ，広幅圧延による真空容積の増大など，真空圧延の実用化には種々の問題が存在している.

〔2〕 不活性ガス雰囲気圧延

酸化の防止として不活性ガスを使用するので，装置全体は真空圧延とほぼ同じである．使用ガスはおもにアルゴンである．ガスの圧力を大気圧より少し高めにすれば，真空圧延のように外気と完全に遮断する必要はなく，また大形真空ポンプも必要としないので装置全体が簡単になる．しかし，接合圧延に用いた場合，接合界面にガスが取り込まれる可能性があり，真空圧延に比べてその有効性は劣る.

引用・参考文献

1) 中村雅勇・李俊・牧清二郎・永井直記：昭和59年度塑性加工春季講演会講演論文集，(1984)，155-158.
2) 三上昌夫・塩崎宏行・新谷定彦・小出誠二：塑性と加工，**23**-263 (1982)，1253-1258.
3) 上城太一・新谷定彦・福富洋志：塑性と加工，**25**-280 (1984)，375-380.
4) 川並高雄・大森舜二・大矢清・森本和夫・山本普康：塑性と加工，**23**-263 (1982)，1216-1222.
5) 斉藤好弘・渡辺俊成・大池昌弘・岩坂光富・加藤健三：第38回塑性加工連合講演会講演論文集，(1987)，53-56.
6) 田頭扶・大久保透・鈴木正敏：塑性と加工，**13**-136 (1972)，348-356.
7) 吉田桂一郎：鉄と鋼，**72**-10 (1986)，1637-1640.
8) 中村雅勇・牧清二郎・永井直記・松田忠明：塑性と加工，**29**-327 (1988)，404-410.
9) 田端強・真崎才次・小林雅広：昭和63年度塑性加工春季講演会講演論文集，

(1988), 155-158.
10) 北條英典・加藤康司・姜忠吉・玉川規一・知口仁：第37回塑性加工連合講演会講演論文集, (1986), 517-520.
11) 木内学・杉山澄雄・富岡美好・川平哲也：昭和60年度塑性加工春季講演会講演論文集, (1985), 57-60.
12) 五弓勇雄：金属塑性加工の進歩, (1978), 467-476, コロナ社.
13) 小林勝・北沢君義・松原浩司・浅尾宏：昭和59年度塑性加工春季講演会講演論文集, (1984), 191-194.
14) 本村貢：鉄と鋼, **72**-1 (1986), 14-21.
15) 上堀雄司・松本紘美・菊間敏夫・川並高雄：昭和63年度塑性加工春季講演会講演論文集, (1988), 419-422.

14 今後の圧延技術

14.1 全般的動向

圧延は，他の塑性加工に比べて非常に生産性の優れた加工であり，これまで大量生産を主目的にした生産方法として非常に効率的であった．しかしながら，今後の圧延技術に期待されるところは大きく変化している．例えば，文化水準と相関があるといわれる各国の1人当りの2022年の鉄鋼使用量[1]は，世界平均で221.8 kgであり，日本が443.6 kgに対して，ドイツが379 kg（欧州平均で310.3 kg）米国が279.4 kg（北米平均で228.2 kg），中国が645.8 kgに対して，南米では94.4 kg，アフリカでは28.1 kgとなっている．日本国内では，人口の減少とともに鉄鋼の国内需要は減少すると考えられるが，海外では今後も鉄鋼需要は増加することが期待される．このために，海外での生産を前提にしたグローバル化は圧延分野においても重要な課題である．海外での圧延生産には，各国の政治的・文化的な課題もあるが，技術的には国内の技術をどのように移管・管理するかが重要になる．これは，現在保有の技術に対してIoT（internet of things）などを活用して自動制御・管理する技術を構築していかなければならない．しかしながら，上工程の製造方法の違いや，圧延設備の違い，各国での要求品質の違いをIoTの技術だけで吸収することは困難である．これまで，操業の暗黙知として決められていた管理基準や制御パラメーターなどの根拠も科学的な知見から，再度その因果関係を明確にするような圧延の基礎に立ち返ったアプローチも必要である．

他方，国内に目を向けると，上記のような鉄鋼材料の安定的な使用は，国内のスクラップの蓄積となっている．また，鉄鋼石の劣質化に伴う問題もある．このため，スクラップを主原料として，少量・多品種の生産を省エネルギーで行う方法として，薄スラブ連鋳（板厚数十mm）・ストリップキャスティング（板厚数mm）が注目されている[2)~4)]．過去に国内も多くの薄スラブ連鋳の検討がなされてきたが，当時は表面性状の問題から実用化には至らなかった．しかしながら，現状では米国での商業生産を始め，多くのラインが立ち上がっている．薄スラブ連鋳・ストリップキャスティングでは，省エネルギーというだけではなく，急速冷却を活用した組織制御[5)]や凝固直後の加工など特徴的な手段を用いた新たな材質作り込みも考えられる．凝固と塑性加工を一体で考えた組織制御も，今後の重要な研究テーマと思われる．

また，国内鉄鋼消費量が限定的な点から，高品質・高付加価値製品の製造技術も今後の課題である．ハイテン材や電磁鋼板などの高強度材は，荷重制約の点から圧延が困難である．特に，近年は自動車の軽量化と衝突安全性の観点からハイテン材[6)]の製造が増加しており，軟鋼とハイテン材を連続的に製造するときには，圧延制御の学習機能が十分使えないため，高精度のセットアップ制御が要求される[7)]．また，高付加価値化製品として，圧延はできる限りまっすぐで均一な物を製造する技術であるが，二次加工を圧延に取り込むとともに，高生産で連続的に作れるとのメリットを生かした試みもなされている．形鋼圧延は，自由な形状を作る製品であるが，線材・棒鋼における異形鉄筋，厚板におけるLP鋼板[8)]，アルミニウム・鉄鋼の縞鋼板，銅板の異形条などは，寸法を変化させながら作る圧延技術である．これらの進化系として，構造部材の軽量化と高剛性を両立させるために部品ごとに異なる板厚を三次元的に製造する圧延テーラードブランク[9),10)]も研究されている．また，圧延加工を用いて表面に機能を持たせる微細加工[11]に関しても，将来的には面白い技術かもしれない．

14.2　今後の圧延機・圧延制御

近年，多様な鋼種を安定して製造する技術開発への要望が高まっており，板厚や板幅などの寸法・形状制御のみならず，材質の造り込みや難圧延材への特徴のある対応などが行われている．熱間圧延ラインでは，例えば加速冷却装置やエッジヒーター・バーヒーターなどの設備導入が進んでいる状況である．**図 14.1** に，鉄鋼・非鉄プラント用電機品全般の変遷と動向の概要を示す[12]．このように，圧延計測でも多くの計測機器を用いて，大量のデータが得られる時代になってきており，これらのデータのよりいっそうの利用が期待される．

今後の圧延に対しては

(1)　省エネルギーを含めた，既存の設備能力を最大限に発揮する技術

(2)　高付加価値製品によって，差別化を図るための技術，およびその安定生産技術

の確立が重要になると考えられる．これらを実現するためには，(a) 生産設備の能力を予測する技術，(b) 定常部・非定常部の区別なく，コイル全長にわたって制御精度を保証できる技術の開発が進むであろう．

(a) では従来から行われている TBM（time based maintenance：時間基準保全）から，近年では，さまざまな計測機器や解析技術を活用した IoT やビッグデータ解析に基づく異常検出技術を用いて，故障の予兆を早期に発見する CBM（condition based maintenance：状態基準保全）への移行が促進されると考えられる．

(b) では，熱間圧延を例にとると，非定常部での問題解決が期待される．これらの一つとして，圧延の蛇行制御を挙げる．仕上げ圧延では，鋼板尾端部が圧延機を抜ける際に横滑り（蛇行）し，絞り込みと呼ばれるトラブルが生じることがある．これは，目標板厚が薄い場合や変形抵抗が大きい鋼種で生じやす

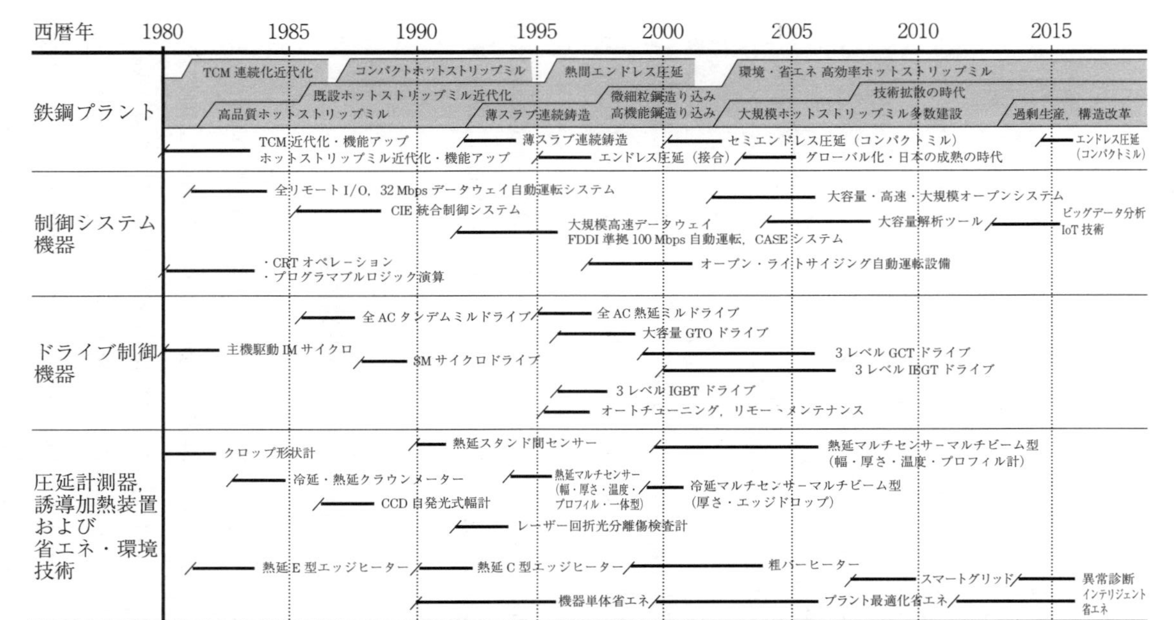

図 14.1 鉄鋼・非鉄プラント用電機品全般の変遷と動向（文献 12）より，一部追記）

く，生産性低下の要因の一つとなっている．この問題を解決するために，スタンド間のカメラなどを利用して蛇行量を計測し，圧延理論による蛇行量と比較することにより，適切なレベリング量を決定する制御方法などが開発されている[13]．

さらに，非定常部の典型的な例として，鋼板の先尾端がある．これらの部分は，仕上げミルのスタンド間で張力が付加されないため，板厚，板幅，形状などを均一に制御することが難しい．そこで近年，トランスファーバーを仕上げ圧延前で接合した後に圧延し，巻取り機前の高速シヤーで切断して複数台の巻取り機で，交互に巻き取ることにより，多くのコイルを続けて製造する連続圧延技術[14]や，一般的なスラブ厚より薄いロングスラブを圧延し，連続圧延と同様に高速シヤーを用いて，複数のコイルを製造するセミエンドレス圧延が開発されている[15]．

さらには，連続鋳造装置の鋳造速度向上により，薄スラブによる連続鋳造と圧延機の直結圧延が可能となり，一部で実現されている[16]．この設備は，仕上げ圧延機前に誘導加熱装置と，さらには急速冷却装置も備えており，材質の造り込みも可能である．このように，今後も計測機器を含む圧延設備の機能向上と適用拡大が図られ，これまで解決の難しかった問題への取組みが促進されると考えられる．

14.3　今後の圧延理論

圧延中の塑性変形や温度場，ロールの変形や圧延機の変形の解析には，有限要素法が道具として利用できる時代となっている．30年以上前に登場したPentiumはパソコン用CPUとしては画期的な演算速度であったが，現在（2023年）のパソコンではさらに計算速度は4桁以上向上しており，このこととソフトウェアの進歩が，塑性加工のFEMや粒子法による解析を身近なものにした．このような状況の下で，従来利用されてきた圧延理論[17]はどのように利用されていくであろうか．

初等圧延理論は今後も利用され，より高度なものとなっていく．Karman, Orowan から湧き出る圧延理論の流れは，板圧延の制御や圧延プロセス条件(圧下率，ロール径，温度，潤滑，スタンド間張力など）が圧延荷重，圧延トルクや先進率といった，圧延プロセスの制御や設計に欠かせない情報を与える．また，分割モデルと塑性変形を組み合わせた板プロフィル予測モデル[18]も，板幅方向板厚分布を考慮した圧延条件の設定に不可欠である．これら初等理論を基にした圧延理論の精度をより高めていくことへのニーズは高く，今後も FEM などを援用しながら，より高精度な初等圧延理論の追及は続くであろう．

つぎなる課題は，ミクロスケールで発生する種々の現象を圧延理論に取り込むことである．古くて新しい課題として，圧延理論におけるトライボロジーモデル（圧延潤滑理論）は圧延プロセスの制御や設計に深く関わっているが，圧延潤滑における微視的な現象が解明しきれているとはいえない．圧延潤滑機構の解明とその理論化への努力は，今後も進められるべきである．また，これも古くからいわれている課題ではあるが，凝固（連続鋳造）と熱間圧延はプロセスとしては隣接しているものの，凝固機構と圧延変形機構との一貫した解明は道半ばである．薄スラブ連鋳や，より高品位な製品の安定した製造には，今後は連続鋳造と熱間圧延を連続したプロセスとして捉え，鋳造と圧延の材料組織変化や集合組織変化を一貫して解析することが必要である．材料組織変化・集合組織変化を考慮した圧延解析は 1970 年代から継続して研究されているが，さらに鋳造組織変化をも考慮したものにしていくための継続した研究開発が必要である．この課題はさらに，圧延理論と伝熱制御・冷却制御との関わりがいっそう深まることを要求する．

さらに必要と思われる課題は，圧延において操業トラブルへの，圧延理論の追従である．「まっすぐに圧延する」といった重要な要件が，尾端の不安定な変形によって阻害されることは間々ある．この現象も圧延理論の掌中にあるべきだが，現況では両者の距離は必ずしも近いとはいえない．FEM 解析によって得られた結果を初等圧延理論に取り込む，機械設備の要因と不安定な変形を考慮できる新たな圧延理論を見いだすなどが必要であろう．

上記のとおり，数多くの課題が圧延理論の高度化を待っている．FEM での解析は今後も進むであろう．FEM で得られる数値で得られる結果を解釈しつつ，圧延理論として体系だったものに建てつけていき，さらに，ミクロスケールの解析や鋳造凝固圧延一貫プロセスの解析，操業トラブルへの適用や対応ができるように圧延理論を高度化することは，今後も引き続き行われなければならない．

引用・参考文献

1） Apparent steel use per capita 2018 to 2022
https://worldsteel.org/data/world-steel-in-figures-2023/#apparent-and-true-steel-use-per-capita-2019

2） Jungbauer, A., Wersching, G. Viehbock, A. & Linzer, B.：The New World of Hot Strip Rolling – Achievements at Rizhao Steels' s New ESP Complex Setting New Standards, Proceeding of 10th International Rolling Conference and the 7th European Rolling Conference,（2016），1226–1235.

3） Lengauer, T., Watzinger, I., Linzer, B. & Watzinger, J.：Arvedi Esp's Unique Ultra–Thin–Strip Production Rolling 2016 Conference，Proceeding of 10th Internatlonal Rolling Conference and the 7th European Rolling Conference,（2016），116–1177.

4） Pronold, K., Spies, W., Schneider, G. Klein, C. & Ehlert, D.：Comprehensive Modernizations of CSP® Plants Lay the Groundwork for Future Proof Strip Production，Proceeding of 10th Internatlonal Rolling Conference and the 7th European Rolling Conference,（2016），1178–1188.

5） 小林能直・長井寿：鋼中不純物と急冷凝固組織，まてりあ，**43**-9，（2004），730–736.

6） 高橋学：薄板技術の 100 年 ―自動車産業と共に歩んだ薄鋼板と製造技術―，鉄と鋼，**100**-1（2014），82–93.

7） Fujii, Y. & Maeda, Y.：Development of On–line Forward Slip Ratio Models on the Tandem Cold Strip Mill，Proceeding of 9th International Rolling Conference and the 6th European Rolling Conference，（2013）.

8) Fukada, T., Takashima, Y., Hori, T. & Yuge, Y.：Development of Manufacturing Technologies of High Performance Longitudinally Profiled Steel Plates, Proceeding of 10th International Rolling Conference and the 7th European Rolling Conference, (2016), 757-766.

9) Hirt, G., Abratis, C., Ames, J. & Meyer, A.：Manufacturing of Sheet Metal Parts from Tailor Rolled Blanks, Journal for Technology of Plasticity, **30**-1,2 (2005).

10) Ryabkov, N., Jackel, F., van Putten, K. & Hirt, G.：Production of blanks with thickness transitions in longitudinal and lateral direction through 3D-Strip Profile Rolling, Int. J. Mater. Form., **1** (2008), 391-394.

11) Poplan, J., Romans, T., Bambach, M. & Hirt, G.：Riblet-Rolling of Clad ALCU4MG1 Sheets Passive Drag Reduction in Aeronautcs, Proceeding of 9th International Rolling Conference and the 6th European Rolling Conference, (2013).

12) 告野昌史：日本塑性加工学会第78回塑性加工学講座, (2000), 95-107.

13) 鷲北芳郎・伊勢居良仁・武衛康彦・相原康宏・竹田真琴：新日鉄住金技報, **401** (2015), 11-16.

14) 二階堂英幸：第169・170回西山記念技術講座, (1998), 83-108.

15) V.B. Ginzburg (Ed.)：Flat-Rolled Steel Processes, 15-34, CRC Press (2009).

16) Arvedi, G., Mazzolari, F., Siegl, J., Hohenbichler, G. & Holleis, G.：Ironmaking & Steelmaking, **37**-4 (2010), 271-275.

17) 日本鉄鋼協会編：板圧延の理論と実際（改訂版）(2010).

18) 福島傑浩・鷲北芳郎・佐々木保・中川繁政・武衛康彦・焼田幸彦・柳本潤："熱延仕上ミルにおける高精度板プロフィルモデルを用いた高張力鋼・軟鋼の混合圧延技術", 鉄と鋼, **100**-12 (2014), 67-75.

索　　引

圧延——ロールによる板・棒線・管・形材の製造——

Rolling Process
——Manufacturing Technologies of Sheets, Bars, Tubes and Profiled Products——

2024 年 12 月 18 日　初版第 1 刷発行

検印省略

編　者	一般社団法人 日 本 塑 性 加 工 学 会
発 行 者	株式会社　コ ロ ナ 社 代 表 者　牛 来 真 也
印 刷 所	萩 原 印 刷 株 式 会 社
製 本 所	有限会社　愛千製本所

112-0011　東京都文京区千石 4-46-10
発 行 所　株式会社　**コ ロ ナ 社**
CORONA PUBLISHING CO., LTD.
Tokyo Japan
振替 00140-8-14844・電話(03)3941-3131(代)
ホームページ https://www.coronasha.co.jp

ISBN 978-4-339-04385-3　C3353　Printed in Japan　(柏原)